工业机器人应用与维护

一体化课程教学指导手册

主　　编　温利莉　林　光

副 主 编　张扬吉　匡伟民　邹　攀

参　　编　杨强华　章安福　陈鸿杰　何子健　邓米美

　　　　　罗家慧　朱惠明　朱　漫　杨丹莹

编　　辑　林　枫　李　夏　李　晶

校　　对　甘素文　廖婷婷

封面设计　林　枫　李燕东

图书在版编目（CIP）数据

工业机器人应用与维护一体化课程教学指导手册 / 温利莉，林光主编．—成都：西南交通大学出版社，2022.3

ISBN 978-7-5643-8621-4

Ⅰ．①工… Ⅱ．①温… ②林… Ⅲ．①工业机器人－高等职业教育－教学参考资料 Ⅳ．①TP242.2

中国版本图书馆 CIP 数据核字（2022）第 038074 号

Gongye Jiqiren Yingyong yu Weihu Yitihua Kecheng Jiaoxue Zhidao Shouce

工业机器人应用与维护一体化课程教学指导手册

主编　温利莉　林　光

责任编辑	黄淑文
封面设计	林　枫　李燕东
出版发行	西南交通大学出版社 （四川省成都市金牛区二环路北一段 111 号 西南交通大学创新大厦 21 楼）
发行部电话	028-87600564　028-87600533
邮政编码	610031
网址	http://www.xnjdcbs.com
印刷	四川玖艺呈现印刷有限公司
成品尺寸	210 mm × 260 mm
印张	30
字数	674 千
版次	2022 年 3 月第 1 版
印次	2022 年 3 月第 1 次
书号	ISBN 978-7-5643-8621-4
定价	200.00 元

广州市工贸技师学院

一体化课程教学指导手册

编写委员会

主　　任　汤伟群

副主任　陈海娜　翟恩民

委　　员　周志德　刘炽平　伍尚勤　刘志文

杨素娟　陈志佳　吴多万　周红霞

王正旭　高小秋　朱　漫　甘　路

张扬吉　陈静君　宋　雄　符　强

李　江　寿丽君　陈　波

前言

为贯彻落实习近平总书记在学校思想政治理论课教师座谈会上的重要讲话和中共中央办公厅、国务院办公厅印发《关于深化新时代学校思想政治理论课改革创新的若干意见》文件精神，挖掘其他课程和教学方式中蕴含的思想政治教育资源，发挥所有课程育人功能，构建全面覆盖、类型丰富、层次递进、相互支撑的课程体系，使各类课程与思政课同向同行，形成协同效应，实现全员全程全方位育人，广州市工贸技师学院在不断深入推进以职业活动为导向、以校企合作为基础、以综合职业能力培养为核心，理论教学与实践教学相融通、学习岗位与工作岗位相对接、职业能力与岗位能力相对接的一体化课程教学改革基础上，构建了一专业一特点的一体化课程与思政教育相互融合的课程与教学体系。

为帮助教师全面系统把握思政融合逻辑、课程内部结构，扎实推进思政融合一体化课程的教学实施，学院以专业为单位组织编写了《一体化课程教学指导手册》共 15 册。系列手册中，各专业系统梳理一体化课程中蕴涵的国家意识、人文素养、技术思想、职业素养、专业文化五个领域思政教育资源，精心选取思政元素，合理布局融合点，深化教学融合设计，结构化地呈现了专业人才培养目标、课程思政方案、课程标准、教学活动等，从而帮助教师快速把握融合思政元素的一体化课程设计思路、教学目标、教学模式、课堂活动及其评价方式。

同时，《人力资源社会保障部办公厅关于推进技工院校学生创业创新工作的通知》（人社厅发〔2018〕138 号）文件明确指出，要加强技工教育创业创新课程体系建设，将创业创新课程纳入技工院校教学计划，将创业创新意识教育课程与公共课程相结合，将创业创新实践课程与专业课程相结合。系列手册中，各专业在部分工学结合的一体化学习任务基础上，融合了商机发掘、团队组建、市场调查、产品制造、商业模式设计、财务预测、项目路演等创新创业知识与技能，在日常专业教学过程中渗透培养创新意识和创业精神，从而提高学生创新创业能力。

思政融合、专创融合的一体化课程设计及其教学实施在技工院校尚属探索阶段，加之编者水平有限，手册存在的不足之处，恳请批评指正。

广州市工贸技师学院

2022 年 3 月

人才培养目标

◆ 培养定位

培养具有良好的政治素养与人文素养，掌握工业机器人应用与维护最新技术，工业机器人应用与维护综合技能过硬，达到电工相应等级职业资格，能爱岗敬业、严谨理性、实践创新，服务工业机器人及智能装备产业发展，践行技能强国梦想的技能型人才。

◆ 就业面向的行业企业类型

面向工业机器人机械本体生产企业、工业机器人系统集成开发与安装企业、工业机器人应用企业。

◆ 适应的岗位或岗位群

适应工业机器人操作、机器人生产、系统集成方案设计、智能制造集成应用、系统安装调试、机器人维护维修等岗位群工作。

◆ 能胜任的工作任务

胜任机器人零部件的机械加工与组装、控制电路安装调试、控制程序编写与调试、自动生产线维护、机器人故障维修、工业机器人销售等工作任务。

◆ 需具备的通用职业能力

具备自主学习、团队合作、沟通协调、独立分析与解决问题、组织管理、吃苦耐劳等职业能力及素养。

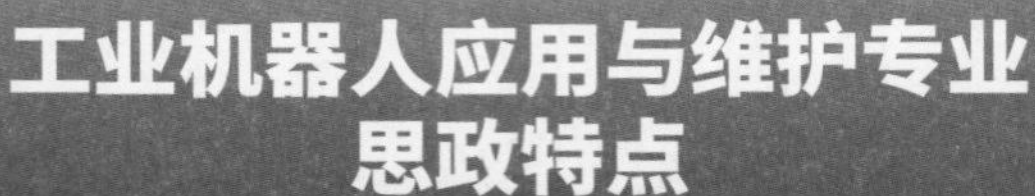

工业机器人应用与维护专业思政特点

突出严谨理性的科学精神及技术应用能力，提升工业机器人应用与维护综合技能，助力智能装备产业发展，践行技能强国梦。

工业机器人应用与维护专业课程思政方案

思政领域	融合的思政元素	课程名称	学习任务	学习内容
国家意识	国情观念（了解国情）	工业机器人应用与维护职业认知	工业机器人专业认知	查找资料，学习工业机器人发展史、中外机器人发展差异，树立先进技术思想，引发技能强国信念。

思政领域	融合的思政元素	课程名称	学习任务	学习内容
人文素养	明德修养（砥砺知行）	工业机器人集成与应用	工业机器人电机装配生产线的硬件集成	在完成电机装配生产线硬件系统集成项目中克服困难、踏实肯干，磨炼砥砺知行的意志。

思政领域	融合的思政元素	课程名称	学习任务	学习内容
技术思想	批判思维（独立思考）	工业机器人工作站的安装与调试	工业机器人本体的安装	学习并独立思考和判断国产与进口减速机的技术差别，正确判断技术可取之处，引发批判质疑精神。
	崇尚实践（反复实践）	工业机器人工作站的安装与调试	工业机器人打磨工作站安装与调试	从高尔夫球头 6 道打磨工艺流程中认识打磨工艺需反复实践和检验的重要性。

工业机器人应用与维护专业课程思政方案

思政领域	融合的思政元素	课程名称	学习任务	学习内容
技术思想	技术运用（环境防护）	工业机器人工作站的安装与调试	工业机器人喷涂工作站安装与调试	学习工作站环境防护要求与技术，增强运用技术进行环境防护的意识。
	严谨理性（原理和方法）	工业机器人应用方案分析与设计	夹具设计	根据产品特点及多种因素进行夹具设计、评价，养成严谨理性的态度。

思政领域	融合的思政元素	课程名称	学习任务	学习内容
职业素养	企业文化（职业认同感）	工业机器人应用与维护职业认知	工业机器人企业参观调研	调研并汇报企业概况、岗位、文化等情况，增强岗位认识，建立职业认同感。
	规则意识（工作流程）	工业机器人的维护与保养	工业机器人的维修	在学习不同品牌机器人的维修、保养工艺流程中，通过“加错油”案例认识严格遵循工作流程与规则的重要意义，树立规则意识。

思政领域	融合的思政元素	课程名称	学习任务	学习内容
专业文化	技术运用（创意表现）	工业机器人应用方案分析与设计	夹具设计	在夹具设计中，通过小组对比，思考设计方案优缺点，发挥小组成员创造力，把创意转化为实物，运用技术实现创意表现。
	技术运用（综合运用）	工业机器人集成与应用	工业机器人电机装配生产线的硬件集成	运用综合技术完成电机装配生产线的各工作站单元与工业机器人之间的硬件系统集成，提升灵活处理问题的能力，强化技能强国的职业理想和信念。

目录

思政融合

专创任务

中级工
生手

职业能力成长阶梯

目录

高级工
熟手

预备技师
能手

课程 1. 工业机器人应用与维护职业认知 课时：48

学习任务 1		学习任务 2
工业机器人专业认知	→	工业机器人企业参观调研
（24）学时		（24）学时

课程目标

学习完本课程后，学生应当能够对工业机器人、工业机器人行业企业、工业机器人的岗位分布和职责与职业要求有良好的理解和认识，包括：工业机器人的由来、发展历程、分类和系统构成；机器人行业发展历程、行业发展现状、发展趋势、应用领域、行业结构和薪酬情况、国内外代表性企业和主要品牌（产品）、行业竞争情况，企业所处行业位置、新产品与市场接受程度、新技术与新发明，工业机器人企业工作环境、岗位分布和职责与职业资格要求、安全生产操作要求等；养成吃苦耐劳等良好的职业素养，具备信息检索与收集整理、沟通表达、团队协作、总结反思等能力。包括：

1. 能读懂任务单，与负责人沟通，明确任务内容和要求。
2. 能以小组合作方式，通过收集网络信息，查阅企业资料库等方式，收集工业机器人、工业机器人行业企业、工业机器人岗位分布及职责与职业资格要求等信息。
3. 对未来就业岗位有清晰的印象，建立起职业认同感。
4. 从宏观的角度洞察应用在自动化和机器人行业的组织和技术，对工作过程有明确认识，有一定的质量意识。
5. 对机器人类型、机电一体化组件、单元和工作站进行功能性分析，能够理解这些人性化工作站的结构和基本原理。
6. 认识企业生产管理的方式与要求，能在学习过程中的各种场地贯彻 8S 管理要求。
7. 对工作过程有具体理解，能在今后学习过程中按照工作过程（六步）开展学习。
8. 能对收集的信息进行整理归类，制作 PPT 文档和填写认知报告。
9. 能根据工业机器人使用说明书，使用示教器安全操控工业机器人，完成简单的动作展示。

课程内容

本课程的主要学习内容包括：

1. 任务单、机器人使用说明书、安全管理制度及规范的阅读分析

任务单、企业安全规章制度、安全作业规范、工作手册、交易会邀请函、工业机器人操纵说明书的阅读分析。

2. 工业机器人相关资料的收集与整理

搜集与整理工业机器人的由来、发展史、分类、系统构成、应用领域，工业机器人行业发展现状、发展趋势、行业结构、企业文化和薪酬情况、行业竞争情况、国内外代表性企业和主要品牌（产品）、企业所处行业位置、 新产品与市场接受程度、新技术与新发明等方面的信息；收集与归整工业机器人企业岗位分布与职责、岗位认知要求、企业工作环境、安全标识、安全管理制度、 6S 管理要求等信息。

3. 机器人企业常见的组织结构和工作概况

4. 自动化基础知识

自动化生产线的结构；生产制造，质量和维护的工业生产管理方法；用于自动化的传感器和执行器的原理和类型、影响质量的因素。

5. 工业机器人的基本操作

工业机器人上电、断电及基本操作，示教器操作界面的认识及示教器的使用，工业机器人基本指令的认识与应用，工业机器人各轴运动范围的确认，机器人运动速度的调整。

6. PPT 文档的制作与认知报告的填写。

PPT 素材的收集与整理、PPT 的制作、PPT 的汇报演示，岗位认知报告的填写。

7. 工作总结

职业认知的总结与反思。

学习任务 1：工业机器人专业认知

任务描述

学习任务学时：24 课时

任务情境：

学生通过参观体验实训场地的机电一体化实训设备，或观看智能制造的视频以及老师的介绍，通过互联网搜索，收集机器人应用的案例，并通过展示、分享获得的信息相互学习，以便对工业机器人的发展史、机器人种类、机器人的典型应用、机器人的发展趋势等基本情况有大致认识，从而对本专业需要学习 的内容有比较全面的认识。

具体要求见下页。

动力学
传感器
传输

工作流程和标准

工作环节 1

获取工业机器人专业相关信息

分析学习情境的内容，通过网络或其他各种方式查找机器人的种类和相关技术（运动学和动力学、传感器和制动器、驱动技术、传输），培养对专业的认识，建立起对企业的认知，从而增强职业认同感。

（一）通过思维导图的方式归纳和整理机器人的种类和相关技术，学习国产机器人与国外机器人的区别与差异。

（二）探讨运动学和动力学的目的。可以人体的手臂为例，介绍手臂的关节与运动特征，说明工业机器人基本结构。

（三）分析传感器和制动器：通过参观自动化线，分析自动化生产线的自动化生产单元和工作站，观察传感器和制动器在自动化线中的应用与工作原理。

（四）结合实训设备介绍工业机器人常见的驱动技术。

（五）讲解自动化生产中工件的不同传输类型

学习成果：

1. 机器人种类图（图）；
2. 能够叙述工业机器人的结构和运动方式；
3. 能准确地在自动化线中找出各种传感器，能分析各种传感器的工作原理
4. 能用思维导图绘制驱动技术种类，叙述驱动技术的工作原理；
5. 归纳传输方式。

学习内容：

1. 机器人的种类，工业机器人的应用领域，工业机器人发展史；
2. 工业机器人的运动路径、关节，运动路径与关节的关系、运动方式等；
3. 传感器的种类、传感器的工作原理；
4. 编制调研问卷、企业岗位表、技术和工业管理流程和方法；
5. 传输的方式、传输的组网。

职业素养：

1. 培养实现中华民族伟大复兴中国梦而不懈奋斗的信念和行动意识；
2. 培养学生的质量和效率意识；
3. 培养学生对工作流程的认识；
4. 细心的职业精神；
5. 表达能力，接受意见和改进问题的态度。

工作环节 2

二、制订工业机器人信息收集的计划

2

在获取相关信息后，编制工作计划，分配机器厂家给不同团队的成员。

学习成果：
1. 企业参观调研流程、人员分工计划。

学习内容：
1. 分析工作计划模板、参观调研的步骤、外出调研的注意事项。

职业素养：
1. 乘车安全、参观过程安全、分工合作的精神。

工作环节 3

三、对工业机器人信息收集进行展示并决定

3

各小组派代表展示本组的参观流程和人员分工情况，其他人员对计划提出意见，根据大家反馈的意见完善计划。

学习成果：修订后的参观调研计划。

职业素养：
1. 思政融合：批判意识，接受意见和建议的良好态度。

工作流程和标准

工作环节 4

四、按制订的计划进行信息收集与归纳

（一）各位同学要根据自己的分工进行准备；

（二）各位同学要根据自己的分工进行企业参观调研；

（三）与公司代表进行访谈；

（四）制作参观调研的 PPT。

学习成果：

1. 相机、问卷 等工具；
2. 照片、记录、问题的答案；
3. 参观调研的 PPT。

学习内容：

1. 参观的注意事项；
2. 访谈的方法、访谈的礼仪；
3. PPT 制作方法、展示内容选择。

职业素养：

1. 服从意识，做好本职工作；
2. 安全意识，遵守企业相关规定；
3. 数据安全，在制作 PPT 的过程中时时注意对文件的保存，以免数据丢失。

工作环节 5

五、成果展示与汇报

5

小组代表轮流展示并说明成果。

学习成果：PPT。

职业素养：口头表达能力，培养于成果展示环节。

工作环节 6

六、工业机器人企业参观调研的评价与反馈

根据评价方案，对学生本任务做一个评价，包括过程评价和结果评价。

学习成果：评价表。

职业素养：接受批评和修改。

学习内容

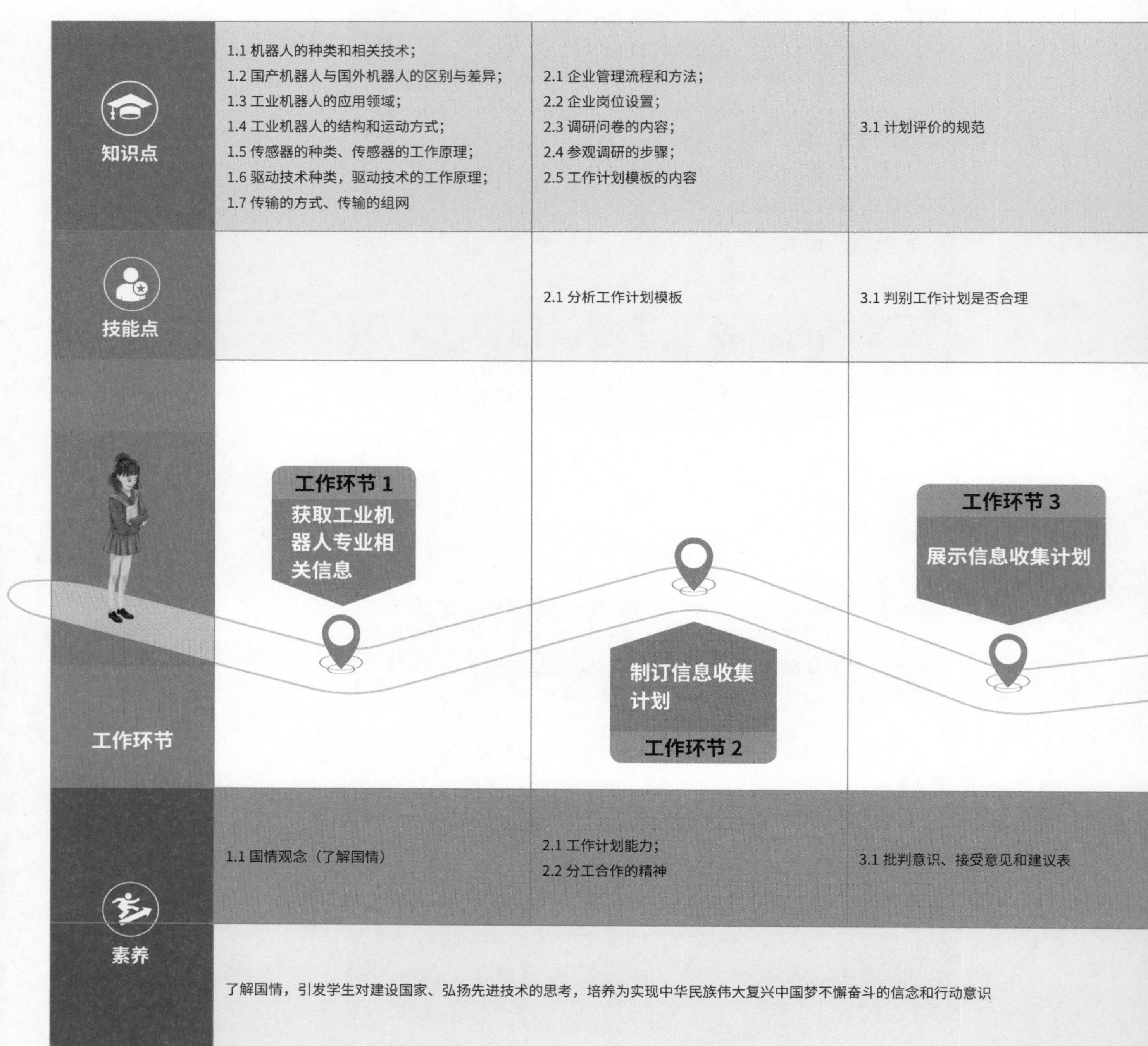

知识点	1.1 机器人的种类和相关技术； 1.2 国产机器人与国外机器人的区别与差异； 1.3 工业机器人的应用领域； 1.4 工业机器人的结构和运动方式； 1.5 传感器的种类、传感器的工作原理； 1.6 驱动技术种类，驱动技术的工作原理； 1.7 传输的方式、传输的组网	2.1 企业管理流程和方法； 2.2 企业岗位设置； 2.3 调研问卷的内容； 2.4 参观调研的步骤； 2.5 工作计划模板的内容	3.1 计划评价的规范
技能点		2.1 分析工作计划模板	3.1 判别工作计划是否合理
工作环节	工作环节 1 获取工业机器人专业相关信息	制订信息收集计划 工作环节 2	工作环节 3 展示信息收集计划
素养	1.1 国情观念（了解国情）	2.1 工作计划能力； 2.2 分工合作的精神	3.1 批判意识、接受意见和建议表
	了解国情，引发学生对建设国家、弘扬先进技术的思考，培养为实现中华民族伟大复兴中国梦不懈奋斗的信念和行动意识		

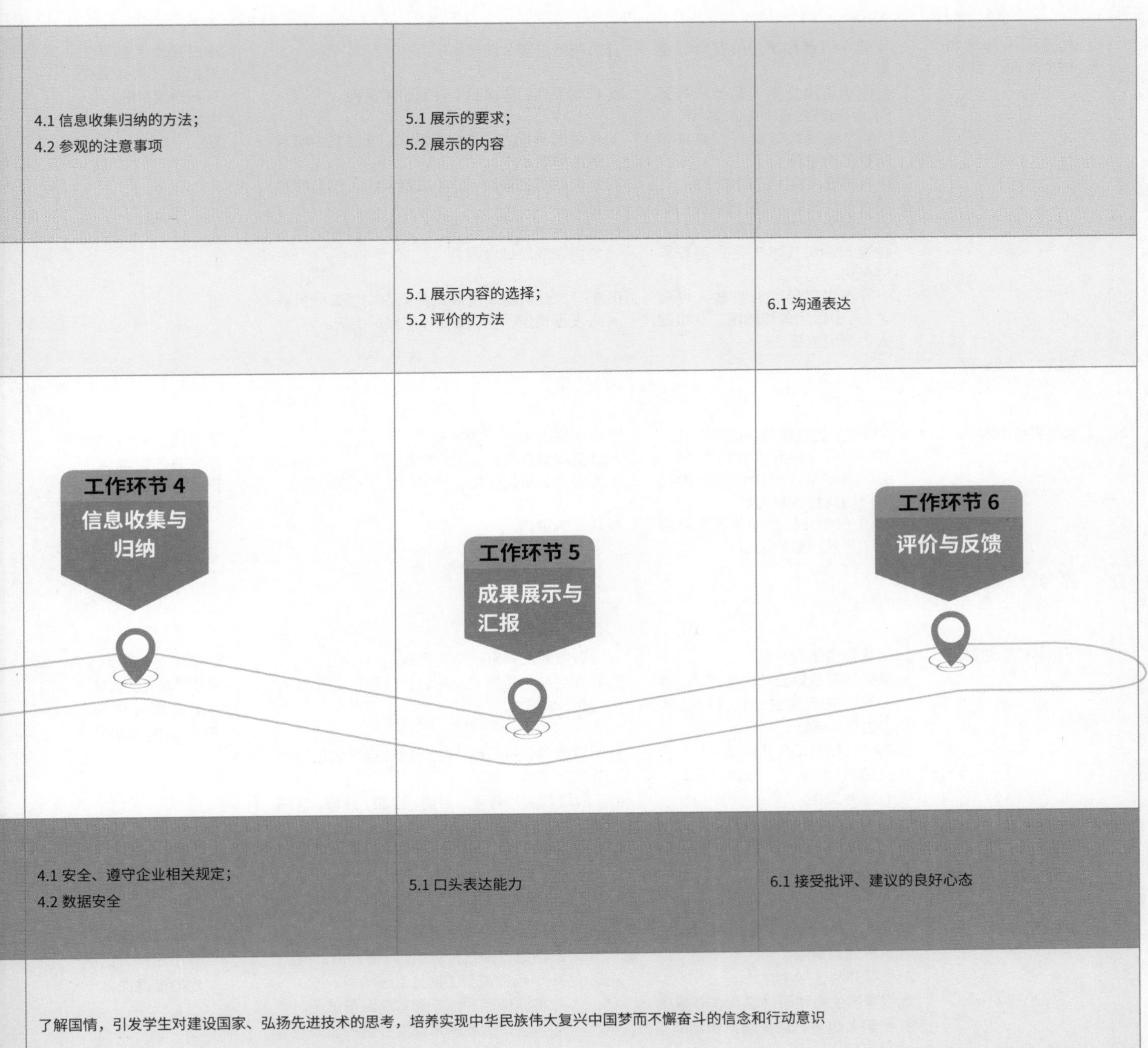
4.1 信息收集归纳的方法；
4.2 参观的注意事项
5.1 展示的要求；
5.2 展示的内容
5.1 展示内容的选择；
5.2 评价的方法
6.1 沟通表达
工作环节 4
信息收集与归纳
工作环节 5
成果展示与汇报
工作环节 6
评价与反馈
4.1 安全、遵守企业相关规定；
4.2 数据安全
5.1 口头表达能力
6.1 接受批评、建议的良好心态
了解国情，引发学生对建设国家、弘扬先进技术的思考，培养实现中华民族伟大复兴中国梦而不懈奋斗的信念和行动意识

课程 1. 工业机器人应用与维护职业认知

学习任务 1：工业机器人专业认知

获取工业机器人专业信息 → 2 制订工业机器人信息收集的计划 → 3 工业机器人信息收集进行展示并决定 → 4 按制订的计划进行信息收集与归纳 → 5 成果展示与汇报 → 6 工业机器人企业参观调研的评价与反馈

获取工业机器人工作站信息

工作子步骤	教师活动	学生活动	评价
1. 机器人的种类和相关技术。	1. 强调本门课程学习的安全注意事项。 2. 引导学生独立阅读富士康的案例，划出四到五个关键词。 3. 引导学生通过关键词叙述文中所表达的意思。 4. 讲解机器人换人的现象分析。 5. 提出查找资料，以思维导图形式列出国产机器人与国外机器人种类和相关技术的区别与差异的任务。 6. 引导学生学习工业机器人发展史，以小组为单位绘出工业机器人生产史进程表。	1. 听教师讲安全注意事项。 2. 根据老师的要求阅读并划出关键词。 3. 将关键词用自己语言串起来，描述文中所表达的意思。 4. 听取教师的讲解，理解机器人换人的意思和目的。 5. 通过各种途径查找资料，以广州数控机器人为例完成思维导图。 6. 学习工业机器人发展史并结合中国工业机器人发展情况，通过图表形式归纳出来。	1. 通过抽查了解学生对机器人换人案例理解是否准确。 2. 小组代表展示并说明。
课时： 2 课时 1. 软资源：工业 1.0、工业 2.0、工业 3.0、工业 4.0 相关文档等。			
2. 运动学和动力学。	1. 引导学生回忆印象中的生产线。 2. 教师视频介绍自动化生产线。 3. 引导学生从视频中找到自动化生产线的特点及优势。 4. 通过 PPT 分析自动化生产线和影响产品质量的因素。	1. 学生描述生产线的情景。 2. 认真观看自动化生产线的视频。 3. 观看并记录自动化生产的特点和优势。 4. 认真听讲。	1. 通过提问的方式检查学生对自动化生产线的理解。
课时： 2 课时 1. 软资源：自动化生产线的视频、PPT 等。			
3. 传感器和制动器。	1. 回顾自动化生产线。 2. 带领学生参观自动化生产线，并引导学生观察自动化生产线的各工作单元。 3. PPT 介绍自动化生产单元。 4. 介绍传送、分类、检测、处理、仓储等工作。	1. 听取教师回顾自动化生产线。 2. 参观自动化生产线，并记录自动化生产线的各生产单元。 3. 听取教师分析自动化生产线的自动化生产单元和工作站。 4. 了解如何实现传送、分类、检测、处理、仓储等工作。	1. 抽查学生对自动化各生产单元的理解。 2. 找出自动化生产线各工作站中的异同。
课时： 2 课时 1. 软资源：自动化生产线的视频、PPT 等。			
4. 驱动技术。	1. 下达工作任务并对任务进行解说。 2. 讲解注意事项。 3. 引导并监控学生讨论。 4. 引导学生将调研问题写在海报纸上。 5. 组织各组进行成果展示和组间互评。	1. 接受并明确小组的工作任务。 2. 小组讨论任务要求，听讲并做记录。 3. 小组完成分工部分引导问题。 4. 将整理后的信息书写在海报纸上。 5. 各组派代表展示成果并进行组间互评。	1. 通过讨论来判断各小组设计的问题的准确性。
课时： 2 课时 1. 软资源：海报纸等。			

基准学时：24

1 获取工业机器人专业信息 → 2 制订工业机器人信息收集的计划 → 3 工业机器人信息收集进行展示并决定 → 4 按制订的计划进行信息收集与归纳 → 5 成果展示与汇报 → 6 工业机器人企业参观调研的评价与反馈

	工作子步骤	教师活动	学生活动	评价
制订信息收集计划	1. 获取工业机器人相关信息后，制订企业参观调研的流程和分工。	1. 分析工作计划的模板。 2. 引导学生制订参观调研计划。 3. 引导小组长进行分工。	1. 学生认真听取工作计划模板的讲解。 2. 按步骤细心制订企业参观调研计划。 3. 组员听取组长的分工。	
	课时： 2 课时 1. 软资源：教学课件、任务书、工作页、计划模板等。			
展示计划	1. 各小组学生展示本组的参观流程和人员分工情况。	1. 引导学生汇报，维护教学秩序。 2. 观察记录学生汇报情况。 3. 根据过程记录，点评各小组调研计划情况。 4. 宣读评分细则。 5. 收集小组评价表。（附件 4） 6. 引导学生进行参观计划预演。	1. 小组代表汇报，组内其他同学补充。 2. 倾听汇报并记录。 3. 倾听教师点评并记录。 4. 填写评价表并上交。 5. 各小组通过角色扮演，预演一遍调研问题，以确定小组分工、工具准备。	1. 学生对展示的计划表进行互评。 2. 教师对展示的计划表进行评价。
	课时： 2 课时 1. 软资源评价表等。			
信息收集与归纳	1. 实施工业机器人专业认知计划。	1. 引导学生提前做好准备工作。 2. 带领学生到企业现场参观调研。 3. 确保学生安全和遵守工厂规章。 4. 确认必要的学生安全政策和干预措施。 5. 引导学生制作演示 PPT。	1. 各位同学根据自己的分工进行准备。 2. 小组给公司代表讲述来访的目的。 3. 参观，若允许则可拍照，否则根据参观清单记录。 4. 通过向公司代表问问题来收集需要的信息。 5. 记录并汇总调研数据，制作 PPT。	
	课时： 8 课时 1. 硬资源：车辆、相机等。 2. 软资源：调研计划等。			
成果展示与汇报	组内自评与组间互评。	1. 引导学生进行组内评价，检查任务完成情况。 2. 引导学生汇报展示，记录好每个小组的展示情况。 3. 点评各小组的调研情况。	1. 各小组根据调研工作计划，检查任务完成情况。 2. 学生代表汇报调研成果，组内其他学生对汇报进行合适的补充。 3. 各小组对展示的组进行评价。	1. 小组展示汇报后进行组内自评。 2. 汇报完毕后小组之间互评。
	课时： 2 课时 1. 软资源：评价表等。			
评价与反馈	教师评估。	1. 根据学生的参观发现，总结不同的机电一体化课程的目的，对公司现有工作概要文件进行分析说明。 2. 总结本课程学习的方法。	1. 了解整个学习环境，学习情境的必要性。理解管理方法以及与未来工作紧密相关的机器人课程。 2. 听教师的总结与点评，记录需要提升的新的知识点和技能点。	1. 教学评价方案。
	课时： 2 课时 1. 软资源：评价表等。			

学习任务 2：工业机器人企业参观调研

任务描述

学习任务学时：24 课时

任务情境：

在上一个学习任务中，大家学习了工业机器人的基础理论，对工业机器人的结构和应用以及工业生产的流程有了初步认识。在这个任务中，教师将带领学生到企业实地考察学习，学生需要编制企业调研提纲，通过企业参观验证和转移吸收知识，并以小组合作的方式展示调研成果和结论，从而培养必要的动机进一步学习接下来的课程。此外，通过调研企业的生产工作流程，获知完成任务的一般性步骤，对“六步骤”的行动导向式学习有具体的了解，为开始机器人课程的学习打下基础。

具体要求见下页。

工作流程和标准

工作环节 1

一、获取工业机器人相关信息

通过分析学习情境的内容，了解企业的产品、生产流程、工作岗位和岗位要求等，明确作为工业机器人专业的职员各工作岗位的工作对象和工作内容，从而明确未来就业岗位情况，建立对企业的认知，增强职业认同感。

1. 学习情境介绍。

2. 通过关键词的方式叙述工业生产历史。

3. 探讨自动化的目的。

通过分析国内自动化生产线与人工生产线之间的比例变化，突出国内自动化的发展日益成熟，已经形成从劳动密集型向技术革新转型的大好环境。

4. 分析自动化单元和工作站。

参观自动化生产线，分析自动化生产线的自动化生产单元和工作站如何实现传送、分类、检测、处理、仓储等工作。

学习成果：

1. 复述工作任务的内容；
2. 工业生产史进程表（图）；
3. 能够解释质量、工作效率、安全与自动化的目的；
4. 能准确描述自动化生产线的工作原理、自动化生产线各单位和工作的构成。

知识点：

1. 学习情境架构的目的、工作任务的内容。
2. 工业机器人换人的原因、工业发展史。
3. 传统人工生产线、自动化生产线的概念、影响产品质量的因素。
4. 自动化生产线的生产单元、工作站构成与作用、自动化生产线的通信原理、各种工作站的原理。

技能点：

用图表绘制出工业发展进程。

职业素养：

1. 安全意识、良好的仪容仪表。
2. 通过引导学生用图表绘制工业发展史，培养学生归纳、总结能力。
3. 增强国情观念和职业认同感。
4. 培养学生对工作流程的认识。

学习任务 2：工业机器人企业参观调研

工作环节 2

二、制订企业参观调研的计划

1. 在获取相关信息后，制订企业参观调研的流程和分工。

2. 调研提纲设计。

教师介绍调研企业的情况，包括企业概况、工作岗位、企业文化等。学生讨论并设计调研问题，包括企业概况、工作岗位、企业文化等。正确地整理罗列问题以开发调研问卷用于实地考察，包含人力资源分类问题、技术和工业管理等方面问题，为企业调研做准备。任务完成后，随机抽取学生展示和汇报成果，教师对学生的学习过程和完成任务情况进行评价。

学习成果：

1. 企业参观调研流程、人员分工计划。
2. 调研问卷、企业岗位表、企业管理流程和方法。

知识点：

1. 工作计划模板的内容、参观调研的步骤。
2. 调研企业情况介绍、调研问卷的内容、企业岗位设置、企业管理流程和方法。

技能点

1. 分析工作计划模板、分析外出调研的注意事项。
2. 调研问卷的编制方法。

职业素养：

1. 通过制订调研计划，培训学生工作计划能力及分工合作精神。
2. （1）细心的职业精神
   （2）通过企业文化、岗位等的介绍，增强学生对未来就业岗位的认识，建立职业认同感。

工作流程和标准

工作环节 3

三、展示参观调研计划

各小组派代表展示本组的参观流程和人员分工情况，其他人员对计划提出意见，根据大家反馈的意见完善计划。

学习成果：

参观调研工作计划、小组评价表、修改后的调研计划。

职业素养：

批判精神，接受意见和建议的良好状态。

工作环节 4

四、参观调研

各小组同学按照工作计划，根据各自的分工做好相关准备工作，按要求实施企业参观、调研，与企业相关人员进行沟通、访谈，收集相关信息；结束后，对信息进行加工整理并制作 PPT，准备汇报。

学习成果：

企业信息 、照片、访谈结果、参观调研的 PPT。

知识点：

参观的注意事项、访谈的方法、访谈的礼仪。

技能点：

PPT 制作方法、展示内容选择。

职业素养：

（1）安全意识，遵守企业相关规定。

（2）数据安全意识，在制作 PPT 的过程中时时注意对文件的保存，以免数据丢失。

工作环节 5

五、成果展示与汇报

5

小组代表轮流展示并说明成果。

学习成果：
工业机器人参观调研评价表。

知识点：
评价的内容、评价的要求。

技能点：
评价的方法。

职业素养：
口头表达能力，培养于成果展示环节。

工作环节 6

六、评价与反馈

6

根据评价方案，对学生完成本任务的情况做一个评价，包括过程评价和结果评价。

学习成果：
工业机器人参观调研评价表。

职业素养：
接受批评、建议的良好心态。

学习内容

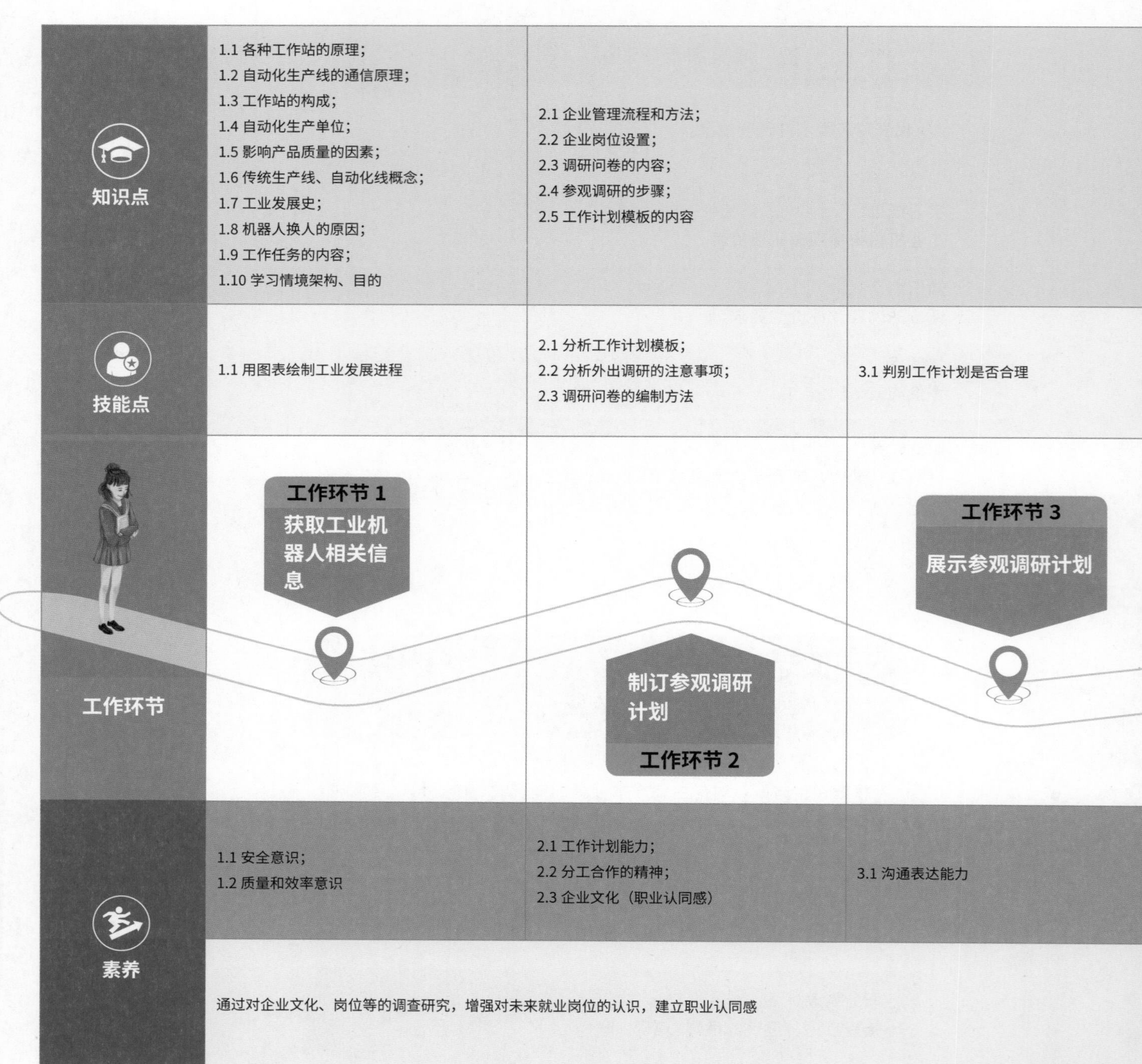

知识点	1.1 各种工作站的原理； 1.2 自动化生产线的通信原理； 1.3 工作站的构成； 1.4 自动化生产单位； 1.5 影响产品质量的因素； 1.6 传统生产线、自动化线概念； 1.7 工业发展史； 1.8 机器人换人的原因； 1.9 工作任务的内容； 1.10 学习情境架构、目的	2.1 企业管理流程和方法； 2.2 企业岗位设置； 2.3 调研问卷的内容； 2.4 参观调研的步骤； 2.5 工作计划模板的内容	
技能点	1.1 用图表绘制工业发展进程	2.1 分析工作计划模板； 2.2 分析外出调研的注意事项； 2.3 调研问卷的编制方法	3.1 判别工作计划是否合理
工作环节	工作环节 1 获取工业机器人相关信息	制订参观调研计划 工作环节 2	工作环节 3 展示参观调研计划
素养	1.1 安全意识； 1.2 质量和效率意识	2.1 工作计划能力； 2.2 分工合作的精神； 2.3 企业文化（职业认同感）	3.1 沟通表达能力
	通过对企业文化、岗位等的调查研究，增强对未来就业岗位的认识，建立职业认同感		

学习任务 2：工业机器人企业参观调研

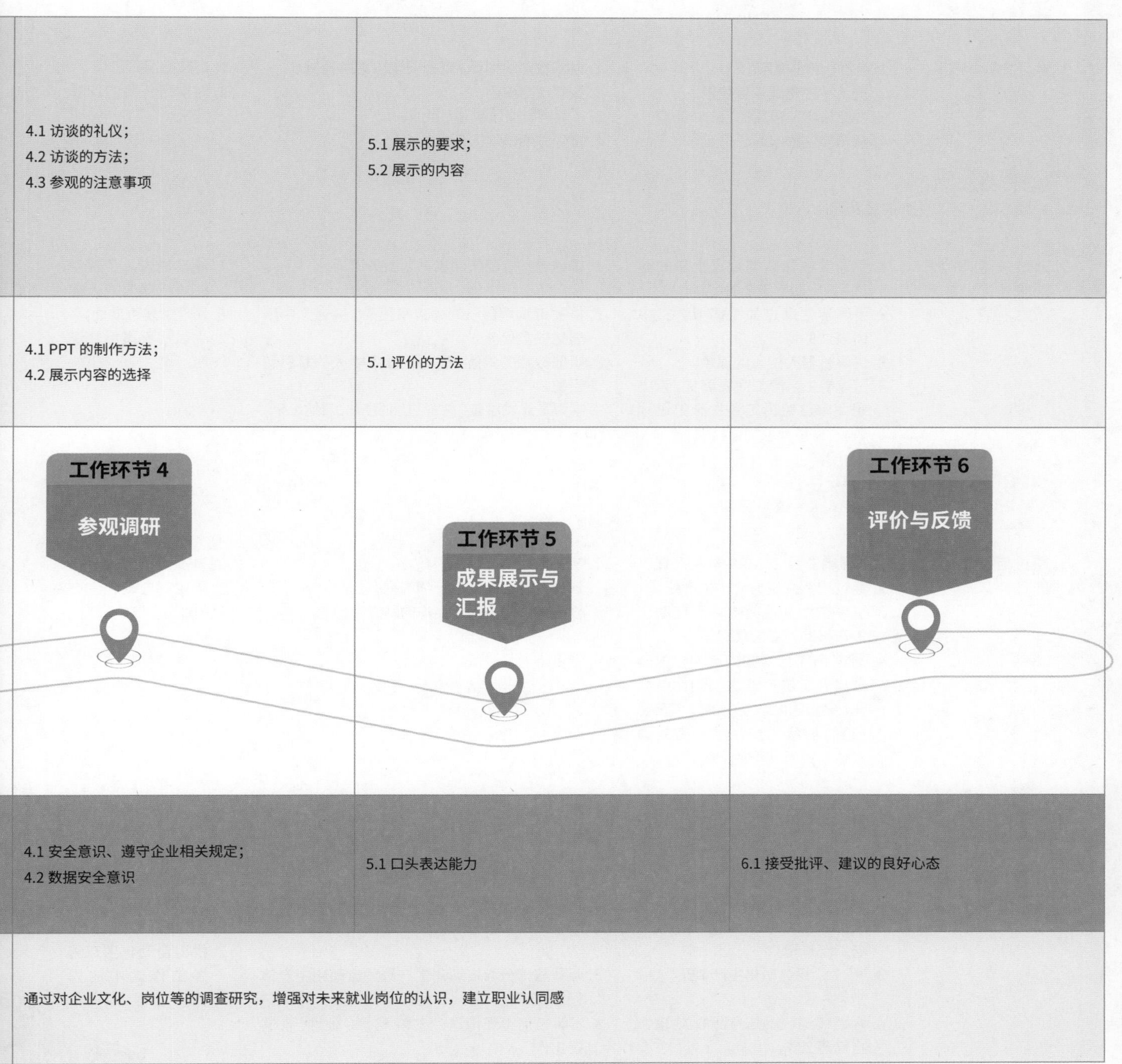

4.1 访谈的礼仪； 4.2 访谈的方法； 4.3 参观的注意事项	5.1 展示的要求； 5.2 展示的内容	
4.1 PPT 的制作方法； 4.2 展示内容的选择	5.1 评价的方法	
工作环节 4 参观调研	工作环节 5 成果展示与汇报	工作环节 6 评价与反馈
4.1 安全意识、遵守企业相关规定； 4.2 数据安全意识	5.1 口头表达能力	6.1 接受批评、建议的良好心态
通过对企业文化、岗位等的调查研究，增强对未来就业岗位的认识，建立职业认同感		

课程 1. 工业机器人应用与维护职业认知

学习任务 2：工业机器人企业参观调研

 获取工业机器人相关信息

2 制订企业参观调研的计划

3 对企业参观调研计划进行展示并决定

 按制订的计划进行企业参观调研

 工业机器人企业参观调研成果展示与汇报

 工业机器人企业参观调研的评价与反馈

获取工业机器人相关信息

工作子步骤	教师活动	学生活动	评价
1. 学习情境介绍。	1. 考勤、安全提示。 2. 提示学生整理仪容仪表。 3. 介绍该学习情境的目的、架构。 4. 解释学生的学习任务。	1. 根据教师的提示，查找安全隐患并排除。 2. 整理仪容仪表。 3. 了解学习情境架构、目的。 4. 接受并明确学习任务。	1. 出勤情况。 2. 对学习任务的理解情况。
课时： 0.5 课时 1. 软资源：学习任务描述表等。			
2. 通过关键词的方式叙述工业生产历史。	1. 引导学生独立阅读富士康的案例，划出四到五个关键词。 2. 引导学生通过关键词叙述文中所表达的意思。 3. 讲解机器人换人的现象。 4. 引导学生学习工业发展史，以小组为单位绘出工业生产史进程表。	1. 根据老师的要求阅读并划出关键词。 2. 将关键词用自己的语言串起来，描述文中所表达的意思。 3. 听取教师的讲解，理解机器人换人的意思和目的。 4. 学习工业发展史，并通过图表形式归纳出来。	1. 通过抽查，了解学生对机器人换人案例理解是否准确； 2. 小组代表展示并说明。
课时： 2 课时 1. 软资源：工业发展史的 PPT、工业发展视频等。			
3. 探讨自动化的目的。	1.引导学生回忆印象中的生产线。 2. 通过视频介绍自动化生产线。 3. 引导学生从视频中找到自动化生产线的特点及优势。 4. 通过 PPT 分析国内自动化生产线与人工生产线之间的比例变化，突出国内自动化的发展日益成熟，已经形成从劳动密集型向技术革新转型的大好环境。	1. 学生描述生产线的情景。 2. 认真观看自动化生产线的视频。 3. 观看并记录自动化生产的特点和优势。 4. 认真听老师讲解。	通过提问的方式，检查学生对自动化生产线的理解。
课时： 2 课时 1. 软资源：自动化生产线的视频、PPT 等。			
4. 分析自动化单元和工作站。	1. 回顾自动化生产线。 2. 带领学生参观自动化生产线，并引导学生观察自动化生产线的各工作单元。 3. PPT 介绍自动化生产单元。 4. 介绍传送、分类、检测、处理、仓储等工作。	1. 听取教师回顾自动化生产线。 2. 参观自动化线，并记录自动化生产线的各生产单元。 3. 听取教师分析自动化生产线的自动化生产单元和工作站。 4. 了解如何实现传送、分类、检测、处理、仓储等工作。	1. 抽查学生对自动化生产线各生产单元的理解； 2. 找出自动化生产线各工作站中的异同。
课时： 2 课时 1. 软资源：自动化生产线的视频、PPT 等。			

基准学时：24

1 获取工业机器人相关信息
2 制订企业参观调研的计划
3 对企业参观调研计划进行展示并决定
4 按制订的计划进行企业参观调研
5 工业机器人企业参观调研成果展示与汇报
6 工业机器人企业参观调研的评价与反馈

制订参观调研计划

工作子步骤	教师活动	学生活动	评价
1. 获取相关信息后，制订企业参观调研的流程和分工。	1. 提供工作计划模板，解释主要因素和探索活动 的主题。 2. 分析工作计划的模板。 3. 引导小组长进行分工。 4. 引导学生制订参观调研计划。	1. 接收工作计划模板。 2. 认真听取工作计划模板的讲解。 3. 组员听取组长的分工。 4. 小组制订企业参观调研计划。	1. 学生的积极性和参与度； 2. 小组的组织协调能力。
课时： 2 课时 1. 教学设施：计划模板、白板笔等。			
2. 企业调研问题设计。	1. 介绍调研企业的情况，包括企业概况、工作岗位、企业文化等。 2. 引导学生分工合作完成信息收集与加工整理。 3. 讲解注意事项。 4. 引导学生讨论并监控。 5. 引导学生将调研问题写的海报纸上。 6. 组织成果展示。 7. 介绍 SMART 标准的基本含义。 8. 引导学生思考如何评判一次成功的调研，评价学生的调研总结。	1. 听讲调研企业的情况介绍，讨论并设计调研问题，包括企业概况、工作岗位，企业文化等。 2. 通过分工合作完成调研企业信息收集与加工整理。 3. 小组讨论任务要求，听讲并做记录。 4. 小组完成分工部分引导问题。 5. 将整理后的信息书写在海报纸上。 6. 派代表展示成果。 7. 听教师讲解 SMART 标准。 8. 罗列开展调研工作的标准和要分享的内容。	1. 通过讨论来判断各小组设计的问题的准确性。
课时： 2 课时 1. 教学设施：海报纸等。			

展示参观调研计划

工作子步骤	教师活动	学生活动	评价
1. 各小组学生展示本组的参观流程和人员分工情况。	1. 引导学生汇报，维护教学秩序。 2. 观察记录学生汇报情况。 3. 根据过程记录，点评各小组调研计划情况。 4. 宣读评分细则。 5. 收集小组评价表。（附件 4）。 6. 引导学生进行参观计划预演。	1. 小组代表汇报，组内其他同学补充。 2. 倾听汇报并记录。 3. 倾听教师点评并记录。 4. 填写评价表并上交。 5. 各小组通过角色扮演，预演一遍调研问题，以确定小组分工、工具准备。	1. 通过讨论来判断各小组设计的问题的准确性。
课时： 2 课时 1. 教学设施：评价表等。			

课程 1. 工业机器人应用与维护职业认知

学习任务 2：工业机器人企业参观调研

1 获取工业机器人相关信息
2 制订企业参观调研的计划
3 对企业参观调研计划进行展示并决定
4 按制订的计划进行企业参观调研
5 工业机器人企业参观调研成果展示与汇报
6 工业机器人企业参观调研的评价与反馈

	工作子步骤	教师活动	学生活动	评价
进行企业参观调研	1. 完成企业调研。	1. 引导学生提前做好准备工作、了解安全注意事项。 2. 讲解访谈的方法和礼仪。 3. 带领学生到企业现场进行参观调研，确保学生安全和遵守工厂规章。 4. 提醒学生主动发现和记录相关资料。 5. 引导学生制作演示 PPT。	1. 各位同学要根据自己的分工进行准备，并注意安全。 2. 听讲访谈的方法和礼仪。 3. 有序参观，若允许则可拍照，否则根据参观清单记录。 4. 通过向公司代表问问题来收集需要的信息。 5. 记录并汇总调研数据，结束后制作 PPT。	1. 能否按计划实施参观； 2. 参观过程是否出现安全事故； 3. 调研过程企业的评价； 4. 调研的最终效果。
	课时： 10 课时 1. 硬资源：车辆、相机等。 2. 教学设施：调研计划、调研问卷等、笔记本等。			
成果展示与汇报	组内自评与组间互评。	1. 引导学生进行组内评价，检查任务完成情况。 2. 引导学生汇报展示，记录好每个小组的展示情况。 3. 点评各小组的调研情况。	1. 各小组根据调研工作计划，检查任务完成情况。 2. 学生代表汇报调研成果，组内其他学生对汇报进行合适的补充。 3. 各小组对展示的组进行评价。	1. 抽查学生对自动化各生产单元的理解情况； 2. 找出自动化线各工作站中的异同。
	课时： 1 课时 1. 教学设施：评价表等。			
评价与反馈	教师评估。	1. 根据学生的参观发现，总结不同的机电一体化课程的目的，对公司现有工作概要文件进行分析说明。 2. 总结本课程学习的方法。	1. 了解整个学习环境和学习情境的必要性；理解管理方法以及与未来工作紧密相关的机器人课程。 2. 听教师的总结与点评，记录需要提升的新的知识点和技能点。	教学评价方案。
	课时： 0.5 课时 1. 教学设施：评价表等。			

考核标准

情境描述：

某品牌工业机器人生产企业受邀参加某届广州进出口商品交易会，要在交易会上以海报与电子屏的方式展示对工业机器人的介绍，并现场演示操作机器人。市场部主管向新员工下达了任务，新员工需在规定时间内完成对工业机器人展示介绍资料的整理汇编和对机器人的操作演示预汇报。

任务要求：

根据任务的情境描述，通过与主管沟通，明确参展工作任务内容及要求，列出参展准备事项及内容明细清单，以小组合作的方式，在规定时间内完成对工业机器人展示介绍资料的整理汇编和对机器人的操作演示预汇报。

1. 列出参展工作事项及内容明细清单；
2. 按照情境描述的情况，搜集整理工业机器人展示介绍资料，操作工业机器人并预演示汇报；
3. 工作完成后做好总结，分析不足，提出改进方法。

参考资料：

回答上述问题时，你可以使用所有的教学资料，如：工作页、工业机器人使用说明书、个人笔记等。

课程 2. 机器人机械部件生产与组装

学习任务 1
机器人三维建模与驱动
（130）学时

学习任务 1-1
机器人 5 轴电机座机械制图
（50）学时

学习任务 1-2
机器人 5 轴电机座三维建模
（40）学时

学习任务 1-3
机器人本体三维建模与组装驱动
（40）学时

课程目标

学习完本课程后，学生应当能够胜任简单机械工程图的手工绘图、三维软件的建模与驱动、装配钳工、CNC 操作；完成工业机器人各零部件的三维建模及组装驱动，通过完成特定机器人底座各零部件的加工及装配，根据机器人底座各零部件的具体技术要求正确选择设备、工具、制订加工工艺，完成各机器人底座板的加工与装配，能够胜任机器人本体生产的机械加工工作，能够熟练运用数控车床完成各种外轮廓和内孔的加工，能够熟练操作数控铣床进行平面加工、外轮廓加工和各类孔的加工，具备独立分析与解决常规问题的能力，并能严格执行国家、企业安全环保制度和“8S”管理制度，养成吃苦耐劳、爱岗敬业的工作态度和良好的职业认同感；提高学习机械制图新国标的兴趣，养成关注三维软件技术发展的思维习惯，增强振兴我国设计业的责任感。具体目标为：

1. 通过阅读任务书，明确任务完成时间、资料提交要求，通过查阅资料明确图纸要求、绘图工具及三维建模与驱动的绘制流程；通过查阅技术资料或咨询教师进一步明确任务要求中不懂的专业技术指标，最终在任务书中签字确认。
2. 能够分解工业机器人本体各零件产品结构设计的工作内容以及建模步骤，制订的工作计划。
3. 能够根据给定产品零件的工程图，对产品进行合理拆解，并能够叙述零件的工艺分析。
4. 能够遵守机械制图国标新范，针对不同的零件结构特征进行绘图并正确建模。
5. 能够手工绘制产品零件图并正确标注尺寸。
6. 能够使用三维软件（UG/Inventor 等）的各项命令绘制零件三维模型、装配图以及出工程图。
7. 展示汇报工机器人本体三维建模，形成装配体以及工程图的成果，能够根据评价标准进行自检，并能审核他人成果以及提出修改意见，养成严谨的设计思维。
8. 能够运用软件对机械制造评估技能，对产品进行技术创新。
9. 能够运用软件对机械制造评估技能，通过分析产品成本和使用价值，降低成本、节约资源。
10. 能使用钳工技能，根据机器人底座各零部件的具体技术要求正确选择设备、工具、制订加工工艺，完成各机器人底座板的加工。
11. 能使用普通车工技能，根据机器人底座各零部件的具体技术要求正确选择设备、工具并制订加工工艺，完成各机器人底座板的加工。
12. 能使用普通铣工技能，根据机器人底座各零部件的具体技术要求正确选择设备、工具并制订加工工艺，完成各机器人底座板的加工。

课时：400

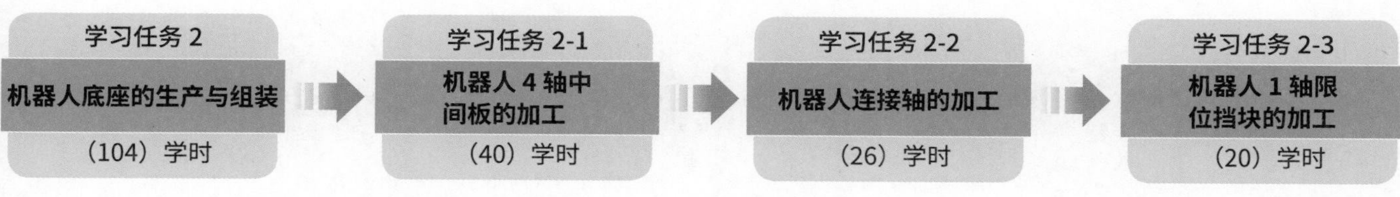

课程目标

13. 能使用钳工装配技能，完成机器人底座的装配。
14. 能够通过阅读任务工单，明确加工内容，正确分析加工内容，合理选择加工刀具、机床和制订加工工艺。
15. 能够叙述数控车床和数控铣床的分类、结构和发展历史及未来的发展趋势。
16. 能够对夹具连接轴进行工艺分析，通过查阅相关技术手册，明确相关作业规范及技术标准，制订加工工艺，合理选择刀具，完成加工程序的编写，完成作业前的准备工作。
17. 能够按技术要求对夹具连接轴进行质量检验，在检测单上填写自检结果、自评等信息并签名确认交付给组长检验。
18. 能够对电机固定板进行工艺分析，通过查阅相关技术手册，明确相关作业规范及技术标准，制订加工工艺，合理选择刀具，完成加工程序的编写，完成作业前的准备工作。
19. 能够按技术要求对电机固定板进行质量检验，在检测单上填写自检结果、自评等信息并签名确认交付给组长检验。
20. 能总结与展示加工中的技术要点，分析学习中的不足并提出改进措施。

课程 2. 机器人机械部件生产与组装

学习任务 2-4	学习任务 3	学习任务 3-1	学习任务 3-2
机器人底座的生产与组装	机器人的生产与组装	机器人与夹具连接轴的 CNC 加工	机器人电机固定板的加工
（18）学时	（150）学时	（50）学时	（30）学时

课程内容

“机器人机械部件生产与组装”的课程内容为：

1. 安全文明生产与学习工作站 6S 管理知识；
2. 工业机器人本体机械制图的基础知识（制图标准、三视图投影规律、基本体的三视图、基本视图）；
3. 工业机器人本体零件图的表达视图（尺寸公差、形位公差、粗糙度、断面图、局部剖视图、全剖视图）；
4. 机器人本体二维图手工绘图工艺和三维图软件绘图工艺；
5. 绘图软件的安装过程；
6. 绘图软件操作界面认识；
7. 绘图软件操作方法与技巧；
8. 绘图软件草图绘制方法与技巧；
9. 利用几何约束和尺寸驱动编辑草图的方法与技巧；
10. 工业机器人本体三维特征的创建知识（如：旋转、镜像、合并、差集、交集）；
11. 工业机器人本体创建放置特征（如：打孔、倒角、圆角）；
12. 工业机器人本体特征操作（如：阵列）；
13. 工业机器人本体装配方法与技巧（配合公差、技术要求）；
14. 工业机器人本体三维软件装配与组装驱动技术（同轴装配、配合装配、距离驱动）；
15. 工业机器人本体三维建模档案保存的要求；
16. 工业机器人本体各零部件的零件图与装配图，零件明细表知识；
17. 材料（PVC/ 碳素钢 / 铝、铜、不锈钢）；
18. 机器人底座板工艺分析；
19. 机器人底座板加工计划；
20. 钻床、虎钳、磨床；
21. 锉削；
22. 锯削；
23. 材料（PVC/ 碳素钢 / 铝、铜、不锈钢）；
24. 机器人各零部件工艺分析；
25. 机器人各零部件手工加工；
26. 测量工具（划线平板、划针盘、划规、中心冲（样冲）、直角尺、游标高度尺、V 形铁、游标卡尺、外径千分尺、直尺）；
27. 加工刀具（刀具材料、种类、结构、几何角度、选择、安装）；
28. 装配零件，匹配和公差；

课时：400

学习任务 3-3
机器人部件的生产
（70）学时

学习任务 4
机器人的总装与调试
（16）学时

课程内容

29. 机器人底座的装配；
30. 钻孔加工；
31. 维护与保养；
32. 数控车床机电一体化结构和运动原理；
33. 编程坐标系（相对坐标系、绝对坐标系、机械坐标系）；
34. 数控车床辅助指令（T 指令、M 指令、S 指令）；
35. 数控车床功能指令（G0、G1、G2、G3、G71、G70）；
36. 数控车刀的选择；
37. 数控车床加工参数；
38. 数控车加工工艺；
39. 数控铣床机电一体化结构和运动原理；
40. 数控铣刀的选择；
41. 数控铣床加工参数；
42. 数控铣加工工艺；
43. 二维加工刀路（外形铣削、钻孔）；
44. 工艺分析（内孔、外形、内槽工艺分析）；
45. 定位（不同形状零件加工坐标的确定）；
46. 零件编程（完成各零件加工程序的编写）。

学习任务 1：机器人三维建模与驱动

任务描述

学习任务学时：50 课时

任务情境：

学校有多台 D5 桌面型机器人长期用于教学，其中一台的 5 轴电机座损坏，无法正常使用，因为是非标准零件无法找到正确的图纸，因而需要重新提供正确的三视图，老师现委派我系新生按绘制标准绘制 D5 桌面型机器人 5 轴电机座三视图，要求同学们学习一些相关内容，应用学院现有的绘图工具，在 120 分钟的时间内完成三视图的绘制，绘制完成的三视图交付班组长（教师）检查是否符合要求。

具体要求见下页。

子任务 1：机器人 5 轴电机座机械制图

工作流程和标准

工作环节 1

一、绘图前准备

（一）阅读任务书，明确任务要求

通过指导教师下达的设计任务，明确任务完成时间、资料提交要求等。对主要技术指标中不明之处，通过查阅相关资料或咨询老师进一步明确，最终整理出设计任务要点归纳表，并交教师签字确认。

（二）绘图工具的使用

通过老师的讲解和观看视频，明确图板、丁字尺、三角板、圆规、分规的使用。

（三）机械制图基本知识

通过老师的讲解和观看视频，明确图纸幅面、图框格式、标题栏、比例、图线、尺寸标注的标准和要求。

（四）机械制图基本技能

通过老师的讲解和观看视频，明确多边形、圆弧的连接的画法。

（五）三视图的表达方法

通过老师的讲解和查询相关的资料库，明确三视图的表达方法。

学习成果：

1. 签字后任务表；
2. 工作页绘图工具的正确名称和使用用途；
3. 填写工作页中图纸幅面、图框格式、标题栏、比例、图线、尺寸标注标准；
4. 绘画工作页中多边形、圆弧的连接；
5. 工作页中三视图的的绘画。

知识点：

1. 任务书的内容和要素；
2. 图板、丁字尺、三角板、圆规、分规的用途；
3. 图纸幅面、图框格式、标题栏、图线、尺寸标注的标准和要求；
4. 多边形、圆弧的连接求解方法；
5. 三视图投影规律。

技能点：

1. 图板、丁字尺、三角板、圆规、分规的使用；
2. 多边形、圆弧的连接的绘画；
3. 三视图投影规律。

工作环节 2

二、制订机器人 5 轴电机座机械制图计划

2

根据 5 轴电机座各位置关系特点制订工作计划。

学习成果：
机器人 5 轴电机座制图工作计划表。

知识点：
工作计划的内容及编制方法。

技能点：
三视图的绘画。

工作环节 3

三、评估机器人 5 轴电机座机械制图计划

3

进行小组互评。

学习成果：
评估后修改的机器人 5 轴电机座工作计划表。

工作环节 4

四、实施机器人 5 轴电机座机械制图

根据计划表，运用相关工具在 A4 绘图纸上完成绘制任务。

学习成果：
绘制完成的机器人 5 轴电机座三视图。

工作环节 5

五、成果检查

5

完成绘制任务后，分小组互相检查同学的成果，根据标注标准和要求检查图框绘制（图纸幅面、图框格式、标题栏、图线标准）和尺寸标注。

工作环节 6

六、评价与反馈

完成绘制任务后，随机抽取学生展示和汇报成果，指出结果中不足的问题，教师对学生的学习过程和完成任务情况进行评价。

学习成果：评价表。

职业素养：
表达能力，接受意见和改进问题的良好态度。

学习内容

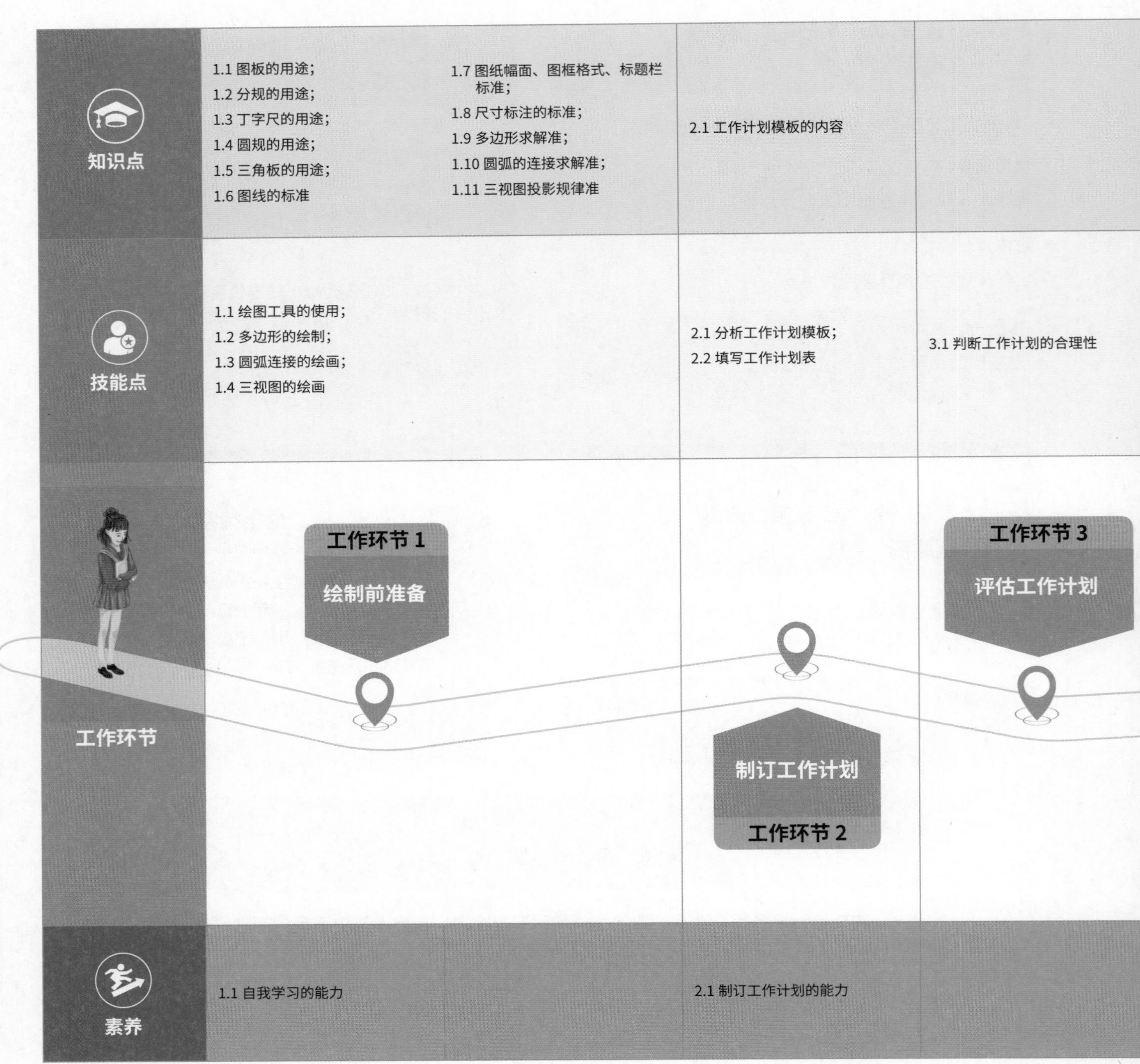

知识点	1.1 图板的用途； 1.2 分规的用途； 1.3 丁字尺的用途； 1.4 圆规的用途； 1.5 三角板的用途； 1.6 图线的标准 1.7 图纸幅面、图框格式、标题栏标准； 1.8 尺寸标注的标准； 1.9 多边形求解准； 1.10 圆弧的连接求解准； 1.11 三视图投影规律准	2.1 工作计划模板的内容	
技能点	1.1 绘图工具的使用； 1.2 多边形的绘制； 1.3 圆弧连接的绘画； 1.4 三视图的绘画	2.1 分析工作计划模板； 2.2 填写工作计划表	3.1 判断工作计划的合理性
工作环节	工作环节 1 绘制前准备	制订工作计划 工作环节 2	工作环节 3 评估工作计划
素养	1.1 自我学习的能力	2.1 制订工作计划的能力	

4.1 绘图中的注意事项	5.1 机械制图的标准	6.1 展示和汇报成果
4.1 5 轴电机座制图	5.1 机械制图标准的运用	
工作环节 4 实施计划	工作环节 5 检测结果	工作环节 6 评估反馈
		6.1 接受意见和改进问题的良好态度

课程 2. 机器人机械部件生产与组装

学习任务 1：子任务 1——机器人 5 轴电机座机械制图

1 绘图前准备　2 制订机器人 5 轴电机座机械制图计划　3 评估机器人 5 轴电机座机械制图计划　4 实施机器人 5 轴电机座绘制三视图　5 成果检查　6 评价与反馈

绘图前准备

工作	教师活动	学生活动	评价
1. 阅读任务书，明确任务要求。	1. 教师展示及要求学生阅读本次的任务单，引导学生辨识任务单的内容及要求。 2. 提出填答工作页中关于任务单的内容及要求的问题，说明工作页中的相关要求。 3. 巡查学生回答工作页中关于任务单中内容及要求的答案。 4. 抽查并点评学生回答的准确性。	1. 学生独自阅读任务单，标注任务单中的工作内容及要求。 2. 按要求独自填答工作页中关于任务单的内容及要求的问题。 3. 学生回答工作页中关于任务单中内容及要求的问题。 4. 听点评。	1. 通过提问的方式考察学生对内容的掌握情况。
课时： 2 课时 1. 软资源：工作页、任务书等。			
2. 绘图工具的使用。	1. 讲解图板、丁字尺、三角板、圆规、分规的用途。 2. 示范图板、丁字尺、三角板、圆规、分规的使用方法。 3. 安排练习，并指导学生正确使用图板、丁字尺、三角板、圆规、分规。 4. 抽查并点评图板、丁字尺、三角板、圆规、分规使用的准确性。	1. 认真听老师讲解图板、丁字尺、三角板、圆规、分规使用方法。 2. 认真观察图板、丁字尺、三角板、圆规、分规的使用方法。 3. 进行图板、丁字尺、三角板、圆规、分规绘图工具的使用练习。 4. 听讲点评。	通过提问的方式考察学生对内容的掌握情况。
课时： 4 课时 1. 软资源：工作页、图板、丁字尺、三角板、圆规、分规等。 2. 教学设施：白板、磁吸等。			
3. 机械制图基本知识。	1. 讲解图纸幅面、图框格式、标题栏、图线、尺寸标注的标准和要求。 2. 安排图框绘制练习（图纸幅面、图框格式、标题栏、比例、图线）。 3. 讲解尺寸标注的标准和要求。 4. 示范尺寸标注绘画。 5. 安排标注尺寸练习并巡回指导。	1. 认真听老师讲解图纸幅面、图框格式、标题栏、比例、图线、尺寸标注的标准和要求。 2. 进行图框绘制练习（图纸幅面、图框格式、标题栏、比例、图线）。 3. 认真听老师讲解尺寸标注的标准和要求。 4. 认真观察老师示范尺寸标注的绘画。 5. 根据老师发放的尺寸练习图进行尺寸的标注练习。	1. 根据图纸幅面、图框格式、标题栏、比例、图线标准检查图框绘制。 2. 根据标注标准和要求检查尺寸标注练习图。
课时： 4 课时 1. 软资源：工作页、尺寸标注练习图等。 2. 教学设施：图板、丁字尺、三角板、圆规、分规等。			
4. 机械制图基本技能。	1. 讲解多边形绘画方式并示范绘画。 2. 安排多边形绘画练习并巡回指导。 3. 讲解圆弧的连接求解方法并示范内外切相关圆的连接方式求解绘画。 4. 安排圆弧的连接求解绘画练习并巡回指导。	1. 认真听老师讲解多边形绘画方式。 2. 进行多边形绘画练习。 3. 认真听老师讲解圆弧的连接求解方法，观察内外切相关圆的连接方式求解示范。 4. 进行圆弧的连接求解绘画练习。	1. 根据制图标准检查直线段等分、多边形绘制、圆弧的连接求解方法的合理性。
课时： 10 课时 1. 软资源：工作页、圆弧连接练习图等。 2. 教学设施：图板、丁字尺、三角板、圆规、分规等。			

基准学时：50

	工作	教师活动	学生活动	评价
绘图前准备	5. 三视图的表达方法。	1. 讲解三视图投影规律。 2. 示范求解三视图投影的绘画。 3. 安排三视图投影绘画练习并巡回指导。	1. 认真听老师讲解三视图投影规律。 2. 细心听讲三视图投影求解。 3. 进行三视图投影绘画练习。	检查工作页的完成情况。
	课时： 12 课时 1. 软资源：工作页、三视图投影练习图等。 2. 教学设施：图板、丁字尺、三角板、圆规、分规等。			
制订工作计划		1. 老师讲解工作计划的内容及编制方法。 2. 安排学生编制电机座制图计划。	1. 认真听老师讲解工作计划的内容及编制方法。 2. 根据老师的安排，小组讨论完成电机座三视图绘制的工作计划表。	随机抽查学生完成计划情况，并对完成情况比较好的进行展示。
	课时： 2 课时 1. 软资源：工作计划表等。 2. 教学设施：白板、磁吸等。			
评估工作计划		1. 安排小组间进行计划评估并找出其中的不足。 2. 安排各小组代表对其他小组计划中的问题提出建议。	1. 进行组内讨论，找出待评估计划的不足之处。 2. 小组代表对刚才评估的计划提出建议。	
	课时： 2 课时 1. 软资源：工作计划表等。 2. 教学设施：白板、磁吸等。			
实施计划		安排学生绘制机器人 5 轴电机座三视图并巡回指导，观察并及时纠正学生在绘图中的错误。	根据计划表中的步骤，运用相关工具在 A4 绘图纸上完成绘制任务；过程中不断按标准自我检测。	检查机器人 5 轴电机座三视图完成情况。
	课时： 12 课时 1. 软资源：A4 纸、工作页等。			
成果检查		组织小组进行成绩互评并巡回指导。	根据老师安排进行小组互评。	根据标注标准和要求检查图框格式、标题栏、比例、图线标准、尺寸标注。
	课时： 1 课时 1. 软资源：机器人 5 轴电机座绘制三视图等。			
评价与反馈		1. 对学生进行评价。 2. 指出学生存的问题。	1. 接受评价。 2. 根据评价改进存在的问题。	检测记录表的填写情况。
	课时： 1 课时 1. 软资源：评价表等。			

学习任务 1：机器人三维建模与驱动

任务描述

学习任务学时：40 课时

任务情境：

某家机器人公司要开发生产某品牌机器人，设计部已将该品牌机器人本体设计出来，现需要生产出样品（6 台）进行测试。该机器人公司负责人了解到我学院现有的设备、师资水平、生产能力能满足该品牌机器人本体的生产，并找到了我学院将生产样品交予生产。

教师把机器人 5 轴电机座的加工任务委派给我系新生来完成，要求同学们根据学校现有的设备和软件先进行产品的三维建模。同学们学习三维 CAD 软件的各功能，通过运用三维 CAD 软件在 120 分钟的时间内完成机器人 5 轴电机座三维建模并交付班组长（教师）检查是否符合要求。

具体要求见下页。

子任务 2：机器人 5 轴电机座三维建模

机器人机械部件生产与组装

工作流程和标准

工作环节 1

一、任务前准备

（一）阅读任务书，明确任务要求

通过指导教师下达的设计任务，明确任务完成时间、资料提交要求等。对主要技术指标中不明之处，通过查阅相关资料或咨询老师进一步明确，最终整理出设计任务要点归纳表并交教师签字确认。

（二）软件学习

通过老师的讲解和查询相关的资料库，懂得 UGnx10 软件曲线中直线、矩形、多边形、派生直线的使用。

（三）软件学习

通过老师的讲解和查询相关的资料库，懂得 UGnx10 软件曲线中圆弧、圆、椭圆的使用。

（四）软件学习

通过老师的讲解和查询相关的资料库，懂得 UGnx10 软件特征生成中拉伸、旋转、孔指令的使用。

学习成果：

1. 签字后的任务表；
2. 机器人底板二维图；
3. 可调节定位板二维图；
4. 机器人底板三维模型、中轴法兰三维模型。

知识点：

1. 直线、矩形、多边形、派生直线指令及其用途；
2. 圆弧、圆、椭圆指令使用方式；
3. 拉伸、旋转、孔指令使用方式。

技能点：

1. 直线、矩形、多边形、派生直线指令使用方式；
2. 圆弧、圆、椭圆指令的使用；
3. 拉伸、旋转、孔指令的使用。

职业素养：

独立学习能力，倾听能力，认真严谨的学习态度。

工作环节 2

二、制订机器人 5 轴电机座三维建模计划

2

根据 5 轴电机座各位置的特点制订绘制工作计划。

学习成果：

机器人 5 轴电机座三维模型绘制工作计划表。

知识点：

工作计划的内容及编制方法。

工作环节 3

三、绘制机器人 5 轴电机座三维模型

3

根据计划表中的步骤，运用相关指令绘制机器人 5 轴电机座三维模型。

学习成果：

绘制完成的机器人 5 轴电机座三维模型。

工作环节 4

四、成果检查

4

完成绘制任务后，分小组交互检查，根据零件图的尺寸对三维体进行全面检查，包括整体外形尺寸、圆的定位和大小、键槽的定位和大小。

学习成果：

产品评价表。

工作环节 5

五、评价与反馈

5

完成绘制任务后，随机抽取学生展示和汇报成果，同时指出结果中的不足之处，教师对学生的学习过程和完成任务情况进行评价。

学习成果：

学习评价表。

学习内容

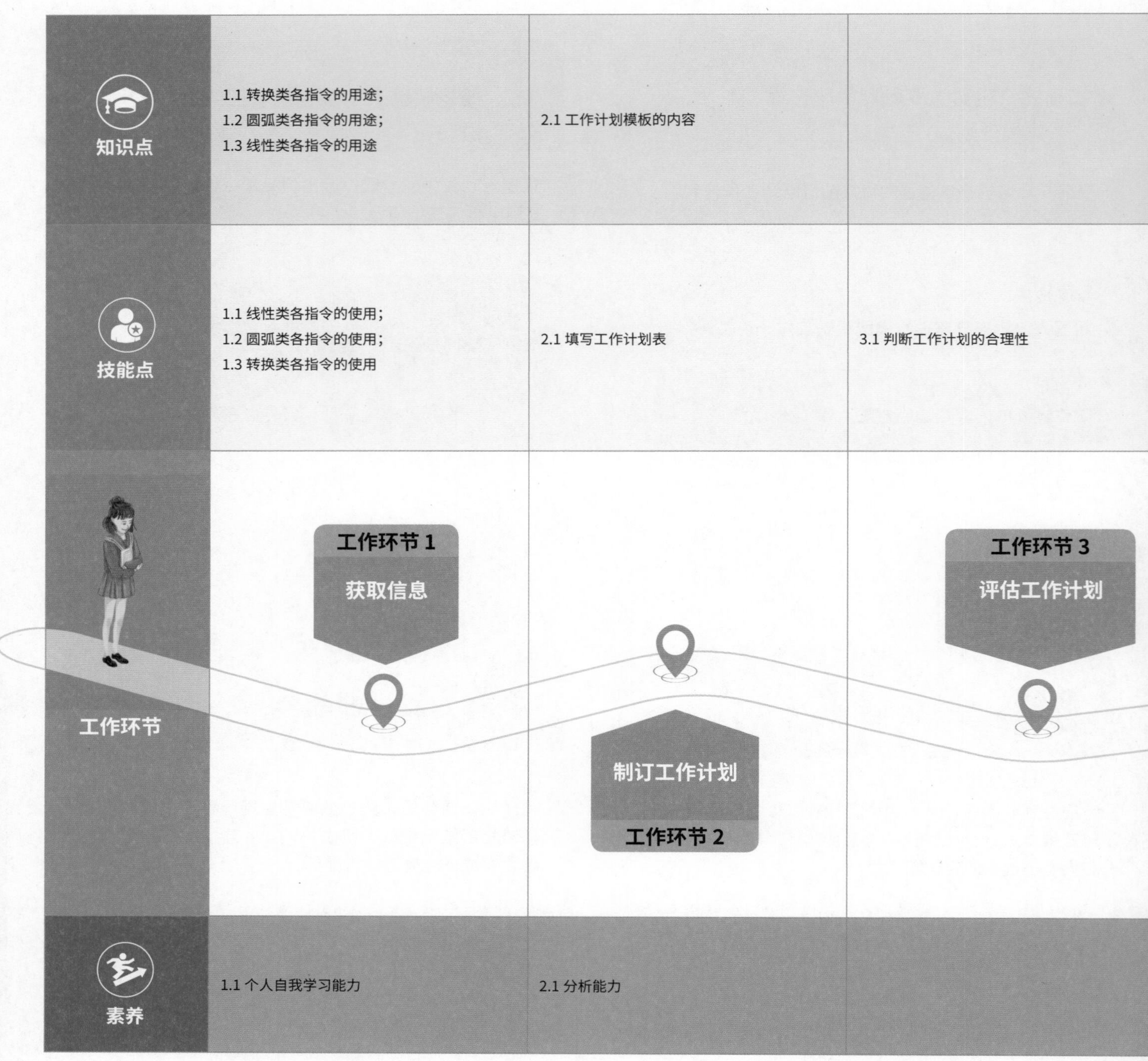

知识点	1.1 转换类各指令的用途； 1.2 圆弧类各指令的用途； 1.3 线性类各指令的用途	2.1 工作计划模板的内容	
技能点	1.1 线性类各指令的使用； 1.2 圆弧类各指令的使用； 1.3 转换类各指令的使用	2.1 填写工作计划表	3.1 判断工作计划的合理性
工作环节	工作环节 1 获取信息	制订工作计划 工作环节 2	工作环节 3 评估工作计划
素养	1.1 个人自我学习能力	2.1 分析能力	

4.1 绘图中错误的分析		6.1 分析成果
4.1 5 轴电机座三维建模	5.1 零件的特征检测	6.1 汇报成果
工作环节 4 实施计划	工作环节 5 成果检测	工作环节 6 评估反馈
		6.1 接受批评和建议的良好心态

课程 2. 机器人机械部件生产与组装

学习任务 1：子任务 2——机器人 5 轴电机座三维建模

1 任务前准备 → 2 制订机器人 5 轴电机座三维建模计划 → 3 实施机器人 5 轴电机座三维模型绘制 → 4 成果检查 → 5 评价与反馈

工作	教师活动	学生活动	评价
1. 阅读任务书，明确任务要求。	引导学生进行任务分析，明确工作任务和时间要求，解答学生主要技术指标中不明之处。	阅读任务书，小组讨论，明确工作内容、任务完成时间、资料提交等要求。	提问考察学生对内容的掌握情况。

课时： 1 课时
1. 软资源：工作页、任务书等。

工作	教师活动	学生活动	评价
2.【软件学习】UGnx10 软件曲线中直线、矩形、多边形、派生直线的使用。	1. 通过 PPT 介绍直线指令功能的用途和使用方法，并进行直线功能绘画演示。 2. 安排练习任务——直线功能练习图，巡回指导全班同学完成绘制。 3. 通过 PPT 介绍矩形指令功能的用途和使用方法，并进行直线功能绘画演示。 4. 安排练习任务——矩形功能练习图，巡回指导全班同学完成绘制。 5. 通过 PPT 介绍多边形指令功能的用途和使用方法，并进行直线功能绘画演示。 6. 安排练习任务——多边形功能练习图，巡回指导全班同学完成绘制。 7. 通过 PPT 介绍派生直线指令功能的用途和使用方法，并进行直线功能绘画演示。 8. 安排练习任务——派生直线功能练习图，巡回指导全班同学完成绘制。 9. 安排练习任务——机器人底板二维图，巡回指导全班同学完成绘制。	1. 听老师讲解直线指令的功能，观看学习老师对直线指令绘画演示。 2. 接受练习任务，进行直线功能练习图绘画。 3. 听老师讲解矩形指令的功能，观看学习老师对直线指令绘画演示。 4. 接受练习任务，进行矩形功能练习图绘画。 5. 听老师讲解多边形指令的功能，观看学习老师对直线指令绘画演示。 6. 接受练习任务，进行多边形功能练习图绘画。 7. 听老师讲解派生直线指令的功能，观看学习老师对直线指令绘画演示。 8. 接受练习任务，进行派生直线功能练习图绘画。 9. 接受练习任务，进行机器人底板二维图绘画。	通过机器人底板二维图纸，对长、宽、高各位置定位进行检查，确定成果的准确性。

课时： 8 课时
1. 硬资源：电脑等。
2. 软资源：工作页、功能练习零件图等。

工作	教师活动	学生活动	评价
3.【软件学习】UGnx10 软件曲线中圆弧、圆、椭圆的使用。	1. 通过 PPT 介绍圆弧指令功能的用途和使用方法，并进行直线功能绘画演示。 2. 安排练习任务——圆弧功能练习图，巡回指导全班同学完成绘制。 3. 通过 PPT 介绍圆指令功能的用途和使用方法，并进行直线功能绘画演示。 4. 安排练习任务——圆功能练习图，巡回指导全班同学完成绘制。 5. 通过 PPT 介绍椭圆指令功能的用途和使用方法，并进行直线功能绘画演示。 6. 安排练习任务——椭圆功能练习图，巡回指导全班同学完成绘制。 7. 安排练习任务——可调节定位板二维图，巡回指导全班同学完成绘制。	1. 听老师讲解圆弧指令的功能，观看学习老师对直线指令绘画演示。 2. 接受练习任务，进行圆弧功能练习图绘画。 3. 听老师讲解圆指令的功能，观看学习老师对直线指令绘画演示。 4. 接受练习任务，进行圆功能练习图绘画。 5. 听老师讲解椭圆指令的功能，观看学习老师对直线指令绘画演示。 6. 接受练习任务，进行椭圆功能练习图绘画。 7. 接受练习任务，进行可调节定位板二维图绘画。	通过可调节定位板二维图，对长、宽、圆、各位置定位进行检查，确定成果的准确性。

课时： 10 课时

基准学时：40

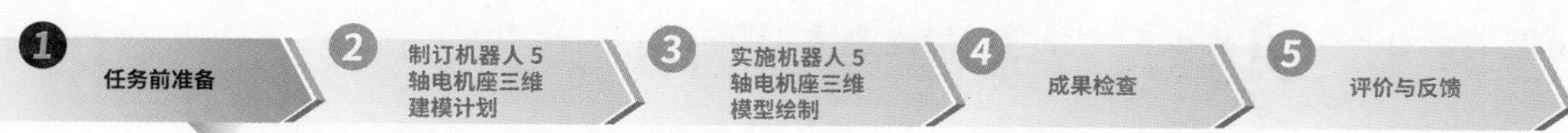

	工作	教师活动	学生活动	评价
任务前准备	4.【软件学习】UGnx10 软件特征生成中拉伸增料、拉伸除料、旋转增料、孔指令的使用。	1. 通过 PPT 介绍拉伸指令功能的用途和使用方法，并进行直线功能绘画演示。 2. 安排练习任务——拉伸功能练习图，巡回指导全班同学完成绘制。 3. 通过 PPT 介绍旋转指令功能的用途和使用方法，并进行直线功能绘画演示。 4. 安排练习任务——旋转功能练习图，巡回指导全班同学完成绘制。 5. 通过 PPT 介绍孔指令功能的用途和使用方法，并进行直线功能绘画演示。 6. 安排练习任务——孔功能练习图，巡回指导全班同学完成绘制。	1. 听老师讲解拉伸增料指令的功能，观看学习老师对直线指令绘画演示。 2. 接受练习任务，进行拉伸增料功能练习图绘画。 3. 听老师讲解旋转指令的功能，观看学习老师对直线指令绘画演示。 4. 接受练习任务，进行旋转功能练习图绘画。 5. 听老师讲解孔指令的功能，观看学习老师对直线指令绘画演示。 6. 接受练习任务，进行孔功能练习图绘画。	通过机器人底板三维模型、中轴法兰三维模型，对长、宽、高各位置尺寸进行检查，确定成果的准确性。
	课时： 12 课时			
制订工作计划		1. 讲解工作计划表中相关的内容和填写要注意的问题。 2. 安排各小组同学制订工作计划，巡回指导并及时纠正学生的问题。	1. 听讲并记录计划的内容及计划表的填写方法。 2. 根据老师的安排，各小组成员讨论相关内容，综合优化意见并制订工作计划。	随机抽查学生完成计划的情况，并对完成情况比较好的组进行展示。
	课时： 2 课时 1. 软资源：工作计划表等。 2. 教学设施：白板、磁吸等。			
实施工作计划		巡回指导、观察并及时纠正学生在绘图中的错误。	根据计划表步骤运用三维 CAD 软件完成机器人 5 轴电机座三维模型绘制。	检查机器人 5 轴电机座三维模型完成情况。
	课时： 4 课时 1. 软资源：工作计划表、UGNX10.0 等。			
成果检测		组织并巡回指导小组间互评。	根据老师的安排，各小组互评小组模型。	对三维体进行全面的检查。
	课时： 2 课时 1. 软资源：机器人 5 轴电机座绘制三视图等。			
评价与反馈		1. 对学生进行评价。 2. 指出学生存的问题。	1. 接受评价。 2. 根据评价改进存在的问题。	检测记录表的填写情况。
	课时： 1 课时 1. 软资源：评价表等。			

学习任务 1：机器人三维建模与驱动

任务描述

学习任务学时：40 课时

任务情境：

某机器人公司要开发生产某品牌机器人，设计部已将该品牌机器人本体设计出来，现需要生产出样品（6 台）进行测试。该机器人公司负责人了解到我学院现有的设备、师资水平、生产能力能满足该品牌机器人本体的生产，并找到了我学院将生产样品交予生产。现教师给同学们下达机器人 5 轴电机座三维建模任务，通过使用 UGNX10.0 软件完成三维建模任务。

具体工作任务要求如下：

通常情况下，很多设备公司设计产品只负责设计，并没有自己的加工部门，所以设计出来的产品需要外派加工，该公司找到了我学院将生产样品交予生产。教师把机器人本体三维建模与组装驱动任务下达给同学，同学根据学校现有的设备和软件先进行产品的三维建模，然后再进行组装驱动测试。现委派我系新生来完成该项任务，要求通过综合运用三维 CAD 软件各功能，在 240 分钟的时间内完成机器人本体三维建模并进行装配驱动测试，最后交付班组长（教师）检查是否符合要求。

具体要求见下页。

子任务 3：机器人本体三维建模与组装驱动

工作流程和标准

工作环节 1

一、任务前准备

（一）阅读任务书，明确任务要求

通过指导教师下达的绘制与装配任务，明确任务完成时间、资料提交要求等。对主要技术指标中不明之处，通过查阅相关资料或咨询老师进一步明确。

（二）软件学习

通过老师的讲解和查询相关的资料库，懂得 UGnx10 软件装配模块添加组件、装配约束指令的使用。

学习成果：

1. 签字后任务表；
2. 机器人末端夹具装配。

知识点：

1. 任务中关键问题的分析；
2. 添加组件、装配约束指令及其用途。

技能点：

1. 添加组件、装配约束指令使用方式。

职业素养：

1. 获取信息的能力，专业沟通能力，分析问题、总结问题的能力，严谨的工作态度。

工作环节 2

二、制订机器人本体三维建模与组装驱动计划

2

根据机器人本体零件图的特点，制订合适的绘制计划和装配计划。

学习成果：

本体的三维建模与组装驱动计划表。

知识点：

工作计划的内容及编制方法。

工作环节 3

三、评估计划

3

随机抽取部分同学汇报自己的工作计划，同学和老师进行计划评估，确保计划的可行性。

学习成果：

评估修订后的机器人三维建模与组装驱动工作计划表。

职业素养：

表达能力。

工作环节 4

四、实施机器人本体的三维建模与组装驱动

（一）机器人本体零件三维建模

根据计划表中的步骤，运用相关指令完成机器人本体零件三维模型绘制任务。

（二）机器人本体组装与驱动

根据计划表中的步骤，运用相关指令完成机器人本体组装与驱动任务。

学习成果：

1. 绘制完成的机器人本体零件三维模型；
2. 装配完成的机器人本体组装与驱动模型。

职业素养：

按计划做事的工作习惯和严谨的工作态度。

工作环节 5

五、成果检查

完成绘制任务后，分小组互相检查同学的成果，根据零件图的尺寸对三维本体进行全面检查，其中包括整体外形尺寸、圆的定位和大小、键槽的定位和大小以及本体的运动。

学习成果：

产品评价表。

职业素养：

表达能力，接受意见和改进问题的态度。

工作环节 6

六、评价与反馈

完成绘制任务后，随机抽取学生进行展示和汇报，大家指出结果中的不足和问题，同时教师对学生的学习过程和完成任务情况进行评价。

学习成果：

学习评价表。

学习内容

知识点	1.1 装配约束指令的用途； 1.2 添加组件指令的用途	2.1 分析工作计划模板	
技能点	1.1 添加组件指令的使用； 1.2 装配约束指令的使用	2.1 填写工作计划表	3.1 判断工作计划的合理性
工作环节	工作环节 1 获取信息	制订工作计划 工作环节 2	工作环节 3 评估工作计划
素养	1.1 个人自我学习能力	2.1 团队合作精神	3.1 表达能力

学习任务 1：子任务 3——机器人本体三维建模与组装驱动

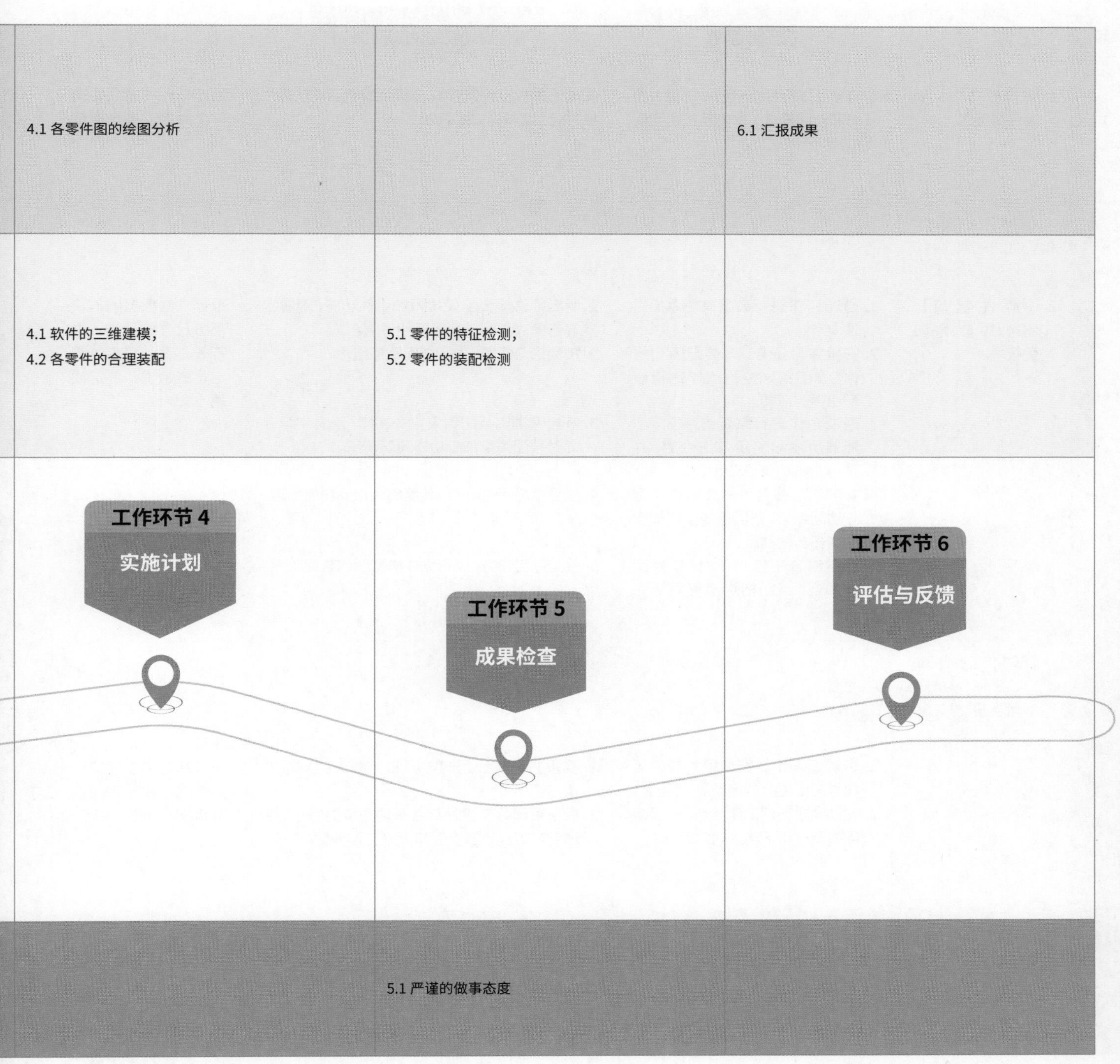

4.1 各零件图的绘图分析		6.1 汇报成果
4.1 软件的三维建模； 4.2 各零件的合理装配	5.1 零件的特征检测； 5.2 零件的装配检测	
工作环节 4 实施计划	工作环节 5 成果检查	工作环节 6 评估与反馈
	5.1 严谨的做事态度	

学习任务 1：子任务 3——机器人本体三维建模与组装驱动

1 任务前准备　2 制订机器人本体三维建模与组装驱动计划　3 计划评估　4 实施机器人本体三维建模与组装驱动　5 成果检查　6 评价与反馈

	工作	教师活动	学生活动	评价
任务前准备	1. 阅读任务书，明确任务要求。	引导学生进行任务分析，明确工作任务和时间要求，解答学生主要技术指标中不明之处。	阅读任务书，小组讨论，明确工作内容、任务完成时间、资料提交要求等。	通过提问的方式考察学生对内容的掌握情况。
	课时： 1 课时 1. 软资源：工作页、任务书等。			
	2.【软件学习】UGnx10 软件装配模块。	1. 通过 PPT 进行装配模块添加组件演示。 2. 安排练习任务——装配添加组件，巡回指导全班同学进行装配组件的添加。 3. 通过 PPT 进行装配约束指令功能的用途和使用方法介绍，并进行功能约束演示。 4. 安排练习任务——装配约束指令功能练习，巡回指导全班同学完成任务的约束。 5. 安排练习任务——立体模型图的装配，巡回指导全班同学完成装配。	1. 听老师讲解装配模块添加组件功能，观看学习老师对装配模块添加组件演示。 2. 接受练习任务，进行装配添加组件。 3. 听老师讲解装配约束指令功能，观看学习老师对装配约束指令功能装配演示。 4. 接受练习任务，进行装配约束指令功能练习。 5. 接受练习任务，进行立体模型图的装配。	根据立体模型图的装配各尺寸的要求，进行长、宽、圆各位置定位的检查，确定成果的准确性。
	课时： 13 课时 1. 软资源：功能练习零件图等。 2. 教学设施：工作页、UGNX10.0 等。			
制订工作计划		1. 讲解工作计划表中相关的内容和填写要注意的问题。 2. 安排同学制订工作计划，巡回指导并及时纠正学生的问题。	1. 听讲并记录计划的内容和计划表的填写方法。 2. 根据老师的安排并结合每位同学的特性，合理制订工作计划步骤和人员工作分配。	随机抽查学生完成计划情况，并对完成情况比较好的进行展示。
	课时： 6 课时 1. 软资源：工作计划表等。 2. 教学设施：白板、磁吸等。			

基准学时：40

1 任务前准备 → 2 制订机器人本体三维建模与组装驱动计划 → 3 计划评估 → 4 实施机器人本体三维建模与组装驱动 → 5 成果检查 → 6 评价与反馈

	工作	教师活动	学生活动	评价
计划评估		1. 组织学生进行计划的汇报。 2. 提出技术性相关的意见。	1. 主动地进行计划的汇报。 2. 对同学汇报的计划进行表决并提出问题。	
计划评估	**课时：**2 课时 1. 教学设施：笔记本电脑、投影仪、音响、麦克风。			
实施计划	1. 本体零件三维建模。	安排各小组进行机器人本体的三维建模并巡回指导，观察并及时纠正学生在绘图中的错误。	根据计划表中的步骤，运用 UGNX10.0 软件完成机器人本体三维模型绘制。	根据零件图中各尺寸的要求，进行长、宽、圆各位置定位的检查，确定成果的准确性。
实施计划	**课时：**8 课时 1. 软资源：工作页等。 2. 教学设施：UGNX10.0 等。			
实施计划	2. 本体装配与驱动。	安排各小组进行机器人本体的装配，观察并及时纠正学生在绘图中的错误。	根据计划表中的步骤，运用 UGNX10.0 完成本体装配与驱动。	根据立体模型图的装配各尺寸的要求进行长、宽、圆各位置定位的检查，确定成果的准确性。
实施计划	**课时：**4 课时 1. 软资源：工作页等。 2. 教学设施：UGNX10.0 等。			
成果检查		组织小组进行成绩互评并巡回指导。	根据老师安排进行小组互评。	根据零件图的尺寸对三维体进行全面检查。
成果检查	**课时：**2 课时 1. 软资源：机器人 5 轴电机座绘制三视图等。 2. 教学设施：UGNX10.0 等。			
评价与反馈		对学生进行评价，指出学生存的问题。	接受评价，根据评价改进存在的问题。	检测记录表的填写情况。
评价与反馈	**课时：**2 课时 1. 软资源：评价表等。			

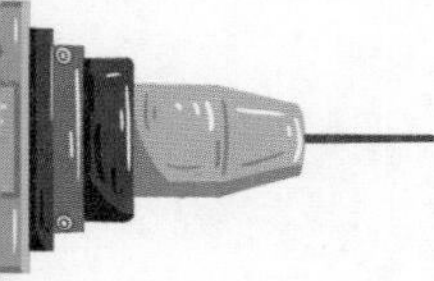

学习任务 2：机器人底座的生产与组装

任务描述

学习任务学时：40 课时

任务情境：

某机器人公司要开发生产某品牌机器人，设计部已将该品牌机器人本体设计出来，现需要生产出样品（6 台）进行测试。该机器人公司负责人了解到我学院现有的设备、师资水平、生产能力能满足该品牌机器人本体的生产，并找到了我学院将生产样品交予生产。教师给同学们下达机器人底座部件的加工任务，要求通过使用钳工、普通车床、铣床设备，根据不同工件、材料正确选择设备和刀具制订加工工艺，完成机器人底座部件的加工任务。现教师为了更好地完成加工任务，提出对机器人 4 轴中间板进行独立的制造。

具体工作任务要求如下：

通常情况下，很多设备公司设计产品只负责设计，并没有自己的加工公司，所以设计出来的产品是外派加工。教师给同学们下达机器人底座部件的加工任务，目的是进行机器人机械部件生产与组装。现委派我系新生来完成该项任务，要求根据学校现有的设备和加工产品的特点，使用钳工技能（钻床、虎钳、测量、锉削、锯削、攻丝）来完成机器人 4 轴中间板的生产。操作时间为 3 天，遵循 8S 管理。

具体要求见下页。

子任务 1：机器人 4 轴中间板的加工

机器人机械部件生产与组装

工作流程和标准

工作环节 1

一、获取信息

（一）阅读任务书，明确任务要求

查阅“机器人 4 轴中间板”图纸，了解零件技术要求、生产任务单关键词，口头复述工作任务以明确任务要求，完成派工单填写。

（二）理论知识

观察模具学习工作站现场设备，讲授工量具的使用以及钻床、虎钳、钳工使用工具（划线工具、錾削工具、锯削工具、锉削工具、钻削工具、攻螺纹工具）的结构及运动原理，并进行钳工安全教育，完成工作页引导问题。

（三）示范、指导练习

观看视频和现场示范钳工的基础操作（安全教育、钻床、虎钳、测量、锉削、锯削、攻丝），独立记录各项目的操作步骤和要点，进行钻床、虎钳、测量、锉削、锯削、攻丝操作练习（安全文明生产），并进行操作情况评估。

学习成果：

1. 钳工加工生产任务单、机器人 4 轴中间板零件图的分析表；
2. 钳工安全测试试卷、工作页引导问题；
3. 典型钳工练习零件、材料和工具清单。

知识点：

1. 钳工加工生产任务单、机器人 4 轴中间板零件的技术要求；
2. 游标卡尺、外径千分尺等量具的结构和使用方法；钻床、虎钳机电一体的结构单元及运动原理，钳工安全教育；
3. 钻床、虎钳、测量、锉削、锯削的操作方法，安全文明生产注意事项。

技能点：

1. 机器人 4 轴中间板图纸的识读、机器人 4 轴中间板零件图的技术分析；
2. 使用游标卡尺、外径千分尺进行零件的测量；
3. 钻床及虎钳的使用，钳工工具的使用。

职业素养：

1. 复述书面内容、责任识别、职业认知；
2. 独立学习，提升学生们实训和就业中的紧迫感、责任感和爱国热情；
3. 现场 8S 管理、独立学习。

工作环节 2

二、机器人 4 轴中间板工作计划

2

通过对练习图纸——典型钳工练习零件工作计划模板的介绍进行学习，以小组为单位交流讨论并完成机器人 4 轴中间板工作计划表。

学习成果：

台阶轴零件工作计划表、机器人与夹具连接轴工作计划表。

知识点：

钳工工作计划表的编写方法、机器人 4 轴中间板加工工艺。

技能点：

钳工工作计划表的编写。

工作环节 3

三、评估工作计划

3

对工作计划现场汇报进行表决，提出改进意见，修改工作计划。

学习成果：

修改后的工作计划表。

工作流程和标准

工作环节 4

四、实施（机器人 4 轴中间板的钳工加工）

以个人为单位，严格按机器人 4 轴中间板工作计划步骤，完成机器人 4 轴中间板的钳工加工（安全文明生产）；记录好每一步的实际实施时间并与计划时间进行对比，掌握好时间的分配。现场 8S 管理。

学习成果：机器人 4 轴中间板产品。

知识点：安全文明生产。

技能点：机器人 4 轴中间板的钳工加工。

职业素养：现场 8S 管理、独立学习、时间分配。

工作环节 5

五、成果检查

5

对机器人 4 轴中间板进行目视检查、尺寸测量检查，完成检查表的填写。

学习成果：机器人 4 轴中间板检测评价表。

技能点：对产品的目视检查，测量量具（游标卡尺、外径千分尺）的使用。

职业素养：养成自检习惯。

工作环节 6

六、评价与谈话反馈

以小组为单位对机器人 4 轴中间板的生产过程进行自我评价、教师评价、差异评估并进行汇总；根据以上的检测与评价结果，对差异较大的学生进行互动式谈话反馈。

学习成果：

反馈记录表、机器人 4 轴中间板评价表。

技能点：

互动谈话。

职业素养：

互动沟通：就刚才所说的内容，进行评论或反馈。

课程 2. 机器人机械部件生产与组装

学习内容

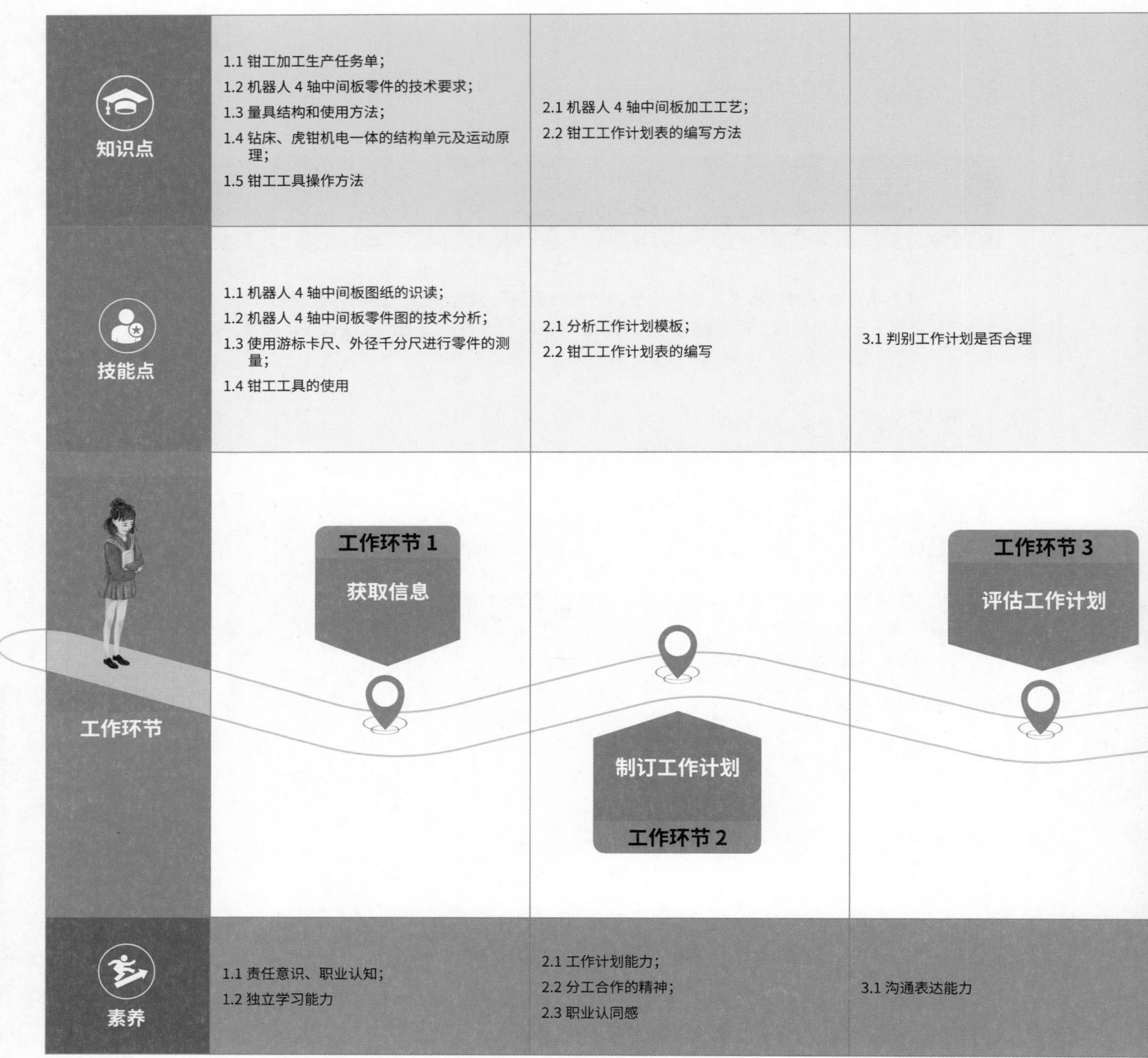

	工作环节 1 获取信息	工作环节 2 制订工作计划	工作环节 3 评估工作计划
知识点	1.1 钳工加工生产任务单； 1.2 机器人 4 轴中间板零件的技术要求； 1.3 量具结构和使用方法； 1.4 钻床、虎钳机电一体的结构单元及运动原理； 1.5 钳工工具操作方法	2.1 机器人 4 轴中间板加工工艺； 2.2 钳工工作计划表的编写方法	
技能点	1.1 机器人 4 轴中间板图纸的识读； 1.2 机器人 4 轴中间板零件图的技术分析； 1.3 使用游标卡尺、外径千分尺进行零件的测量； 1.4 钳工工具的使用	2.1 分析工作计划模板； 2.2 钳工工作计划表的编写	3.1 判别工作计划是否合理
素养	1.1 责任意识、职业认知； 1.2 独立学习能力	2.1 工作计划能力； 2.2 分工合作的精神； 2.3 职业认同感	3.1 沟通表达能力

学习任务 2：子任务 1——机器人 4 轴中间板的加工

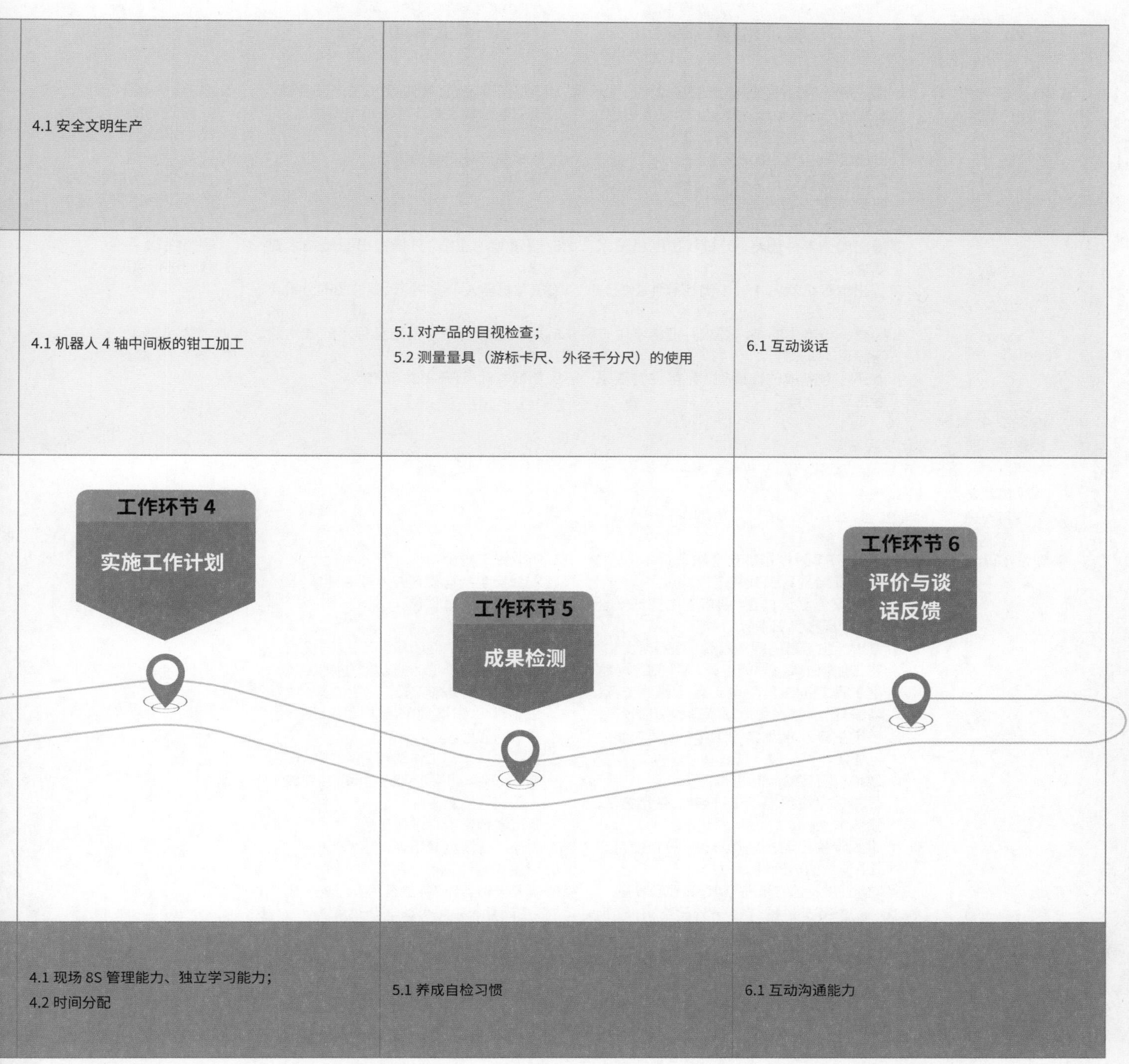

课程 2. 机器人机械部件生产与组装

学习任务 2：子任务 1——机器人 4 轴中间板的加工

1 获取信息　2 制订工作计划　3 评估计划　4 实施计划　5 成果检测　6 评价与反馈

获取信息

工作	教师活动	学生活动	评价
1. 阅读任务书，明确任务要求。	1. 发放资料（零件图纸、生产任务单）。 2. 解说生产任务单填写规范，如：任务名称、完成时间、完成要求、各负责人。 3. 提出填写生产任务单任务。 4. 每组一份进行投影检查，并点评任务完成的准确性、完整性。 5. 提出相互交换进行互评的任务。 6. 提出阅读零件图纸、分析找出图纸技术要求。 7. 提出填写机器人 4 轴中间板零件图的分析。 8. 抽查一位学生的技术要求并要求学生进行解说。 9. 点评任务完成的准确性、完整性并要求学生进行修改。	1. 小组领取资料（零件图纸、生产任务单）。 2. 听取老师解说生产任务单填写规范。 3. 完成生产任务单的填写。 4. 听取教师点评。 5. 进行相互评价。 6. 阅读零件图纸，分析找出图纸技术要求。 7. 填写机器人 4 轴中间板零件图的分析。 8. 听取老师解说并对自己标示的技术要求进行对比，思考。 9. 听取教师点评，并完成修改。	1. 教师对一组代表的任务进行评价（完成的准确性、完整性）； 2. 其余学生听取老师的点评后进行互评（完成的准确性、完整性）； 3. 教师进行点评。
课时：1 课时 1. 教学场所：一体化学习站等。 2. 硬资源：白板、白板笔、板刷、磁钉、A4 纸等。 3. 软资源：教学课件、任务书、工作页等。 4. 教学设施：笔记本电脑、投影仪、音响、麦克风等。			
2. 理论知识。	1. 通过 PPT 讲授钳工安全知识。 2. 播放安全教育视频并进行解说。 3. 发放安全测试试卷，要求学生完成安全试卷的测试（开卷）。 4. 要求学生带着问题观看介绍钻床、虎钳、钳工使用工具（划线工具、錾削工具、锯削工具、锉削工具、钻削工具、攻螺纹工具、认识量具）结构和运动原理的实例视频。 5. 带学生参观模具学习工作站，要求学生回答工作页引导问题。 6. 现场对回答的问题进行评价。 7. 通过 PPT 讲授游标卡尺结构、使用方法、读数方法。 8. 组织学生检测一轴类零件，检查使用方法、读数的准确性。 9. 对学生的检测方法进行点评和现场解答。 10. 通过 PPT 讲授外径千分尺结构、使用方法、读数方法。 11. 组织学生检测一轴类零件，检查使用方法、读数的准确性。 12. 对学生的检测方法进行点评和现场解答。	1. 听取钳工安全知识。 2. 观看安全教育视频并听取老师解说。 3. 完成安全测试试卷。 4. 主动并客观地倾听和学习钻床、虎钳、钳工使用工具（划线工具、錾削工具、锯削工具、锉削工具、钻削工具、攻螺纹工具、认识量具）的结构和运动原理，并进行思考。 5. 参观模具学习工作站，观察钻床、虎钳结构（现场回答老师的提问）并完成工作页引导问题。 6. 听取老师评价并进行反思。 7. 主动并客观地倾听老师讲解。 8. 对轴类零件进行检测。 9. 听取老师点评，并进行思考、改进。 10. 主动并客观地倾听老师讲解。 11. 对轴类零件进行检测。 12. 听取老师点评，并进行思考、改进。	1. 课后批改（安全测试试卷）； 2. 现场点评与修改。
课时：6 课时 1. 教学场所：一体化学习站、模具学习工作站等。 2. 硬资源：白板、白板笔、板刷、磁钉、A4 纸等。 3. 软资源：教学课件、任务书、工作页等。 4. 教学设施：笔记本电脑、投影仪、音响、麦克风等。			

基准学时：40

工作	教师活动	学生活动	评价
3．示范、指导练习。	1. 引导学生要进行钳工加工必须得先学好钳工工具的基本操作，要求学生全程做好笔记。 2. 要求每组组长按操作需要领取实习工具、材料、量具（划针、划规、钢直尺、样冲、手锯、锯条、锉刀、锤子、钻头、丝锥、中心冲、划针盘、方料 80X80X5、游标卡尺 (0-150)、外径千分尺、游标高度尺、角尺、刀口尺按组每人一套），并完成材料和工具清单的填写。 3. 通过视频投影讲解划线操作方法和注意事项，要求学生做好笔记。 4. 随机抽取 2 名学生进行划线操作示范并进行现场指导。要求其余学生利用投屏的方式观看示范，思考自己能否做得更好并做好笔记。 5. 按工位安排上机练习，讲解安全操作注意事项和划线项目，要求练习 10 分钟，巡回指导及现场点评。 6. 通过视频投影讲解锯削操作方法和注意事项，要求学生做好笔记。 7. 随机抽取 2 名学生进行锯削操作示范并进行现场指导。要求其余学生利用投屏的方式观看示范，思考自己能否做得更好并做好笔记。 8. 按工位安排上机练习任务，讲解安全操作注意事项和锯削项目，要求练习 80 分钟，巡回指导及现场点评。 9. 通过视频投影讲解錾削操作方法和注意事项，要求学生做好笔记。 10. 随机抽取 2 名学生进行錾削操作示范并进行现场指导。要求其余学生利用投屏的方式观看示范并思考自己能否做得更好并做好笔记。 11. 按工位安排上机练习任务，讲解安全操作注意事项和錾削项目，要求练习 30 分钟，巡回指导及现场点评。 12. 通过视频投影讲解锉削操作方法和注意事项，要求学生做好笔记。 13. 随机抽取 2 名学生进行锉削操作示范并进行现场指导。要求其余学生利用投屏的方式观看示范并思考自己能否做得更好并学生做好笔记。 14. 按工位安排上机练习任务，讲解安全操作注意事项和锉削项目，要求练习 100 分钟，巡回指导及现场点评。 15. 通过视频投影讲解台钻钻孔操作方法和注意事项，要求学生做好笔记。 16. 要随机抽取 2 名学生进行台钻钻孔操作示范并进行现场指导。要求其余学生利用投屏的方式观看示范并思考自己能否做得更好，要求学生做好笔记。	1. 听取老师的引导并思考。 2. 领取钳工实习工具、材料、量具（划针、划规、钢直尺、样冲、手锯、锯条、锉刀、锤子、钻头、丝锥、中心冲、划针盘、方料 80X80X5、游标卡尺 (0-150)、外径千分尺、游标高度尺、角尺、刀口尺按组每人一套），完成材料和工具清单的填写。 3. 听取老师讲解，做好笔记。 4. 被抽到的 2 名学生进行划线操作示范并听取老师的指导，其余学生观看示范并思考自己能否做得更好，做好笔记。 5. 听取上机注意事项、操作注意事项和划线项目，划线练习 10 分钟，听取老师点评。 6. 听取老师讲解，做好笔记。 7. 被抽到的 2 名学生进行锯削操作示范并听取老师的指导，其余学生观看示范并思考自己能否做得更好，做好笔记。 8. 听取上机注意事项、操作注意事项和锯削项目，锯削练习 80 分钟，听取老师点评。 9. 听取老师讲解，做好笔记。 10. 被抽到的 2 名学生进行錾削操作示范并听取老师的指导，其余学生观看示范并思考自己能否做得更好，做好笔记。 11. 听取上机注意事项、操作注意事项和錾削项目，錾削练习 30 分钟，听取老师点评。 12. 听取老师讲解，做好笔记。 13. 被抽到的 2 名学生进行锉削操作示范，并听取老师的指导，其余学生观看示范并思考自己是不是能做的更好，做好笔记。 14. 听取上机注意事项、操作注意事项和锉削项目，锉削练习 100 分钟，听取老师点评。 15. 认真听取老师讲解台钻钻孔操作方法和注意事项并做好笔记。 16. 被抽到的 2 名学生进行台钻钻孔操作示范并听取老师的指导，其余学生观看示范并思考自己能否做得更好并做好笔记。	零件评分标准。

获取信息

课程 2. 机器人机械部件生产与组装

学习任务 2：子任务 1——机器人 4 轴中间板的加工

	工作	教师活动	学生活动	评价
获取信息		17. 按工位安排上机练习任务，讲解安全操作注意事项和台钻钻孔项目，要求练习 20 分钟，巡回指导并现场点评。 18. 通过视频投影讲解攻螺纹操作方法和注意事项，要求学生做好笔记。 19. 随机抽取 2 名学生进行攻螺纹操作示范，并进行现场指导。要求其余学生利用投屏的方式观看示范，思考自己能否做得更好并做好笔记。 20. 按工位安排上机练习任务，讲解安全操作注意事项和攻螺纹项目，要求练习 30 分钟，巡回指导并现场点评。	17. 听取安全操作注意事项和台钻钻孔项目，钻孔练习 20 分钟，听取老师点评。 18. 听取老师讲解并做好笔记。 19. 被抽取的 2 名学生进行攻螺纹操作示范，其余学生观看示范并思考自己能否做得更好并做好笔记。 20. 听取安全操作注意事项和攻螺纹项目，改螺纹练习 30 分钟，听取老师点评。	
	课时： 14 课时 1. 教学场所：一体化学习站、模具学习工作站等。 2. 硬资源：白板、白板笔、板刷、磁钉、A4 纸、钻床、虎钳、锉削、锯技、测量工具、钳工工具等。 3. 软资源：教学课件、任务书、工作页等。 4. 教学设施：笔记本电脑、投影仪、音响、麦克风等。			
制订工作计划	1. 机器人 4 轴中间板加工工作计划。	1. 展示工作计划表，讲解工作计划编写的内容和方法。 2. 讲解机器人连接轴加工工艺。 3. 按以上示范练习进度完成计划时间的规划。 4. 发放练习图纸，提出按照工作计划表模板完成工作计划表。	1. 主动并客观地倾听，学习计划的内容、编制的方法。 2. 理解计划的内容及编制的方法。 3. 完成计划表（计划完成时间）。 4. 按照工作计划表模板完成练习图纸工作计划表。	1. 全班学生对工作计划的安全性合理性、可操作性进行评价决策。 2. 教师对工作计划的安全性、合理性、可操作性进行点评。
	课时： 1 课时 1. 软资源：张贴板等。 2. 教学设施：多媒体设备等。			
决策	评估工作计划。	1. 随机抽取 2～3 位学生汇报自己的工作计划，要求其他同学思考、表决并提出可改进意见。 2. 进行现场点评并要求学生边听点评边修改。	1. 被抽到的学生进行现场汇报，其他学生听取汇报、思考、表决并提出改进意见。 2. 听取老师点评，修改自己的工作计划。	教师现场点评（8S、工具清单、责任分工）。

基准学时：40

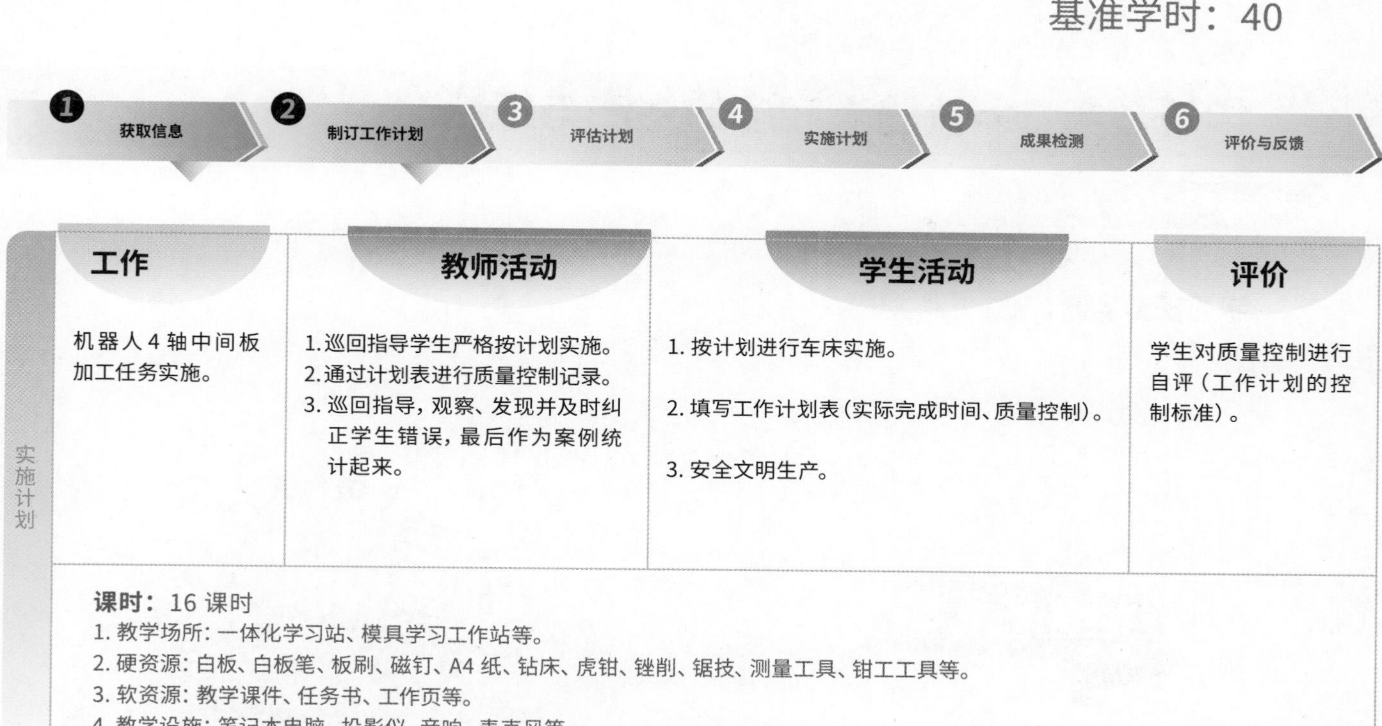

	工作	教师活动	学生活动	评价
实施计划	机器人4轴中间板加工任务实施。	1. 巡回指导学生严格按计划实施。 2. 通过计划表进行质量控制记录。 3. 巡回指导，观察、发现并及时纠正学生错误，最后作为案例统计起来。	1. 按计划进行车床实施。 2. 填写工作计划表（实际完成时间、质量控制）。 3. 安全文明生产。	学生对质量控制进行自评（工作计划的控制标准）。
	课时： 16课时 1. 教学场所：一体化学习站、模具学习工作站等。 2. 硬资源：白板、白板笔、板刷、磁钉、A4纸、钻床、虎钳、锉削、锯技、测量工具、钳工工具等。 3. 软资源：教学课件、任务书、工作页等。 4. 教学设施：笔记本电脑、投影仪、音响、麦克风等。			
成果检测	检测	1. 讲解检测的内容、检测的方法和要求。 2. 要求学生互换机器人4轴中间板产品进行检测。 3. 对实施时统计案例进行点评。 4. 提出进行检测偏差分析。	1. 主动客观地倾听检测知识。 2. 接受检测产品任务，并进行产品的检测，完成检测表。 3. 主动、客观地倾听并思考。 4. 进行检测偏差分析。	1. 学生对产品进行互评； 2. 教师点评案例； 3. 自我评估； 4. 小组互评。
	课时： 1课时 1. 软资源：张贴板等。 2. 教学设施：多媒体设备等。			
评价与反馈	谈话反馈	1. 介绍评价表，讲解如何进行评价。 2. 提出评估任务。 3. 要求进行评价偏差分析。 4. 与偏差较大的学生进行谈话反馈。	1. 主动客观地倾听评价要点。 2. 进行自我评估和小组互评。 3. 进行评价偏差分析。 4. 与老师进行谈话反馈。	谈话反馈。
	课时： 1课时 1. 软资源：张贴板等。 2. 教学设施：多媒体设备等。			

机器人机械部件生产与组装

学习任务 2：机器人底座的生产与组装

任务描述

学习任务学时：26 课时

任务情境：

某机器人公司要开发生产某品牌机器人，设计部已将该品牌机器人本体设计出来，现需要生产出样品（6 台）进行测试，该机器人公司负责人了解到我学院现有的设备、师资水平、生产能力能满足该品牌机器人本体的生产，并找到了我学院将生产样品交予生产。教师给同学们下达机器人底座部件的加工任务，通过使用钳工、普通车床、铣床设备，根据不同工件、材料正确选择设备和刀具，制订加工工艺，完成机器人底座部件的加工任务。现教师为了更好地完成加工任务，提出对机器人连接轴进行独立的制造。

具体工作任务要求如下：

通常情况下，很多设备公司只负责产品设计，并没有自己的加工公司，所以设计出来的产品是外派加工。教师给同学们下达机器人底座部件的加工任务，目的是进行机器人机械部件生产与组装。现委派我系新生来完成该项任务，要求根据学校现有的设备和加工产品的特点，根据不同工件、材料，选择正确的工具，制订工艺流程，应用普通车床技能，完成机器人连接轴的加工任务。操作时间为 3 天，遵循 8S 管理。

具体要求见下页。

子任务 2：机器人连接轴的加工

工作流程和标准

工作环节 1

一、获取信息

（一）阅读任务书，明确任务要求

查阅“机器人连接轴”图纸，了解零件技术要求，口头复述工作任务以明确任务要求，完成生产任务单填写。

通过技能大师的人物介绍和事迹大字报，展示高技能钳工工艺作品，营造车工精神和文化。组织同学大量观看车工大师、机械制造专家相关视频，如《匠人匠心｜高志彬：从学徒工到车工高级技师》等。让追求高技能车工技术的精神，推动学生对钳工独立思考和不断追求，让每位实训生从一开始就有成为工匠能人的梦想。

（二）理论知识

参观模具学习工作站现场设备，学习普通车床机电一体的结构单元、运动原理，通过案例分析如何正确选用车刀具（刀具选择、切削用量），了解三爪卡盘结构、特点、作用；进行操作练习，接受普通车工安全教育。

（三）示范、指导练习

观看视频和现场普通车工基本操作（手柄的作用及安全操作方法、工量具的使用、端面及外圆加工等）示范，独立记录各项目的操作步骤和要点，进行普通车工操作练习，并进行操作情况评估。

学习成果：

1. 普通车床生产任务单、机器人连接轴图的分析表；
2. 安全测试试卷、加工台阶零件刀具表、加工台阶零件切削用量表、工作页；
3. 二台阶轴练习零件、材料和工具清单、操作情况评估表。

知识点：

1. 机器人连接轴图纸技术要求；
2. 普通车床机电一体的结构、单元及运动原理，普通车床安全教育；
3. 普通车床基本操作方法，

技能点：

1. 机器人连接轴图纸的识读、机器人连接轴的技术分析；
2. 使用普通车床进行二台阶轴练习零件加工。

职业素养：

1. 独立思考和不断追求的精神，匠人匠心精神；
2. 独立学习 / 倾听；
3. 现场 8S 管理。

工作环节 2

二、机器人连接轴工作计划

通过对练习图纸——二台阶轴零件工作计划模板的介绍进行学习，以小组为单位进行交流讨论，完成机器人连接轴工作计划表。

学习成果：

二台阶轴零件工作计划表、机器人连接轴工作计划表。

知识点：

工作计划表的编写方法、机器人连接轴加工工艺。

技能点：

普通车床工作计划表的编写。

工作环节 3

三、评估工作计划

3

对工作计划现场汇报进行表决，提出改进意见，修改工作计划。

学习成果：

修改后的工作计划表。

工作流程和标准

工作环节 4

四、实施（机器人连接轴的普通车工制造）

以个人为单位，严格按机器人连接轴工作计划中的步骤完成机器人连接轴的普通车床加工（安全文明生产），记录好每一步的实际实施时间并与计划时间进行对比，掌握好时间的分配，现场 8S 管理。

学习成果：
机器人连接轴产品。

知识点：
安全文明生产。

技能点：
使用普通车床进行机器人连接轴的加工。

职业素养：
现场 8S 管理、独立学习、时间分配。

工作环节 5

五、检测结果

对机器人连接轴进行目视检查及尺寸测量检查，完成检查表的填写。

学习成果：
机器人连接轴检测评价表。

技能点：
对产品的目视检查，测量量具（游标卡尺、外径千分尺）的使用。

职业素养：
养成自检习惯。

工作环节 6

六、评价与谈话反馈

以小组为单位对机器人连接轴的工作过程进行自我评价、教师评价、评估差异，进行汇总。根据以上的检测与评价结果，对出现较大差异的学生进行互动式谈话反馈。

学习成果：

反馈记录表、机器人连接轴评价表。

技能点：

互动谈话。

职业素养：

互动沟通：就刚才所说的内容，进行评论或反馈。

学习内容

知识点	1.1 普通车工基本操作方法； 1.2 普通车床安全教育； 1.3 普通车床机电一体的结构、单元及运动原理； 1.4 机器人连接轴图纸技术要求	2.1 机器人连接轴加工工艺； 2.2 工作计划表的编写方法	
技能点	1.1 机器人连接轴图纸的识读； 1.2 机器人连接轴的技术分析； 1.3 使用普通车床进行二台阶轴练习零件加工	2.1 普通车床工作计划表的编写	3.1 判别工作计划是否合理
工作环节	工作环节 1 获取信息	工作环节 2 制订机器人连接轴工作计划	工作环节 3 评估工作计划
素养	1.1 安全意识； 1.2 独立学习 / 倾听； 1.3 匠人匠心精神	2.1 工作计划能力； 2.2 分工合作的精神	3.1 沟通表达能力

学习任务 2：子任务 2——机器人连接轴的加工

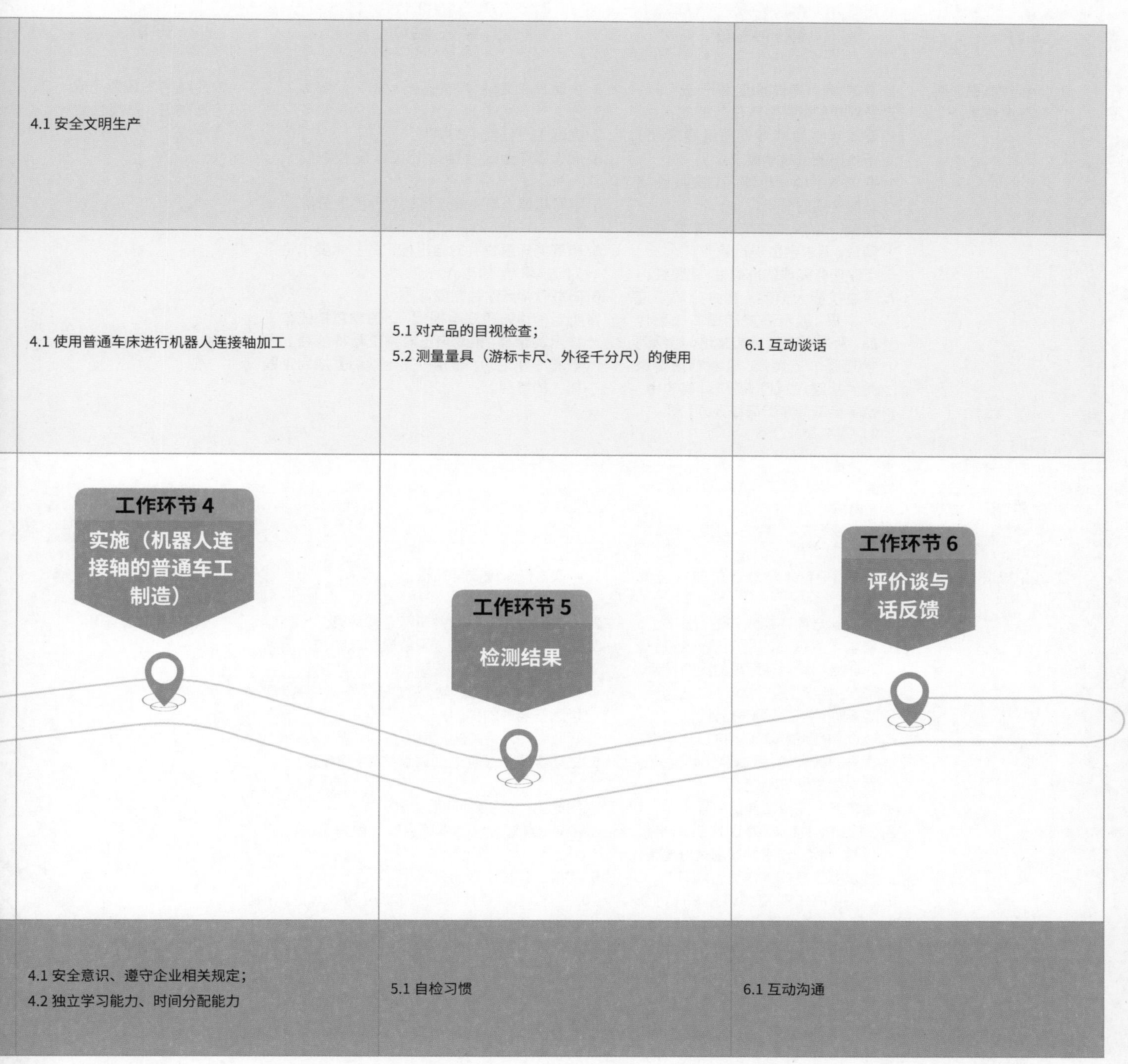

4.1 安全文明生产		
4.1 使用普通车床进行机器人连接轴加工	5.1 对产品的目视检查； 5.2 测量量具（游标卡尺、外径千分尺）的使用	6.1 互动谈话
工作环节 4 实施（机器人连接轴的普通车工制造）	工作环节 5 检测结果	工作环节 6 评价谈与话反馈
4.1 安全意识、遵守企业相关规定； 4.2 独立学习能力、时间分配能力	5.1 自检习惯	6.1 互动沟通

课程 2. 机器人机械部件生产与组装

学习任务 2：子任务 2——机器人连接轴的加工

❶ 获取信息 ❷ 制订工作计划 ❸ 评估工作计划 ❹ 实施工作计划 ❺ 成果检测 ❻ 评价与反馈

获取信息

工作	教师活动	学生活动	评价
1. 阅读任务书，明确任务要求。	1. 发放资料（零件图纸、生产任务单）。 2. 要求学生填写生产任务单。 3. 要求学生阅读零件图纸要求、分析找出图纸技术要求。 4. 要求学生填写机器人与夹具连接轴零件图的分析。 5. 抽查一位学生的技术要求并进行解说，要求学生进行修改。 6. 点评任务完成的准确性、完整性。 7. 通过技能大师的人物介绍和事迹大字报，展示高技能钳工工艺作品，营造车工精神和文化。组织同学观看车工大师、机械制造专家相关视频，如《匠人匠心 | 高志彬：从学徒工到车工高级技师》等。	1. 小组领取资料（零件图纸、生产任务单）。 2. 完成生产任务单的填写。 3. 阅读零件图纸，分析找出图纸技术要求。 4. 填写机器人与夹具连接轴零件图的分析。 5. 听取老师解说并对自己标识的技术要求进行对比、思考、修改。 6. 听取教师点评并完成修改。 7. 听老师讲述和观看视频，让追求高技能车工技术的精神，推动自己对钳工精神的独立思考和不断追求，理从一开始就树立成为工匠能人的梦想。	教师对学生任务完成的准确性、完整性进行评价。

课时： 0.5 课时

1. 教学场所：一体化学习站等。
2. 硬资源：白板、白板笔、板刷、磁钉、A4 纸等。
3. 软资源：教学课件、任务书、工作页等。
4. 教学设施：笔记本电脑、投影仪、音响、麦克风等。

工作	教师活动	学生活动	评价
2. 理论知识。	1. 通过 PPT 讲授普通车床安全知识。 2. 播放安全教育视频并进行解说。 3. 要求学生带着问题观看介绍普通车床结构和运动原理的实例视频。 4. 带学生参观模具学习工作站。 5. 现场对回答的问题进行评价。 6. 通过 PPT 和视频介绍加工刀具(常用车刀的种类、用途及切削运动)，要求学生做好笔记。 7. 要求学生完成工作页引导问题。 8. 通过 PPT 和视频讲授三爪卡盘结构、特点、作用并要求做好笔记。 9. 要求学生完成工作页引导问题。 10. 通过 PPT 和视频讲授车床的润滑与保养并要求学生做好笔记。 11. 要求学生完成工作页的引导问题。	1. 听取普通车床安全知识。 2. 观看安全教育视频并听取老师解说。 3. 主动客观地倾听和学习普通车床结构及运动原理并进行思考。 4. 参观模具学习工作站，观察普通车床结构（现场回答老师的提问）。 5. 听取老师评价并进行反思。 6. 主动客观地倾听老师讲解并做好笔记。 7. 完成工作页引导问题。 8. 主动、客观地倾听老师讲解并做好笔记。 9. 完成工作页引导问题。 10. 主动、客观地倾听老师讲解并做好笔记。 11. 完成工作页引导问题。	1. 现场点评； 2. 课后改题（工作页码引导问题）。

课时： 4 课时

1. 教学场所：一体化学习站、模具学习工作站等。
2. 硬资源：白板、白板笔、板刷、磁钉、A4 纸等。
3. 软资源：教学课件、任务书、工作页等。
4. 教学设施：笔记本电脑、投影仪、音响、麦克风等。

❶ 获取信息 ❷ 制订工作计划 ❸ 评估工作计划 ❹ 实施工作计划 ❺ 成果检测 ❻ 评价与反馈

工作	教师活动	学生活动	评价
3. 示范、指导练习。	1. 引导学生要进行普通车工加工必须得先学好普通车床的基本操作，要求学生全程做好笔记。	1. 听取老师的引导并思考。	零件评分标准。
	2. 通过 PPT 和视频投影讲解普通车床的基本操作（开机、关机、车床启停操作、主轴正反转操作、进给箱和挂轮箱的操作、溜板箱的操作、三爪自定心卡盘三爪的拆装和操作注意事项），要求学生做好笔记。	2. 认真听取老师的讲解并做好笔记。	
	3. 在普通车床上示范普通车工的基本操作（开机、关机、车床启停操作、进给箱和挂轮箱的操作、主轴正反转操作、溜板箱的操作、三爪自定心卡盘三爪的拆装），提示安全和操作注意事项，要求学生做好笔记。	3. 观察老师示范，思考并做好笔记。	
	4. 按工位安排上机练习任务（开机、关机、车床启停操作、进给箱和挂轮箱的操作、主轴正反转操作、溜板箱的操作、三爪自定心卡盘三爪的拆装），讲解安全注意事项、操作注意事项和考核项目，要求练习 30 分钟后进行操作考核。	4. 听取上机安全注意事项、操作注意事项和考核项目。	
	5. 巡回指导。	5. 按工位进行操作练习（开机、关机、车床启停操作、进给箱和挂轮箱的操作、主轴正反转操作、溜板箱的操作、三爪自定心卡盘三爪的拆装）。	
	6. 发放考核表，解说考核的评价方式，要求不操作的学生对正常考核的学生进行评比。	6. 听取考核方式和评价方式。	
	7. 提出考核任务，按工位每人对考核项目进行操作，学生互评，同时老师进行评价。	7. 进行操作考核、评价。	
	8. 视频讲解并在普通车床上示范操作刀具的安装、毛坯的装夹、端面加工和外圆加工，提示安全操作注意事项，要求学生做好安装步骤、加工步骤、注意事项等笔记。	8. 观察老师示范，思考并做好笔记。	
	9. 要求每组按操作需要领取实习工具，完成材料和工具清单的填写，检查材料和工具清单是否完整、准确并签字。	9. 领取实习工具、材料、量具（，完成材料和工具清单的填写。	
	10. 按工位安排上机练习任务，讲解安全注意事项、操作注意事项和考核项目，要求练习 120 分钟后进行操作考核。	10. 听取上机安全注意事项、操作注意事项和考核项目。	
	11. 巡回指导。	11. 按工位进行普通车床的刀具的安装、毛坯站装夹、端面加工和外圆加工操作练习。	
	12. 发放考核表，要求学生按工位每人对考核项目进行操作。	12. 进行操作考核、评价。	

学习任务 2：子任务 2——机器人连接轴的加工

	工作	教师活动	学生活动	评价
获取信息		13. 进行台阶轴零件加工的工艺分析，讲解普通车工的加工工艺，要求学生做好笔记、列出加工工艺流程。 14. 要求学生按台阶轴零件加工的工艺到工位上开始操作测试任务，注意安全、操作注意事项和考核项目，要求练习 40 分钟。 15. 要求学生按评分标准进行台阶轴零件检测并巡回指导。 16. 要求学生以小组讨论的形式进行加工技术小结。	13. 听取、思考并做好笔记，列出加工工艺流程。 14. 学生进行台阶轴零件加工。 15. 按评分标准进行台阶轴零件检测。 16. 以小组讨论的形式进行加工技术小结。	
	课时： 13 课时 1. 教学场所：一体化学习站、模具学习工作站等。 2. 硬资源：白板、白板笔、板刷、磁钉、A4 纸、钻床、虎钳、锉削、锯技、测量工具、钳工工具等。 3. 软资源：教学课件、任务书、工作页等。 4. 教学设施：笔记本电脑、投影仪、音响、麦克风等。			
制订工作计划	机器人连接轴加工工作计划。	1. 展示练习图纸台阶轴零件工作计划表，结合以上练习过程，讲解工作计划编写的内容和方法。 2. 要求学生按以上示范、练习进度完成计划时间的规划。 3. 要求学生按照工作计划表模板完成机器人连接轴工作计划表。	1. 主动并客观地倾听，学习计划的内容和编制的方法。 2. 完成计划表（计划完成时间）。 3. 按照工作计划表模板完成练习图纸工作计划表。	1. 全班学生对工作计划的安全性、合理性、可操作性、修改意见等进行综合评价。 2. 教师对工作计划的安全性、合理性、可操作性、修改意见进行评价。
	课时： 0.5 课时 1. 软资源：张贴板等。 2. 教学设施：多媒体设备等。			
评估工作计划	评估工作计划。	1. 随机抽取 2～3 位学生汇报自己的工作计划，要求其他同学思考、表决并提出改进意见。 2. 进行现场点评并要求学生边听点评边修改。	1. 被抽到的学生进行现场汇报，其余学生听取汇报、思考、表决并提出改进意见。 2. 边听取老师点评边修改自己的工作计划。	教师现场点评（8S、工具清单、责任分工）。

	工作	教师活动	学生活动	评价
实施工作计划	机器人连接轴加工任务实施。	1. 要求学生严格按计划实施操作并巡回指导。 2. 通过计划表进行质量控制记录。 3. 巡回指导，观察发现并及时纠正学生错误，最后作为案例统计起来。	1. 按计划进行机器人连接轴车床加工。 2. 填写工作计划表（实际完成时间、质量控制）。 3. 安全文明生产。	学生对质量控制进行自评（工作计划的控制标准）。
	课时： 6 课时 1. 教学场所：一体化学习站、模具学习工作站等。 2. 硬资源：白板、白板笔、板刷、磁钉、A4 纸、钻床、虎钳、锉削、锯技、测量工具、钳工工具等。 3. 软资源：教学课件、任务书、工作页等。 4. 教学设施：笔记本电脑、投影仪、音响、麦克风等。			
成果检测	检测。	1. 讲解检测的内容、方法和要求。 2. 巡回指导学生互换机器人连接轴产品进行检测。 3. 对实施时的统计案例进行点评。 4. 引导学生进行检测偏差分析。	1. 主动并客观地倾听检测知识。 2. 接受检测产品任务，并进行产品的检测，完成检测表。 3. 主动、客观地倾听并思考。 4. 进行检测偏差分析。	1. 学生对产品进行互评； 2. 教师教学案例点评； 3. 自我评估及小组互评。
	课时： 1 课时 1. 软资源：张贴板等。 2. 教学设施：多媒体设备等。			
评价与反馈	评价与反馈。	1. 介绍评价表，讲解如何进行评价。 2. 提出评估任务。 3. 进行评价偏差分析。 4. 与偏差较大的学生进行谈话反馈。	1. 主动、客观地倾听评价要点。 2. 进行自我评估和小组互评。 3. 评价偏差分析。 4. 与老师进行谈话反馈。	谈话反馈。
	课时： 1 课时 1. 软资源：张贴板等。 2. 教学设施：多媒体设备等。			

学习任务 2：机器人底座的生产与组装

任务描述

学习任务学时：20 课时

任务情境：

某机器人公司要开发生产某品牌机器人，设计部已将该品牌机器人本体设计出来，现需要生产出样品（6 台）进行测试，该机器人公司负责人了解到我学院现有的设备、师资水平、生产能力能满足该品牌机器人本体的生产，并找到了我学院将生产样品交予生产。教师给同学们下达机器人底座部件的加工任务，要求通过使用钳工、普通车床、铣床设备，根据不同工件、材料正确选择设备和刀具，制订加工工艺，完成机器人底座部件的加工任务。现教师为了更好地完成加工任务，提出对机器人 1 轴限位挡块进行独立的制造，学习普通铣床技能。

具体工作任务要求如下：

通常情况下，很多设备公司只负责产品设计，并没有自己的加工公司，所以设计出来的产品是外派加工。教师给同学们下达机器人底座部件的加工任务，目的是进行机器人机械部件生产与组装。现委派我系新生来完成该项任务，要求根据学校现有的设备和加工产品的特点，使用普通铣床技能来完成机器人 1 轴限位挡块的生产。操作时间为 3 天，遵循 8S 管理。

具体要求见下页。

子任务 3：机器人 1 轴限位挡块的加工

机器人机械部件生产与组装

工作流程和标准

工作环节 1

一、获取信息

1

（一）阅读任务书，明确任务要求

查阅“机器人 1 轴限位挡块”图纸，了解零件技术要求，口头复述工作任务以明确任务要求，完成生产任务单填写。

（二）理论知识

参观模具学习工作站现场设备，学习普通铣床机电一体的结构单元、运动原理，通过案例分析如何正确选用铣刀具（刀具选择、切削用量）、铣床虎钳结构，了解刀具夹紧装置的特点及作用；进行操作练习，接受普通铣工安全教育。

（三）示范、指导练习

观看视频和现场普通铣工基本操作（手柄的作用及安全操作方法，阶台、直角、沟槽等的加工）展示，独立记录各项目的操作步骤和要点，进行普通铣工基本操作练习，完成典型铣工练习零件并进行操作情况评估。

学习成果：

1. 普通铣床生产任务单、机器人 1 轴限位挡块图的分析表；
2. 安全测试试卷、刀具表、切削用量表、工作页。

知识点：

1. 机器人 1 轴限位挡块零件的技术要求；
2. 普通铣床机电一体的结构单元、运动原理、安全教育；
3. 普通铣工的操作。

技能点：

1. 机器人 1 轴限位挡块图纸的识读、机器人 1 轴限位挡块零件图的技术分析；
2. 普通铣工的操作。

职业素养：

1. 复述书面内容、责任识别、职业认知；
2. 独立学习 / 倾听；
3. 现场 8S 管理、独立学习。

工作环节 2

二、制订机器人 1 轴限位挡块工作计划

2

通过对典型铣工练习零件工作计划模板介绍的学习，以小组为单位进行交流讨论并完成机器人 1 轴限位挡块工作计划表。

学习成果：

典型铣工练习零件工作计划表、机器人 1 轴限位挡块工作计划表。

知识点：

工作计划表的编写方法、机器人 1 轴限位挡块加工工艺。

技能点：

普通铣床工作计划表的编写。

工作环节 3

三、评估工作计划

3

对工作计划现场汇报进行表决，提出改进意见，修改工作计划。

学习成果：

修改后的工作计划表

工作流程和标准

工作环节 4

四、实施（机器人 1 轴限位挡块的普通铣工制造）

以个人为单位，严格按机器人 1 轴限位挡块工作计划步骤完成机器人 1 轴限位挡块的普通铣工加工（安全文明生产），记录好每一步的实际实施时间并与计划时间进行对比，掌握好时间的分配。现场 8S 管理。

学习成果：
机器人 1 轴限位挡块产品。

知识点：
安全文明生产。

技能点：
普通铣的加工。

职业素养：
工匠精神，学好技术的信心，正确掌握操作要领和操作技能技巧。

工作环节 5

五、机器人 1 轴限位挡块检测

5

对机器人 1 轴限位挡块进行目视检查、尺寸测量检查，完成检查表的填写。

学习成果：
机器人 1 轴限位挡块检测评价表。

技能点：
对产品的目视检查、测量量具（游标卡尺、外径千分尺）的使用。

职业素养：
养成自检习惯。

工作环节 6

六、评价与谈话反馈

以小组为单位对机器人 1 轴限位挡块的工作过程进行自我评价、教师评价、差异评估并进行汇总，根据以上的检测与评价结果，对出现较大差异的学生进行互动式谈话反馈。

学习成果：

反馈记录表、机器人 1 轴限位挡块评价表。

技能点：

互动谈话。

职业素养：

互动沟通：就刚才所说的内容，进行评论或反馈。

学习内容

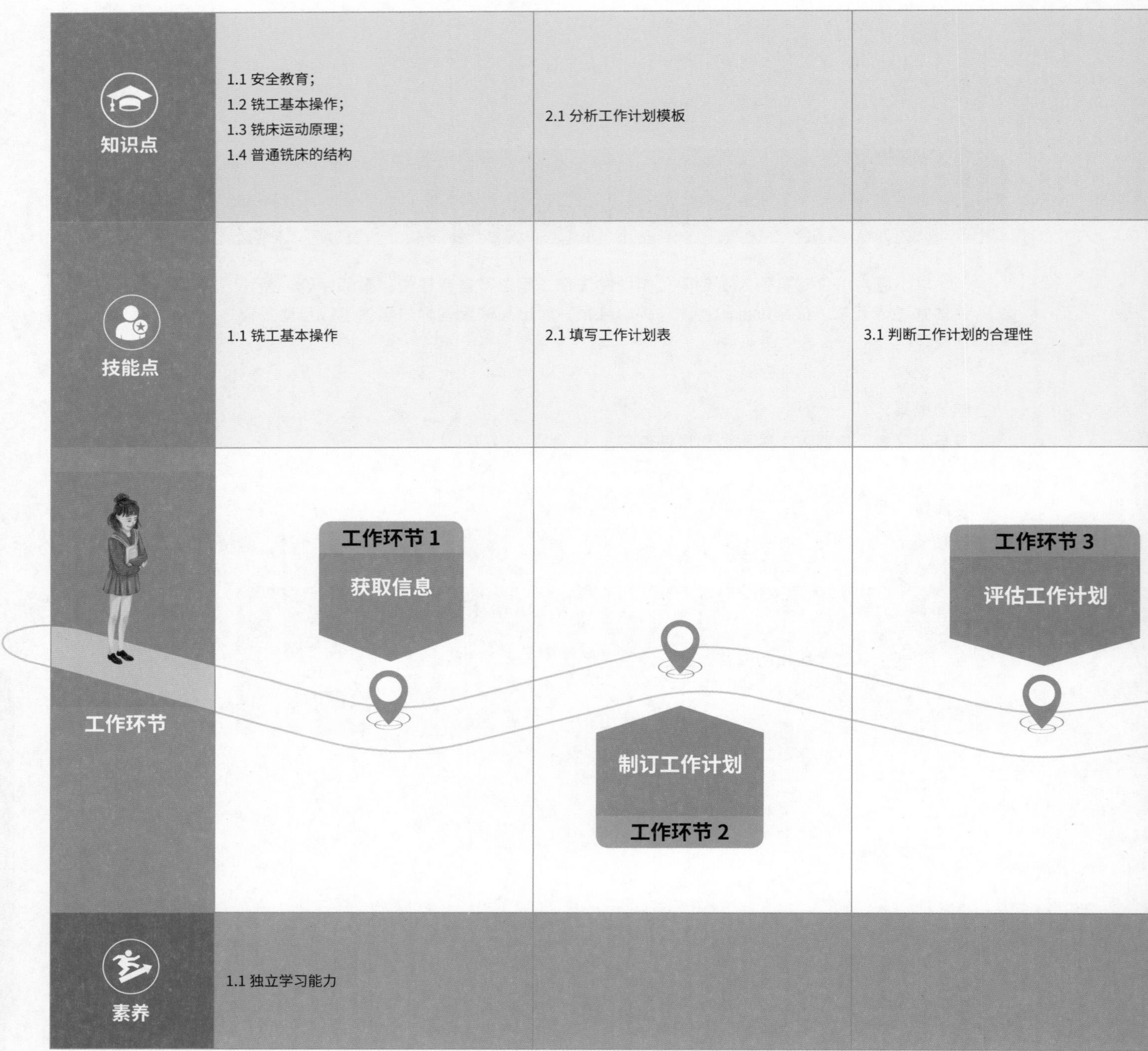

知识点	1.1 安全教育； 1.2 铣工基本操作； 1.3 铣床运动原理； 1.4 普通铣床的结构	2.1 分析工作计划模板	
技能点	1.1 铣工基本操作	2.1 填写工作计划表	3.1 判断工作计划的合理性
工作环节	工作环节 1 获取信息	工作环节 2 制订工作计划	工作环节 3 评估工作计划
素养	1.1 独立学习能力		

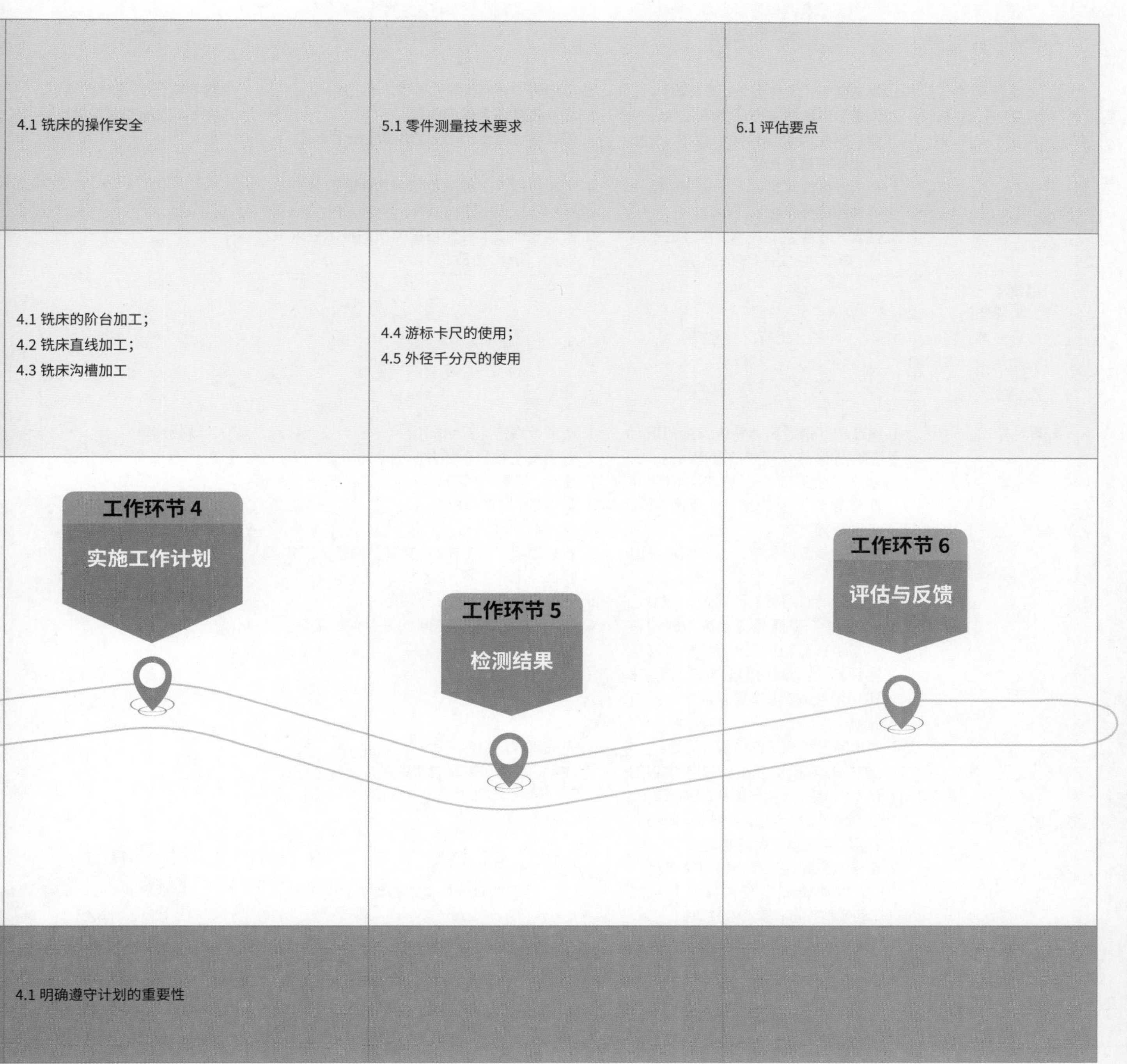

4.1 铣床的操作安全	5.1 零件测量技术要求	6.1 评估要点
4.1 铣床的阶台加工； 4.2 铣床直线加工； 4.3 铣床沟槽加工	4.4 游标卡尺的使用； 4.5 外径千分尺的使用	
工作环节 4 实施工作计划	工作环节 5 检测结果	工作环节 6 评估与反馈
4.1 明确遵守计划的重要性		

课程 2. 机器人机械部件生产与组装

学习任务 2：子任务 3——机器人 1 轴限位挡块的加工

1 获取信息　2 制订工作计划　3 评估工作计划　4 实施工作计划　5 成果检测　6 评价与反馈

获取信息

工作	教师活动	学生活动	评价
1. 阅读任务书，明确任务要求。	1. 发放资料（零件图纸、派工单）。 2. 要求学生填写生产任务单任务。 3. 要求学生阅读零件图纸要求、分析找出图纸技术要求。 4. 要求学生填写机器人 1 轴限位挡块零件图的分析。 5. 抽查一位学生的技术要求并进行解说，要求学生进行修改。	1. 小组领取资料（零件图纸、派工单）。 2. 完成生产任务单的填写。 3. 阅读零件图纸，分析找出图纸技术要求。 4. 填写机器人 1 轴限位挡块零件图的分析。 5. 听取老师解说并对自己标识的技术要求进行对比、思考、修改。	教师对任务完成的准确性、完整性进行评价。
课时： 1 课时 1. 教学场所：一体化学习站等。 2. 硬资源：白板、白板笔、板刷、磁钉、A4 纸等。 3. 软资源：教学课件、任务书、工作页等。 4. 教学设施：笔记本电脑、投影仪、音响、麦克风等。			
2. 理论知识。	1. 通过 PPT 讲授普通铣床安全知识。 2. 播放安全教育视频并进行解说。 3. 要求学生带着普通铣床结构的问题观看普通铣床结构和运动原理实例视频。 4. 带学生参观模具学习工作站并提出问题。 5. 老师现场对回答的问题进行评价。 6. 通过 PPT 和视频讲授铣刀的知识（常用铣刀的种类、刀具材料的基本性能、铣削运动形式与铣削用量）和切削液的选择，要求学生做好笔记。 7. 要求学生完成工作页引导问题。 8. 通过 PPT 和视频讲授铣床常用附件（平口钳、万能分度头、万能铣头、回转工作台、卡盘）的结构、特点、作用，要求学生做好笔记。 9. 要求学生完成工作页码引导问题。 10. 通过 PPT 和视频讲授对铣床的润滑与保养，要求做好笔记。 11. 要求学生完成工作页引导问题。	1. 听取普通铣床安全知识。 2. 观看安全教育视频并听取老师解说。 3. 主动、客观地倾听和学习普通铣床结构和运动原理，并进行思考。 4. 参观模具学习工作站，观察普通铣床结构（现场回答老师的提问）。 5. 听取老师评价并进行反思。 6. 主动、客观地倾听老师讲解并做好笔记。 7. 完成工作页引导问题。 8. 主动、客观地倾听老师讲解并做好笔记。 9. 完成工作页引导问题。 10. 主动、客观地倾听老师讲解并做好笔记。 11. 完成工作页引导问题。	1. 现场点评； 2. 课后改题（工作页码引导问题）。
课时： 4 课时 1. 教学场所：一体化学习站、模具学习工作站等。 2. 资源：白板、白板笔、板刷、磁钉、A4 纸等。 3. 软资源：教学课件、任务书、工作页等。 4. 设施：笔记本电脑、投影仪、音响、麦克风等。			

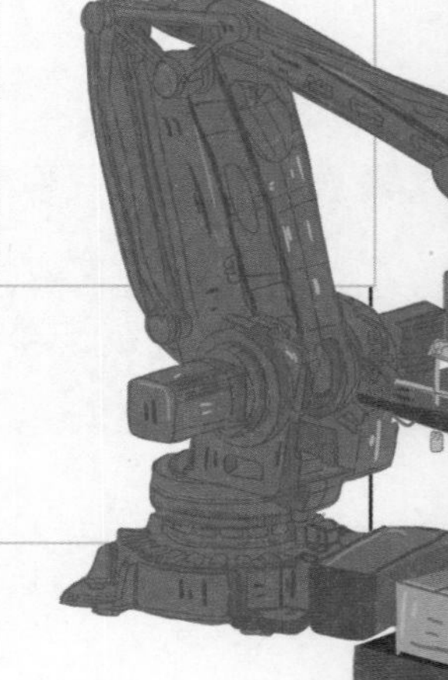

获取信息

工作	教师活动	学生活动	评价
3.示范、指导练习。	1. 引导学生明白，要进行普通铣工加工，就必须得先学好普通铣工的基本操作；要求学生全程做好笔记。	1. 听取老师的引导并思考。	零件评分标准。
	2. 通过 PPT 和视频投影讲解普通铣工的基本操作（开机、关机、铣床启停操作、主轴正反转操作、进给变速操作、主轴变速操作、手动进给操作、工作台纵向、横向、垂直方向的机动进给操作、立铣刀的装夹操作和操作注意事项），要求学生做好笔记。	2. 听取普通铣工的基本操作(开机、关机、铣床启停操作、主轴正反转操作、进给变速操作、主轴变速操作、手动进给操作、工作台纵向、横向、垂直方向的机动进给操作、立铣刀的装夹操作和操作注意事项）讲解，做好笔记。	
	3. 在普通铣床上示范普通铣工的基本操作（开机、关机、铣床启停操作、主轴正反转操作、进给变速操作、主轴变速操作、手动进给操作、工作台纵向、横向、垂直方向的机动进给操作、立铣刀的装夹操作和操作注意事项），提示安全和操作注意事项，要求学生做好笔记。	3. 观察老师示范，思考并做好笔记。	
	4. 要求学生按工位安排上机练习任务(开机、关机、铣床启停操作、主轴正反转操作、进给变速操作、主轴变速操作、手动进给操作、工作台纵向、横向、垂直方向的机动进给操作、立铣刀的装夹操作和操作事项），提示安全、操作注意事项和考核项目，要求练习 40 分钟后进行操作考核。	4. 听取上机安全和操作注意事项以及考核项目。	
	5. 巡回指导。	5. 按工位进行操作练习（开机、关机、铣床启停操作、主轴正反转操作、进给变速操作、主轴变速操作、手动进给操作、工作台纵向、横向、垂直方向的机动进给操作、立铣刀的装夹操作、工件的安装夹紧操作和操作注意事项）。	
	6. 发放考核表，解说考核方式的评价方式，要求不操作的学生对正常考核的学生进行评比。	6. 听取考核方式和评价方式。	
	7. 要求学生提出考核任务，按工位每人对考核项目进行操作，学生互评，同时老师进行评价。	7. 进行操作考核、评价。	
	8. 通过视频讲解和在普通铣床上示范铣刀的安装与装夹、毛坯的装夹、平面铣削操作、斜面的铣削、铣削斜面后的检验、直角沟槽和键槽铣削，提示安全和操作注意事项，要求学生做好安装步骤、加工步骤、注意事项等笔记。	8. 观察老师示范，思考并做好笔记。	

学习任务 2：子任务 3——机器人 1 轴限位挡块的加工

❶ 获取信息 ❷ 制订工作计划 ❸ 评估工作计划 ❹ 实施工作计划 ❺ 成果检测 ❻ 评价与反馈

	工作	教师活动	学生活动	评价
获取信息		9. 要求每组学生按操作需要领取实习工具，完成材料和工具清单的填写；检查材料和工具清单是否完整、准确并签字。 10. 按工位安排上机练习任务，提示安全、操作注意事项和考核项目，要求练习 120 分钟后进行操作考核。 11. 巡回指导。 12. 发放考核表，提出考核任务，要求学生按工位每人对考核项目进行操作，学生互评，同时老师进行评价。 13. 通过对台阶轴零件加工的工艺分析与讲解，介绍普通铣工的加工工艺，要求学生做好笔记，列出加工工艺流程。 14. 操作测试：要求学生按六方零件加工的工艺到工位上开始操作测试，提示安全、操作注意事项和考核项目，要求练习 40 分钟。 15. 要求学生按评分标准进行六方零件检测并巡回指导。 16. 要求学生以小组讨论的形式进行加工技术小结。	9. 领取实习工具、材料、量具（PVC 方料 50X50X50、平铣刀 φ6φ8φ10φ16、弹王夹套、刀柄、游标卡尺（0-150)、外径千分尺（25-50）、垫片、眼镜、毛扫、擦布按组每组一套），完成材料和工具清单的填写。 10. 听取上机安全和操作注意事项以及考核项目。 11. 按工位进行普通铣床的铣刀的安装与装夹、毛坯的装夹、平面铣削操作、斜面的铣削、铣削斜面后的检验、直角沟槽和键槽铣削操作练习。 12. 进行操作考核、评价。 13. 听取、思考并做好笔记，列出加工工艺流程。 14. 操作测试：进行六方零件加工。 15. 按评分标准进行六方零件检测。 16. 以小组讨论的形式进行加工技术小结。	
	课时： 6 课时 1. 教学场所：一体化学习站、模具学习工作站等。 2. 硬资源：白板、白板笔、板刷、磁钉、A4 纸、钻床、虎钳、锉削、锯技、测量工具、钳工工具等。 3. 软资源：教学课件、任务书、工作页等。 4. 教学设施：笔记本电脑、投影仪、音响、麦克风等。			
制订工作计划	制订机器人 1 轴限位挡块加工工作计划。	1. 展示工作计划表，讲解工作计划编写的内容和方法。 2. 讲解机器人 1 轴限位挡块工艺。 3. 按以上示范练习进度完成计划时间的规划。 4. 发放练习图纸，要求学生按照工作计划表模板完成工作计划表。	1. 主动并客观地倾听学习计划的内容及编制的方法。 2. 理解计划的内容及编制的方法。 3. 完成计划表（计划完成时间）。 4. 按照工作计划表模板完成练习图纸工作计划表。	1. 全班学生对工作计划的安全性、合理性、可操作性及修改意见进行综合评价。 2. 教师对工作计划的安全文明生产性、合理性、可操作性及修改意见进行评价。
	课时： 1 课时 1. 软资源：张贴板等。 2. 教学设施：多媒体设备等。			

基准学时：20

	工作	教师活动	学生活动	评价
评估工作计划	评估工作计划。	1. 随机抽取 2～3 位学生汇报自己的工作计划，其他同学思考、表决并提出改进意见。 2. 进行现场点评并要求学生边听点评边修改。	1. 被抽到的学生进行现场汇报，其他学生听取汇报、思考、表决并提出改进意见。 2. 边听取老师点评边修改自己的工作计划。	1. 随机抽查、现场汇报、进行表决； 2. 展示、现场点评、反馈谈话。
实施工作计划	实施机器人 1 轴限位挡块加工任务。	1. 巡回指导并要求学生严格按计划实施。 2. 实施过程中通过计划表的质量控制一项进行质量控制记录。 3. 巡回指导，观察发现错误，作为案例统计起来并及时纠正。	1. 按计划实施铣床加工。 2. 填写工作计划表（实际完成时间、质量控制）。 3. 安全文明生产。	学生对质量控制进行自评。
	课时： 6 课时 1. 教学场所：一体化学习站、模具学习工作站等。 2. 硬资源：白板、白板笔、板刷、磁钉、A4 纸、钻床、虎钳、锉削、锯技、测量工具、钳工工具等。 3. 软资源：教学课件、任务书、工作页等。 4. 教学设施：笔记本电脑、投影仪、音响、麦克风等。			
成果检测	检测。	1. 讲解检测的内容、方法和要求。 2. 要求学生互换机器人 1 轴限位挡块产品进行检测并巡回指导。 3. 对实施时的统计案例进行点评。 4. 要求学生进行检测偏差分析。	1. 主动客观地倾听检测知识。 2. 接受检测产品任务并进行产品检测，完成检测表。 3. 主动客观地倾听并思考。 4. 进行检测偏差分析。	1. 学生对产品进行互评（对目测评价和测量评价标准进行互评）； 2. 教师对教学案例进行点评（施时统计的特别案例）； 3. 自我评估（评价表的标准）； 4. 小组互评（评价表的标准）。
	课时： 1 课时 1. 软资源：张贴板等。 2. 教学设施：多媒体设备等。			
评价与反馈	评价与反馈。	1. 介绍评价表，讲解如何进行评价。 2. 提出评估任务。 3. 进行评价偏差分析。 4. 与偏差较大的学生进行谈话反馈。	1. 主动客观地倾听评价要点。 2. 进行自我评估和小组互评。 3. 评价偏差分析。 4. 与老师进行谈话反馈。	自我评估、小组互评、谈话反馈。
	课时： 1 课时 1. 软资源：张贴板等。 2. 教学设施：多媒体设备等。			

学习任务 2：机器人底座的生产与组装

任务描述

学习任务学时：18 课时

任务情境：

某机器人公司要开发生产某品牌机器人，设计部已将该品牌机器人本体设计出来，现需要生产出样品（6 台）进行测试，该机器人公司负责人了解到我学院现有的设备、师资水平、生产能力能满足该品牌机器人本体的生产，并找到了我学院将生产样品交予生产。现教师给同学们下达机器人底座的生产与组装任务，要求通过使用钳工、普通车床、铣床，根据不同工件、材料正确选择设备和刀具，制订加工工艺，完成机器人底座的生产与组装，提出以团队合作的方式完成本次任务，要求同学们学习团队合作技能。

具体工作任务要求如下：

通常情况下，很多设备公司只负责产品设计，并没有自己的加工公司，所以设计出来的产品是外派加工。教师给同学们下达机器人底座部件的加工任务，目的是进行机器人机械部件生产与组装。现委派我系新生来完成该项任务，要求根据学校现有的设备和加工产品的特点，根据不同工件、材料，选择正确工具，制订工艺流程，应用钳工、普通车床、铣床技能，完成机器人底座的生产与组装。操作时间为 5 天，遵循 8S 管理操作规范。

具体要求见下页。

子任务 4：机器人底座的生产与组装

工作流程和标准

工作环节 1

一、获取信息

（一）阅读任务书，明确任务要求

查阅“机器人底座的生产与组装”项目图纸，了解零件技术要求（各零件图的加工要点，装配图的技术要点）和生产任务单关键词，口头复述工作任务以明确任务要求，完成生产任务单填写。

（二）理论知识

通过机器人底座生产与组装项目的讲授了解零件的加工方向，通过团队合作完成机器人底座生产与组装项目，学习螺纹配合、间隔配合、过渡配合知识，了解机械装配相关知识（零件和组件图纸、零件明细表、匹配、公差、装配的概念、装配类型、工作原理）、装配工具、检验 / 测量工具、测量误差和辅助仪器，接受安全教育。

学习成果：

1. 生产任务单、任务分析表；
2. 工作页。

知识点：

1. 机器人底座生产与组装项目的技术要求；
2. 机械装配相关知识，螺纹配合、间隔配合、过渡配合知识，安全教育。

技能点：

机器人底座装配图纸的识读、机器人底座装配的技术分析。

职业素养：

1. 领悟钳工技术精髓，发挥自己的创造性，提升自我价值；
2. 独立学习 / 倾听、团队合作。

工作环节 2

二、制订机器人底座生产与组装项目工作计划

2

（一）小组任务分工

对机器人底座部件的生产进行小组任务分工，对小组任务分工表模板进行介绍，以小组为单位讨论任务领取或任务安排，完成任务分配。

（二）机器人底座部件工作计划

负责人按以上的任务分工，完成部件生产工作计划表。

（三）器人底座的组装计划

以小组为单位进行讨论，完成机器人底座的组装计划表。

学习成果：

1. 小组任务分工表；
2. 各零件工作计划表；
3. 机器人底座的组装计划表。

知识点：

1. 小组工作计划的设计；
2. 各零件工作计划的设计；
3. 机器人底座组装工作计划的设计。

技能点：

1. 会做小组任务分工表；
2. 会做零件工作计划表；
3. 会做机器人底座的组装计划表。

职业素养：

现场 8S 管理、团队合作、时间分配。

工作流程和标准

工作环节 3

三、评估工作计划

3

对以上所做的机器人底座生产与组装项目工作计划进行展示汇报，各小组讨论后进行表决，对不通过的计划提出修改建议，各小组完成修改，最终通过表决。

学习成果：

修改后的工作计划表。

工作环节 4

四、实施工作计划

4

严格按机器人底座生产与组装项目工作计划步骤和配合要求完成机器人底座部件的加工（安全文明生产），记录好每一步的实际实施时间并与计划时间进行对比，掌握好时间的分配。现场 8S 管理。

学习成果：

机器人底座部件。

技能点：

装配钳工的各种设备与工具使用。

职业素养：

现场 8S 管理、独立学习、时间分配。

工作环节 5

五、成果检测

5

对机器人底座部件进行目视检查、尺寸测量检查，完成检查表的填写。再对机器人底座进行功能性检查，完成功能性检查表和调试评价表的填写，以小组为单位进行技术讨论。

学习成果：
目视检查表、测量检查表、功能性检查评价表、调试评价表。

知识点：
功能性检查、调试评价。

技能点：
产品的功能性检查和调试。

职业素养：
现场 8S 管理、独立学习能力、协作精神。

工作环节 6

六、评估与反馈

对机器人底座项目的工作过程进行自我评价、教师评价、差异评估并进行汇总，开展互动交流并与学生进行谈话反馈。

学习成果：
评价表、核心能力评价表、评价汇总表。

知识点：
评价表、评估方式、评估要点。

技能点：
会做评价表。

职业素养：
现场 8S 管理、独立学习能力、协作精神。

学习内容

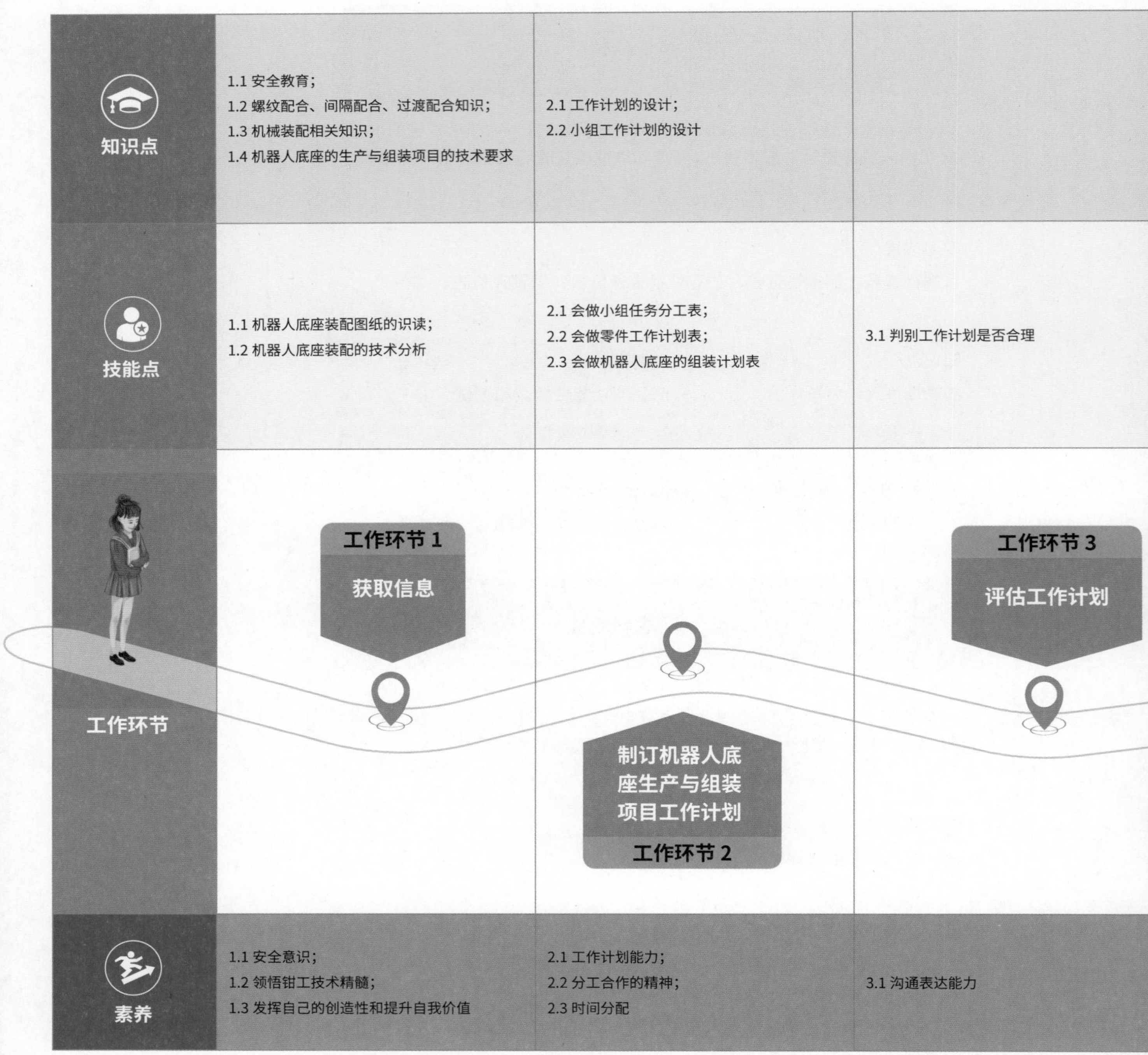

知识点	1.1 安全教育； 1.2 螺纹配合、间隔配合、过渡配合知识； 1.3 机械装配相关知识； 1.4 机器人底座的生产与组装项目的技术要求	2.1 工作计划的设计； 2.2 小组工作计划的设计	
技能点	1.1 机器人底座装配图纸的识读； 1.2 机器人底座装配的技术分析	2.1 会做小组任务分工表； 2.2 会做零件工作计划表； 2.3 会做机器人底座的组装计划表	3.1 判别工作计划是否合理
工作环节	工作环节 1 获取信息	制订机器人底座生产与组装项目工作计划 工作环节 2	工作环节 3 评估工作计划
素养	1.1 安全意识； 1.2 领悟钳工技术精髓； 1.3 发挥自己的创造性和提升自我价值	2.1 工作计划能力； 2.2 分工合作的精神； 2.3 时间分配	3.1 沟通表达能力

学习任务 2：子任务 4——机器人底座的生产与组装

		5.1 调试评价； 5.2 功能性检查	6.1 评估方式； 6.2 评价表、评估要点
	4.1 装配钳工的各种设备与工具使用	5.1 对产品的功能性检查； 5.2 对产品的功能性调试	6.1 会做评价表

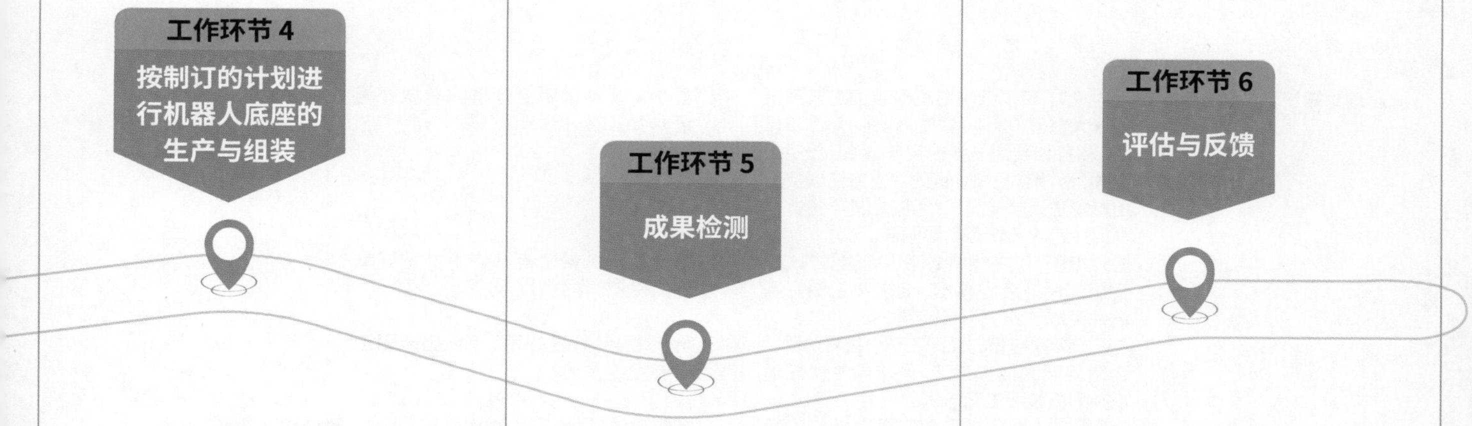

工作环节 4
按制订的计划进行机器人底座的生产与组装
工作环节 5
成果检测
工作环节 6
评估与反馈

	4.1 安全意识、遵守企业相关规定； 4.2 独立学习能力	5.1 现场 8S 管理	6.1 独立学习能力、协作精神

课程 2. 机器人机械部件生产与组装

学习任务 2：子任务 4——机器人底座的生产与组装

1 获取信息　2 制订工作计划　3 评估工作计划　4 实施工作计划　5 成果检测　6 评价与反馈

	工作	教师活动	学生活动	评价
获取信息	1. 阅读任务书，明确任务要求。	1. 发放资料（零件图纸、装配图、生产任务单）。 2. 要求学生填写生产任务单任务。 3. 投影机器人底座装配图，要求学生共同讨论分析装配图的要求及部装和总装的顺序。 4. 要求学生阅读机器人底座部件的零件图要求，分析找出技术要求并完成填写。 5. 抽查一位学生的技术要求并进行解说。 6. 点评任务完成的准确性、完整性。（各任务完成情况及学生在完成任务时出现的情况，如：比较主动、完成质量比较好、出现了一些问题），要求学生进行修改。	1. 小组领取资料（零件图纸、装配图、生产任务单）。 2. 完成生产任务单的填写。 3. 共同讨论分析机器人底座装配图要求及部装和总装的顺序。 4. 阅读机器人底座部件的零件图，分析找出图纸技术要求，并完成填写。 5. 听取老师解说并对自己标识的技术要求进行对比、思考。 6. 听取教师点评并完成修改。	教师对任务完成的准确性、完整性进行评价。
	课时： 2 课时 1. 教学场所：一体化学习站等。 2. 硬资源：白板、白板笔、板刷、磁钉、A4 纸等。 3. 软资源：教学课件、任务书、工作页等。 4. 教学设施：笔记本电脑、投影仪、音响、麦克风等。			
	2. 理论知识。	1. 通过 PPT 和视频讲解机器装配工艺系统的五大部分（零件、套件、组件、部件和机器）和各种装配方法的实质、特点及使用范围，讲授装配尺寸链的建立方法以及运用概率法计算装配尺寸链，要求学生做好笔记并完成工作页引导问题。 2. 通过 PPT 和视频介绍常用装配方法以及如何保证装配精度，要求学生做好笔记并完成工作页引导问题。 3. 通过二级减速箱的装配工艺分析与讲解，介绍装配的加工工艺，要求学生做好笔记并列出装配工艺流程。 4. 装配测试：要求学生按二级减速箱的装配的工艺进行测试，提示安全、操作注意事项和考核项目，要求练习 40 分钟。巡回指导。 5. 按评分标准进行二级减速箱的装配、检测。 6. 以小组讨论的形式进行加工技术小结。	1. 主动客观地倾听老师讲解并做好笔记，完成工作页引导问题。 2. 主动客观地倾听老师讲解并做好笔记，完成工作页引导问题。 3. 听取、思考并做好笔记，列出装配工艺流程。 4. 装配测试：完成二级减速箱的装配。 5. 按评分标准进行二级减速箱的装配、检测。 6. 以小组讨论的形式进行加工技术小结。	
	课时： 6 课时 1. 教学场所：一体化学习站、模具学习工作站等。 2. 硬资源：白板、白板笔、板刷、磁钉、A4 纸等。 3. 软资源：教学课件、任务书、工作页等。 4. 教学设施：笔记本电脑、投影仪、音响、麦克风等。			

基准学时：18

1 获取信息　2 制订工作计划　3 评估工作计划　4 实施工作计划　5 成果检测　6 评价与反馈

	工作	教师活动	学生活动	评价
制订工作计划	制订机器人底座的生产与组装工作计划。	1. 展示工作计划表，讲解工作计划编写的内容和方法。 2. 讲解机器人底座的生产与组装工艺。 3. 按以上进度完成计划时间的规划。 4. 发放装配图纸，要求学生按照工作计划表模板完成工作计划表。	1. 主动客观地倾听，学习计划的内容及编制的方法。 2. 理解计划的内容及编制的方法。 3. 完成计划表（计划完成时间）。 4. 按照工作计划表模板完成装配图纸工作计划表。	1. 全班学生对工作计划的安全性合理性、可操作性及修改意见进行综合评价。 2. 教师对工作计划的安全性、合理性、可操作性及修改意见进行评价。
	课时：2 课时 1. 软资源：张贴板等。 2. 教学设施：多媒体设备等。			
评估工作计划	评估工作计划。	1. 随机抽取 2～3 位学生汇报自己的工作计划，要求其他同学思考、表决并提出改进意见。 2. 进行现场点评并要求学生边听点评边修改。	1. 被抽到的学生进行现场汇报，其他学生听取汇报、思考、表决并提出改进意见。 2. 听边取老师点评边修改自己的工作计划。	1. 随机抽查、现场汇报、进行表决。 2. 展示、现场点评、反馈谈话。
实施工作计划	实施机器人底座的生产与组装。	1. 要求学生严格按计划进行实施。 2. 实施过程中通过计划表进行质量控制记录。 3. 巡回指导，观察发现错误，作为案例统计起来并及时纠正。	1. 按计划进行车床实施。 2. 填写工作计划表（实际完成时间、质量控制）。 3. 安全文明生产。	学生对质量控制进行自评（工作计划的控制标准）。
	课时：6 课时 1. 教学场所：一体化学习站、模具学习工作站等。 2. 硬资源：白板、白板笔、板刷、磁钉、A4 纸、钻床、虎钳、锉削、锯技、测量工具、钳工工具等。 3. 软资源：教学课件、任务书、工作页等。 4. 教学设施：笔记本电脑、投影仪、音响、麦克风等。			
成果检测	检测。	1. 讲解检测的内容、方法和要求。 2. 要求学生互换机器人底座的生产与组装产品进行检测并巡回指导。 3. 对实施时的统计案例进行点评。 4. 要求学生进行检测偏差分析。	1. 主动并客观地倾听检测知识。 2. 接受检测产品任务并进行产品检测，完成检测表。 3. 主动客观地倾听并思考。 4. 进行检测偏差分析。	1. 学生对产品进行互评； 2. 教师点评教学案例； 3. 自我评估； 4. 小组互评。
	课时：1 课时 1. 软资源：张贴板等。 2. 教学设施：多媒体设备等。			
评价与反馈	评价与反馈。	1. 介绍评价表，讲解如何进行评价。 2. 提出评估任务。 3. 进行评价偏差分析。 4. 与偏差较大的学生进行谈话反馈。	1. 主动客观地倾听评价要点。 2. 进行自我评估和小组互评。 3. 评价偏差分析。 4. 与老师进行谈话反馈。	谈话反馈。
	课时：1 课时 1. 软资源：张贴板等。 2. 教学设施：多媒体设备等。			

学习任务 3：机器人的生产与组装

任务描述

学习任务学时：**50** 课时

任务情境：

某机器人公司要开发生产某品牌机器人，设计部已将该品牌机器人本体设计出来，现需要生产出样品（6 台）进行测试。该机器人公司负责人了解到我学院现有的设备、师资水平、生产能力能满足该品牌机器人本体的生产，并找到了我学院将生产样品交予生产。教师给同学们下达机器人本体部件的加工任务，要求通过使用数控车床、数控铣床设备，根据不同工件、材料正确选择设备和刀具，制订加工工艺，完成机器人本体部件的加工任务。现教师为了更好地完成加工任务，提出对机器人与夹具连接轴进行独立制造，并要求同学们学习数控车床技能。

具体要求见下页。

子任务 1：机器人与夹具连接轴的 CNC 加工

机器人机械部件生产与组装

工作流程和标准

工作环节 1

一、获取信息

（一）阅读任务书，明确任务要求

查阅“机器人与夹具连接轴”图纸，了解零件技术要求、零件图的加工要点，口头复述工作任务以明确任务要求，完成生产任务单填写。

工作成果 / 学习成果：

数控车生产任务单、机器人与夹具连接轴零件图的分析表。

知识点：

机器人与夹具连接轴零件的技术要求。

技能点：

机器人与夹具连接轴图纸的识读，机器人与夹具连接轴零件图的技术分析。

职业素质：

主动精神：视情况需要，把问题带给适当的人去关注（增强学生提取要点能力、增强职业认同感）。

（二）理论知识

通过观察 CNC 学习工作站现场设备和分析车床图形结构，了解数控车床结构和运动原理；通过案例分析，学会正确选用数控车刀具（刀具选择、切削用量）、数控车床加工参数和编程的知识（相对坐标系、绝对坐标系、机械坐标系、T 指令、M 指令、S 指令、G00、G01、G02、G03、G71、G70）。布置练习，进行台阶零件编程练习，接受数控车床安全教育。

工作成果 / 学习成果：

安全测试试卷、加工台阶零件刀具表、加工台阶零件切削用量表、台阶零件程序、机器人与夹具连接轴程序表。

知识点：

数控车床结构和运动原理、数控车刀具认识、数控车床加工参数和编程、数控安全教育。

技能点：

数控车床程序的编辑。

职业素质：

1. 注意细节：在接受假设和信息之前，先查对验证；
2. 信息收集和处理：阅读稍长的文字材料，寻找多样性的信息。

学习任务3：子任务1——机器人与夹具连接轴的CNC加工

工作环节1

一、获取信息

（三）示范、指导练习

观看视频和现场示范操作指导——数控车床基本操作（面板操作、刀具的安装、卡盘的调整、试切对刀、程序输入、自动加工等），独立记录各项目的操作步骤和要点，进行数控车工操作练习。

工作成果／学习成果：

台阶轴零件、材料和工具清单、加工工艺流程、数控车操作考核表、台阶轴零件测量表。

知识点：

数控车床操作方法，安全文明生产。

技能点：

数控车床的操作加工。

职业素质：

1. 自信心：当遇到挑战时，仍能对自己的能力、观点或决策表现自信；
2. 关注安全：了解并应用和自己专业学习相关的健康及安全规范与守则。

工作环节2

二、制订机器人与夹具连接轴工作计划

2

通过对练习图纸——台阶轴零件工作计划模板的学习，以小组为单位进行交流讨论并完成机器人与夹具连接轴工作计划表。

学习成果：

台阶轴零件工作计划表、机器人与夹具连接轴工作计划表。

知识点：

工作计划表的编写方法、机器人与夹具连接轴加工工艺。

技能点：

数控车工作计划表的编写。

工作流程和标准

工作环节 3

三、评估工作计划

3

根据工作计划现场汇报进行表决，提出改进意见，修改工作计划。

工作成果 / 学习成果：
修改后工作计划表。

工作环节 4

四、实施（机器人与夹具连接轴的数控车制造）

4

完成台阶轴零件加工测试任务，并进行操作情况评估。

工作成果 / 学习成果：
机器人与夹具连接轴产品。

知识点：
安全文明生产。

技能点：
数控车床的操作加工。

职业素质：
1. 关注安全：了解并应用和自己专业学习相关的健康及安全规范与守则；
2. 解决问题：当预定的解决方案无法实施时，能找出明确而实用的解决方案。

工作环节 5

五、成果检测

对机器人与夹具连接轴进行目视检查、尺寸测量检查，完成检查表的填写。

工作成果 / 学习成果：

机器人与夹具连接轴检测评价表。

技能点：

对产品的目视检查、测量量具（游标卡尺、外径千分尺）的使用。

职业素养：

养成自检习惯。

工作环节 6

六、评价与谈话反馈

以小组为单位对机器人与夹具连接轴的工作过程进行自我评价、教师评价、差异评估并进行汇总；根据以上的检测与评价结果，与出现较大差异的学生进行互动式谈话反馈。

工作成果 / 学习成果：

反馈记录表、机器人与夹具连接轴评价表。

技能点：

互动谈话。

职业素养：

互动沟通能力，就刚才所说的内容，进行评论或反馈。

学习内容

知识点	1.1 数控车生产任务单； 1.2 机器人与夹具连接轴零件的技术要求； 1.3 数控车床结构和运动原理； 1.4 数控车刀具认识； 1.5 数控车床加工参数和编程； 1.6 数控安全教育	2.1 工作计划表的编写方； 2.2 机器人与夹具连接轴加工工艺	
技能点	1.1 数控车床程序的编辑； 1.2 机器人与夹具连接轴零件图的技术分析； 1.3 数控车床的操作加工	2.1 数控车工作计划表的编写	3.2 判别工作计划是否合理
工作环节	工作环节 1 信息收集	制订机器人与夹具连接轴工作计划 工作环节 2	工作环节 3 评估工作计划
素养	1.1 注意细节，有自信心； 1.2 安全意识； 1.3 主动精神； 1.4 增强职业认同感	2.1 工作计划能力； 2.2 分工合作的精神	3.1 沟通表达能力

学习任务 3：子任务 1——机器人与夹具连接轴的 CNC 加工

工作环节 4 实施（机器人与夹具连接轴的数控车制造）	工作环节 5 成果检测	工作环节 6 评价与谈话反馈
4.1 安全文明生产		
4.1 判别数控车床的操作加工是否合理	5.1 对产品的目视检查； 5.2 测量量具的使用	6.1 互动谈话
4.1 关注安全、解决问题的能力	5.1 自检习惯	6.1 互动沟通能力

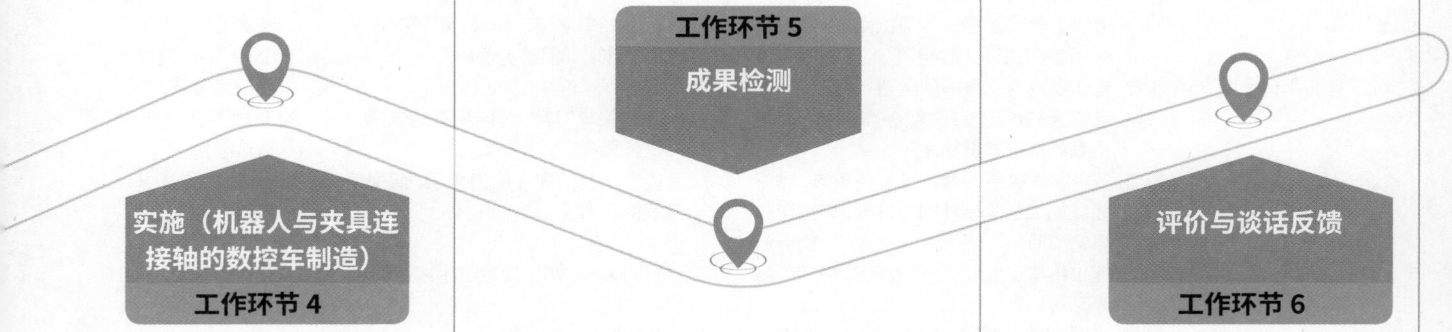

教学活动

学习任务 3：子任务 1——机器人与夹具连接轴的 CNC 加工

1 获取信息 → 2 制订工作计划 → 3 评估工作计划 → 4 实施工作计划 → 5 成果检测 → 6 评价与反馈

获取信息

工作子步骤	教师活动	学生活动	评价
1. 明确任务要求。	1. 发放资料（零件图纸、生产任务单）。 2. 解说生产任务单填写规范（如：任务名称、完成时间、完成要求、各负责人）。 3. 提出填写生产任务单的任务。 4. 抽查一份生产任务单进行投影检查，点评任务完成的准确性、完整性。 5. 提出相互交换进行互评的任务。 6. 提出阅读零件图纸、分析找出图纸技术要求。 7. 提出填写机器人与夹具连接轴零件图的分析单。 8. 抽查一位学生的技术要求并进行解说，要求学生进行修改。	1. 小组领取资料（零件图纸、生产任务单）。 2. 听取老师解说派工单填写规范。 3. 完成生产任务单的填写。 4. 听取教师点评。 5. 进行相互评价。 6. 阅读零件图纸，分析图纸并找出图纸技术要求。 7. 填写机器人与夹具连接轴零件图的分析单。 8. 听取老师解说并对比、思考、修改自己标识的技术要求。	1. 教师对 1 组代表的任务进行评价（完成的规范性、完整性）； 2. 其余学生听取老师的点评后进行互评（完成的规范性、完整性）； 3. 教师点评（机器人与夹具连接轴的技术要求的准确性合理性）。
课时： 2 课时 1. 教学场所：一体化学习站等。 2. 硬资源：白板、白板笔、板刷、磁钉、A4 纸等。 3. 软资源：教学课件、任务书、工作页等。 4. 教学设施：笔记本电脑、投影仪、音响、麦克风等。			
2. 理论知识。	1. 要求学生带着数控车床结构的问题观看实例视频，了解数控车床的结构和运动原理。 2. 带学生参观数控车学习工作站，要求学生回答提前设计的问题。 3. 老师现场对回答的问题进行评价。 4. 老师通过 PPT 讲授数控车刀具、切削用量的选择并提出思考。 5. 要求学生以组为单位填写任务单，讨论完成加工台阶零件的刀具表、切削用量表的填写。 6. 提出组与组之间进行刀具表、切削用量表互评。 7. 通过 PPT 讲授数控车安全知识进行。 8. 播放安全教育视频并进行解说。 9. 发放安全测试试卷，要求学生完成安全试卷的测试（开卷）。 10. 通过 PPT 与实例讲解数控车床坐标系及相关指令的程序，要求学生对编程格式、编写原则、走刀路线（相对坐标系、绝对坐标系、机械坐标系、T 指令、M 指令、S 指 令、G00、G01、G02、G03、G71、G70）做好笔记。	1. 主动并客观地倾听和学习数控车床结构和运动原理，并进行思考。 2. 进行数控车学习工作站，观察数控车床结构（现场回答老师的提问）。 3. 听取老师评价并进行反思。 4. 听取数控车刀具、切削用量的选择，并进行思考。 5. 完成加工台阶零件的刀具表、切削用量表的填写。 6. 进行刀具表、切削用量表小组互评。 7. 听取数控车安全知识。 8. 观看安全教育视频并听取老师解说。 9. 完成安全测试试卷。 10. 听取数控车床坐标系及相关指令的程序，做好笔记。	1. 现场对回答的问题进行评价（回答数控车床结构问题的准确性）； 2. 小组互评刀具表、切削用量表； 3. 课后批改（安全测试试卷）； 4. 现场对程序点评与修改。

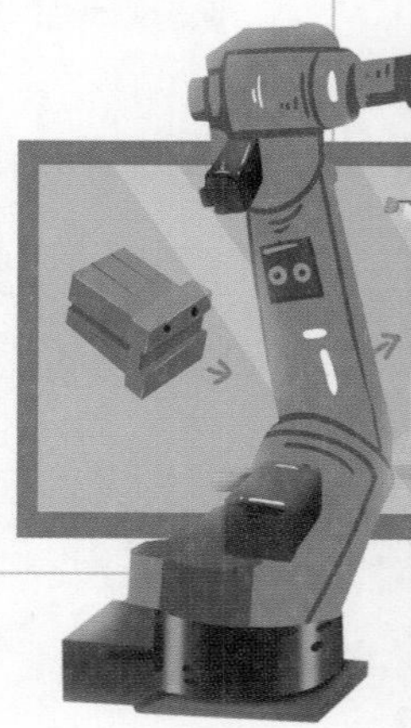

	工作子步骤	教师活动	学生活动	评价
获取信息		11. 要求学生进行简单轴类零件加工程序的编写练习，要求 2 位学生将其程序写在白板上；教师对写在白板上的程序进行点评、修改并解说，要求学生对自己的程序进行思考、比对和修改。 12. 要求学生完成台阶零件加工程序的编写，要求 2 位学生将其程序写在白板上；对写在白板上的台阶零件加程序进行点评、修改并解说，要求学生对自己的程序进行思考、比对和修改。	11. 练习编写简单轴类零件加工程序，听取老师解说并对自己填写的零件加工程序进行思考、对比，修改。 12. 完成台阶零件加工程序的编写，听取老师解说并对自己填写的台阶零件程序进行思考、对比，修改。	5. 根据制图标准检查直线段等分、多边形绘制、圆弧的连接求解方法的合理性。
	课时： 10 课时 1. 教学场所：一体化学习站、模具学习工作站等。 2. 硬资源：白板、白板笔、板刷、磁钉、A4 纸等。 3. 软资源：教学课件、任务书、工作页等。 4. 教学设施：笔记本电脑、投影仪、音响、麦克风等。			
获取信息	3. 数控车操作示范及指导练习。	1. 引导学生明白：要进行数控车自动加工，必须得先学好数控车的基本操作。要求学生全程做好笔记。 2. 通过投影讲解数控车操作面板各按键的功能，要求学生做好笔记。 3. 在数控车床上示范面板按键的使用，主轴、换刀、刀架的移动操作，提示安全和操作注意事项，要求学生做好笔记。 4. 要求学生按工位上机练习，提示注意安全、操作注意事项和考核项目，要求练习 30 分钟后进行操作考核。 5. 巡回指导。 6. 检查：发放考核表，解说考核方式及评价方式，要求不操作的学生对正常考核的学生进行评比。 7. 提出考核任务，要求学生按工位每人对考核项目进行操作，学生互评，同时老师进行评价。 8. 通过视频讲解和在数控车床上示范刀具的安装和卡盘的调整，提示安全和操作注意事项要求学生做好安装步骤、调整步骤、注意事项等笔记。 9. 要求每组按操作需要领取实习工具，并完成材料和工具清单的填写，检查材料和工具清单是否完整、准确并签字。 10. 要求学生按工位进行上机练习，提示注意安全、操作注意事项和考核项目，要求练习 40 分钟后进行操作考核。	1. 听取老师的引导并思考。 2. 听取数控车面板功能的讲解，做好笔记。 3. 观察老师示范，思考，做好笔记。 4. 听取上机安全和操作注意事项以及考核项目。 5. 按工位进行数控车面板按键的使用练习，以及主轴、换刀、刀架的移动操作练习。 6. 听取考核方式和评价方式。 7. 进行操作考核、评价。 8. 观察老师示范并积极思考，做好笔记。 9. 按组领取实习工具、材料、量具，按组每组一套）完成材料和工具清单的填写。 10. 听取上机安全和操作注意事项以及考核项目。	1. 学生互评（对数控车床基本操作的安全性、准确性、有效性、积极性、时间控制等进行评价）； 2. 老师评价对数控车床基本操作的安全性、准确性、有效性、积极性、时间控制等进行评价）； 3. 自测（零件评分标准）。

工作子步骤	教师活动	学生活动	评价
获取信息	11. 巡回指导。	11. 按工位进行数控车刀具的安装和卡盘的调整操作练习。	
	12. 检查：发放考核表，提出考核任务，要求学生按工位每人对考核项目进行操作，学生互评，同时老师进行评价。	12. 进行操作考核、评价。	
	13. 通过视频讲解和在数控车床上示范试切对刀方法，提示安全和操作注意事项，要求学生做好试切对刀步骤、注意事项等笔记。	13. 观察老师示范并积极思考，做好笔记。	
	14. 要求每组组长按操作需要领取实习工具，并完成材料和工具清单的填写，检查材料和工具清单是否完整、准确，并签字。	14. 领取实习工具、材料、量具，完成材料和工具清单的填写。	
	15. 要求学生按工位进行上机练习，提示注意安全、操作注意事项和考核项目，要求练习 60 分钟后进行操作考核。	15. 听取上机安全和操作注意事项以及考核项目。	
	16. 巡回指导。	16. 按工位进行数控车试切对刀操作练习。	
	17. 检查：发放考核表，提出考核任务，要求学生按工位每人对考核项目进行操作，学生互评，同时老师进行评价。	17. 进行操作考核、评价。	
	18. 通过台阶轴零件加工的工艺分析，讲解数控车的加工工艺，要求学生做好笔记，列出加工工艺流程。	18. 听取、思考并做好笔记，列出加工工艺流程。	
	19. 操作测试：要求学生按台阶轴零件加工的工艺到工位上开始操作测试；提醒注意安全、操作注意事项和考核项目，要求练习 40 分钟。	19. 操作测试：台阶轴零件加工。	
	20. 要求学生按评分标准进行台阶轴零件测量并巡回指导。	20.按评分标准进行台阶轴零件测量。	
	21. 要求学生以小组讨论的形式进行加工技术小结。	21. 以小组讨论的形式进行加工技术小结。	
课时： 28 课时 1. 教学场所：一体化学习站、模具学习工作站等。 2. 硬资源：白板、白板笔、板刷、磁钉、A4 纸、钻床、虎钳、锉削、锯技、测量工具、钳工工具等。 3. 软资源：教学课件、任务书、工作页等。 4. 教学设施：笔记本电脑、投影仪、音响、麦克风等。			
制订工作计划 1. 机器人与夹具连接轴加工工作计划。	1. 展示练习图纸——台阶轴零件工作计划表，结合以上练习过程，讲解工作计划编写的内容和方法。 2. 要求学生按以上示范、练习进度完成计划时间的规划。 3. 要求学生按照工作计划表模板完成机器人与夹具连接轴工作计划表。	1. 主动并客观地倾听，学习计划的内容及编制方法。 2. 完成计划表（计划完成时间）。 3. 按照工作计划表模板完成练习图纸工作计划表。	1. 学生对数控车床基本操作的安全性、准确性、有效性、积极性、时间控制等进行互评； 2. 老师对数控车床基本操作的安全性、准确性、有效性、积极性、时间控制等进行评价； 3. 学生按零件评分标准进行自测。
课时： 1 课时 1. 教学场所：张贴板、多媒体设备等。			

基准学时：50

	工作子步骤	教师活动	学生活动	评价
评估工作计划	评估工作计划。	1. 随机抽取 2～3 位学生汇报自己做的工作计划，要求其他同学思考、表决并提出改进意见。 2. 进行现场点评并要求学生边听点评边修改。	1. 进行现场汇报，听取汇报，思考，进行表决，提出改进意见。 2. 听取老师点评，修改自己的工作计划。	1. 全班学生对工作计划的安全性、合理性性、可操作、修改意见进行综合评价决策； 2. 教师对工作计划的安全性、合理性、可操作性及修改意见进行评价； 3. 教师现场点评（8S、工具清单、责任分工）。
	课时： 1 课时			
实施工作计划	实施机器人与夹具连接轴加工任务。	1. 要求学生严格按计划进行实施并进行巡回指导。 2. 实施过程中通过计划表的质量控制一项进行质量控制记录。 3. 巡回指导，观察发现错误并作为案例统计起来并及时纠正学生。	1. 按计划进行机器人与夹具连接轴加工。 2. 填写工作计划表（实际完成时间、质量控制）中的质量控制内容。 3. 安全文明生产。	
	课时： 6 课时 1. 教学场所：一体化学习站、模具学习工作站等。 2. 硬资源：白板、白板笔、板刷、磁钉、A4 纸、钻床、虎钳、锉削、锯技、测量工具、钳工工具等。 3. 软资源：教学课件、任务书、工作页等。 4. 教学设施：笔记本电脑、投影仪、音响、麦克风。			
成果检测	成果检测。	1. 讲解检测的内容、方法和要求。 2. 要求学生互换机器人与夹具连接轴产品进行检测并进行巡回指导。 3. 对实施时统计案例进行点评。 4. 要求学生进行检测偏差分析。	1. 主动并客观地倾听检测知识。 2. 接受检测产品任务并进行产品检测，完成检测表。 3. 主动、客观地倾听并思考。 4. 进行检测偏差分析。	1. 学生对目测评价和测量评价标准进行互评； 2. 教师点评实施统计的特别案例； 3. 自我评估； 4. 小组互评。
	课时： 1 课时 1. 教学设施：张贴板、多媒体设备等。			
评价与反馈	评价与反馈。	1. 介绍评价表，讲解如何进行评价。 2. 提出评估任务。 3. 进行评价偏差分析。 4. 与偏差较大的学生进行谈话反馈。	1. 主动客观地倾听评价要点。 2. 进行自我评估和小组互评。 3. 评价偏差分析。 4. 与老师进行谈话反馈。	1. 自我评估、小组互评、谈话反馈。
	课时： 1 课时 1. 教学设施：张贴板、多媒体设备等。			

学习任务 3：机器人的生产与组装

任务描述

学习任务学时：30 课时

任务情境：

某机器人公司要开发生产某品牌机器人，设计部已将该品牌机器人本体设计出来，现需要生产出样品（6 台）进行测试。该机器人公司负责人了解到我学院现有的设备、师资水平、生产能力能满足该品牌机器人本体的生产，并找到我学院将生产样品交予生产。现教师给同学们下达机器人电机固定板的加工任务，要求通过使用数控铣床，根据工件、材料正确选择刀具，制订加工工艺，完成机器人电机固定板的加工任务。

具体要求见下页。

子任务 2：机器人电机固定板的加工

工作流程和标准

工作环节 1

一、获取信息

（一）阅读任务书，明确任务要求

查阅“机器人电机固定板的加工”任务图纸，了解零件技术要求、派工单关键词，口头复述工作任务以明确任务要求，完成派工单填写。

（二）认识数控铣床

通过老师的讲解和查询相关的资料库，熟悉数控铣床的主要结构及其功能，加工中心分类、加工类型、主轴传动方式、刀柄规格、刀库形式等。

（三）示范、指导练习

观看视频和现场操作示范，学习数控铣床基本操作（控制面板的使用、轴的手动控制和自动控制、工件找正），独立记录各项目的操作步骤和要点，并进数控铣床操作练习。

（四）学习平面铣、平面轮廓铣指令

通过老师的讲解和查询相关的资料库，懂得 UGnx10 数控加工模块平面铣、平面轮廓铣指令的使用。

学习成果：

1. 派工单；
2. 工作页、思维导图；
3. 机器人底板加工刀路。

知识点：

1. 机器人电机固定板的图纸识读；
2. 加工中心分类、加工类型、主轴传动方式、刀柄规格、刀库形式；
3. 控制面板的功能、轴的手动控制和自动控制方式、工件找正方法；
4. 平面铣、平面轮廓铣指令的使用方式。

技能点：

1. 数控铣床安全操作规范、轴的手动控制和自动控制操作、工件找正、加工程序的录入；
2. 平面铣、平面轮廓铣指令的使用。

职业素养：

1. 独立学习 / 倾听，认真严紧的学习态度。

工作环节 2

二、制订工作计划

2

以个人为单位完成机器人电机固定板加工过程工作计划表（详细列出每一步骤和时间）。

工作成果 / 学习成果：
机器人电机固定板加工工作计划表。

职业素养：
现场 8S 管理、独立学习、时间分配。

工作环节 3

三、评估工作计划

3

随机抽取部分同学汇报自己的工作计划，同学和老师进行计划评估，确保计划的可行性。

工作成果 / 学习成果：
评估修订后的机器人电机固定板加工工作计划表。

职业素养：
表达能力。

工作流程和标准

工作环节 4

四、实施工作计划

以个人为单位，按工位和计划表步骤完成机器人电机固定板的加工，记录好每一步的实际实施时间并与计划时间进行对比，掌握好时间的分配。现场 8S 管理。

工作成果 / 学习成果：

机器人电机固定板产品、修订后的工作计划表。

职业素养：

精益求精的工匠精神。

工作环节 5

五、成果检测

5

老师准备评价表并详细介绍评价表的填写方式，学生以小组为单位检查零件的尺寸并完成检查表的填写，统计零件尺寸的正确率。

工作成果 / 学习成果：

评价表。

知识点：

评价表的填写。

职业素养：

现场 8S 管理、独立学习、认真严紧的学习态度。

工作环节 6

六、评价与反馈

对本次的实施操作进行自我评估、教师评估、偏差评估和总结。

工作成果 / 学习成果：
评估表、总结。

知识点：
评估表、评估方式、评估要点。

职业素养：
自觉认真的态度，接受别人提出的意见，自我总结。

学习内容

知识点	1.1 加工中心分类； 1.2 主轴传动方式； 1.3 刀柄规格； 1.4 控制面板的功能； 1.5 控制方式； 1.6 工件找正方法； 1.7 加工程序的录入； 1.8 安全教育； 1.9 平面铣、平面轮廓	2.1 分析工作计划模板	
技能点	1.1 数控铣床基本操作； 1.2 平面铣削加工； 1.3 平面轮廓加工	2.1 填写工作计划表	3.1 工作计划的合理性分析
工作环节	工作环节 1 信息收集	制订工作计划 工作环节 2	工作环节 3 评估工作计划
素养	1.1 自我学习能力		3.1 表达能力

学习任务 3：子任务 2——机器人电机固定板的加工

工作环节 4 实施工作计划	工作环节 5 成果检测	工作环节 6 评价与反馈
4.1 数控铣床的操作安全		6.1 评估方式和要点
4.1 固定板零件的加工	5.1 游标卡尺的使用； 5.2 外径千分尺的使用	6.1 互动谈话
4.1 精益求精的工匠精神	5.1 严谨的做事态度	6.1 自我总结的能力

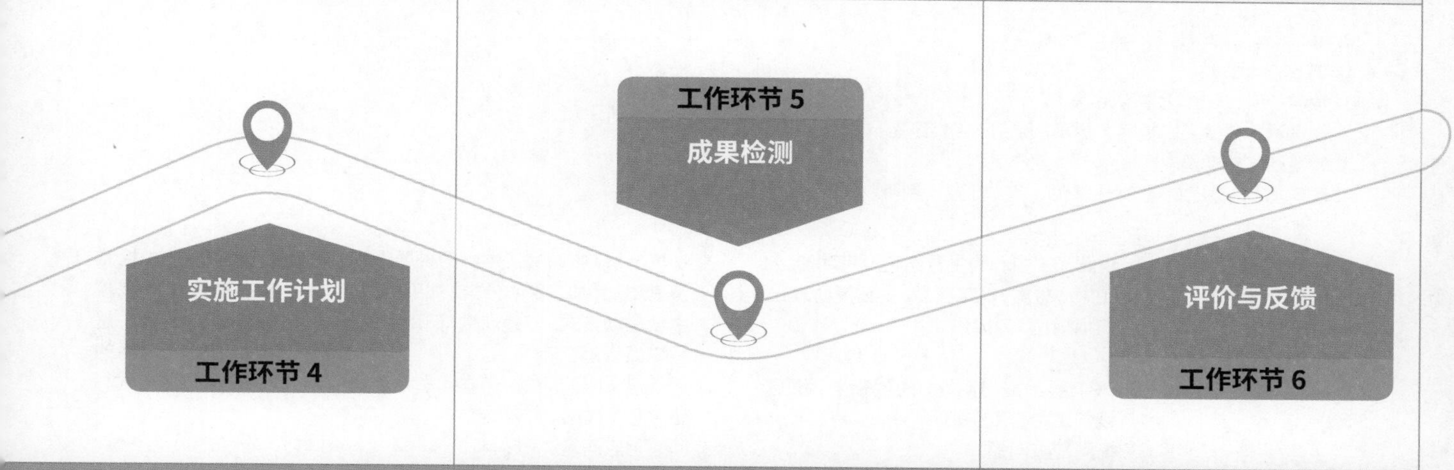

课程 2. 机器人机械部件生产与组装

学习任务 3：子任务 2——机器人电机固定板的加工

1 获取信息　2 制订工作计划　3 评估工作计划　4 实施工作计划　5 成果检测　6 评价与反馈

获取信息

工作子步骤	教师活动	学生活动	评价
1. 阅读任务书，明确任务要求。	1. 发放资料（电机固定板零件图纸、派工单）。 2. 解说电机固定板派工单的相关信息。 3. 提出派工单填写要求（如：任务名称、完成时间、完成要求、负责人）。 4. 检查、点评一份电机固定板派工单完成的准确性、完整性。 5. 要求学生阅读电机固定板零件图纸，分析找出图纸技术要求。 6. 要求学生在电机固定板零件图上标示出相关技术要求。 7. 对同学在电机固定板零件图上标示出的技术要求的合理性和准确性进行评价。	1. 领取资料（零件图纸、派工单）。 2. 听讲派工单相关信息。 3. 填写派工单的信息。 4. 听取老师对派工单的点评并对比进行相关修改。 5. 阅读零件图纸，分析找出图纸技术要求。 6. 用彩笔在电机固定板零件图上标示出相关技术要求。 7. 听取老师对电机固定板零件图上标示出的技术要求的合理性和准确性进行评价并对比进行相关修改。	1. 教师对派工单完成的准确性、完整性、规范性进行评价； 2. 教师对同学在电机固定板零件图上标示出的技术要求的合理性和准确性进行评价。
课时： 2 课时 1. 教学场所：一体化学习站等。 2. 硬资源：白板、白板笔、板刷、磁钉、A4 纸等。 3. 软资源：教学课件、任务书、工作页等。 4. 教学设施：笔记本电脑、投影仪、音响、麦克风等。			
2. 认识数控铣床。	1. 讲解加工中心的主要结构及其功能，加工中心分类、加工类型、主轴传动方式、刀柄规格、刀库形式。 2. PPT 展示提出问题，同学带着问题参观加工中心工作站。 3. 提问检查问题。	1. 认真听讲，学习加工中心的主要结构及其功能，加工中心分类、加工类型、主轴传动方式、刀柄规格、刀库形式，做好课堂笔记。 2. 记录好课堂的问题，带着问题参观加工中心工作站。 3. 回答相应问题。	1. 通过提问方式检查学生是否了解我校现有哪此设备、是哪类设备、刀柄的规格、刀库的形式。
课时： 4 课时			

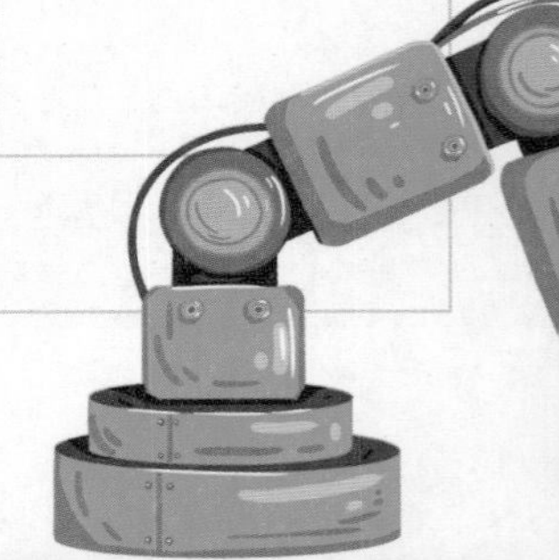

工作子步骤	教师活动	学生活动	评价
3. 示范、指导练习。	1. 讲授加工中心安全知识。 2. 播放加工中心安全教育片。 3. 示范铣刀的安装。 4. 示范加工中心的手动和自动进给移动操作。 5. 安排每一位同学进行手动和自动进给移动操作练习并进行巡回指导，确保每位同学都进行练习。 6. 示范工件的安装和找正。 7. 安排每一位同学进行工件的安装与找正练习并进行巡回指导，确保每位同学都进行练习。 8. 示范如何导入加工程序。 9. 要求学生进行加工程序的录入，老师进行巡回指导。	1. 认真学习加工中心安全知识。 2. 观看加工中心安全教育片并归纳要点。 3. 认真记录铣刀安装的方法和注意事项。 4. 认真记录加工中心手动操作和自动进给移动的每个步骤和细节。 5. 进行手动和自动进给移动操作练习。 6. 认真记录加工中心工件的安装和找正的每个步骤和细节。 7. 进行工件的安装与找正练习，过程中多次检测验证。 8. 观察导入加工程序的方法。 9. 进行加工程序的录入练习。	1. 从安全性和规范性方面对铣刀的安装进行指导； 2. 从移动的方向和速度方面对手动和自动进给移动操作进行指导； 3. 通过验证坐标检查工件零点位找正是否正确。
课时： 8 课时 1. 教学场所：一体化学习站、数控铣学习工作站等。 2. 硬资源：白板、白板笔、板刷、磁钉、A4 纸、测量工具、加工中心工具等。 3. 软资源：教学课件、任务书、工作页等。 4. 教学设施：笔记本电脑、投影仪、音响、麦克风等。			
4. 学习平面铣、平面轮廓铣指令的使用	1. 通过 PPT 对平面铣、平面轮廓铣指令的功能进行介绍。 2. 通过软件进行平面铣、平面轮廓铣指令的功能演示。 3. 安排学生进行平面铣、平面轮廓铣指令的练习。 4. 安排学生编制机器人底板加工刀路。	1. 听取讲解平面铣、平面轮廓铣指令的功能。 2. 观看学习老师对平面铣、平面轮廓铣指令演示。 3. 进行平面铣、平面轮廓铣指令的练习。 4. 进行编制机器人底板加工刀路。	根据加工要求对各刀路参数进行评价。
课时： 8 课时 1. 教学场所：一体化学习站、软件学习工作站等。 2. 硬资源：白板、白板笔、板刷、磁钉、A4 纸等。 3. 软资源：教学课件、任务书、工作页等。 4. 教学设施：笔记本电脑、投影仪、音响、麦克风等。			

课程 2. 机器人机械部件生产与组装

学习任务 3：子任务 2——机器人电机固定板的加工

	工作子步骤	教师活动	学生活动	评价
制订工作计划	制订工作计划	1. 组织学生进行计划的编制。	1. 编制工作计划。	
	课时： 1 课时 1. 教学设施：笔记本电脑、投影仪、音响、麦克风等。			
评估工作计划	计划评估	1. 组织学生汇报计划。 2. 提出技术性相关的意见。	1. 主动汇报计划。 2. 对汇报的同学的计划进行表决并提出问题。	
	课时： 1 课时 1. 教学设施：笔记本电脑、投影仪、音响、麦克风等。			
实施工作计划	任务实施	1. 根据现有设备安排学生进行产品加工。 2. 巡回指导，观察并及时纠正学生（使用千分尺进行零件尺寸的检测，再根据误差值修改加工参数）。 3. 要求学生按实际完成时间填写工作计划表。	1. 听从老师分配设备。 2. 根据安排，按计划实施产品加工，每次加工完成后进行一次尺寸精度的数据测量。 3. 将测量所得数值与加工数值作比对。 4. 根据比对所得的误差，再次调整加工参数进行加工。 5. 按实际完成时间填写工作计划表。	
	课时： 4 课时 1. 教学场所：一体化学习站、数控学习工作站等。 2. 硬资源：数控铣床等。 3. 软资源：任务书、工作页等。 4. 教学设施：：笔记本电脑、投影仪、音响、麦克风等。			

	工作子步骤	教师活动	学生活动	评价
成果检测	成果检测。	1. 详细介绍评价表的内容和填写方式。 2. 组织学生以小组形式进行零件的检测并填写评价表。 3. 安排学生填写电机固定板评价表。 4. 检查、点评一份电机固定板评价表完成的准确性、完整性。	1. 认真学习评价表相关的内容及填写要求。 2. 进行零件的尺寸检测并把结果填写到检测表中。 3. 填写电机固定板评价表。 4. 听老师对电机固定板评价表进行点评，并对比进行相关必要性的修改。	对电机固定板评价表完成的准确性、完整性进行评价。
	课时： 1 课时 1. 教学设施：笔记本电脑、投影仪、音响、麦克风等。			
评价与反馈	评估与反馈。	1. 准备评价表，组织各小组进行评估。 2. 与学生进行谈话反馈。 3. 进行总结。	1. 自我评价，小组评价。 2. 与老师进行谈话反馈。 3. 自我书写总结。	1. 评价考核评价表（过程性评价）; 2. 评价检测记录表的填写情况。
	课时： 1 课时 1. 教学场所：一体化学习站、软件学习工作站等。 2. 硬资源：白板、白板笔、板刷、磁钉、A4 纸等。 3. 软资源：教学课件、任务书、工作页等。 4. 教学设施：笔记本电脑、投影仪、音响、麦克风等。			

学习任务 3：机器人的生产与组装

任务描述

学习任务学时：70 课时

任务情境：

某机器人公司要开发生产某品牌机器人，设计部已将该品牌机器人本体设计出来，现需要生产出样品（6 台）进行测试。该机器人公司负责人了解到我学院现有的设备、师资水平、生产能力能满足该品牌机器人本体的生产，并找到我学院将生产样品交予生产。现教师给同学们下达机器人部件的加工任务，要求通过使用数控铣床，根据工件、材料正确选择刀具，制订加工工艺，完成机器人部件的加工任务。

具体要求见下页。

子任务3：机器人部件的生产

机器人机械部件生产与组装

工作流程和标准

工作环节 1

一、获取信息

阅读“机器人部件的加工”任务图纸，了解零件技术要求、派工单关键词，口头复述工作任务以明确任务要求，完成派工单填写。

工作成果 / 学习成果：

派工单。

知识点：

机器人部件各零件图识读。

职业素养：

复述书面内容、责任识别、职业认知。

工作环节 2

二、制订工作计划

以小组为单位共同讨论后，以责任矩阵的方式将任务分给小组每位同学，领到任务后完成相关零件图的加工过程工作计划表（详细列出每一步骤和时间）。

工作成果 / 学习成果：

机器人各部件加工工作计划表。

工作环节 3

三、评估工作计划

3

小组推荐同学进行本组的工作计划汇报，同学和老师进行计划评估，确保计划的可行性。

工作成果 / 学习成果：

评估修改后的机器人部件加工工作计划表。

职业素养：

沟通能力、表达能力。

工作环节 4

四、实施工作计划

以小组为单位，按工位和计划表步骤完成机器人部件的加工，记录好每一步的实际实施时间并与计划时间进行对比，掌握好时间的分配。现场 8S 管理。

工作成果 / 学习成果：

机器人部件产品、修订后的工作计划表。

职业素养：

现场 8S 管理、沟通能力、时间分配能力。

工作环节 5

五、成果检测

5

老师准备评价表，组织学生以小组为单位进行零件的尺寸检查，完成检查表的填写，统计零件尺寸的正确率。

工作成果 / 学习成果：

评价表。

职业素养：

现场 8S 管理、认真严谨的工作态度。

工作环节 6

六、评估与反馈

6

对本次的实施操作进行小组评估、教师评估、偏差评估，最后进行总结。

工作成果 / 学习成果：

评估表、总结。

职业素养：

自觉认真的态度、接受别人提出的意见、自我总结。

学习内容

	工作环节 1 获取信息	工作环节 2 制订工作计划	工作环节 3 评估工作计划
知识点	1.1 机器人部件各零件图识读	2.1 零件的分类加工	
技能点		2.1 填写工作计划表； 2.2 零件的定位	3.1 工作计划的分析与调整
素养		2.1 沟通能力、表达能力	3.1 团队分析能力

学习任务3：子任务3——机器人部件的生产

工作环节4 实施工作计划	工作环节5 成果检测	工作环节6 评估与反馈
4.1 零件加工的合理安排		6.1 评估方式和要点
4.1 零件的加工	5.1 游标卡尺的使用； 5.2 外径千分尺的使用	
4.1 明确遵守计划的重要性		6.1 明确遵守计划的重要性

机器人机械部件生产与组装

教学活动

课程 2. 机器人机械部件生产与组装

学习任务 3：子任务 3——机器人部件的生产

	工作子步骤	教师活动	学生活动	评价
获取信息	阅读任务书，明确任务要求。	1. 发放资料（机器人部件零件图纸、派工单）。 2. 要求学生派工单填写（如：任务名称、完成时间、完成要求、负责人）。 3. 检查、点评一份机器人部件派工单完成的准确性、完整性。 4. 要求学生阅读机器人部件零件图纸，分析找出图纸技术要求。 5. 对同学在机器人部件零件图上标示出的技术要求的合理性和准确性进行评价。	1. 领取资料（零件图纸、派工单）。 2. 填写派工单的信息。 3. 听取老师对派工单的点评并对比进行相关修改。 4. 阅读零件图纸，分析找出图纸技术要求。用彩笔在机器人部件零件图上标示出相关技术要求。 5. 听取老师对机器人部件零件图上标示出的技术要求的合理性和准确性进行评价并对比进行相关修改。	1. 教师对派工单完成的准确性、完整性、规范性进行评价； 2. 教师对同学在机器人部件零件图上标示出的技术要求的合理性和准确性进行评价。
	课时： 2 课时 1. 教学场所：一体化学习站等。 2. 硬资源：白板、白板笔、板刷、磁钉、A4 纸等。 3. 软资源：教学课件、任务书、工作页等。 4. 教学设施：笔记本电脑、投影仪、音响、麦克风等。			
制订工作计划	制订工作计划。	组织学生进行计划的编制，进行巡回指导并提供专业性的帮助。	各小组根据部件零件的分析与小组成员对技术的掌握情况，合理制订加工计划，合理安排人员的分工。	
	课时： 4 课时 1. 教学设施：笔记本电脑、投影仪、音响、麦克风等。			
评估工作计划	评估工作计划。	1. 组织学生进行计划的汇报。 2. 提出技术性相关的意见。	1. 主动进行计划汇报。 2. 对汇报同学的计划进行表决和提出问题。	
	课时： 2 课时 1. 教学设施：笔记本电脑、投影仪、音响、麦克风等。			

	工作子步骤	教师活动	学生活动	评价
任务实施	任务实施。	1. 根据现有设备安排学生进行产品加工。 2. 巡回指导、观察并及时纠正学生。 3. 要求学生按实际完成时间填写工作计划表。	1. 听从老师分配设备。 2. 根据安排，按计划实施产品加工（注：质量控制）。 3. 填写工作计划表（实际完成时间）。	
	课时： 54 课时 1. 教学场所：一体化学习站、数控学习工作站等。 2. 硬资源：数控铣术等。 3. 软资源：任务书、工作页等。 4. 教学设施：笔记本电脑、投影仪、音响、麦克风等。			
成果检测	成果检测。	1. 详细介绍评价表的内容和填写方式。 2. 以小组形式组织学生进行零件的检测并填写评价表。 3. 安排填写机器人部件评价表。 4. 检查、点评一份机器人部件评价表完成的准确性、完整性。	1. 认真学习评价表相关的内容及填写要求。 2. 进行零件的尺寸检测并把结果填写到检测表中。 3. 填写机器人部件评价表。 4. 听老师对机器人部件评价表的准确性、完整性进行点评，并对比进行相关必要性的修改。	1. 根据机器人部件评价表完成的准确性、完整性进行评价。
	课时： 6 课时 1. 教学设施：张贴板、多媒体设备等。			
评估与反馈	评估与反馈。	1. 准备评估表，组织各小组进行评估。 2. 与学生进行谈话反馈。 3. 进行总结。	1. 自我评价，小组评价。 2. 老师进行谈话反馈。 3. 自我书写总结。	1. 评价考核评价表（过程性评价）； 2. 评价检测记录表的填写情况。
	课时： 2 课时 1. 教学设施：张贴板、多媒体设备等。			

学习任务 4：机器人的总装及调试

任务描述

学习任务学时：16 课时

任务情境：

某机器人公司要开发生产某品牌机器人，设计部已将该品牌机器人本体设计出来，现需要生产出样品（6 台）进行测试。该机器人公司负责人了解到我学院现有的设备、师资水平、生产能力能满足该品牌机器人本体的生产，并找到我学院将生产样品交予生产。现教师给同学们下达机器人的总装及调试任务，要求同学们通过老师对总装装配的介绍、总装装配的指导示范，应用正确的装配方法，对机器人本体进行合理装配及调试，完成机器人的总装及调试任务。

具体要求见下页。

机器人机械部件生产与组装

工作流程和标准

工作环节 1

一、获取信息

（一）阅读任务书，明确任务要求

查阅“机器人的总装及调试”项目装配图纸，了解装配技术要求（装配图的技术要点），口头复述工作任务以明确任务要求，完成生产任务单填写。团队分工完成任务分工表。

（二）理论知识

通过 PPT 和思维导图的方式，介绍机器人装配相关知识与总装配 （装配零件、匹配和公差、机器人的总装工艺、机器人减速器、速度计算、传动比计算），机器人减速器（组成、特点、种类、工作原理、在机器人中的应用、选择），机器人减速器速度计算、传动比计算，机器人的总装分析。

工作成果 / 学习成果：

1. 生产任务单、任务分工表、装配图纸；
2. 机器人总装思维导图。

知识点：

1. 装配技术要求；
2. 机器人装配相关知识与总装配、机器人减速器、机器人减速器速度计算、传动比计算。

职业素养：

1. 团队意识、合作意识，责任意识和敬业精神、创新意识；
2. 独立学习 / 倾听、团队合作。

工作环节 2

二、制订机器人的总装及调试工作计划

按小组进行工作计划分工（部件装配的分工，有部件 1 到 6），完成任务分配和机器人总装工作计划表，再以个人或两人为单位完成部件装配工作计划表。

工作成果 / 学习成果：

小组工作计划分工表、机器人总装工作计划表、部件装配工作计划表。

知识点：

机器人装配工作计划。

技能点：

会做装配工作计划。

职业素养：

现场 8S 管理、团队合作、时间分配。

工作流程和标准

工作环节 3

三、评估工作计划

根据工作计划现场汇报进行表决，提出改进意见，修改工作计划。

工作成果 / 学习成果：
修改后工作计划表。

工作环节 4

四、实施工作计划

各小组按工作计划表步骤完成机器人部件的组装、机器人总装、机器人的调试，并每一步记录好实际的实施时间，和计划时间进行对比，掌握好时间的分配。现场 8S 管理。

工作成果 / 学习成果：
机器人本体。

知识点：
安全文明生产。

技能点：
机器人本体的组装与调试。

职业素养：
现场 8S 管理、团队合作、时间分配。

工作环节 5

五、成果检查

5

完成检查表的填写（检查项目：装配的完整性、螺栓上紧、轴 1 的运动、轴 2 的运动、轴 3 的运动、轴 4 的运动、轴 5 的运动、轴 6 的运动、限位的安装、电机的安装、各部位螺栓的选择、传动带的安装的力度），以小组为单位进行技术讨论。

工作成果 / 学习成果：
目视检查表、功能性检查评价表、调试评价表。

知识点：
目视检查要求、调试要求。

技能点：
对产品会目视检查和调试检查。

职业素养：
现场 8S 管理、团队合作、观察、创新。

工作环节 6

六、评价与反馈

对本次的团队合作装配实施进行自我评估、教师评估、评估偏差、总结，互动交流与学生谈话反馈。

工作成果 / 学习成果：
评价表、核心能力评价表、评价汇总表。

知识点：
评价表、评估方式、评估要点。

技能点：
会做评价表。

职业素养：
现场 8S 管理、独立学习、协作。

学习内容

知识点	1.1 装配技术要求； 1.2 机器人装配相关知识与总装配； 1.3 机器人减速器； 1.4 机器人减速器速度计算； 1.5 传动比计算	2.1 机器人装配工作计划	
技能点	1.1 装配图纸的识读	2.1 会做装配工作计划	3.1 判别工作计划是否合理
工作环节	工作环节 1 获取信息	制订工作计划 工作环节 2	工作环节 3 评估工作计划
素养	1.1 安全意识； 1.2 团队意识、合作意识、责任意识、敬业精神、创新意识	2.1 工作计划能力； 2.2 分工合作精神； 2.3 团队合作、时间分配	3.1 沟通表达能力

学习任务 4：机器人的总装及调试

工作环节 4 实施计划	工作环节 5 成果检测	工作环节 6 评估与反馈
4.1 安全文明生产	5.1 目视检查要求； 5.2 调试要求	6.1 评价表、评估方式、评估要点
4.1 机器人本体的组装与调试	5.1 对产品会目视检查和调试检查	6.1 会做评价表
4.1 安全意识、遵守企业相关规定； 4.2 团队合作、时间分配	5.1 团队合作、观察、创新	6.1 现场 8S 管理、独立学习、协作能力

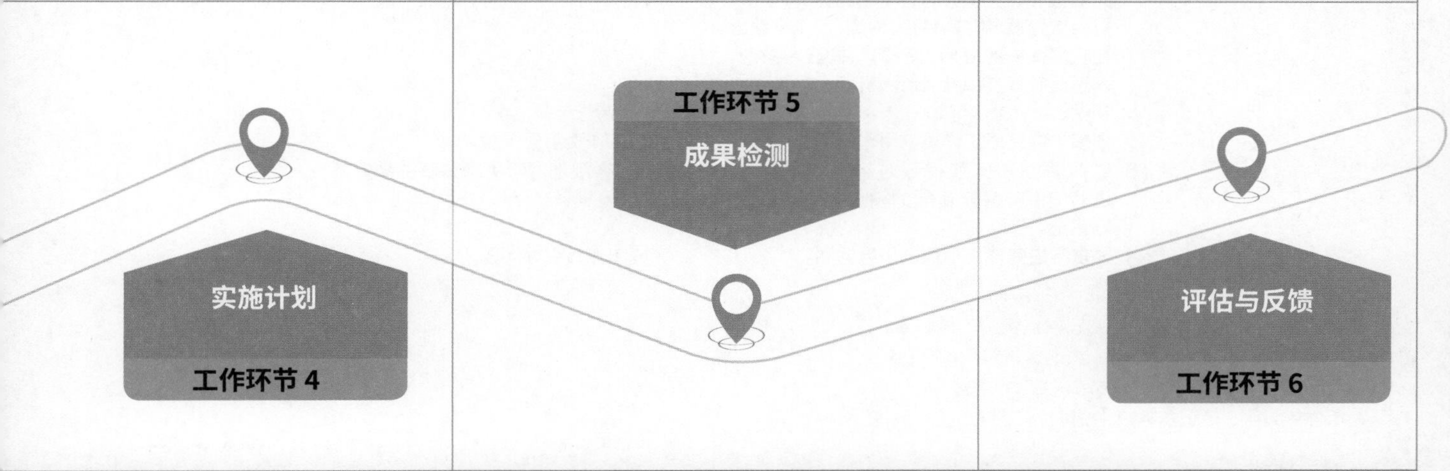

课程 2. 机器人机械部件生产与组装

学习任务 4：机器人的总装及调试

	工作子步骤	教师活动	学生活动	评价
获取信息	1. 阅读任务书，明确任务要求。	1. 发放资料（零件图纸、装配图、生产任务单）。 2. 要求学生填写生产任务单。 3. 投影机器人的总装，要求学生们共同讨论分析装配图的要求及部装和总装的顺序。 4. 要求学生阅读机器人的部装图的技术要求，分析找出部装的装配技术要求并完成填写。 5. 抽查 2 位学生的技术要求并进行解说。 6. 点评任务完成的准确性、完整性。（各任务完成情况及学生在完成任务时出现的情况，如：比较主动的、完成质量比较好的、出现一些问题的），要求学生进行修改。	1. 小组领取资料（零件图纸、装配图、生产任务单）。（2 分钟） 2. 完成生产任务单的填写。 3. 共同讨论分析机器人的总装要求及部装和总装的顺序。 4. 阅读机器人的部装图，分析找出部装的装配技术要求并完成填写。（5 分钟） 5. 听取老师解说并对自己标识的技术要求进行对比、思考。 6. 听取教师点评并完成修改。	教师对任务完成的准确性、完整性进行评价。
获取信息	**课时：** 2 课时 1. 教学场所：一体化学习站等。 2. 硬资源：白板、白板笔、板刷、磁钉、A4 纸等。 3. 软资源：教学课件、任务书、工作页等。 4. 教学设施：笔记本电脑、投影仪、音响、麦克风等。			
获取信息	2. 理论知识	1. 通过 PPT 和思维导图的方式讲解机器人装配相关知识与总装配（装配零件、匹配和公差、机器人的总装工艺、机器人减速器、速度计算、传动比计算），机器人减速器（组成、特点、种类、工作原理、在机器人中的应用、选择），机器人减速器速度计算、传动比计算，机器人的总装、调试，并要求做好笔记。 2. 要求学生完成工作页的引导问题。 3. 老师通过 PPT 和视频对常用装配方法进行介绍，保证装配的精度，并要求做好笔记。 4. 要求学生完成工作页的引导问题。	1. 主动、客观地倾听老师讲解并做好笔记。 2. 完成工作页引导问题。 3. 主动、客观地倾听老师讲解并做好笔记。 4. 完成工作页引导问题。	
获取信息	**课时：** 4 课时 1. 教学场所：一体化学习站、模具学习工作站等。 2. 硬资源：白板、白板笔、板刷、磁钉、A4 纸等。 3. 软资源：教学课件、任务书、工作页等。 4. 教学设施：笔记本电脑、投影仪、音响、麦克风等。			
制订工作计划	制订机器人的总装工作计划。	1. 展示工作计划表，讲解工作计划编写的内容和方法。 2. 要求学生以小组讨论的方式完成小组工作计划分工。 3. 要求学生按工作计划的分工完成部件装配工作计划表和机器人总装工作计划表，观察并巡回指导。	1. 主动客观地倾听，学习计划的内容及编制方法，理解计划的内容及编制方法。 2. 通过小组讨论完成小组工作计划分工表。 3. 完成部件装配工作计划表和机器人总装工作计划表。	教师对计划表完成的准确性、完整性进行评价。
制订工作计划	**课时：** 2 课时 1. 教学设施：张贴板、多媒体设备等。			

基准学时：16

	工作子步骤	教师活动	学生活动	评价
评估工作计划	评估工作计划。	1. 随机抽取 2～3 位学生汇报自己的工作计划，要求其他同学思考、表决并提出改进意见。 2. 进行现场点评并要求学生边听点评边修改。	1. 被抽到的同学进行现场汇报，其他同学听取汇报、思考、表决并提出改进意见。 2. 听取老师点评,修改自己的工作计划。	教师现场点评（8S、工具清单、责任分工）。
实施工作计划	实施机器人的总装及调试任务。	1. 要求学生严格按计划进行实施。 2. 实施过程中按计划表的“质量控制”一项进行质量控制记录。 3. 巡回指导，观察发现错误并作为案例统计起来，及时纠正学生。	1. 按计划进行车床实施。 2. 填写工作计划表（实际完成时间、质量控制）。 3. 安全文明生产。	学生对质量控制进行自评（工作计划的控制标准）。
	课时： 6 课时 1. 教学场所：一体化学习站、模具学习工作站等。 2. 硬资源：白板、白板笔、板刷、磁钉、A4 纸、钻床、虎钳、锉削、锯具、测量工具、钳工工具等。 3. 软资源：教学课件、任务书、工作页等。 4. 教学设施：笔记本电脑、投影仪、音响、麦克风等。			
成果检测	成果检测。	1. 讲解检测的内容、检测的方法和要求。 2. 要求学生互换机器人进行检测并巡回指导。 3. 对实施时的统计案例进行点评。 4. 要求学生进行检测偏差分析。	1. 主动客观地倾听检测知识。 2. 接受检测产品任务并进行产品检测，完成检测表。 3. 主动、客观地倾听并思考。 4. 进行检测偏差分析。	1. 学生对产品进行互评； 2. 教师对教学案例进行点评； 3. 按评价表的标准进行自我评估和小组互评。
	课时： 1 课时 1. 教学设施：张贴板、多媒体设备等。			
评价与反馈	评价与反馈。	1. 介绍评价表，讲解如何进行评价。 2. 提出评估任务。 3. 进行评价偏差分析。 4. 与偏差较大的学生进行谈话反馈。	1. 主动客观地倾听评价要点。 2. 进行自我评估和小组互评。 3. 评价偏差分析。 4. 与老师进行谈话反馈。	1. 谈话反馈。
	课时： 1 课时 1. 教学设施：张贴板、多媒体设备等。			

考核标准

考核任务案例：电动转接板的加工

情境描述：

某家机器人公司要开发生产某品牌机器人，设计部已将该品牌机器人本体设计出来，现需要生产出样品（6 台）进行测试。该机器人公司负责人了解到我学院现有的设备、师资水平、生产能力能满足该品牌机器人本体的生产，并找到我学院将生产样品交予生产。现教师给同学们下达机器人电动转接板的加工任务，要求根据工件、材料正确选择刀具，制订加工工艺，使用数控铣床完成机器人电动转接板的加工任务，并安排进行试制 1 件。要求在 4 小时之内完成任务。

任务要求：

请你根据数控加工工艺和使用手册，完成以下任务:

一、纸笔测试

1. 对加工任务进行加工工艺分析，完成零部件图分析内容填写。
2. 制订加工计划，完成加工工艺卡。
3. 领取相关工、量具，选择合适的工、量具对零件进行生产加工或测量，填写工作记录，质检完成归类。

二、任务实操

加工工艺完成后，整个工作过程应遵循 8S 管理规范，完成产品的生产。

评价标准（1）

项目内容	配分	得分	评分细则
正确写出零件图分析内容	3		答卷中， 完全符合 3 分； 基本符合 2 分； 部分符合 1 分； 完全不符合 0 分
对加工任务的加工工艺分析详细、准确	3		
制订的加工计划清晰、合理	3		
编写的加工工艺卡符合专业规范或技术标准	3		
按加工计划制订的流程操作，能安全文明生产出产品	3		
加工工艺流程便于实施	3		
加工工艺流程体现由易到难、由简到繁、由外到里的思路，成本较低	3		
加工工艺流程与实际工作过程相吻合	3		
能进行加工产品的自检或合格情况检查，并说明理由	3		
关注（考虑）到实施方案时可能会出现的需要与导师沟通的问题并说明理由	3		

评价标准（2）

序号	评价项目	评价内容	分值	评分标准	扣分	扣分说明
一	口述加工工艺流程（5）	1. 表述仪态自然、吐字清晰	5	表述仪态不自然或吐字模糊扣 1 ～ 2 分		
		2. 表述思路清晰、层次分明、准确		表述思路模糊或层次不清扣 2 ～ 3 分		
二	加工前准备（4）	1. 工、量具卡片的填写	1	少填一样用具，扣 0.5 分		
		2. 刀具的选择或装夹	3	每漏一把刀具扣 0.5 分，扣完此项配分为止		
三	安全检查（5）	1. 穿、戴好劳动保护用品	1	每漏一项扣 0.5 分，扣完此项配分为止		
		2. 安全开机、按顺序关机	1	每漏一项扣 0.5 分，扣完此项配分为止		
		3. 检查润滑油位、冷却液位、制动液位	1	每漏一项扣 0.5 分，扣完此项配分为止		
		4. 不许穿高跟鞋、拖鞋上岗，不允许戴手套和围巾进行操作	1	违反一项扣 1 分		
		5. 安全文明操作加工（关安全门、安全加工速度、严禁两人同时操作）	1	违反一项扣 1 分		
四	产品测评（20）	现场操作规范	2	不正确使用机床，酌情扣分		
			2	不正确使用量具，酌情扣分		
			2	不合理使用刃具，酌情扣分		
			4	不正确进行设备维护保养，酌情扣分		
		总长 90 mm	3	每超差 0.02 扣 1 分		
		80±0.1 mm	6	每超差 0.01 扣 2 分		
		30±0.1 mm	6	每超差 0.01 扣 2 分		
		20±0.1 mm	6	每超差 0.01 扣 2 分		
		60±0.1 mm	6	每超差 0.01 扣 2 分		
		钻孔 34 深 20 mm	3	每超差 0.01 扣 2 分		
		螺纹长度 2 mm	4	每超差 0.5 扣 2 分		
		长度 25±0.03 mm	3	每超差 0.01 扣 2 分		
		长度 15±0.025 mm	3	每超差 0.01 扣 2 分		
		圆角 R10	4	每超差 0.05 扣 2 分		
		钻孔 10 深 5	4	每超差 0.05 扣 2 分		
		圆弧端面槽 2 处	4	每超差 0.05 扣 2 分		
		方槽	4	每超差 0.05 扣 2 分		
		同轴度 0.015	4	每超差 0.01 扣 2 分		
		倒角或倒钝	3	每处不合格扣 1 分		
五	现场恢复（8）	1. 在操作过程中保持 6S、三不落地	4	每漏一项扣 1 分，扣完此项配分为止		
		2. 铣床、工具、仪器、设备、工位恢复整理	4	每违反一项扣 1 分，扣完此项配分为止		
六	实操总结（5）	1. 表述仪态自然、吐字清晰	5	仪态不自然或吐字模糊扣 1 分		
		2. 实操过程与方案相符		每错一项扣 1 分		
		3. 表述与实际操作相符		表述与实际操作不符扣 1 分		
合计			100			

机器人机械部件生产与组装

课程 3. 机器人电气控制单元的制作

课程目标

学习完本课程后，学生应当能够完成稳压电源的制作、三相电动机控制线路安装、机器人驱动控制系统的安装、机器人夹具控制系统安装等工作任务，并在作业过程中，严格遵守工业机器人相关行业企业标准、安全生产制度、环境保护制度和“8S”管理要求，具备吃苦耐劳、严谨细致的工作态度和良好的职业素养。包括：

1. 掌握电阻、电容、二极管、三极管、变压器、集成电路等常见电子元器件的特性、电气符号和电路原理图的识读，掌握稳压电路的工作原理。
2. 能根据电路原理图按照焊接技术规范标准，利用电烙铁焊接稳压电源电路，并使用检测设备仪器，通过“先分调后联调”等调试方法，使电路达到电路设计指标。在规定的时间内完成“稳压电源的制作”工作计划的制订，经组长审核后实施作业；在作业过程中严格遵守安全文明生产规范、焊接规范、仪器使用规范、环保管理制度以及“8S”管理规定；
3. 掌握断路器、接触器、热继电器、时间继电器、变压器等常见电气元件的特性、电气符号和电气原理图的识读。
4. 能根据电气原理图按电气线路安装技术规范标准，正确使用电工工具及使用检测设备仪器，通过“先分调后联调”等调试方法，达到电气控制线路的安装要求。在规定的时间内完成“电气控制线路的安装”工作计划的制订，经组长审核后实施作业；在作业过程中严格遵守安全文明生产规范、仪器使用规范、环保管理制度以及“8S”管理规定。
5. 掌握步进电机的定义、结构、工作原理、分类，步进驱动系统的接线方法，步进电机驱动器的设置方法。
6. 根据安装任务书，按照技术规范标准，进行步进驱动器在控制柜中的安装、步进电机与步进驱动器的接线、步进驱动器与电源、三菱 FX（3U）PLC 的接线，并对步进驱动器的细分、电流值进行设置。保证布线合理规范，步进驱动器的电流、细分设置准确，步进驱动系统安装好后，桌面机器人能正常运行。在规定的时间内完成“机器人驱动控制系统的安装”工作计划的制订，经组长审核后实施作业；在作业过程中严格遵守安全文明生产规范、仪器使用规范、环保管理制度以及“8S”管理规定。
7. 掌握过滤器、减压阀、油雾器、气动二联件、电磁阀、换向阀、消声器、真空发生器、气缸、数字压力传感器等器件的图形符号、原理、应用以及气动回路图的识读。
8. 能根据气动回路图，按电气线路安装技术规范标准、工艺流程和安全作业规范，在规定时间内完成机器人从气源到过滤器、减压阀、电磁阀、真空发生器、消声器，再到机器人夹具的气动回路的安装连接，并进行电磁阀的电气连接。完成装配后，实施相应的清洁、润滑、紧固、调整等作业，检查供气压力是否正常，有无漏气现象、气管管接头或连接螺钉松动等；检测合格后填写质量过程控制单并交付组长核查；在作业过程中严格遵守安全文明生产规范、仪器使用规范、环保管理制度以及“8S”管理规定。
9. 能展示工作的技术要点，总结工作经验，分析不足，提出改进措施。

课时：150

学习任务 3

机器人驱动控制系统的安装

（50）学时

学习任务 4

机器人夹具控制系统安装

（30）学时

课程内容

1. 电阻、电容、二极管、三极管、变压器、集成电路等常见元件的特性、电路符号和电路原理图的识读。

2. 整流电路装配与测试、滤波电路装配与测试、稳压电路装配与测试。

3. 基本的电子技术基础知识和稳压电路的工作原理。

4. 常用电工工具的使用和电气元件的选型，会分析电路的工作原理，并且掌握接线工艺（GB 50171-2012）。

5. 电工工具的使用、电气线路图的识读和工业常用电路的安装。

6. 步进电机的定义、结构、工作原理、分类，步进驱动系统的接线方法，步进电机驱动器的设置方法。

7. 三菱 PLC 的简单编程。

8. 气动系统和液压传动系统的原理、特点和应用。

9. 过滤器、减压阀、油雾器、气动二联件、电磁阀、换向阀、消声器、真空发生器、气缸、数字压力传感器等器件的图形符号、原理和应用，以及气动器件的安装方法。

10. 安全文明生产与学习工作站 8S 管理。

11. 能在整流电路焊接的工艺中体现工匠精神。

12. 能对制订的计划进行独立思考并提出自己的质疑。

学习任务 1：制作稳压电源

任务描述

学习任务学时：40 课时

任务情境：

工业机器人的电气柜里有一个稳压电源，这个电源主要用于给机器人电气柜里的 I/O 模块、本体上的各种传感器、外部 PLC 等提供 DC12V、DC24V、DC 5V 电源。现要求大家完成这个稳压电源的制作，满足以上设备的供电。

具体要求见下页。

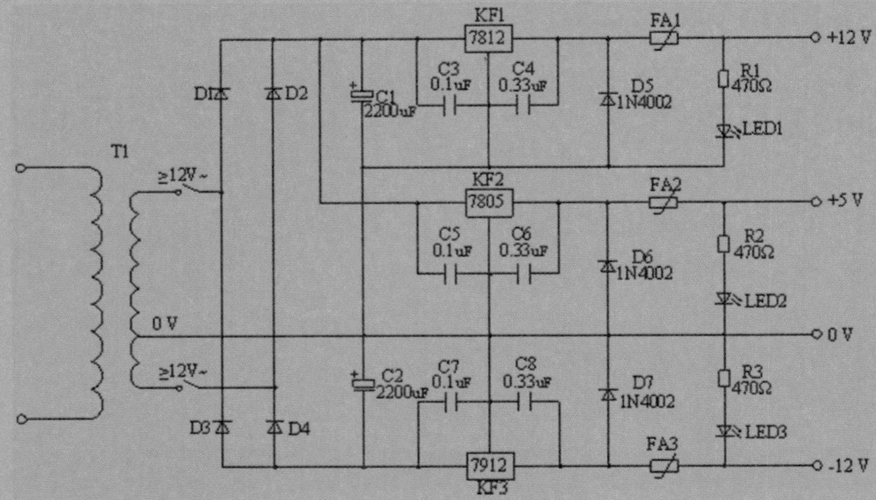

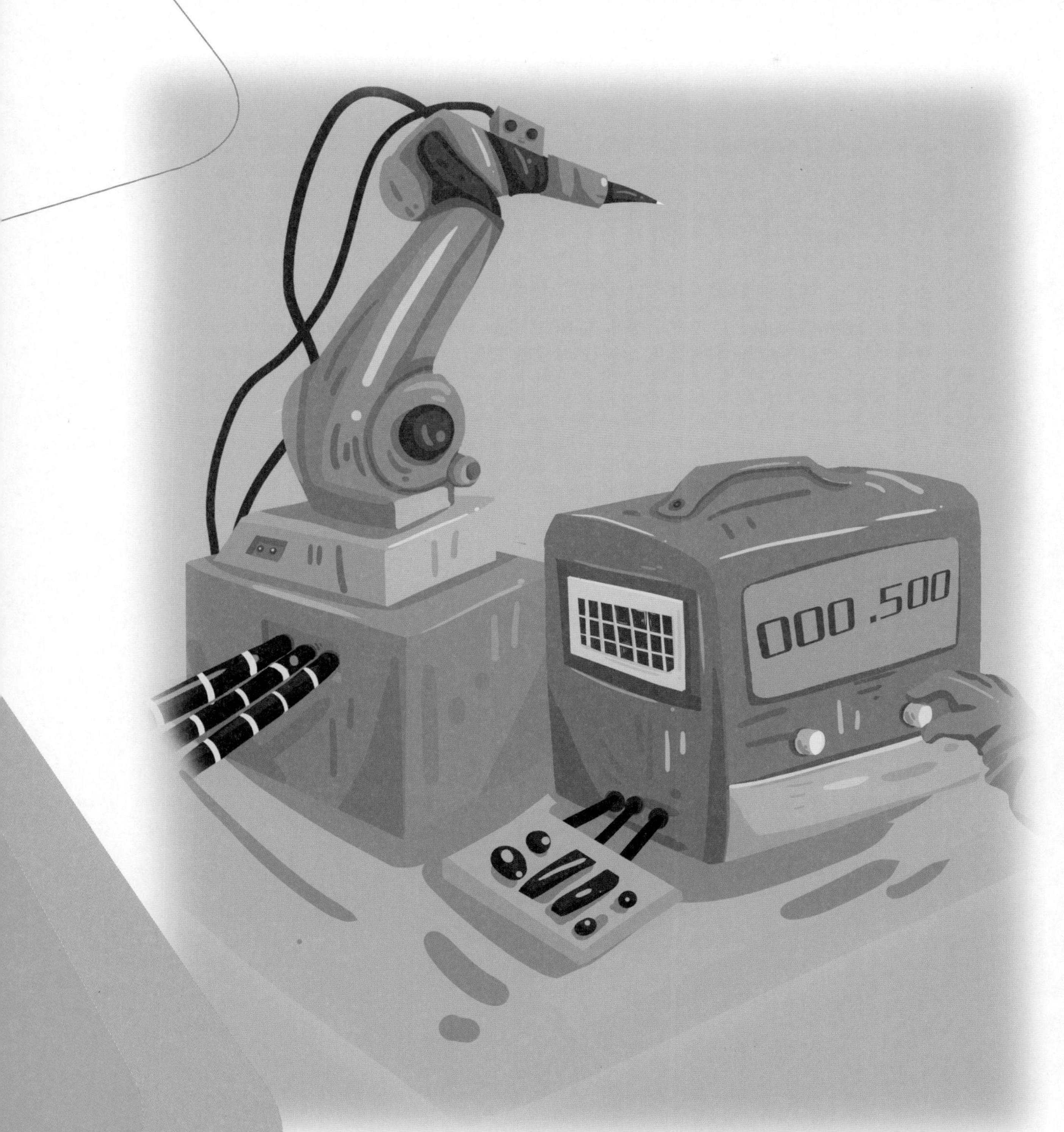
000.500

工作流程和标准

工作环节 1

一、信息收集

1

阅读任务单，明确整流电路装配与测试的任务要求并收集所需信息，包括：

通过阅读任务单，明确任务要求，观察桥式整流电路图，分析电路图上有哪些电子元器件；查阅资料，识别各种元器件的作用，分析各种元器件的工作原理及用途，用示波器测量。

工作成果 / 学习成果：
列出电路图中的元件清单、测量出二极管的电阻参数。

知识点：
变压器的工作原理、二极管的原理、整流电路的组成。

技能点：
二极管的测量、示波器的使用方法、电烙铁的使用。

职业素养、思政元素：
提炼关键信息、培养爱护设备的职业习惯。

工作环节 2

二、制订工作计划

2

制订整流电路装配与测试的工作计划，包括：

1. 准备好完成任务所需的材料，如机器人、元器件、焊锡、万用表、松香等。
2. 准备好完成任务所需的工具，如斜口钳、电烙铁、万用表等。
3. 明确小组内人员分工及职责。
4. 估算阶段性工作时间及具体日期安排。
5. 制订工作计划文本并进行组内审定。工作计划内容包括工作环节内容、人员分工、工作要求、时间安排等要素。

工作成果 / 学习成果：
步进驱动系统的材料清单、工作计划表。

知识点：
电路焊接流程。

技能点：
电路布局。

职业素养、思政元素：
培养学生有计划做事的工作习惯。

工作流程和标准

工作环节 3

三、评估工作计划

3

各小组展示工作计划，其他小组与教师一起根据任务书的工期、技术要求、产品标准、施工规范等对该小组工作计划提出改进意见，该小组参考改进意见修改计划。

工作成果 / 学习成果：
修订后的工作计划。

职业素养、思政元素：
沟通表达能力。

工作环节 4

四、实施计划

4

装配与测试整流电路：

按照工作计划和自己规划的电路布局对电路进行焊接和装配。

工作成果 / 学习成果：
完成焊接的整流电路。

知识点：
元器件引脚的判别。

技能点：
焊接技巧。

职业素养、思政元素：
增强时间管理及分工协作意识，在焊接工艺中体现工匠精神。

工作环节 5

五、成果检测

任务完成后，对焊接好的整流电路进行检查和功能测试。了解检查与评分表以及评分标准，独自进行评分并将成绩记录到评分表。

工作成果 / 学习成果：
学生自评评分表。

技能点：
电路检查。

职业素养、思政元素：
提高分析、归纳能力。

工作环节 6

六、评价

教师对小组工作态度、工作过程、职业素养和安装好的机器人驱动系统进行评分，并同时将其评分记录到检查评分表中。确定两次检查之间的差别，指出可能的检查错误并陈述理由。

工作成果 / 学习成果：
整流电路装配与测试评价表。

职业素养、思政元素：
表达能力。

学习内容

知识点	1.1 变压器的工作原理； 1.2 二极管的原理； 1.3 整流电路的组成； 1.4 电容的工作原理； 1.5 三端稳压器件的作用； 1.6 整流电路的组成和作用； 1.7 滤波电路的组成和作用； 1.8 稳压电路的组成和作用	2.1 电路焊接流程； 2.2 电路材料清单	
技能点	1.1 二极管的测量； 1.2 示波器的使用； 1.3 电烙铁的使用； 1.4 万用表的使用	2.1 电路布局	3.1 判别工作计划是否合理
工作环节	工作环节 1 信息收集	工作环节 2 制订工作计划	工作环节 3 评估工作计划
素养	1.1 爱护设备的职业习惯； 1.2 提炼关键信息的能力	2.1 制订计划的能力； 2.1 形成按计划工作的意识	3.1 沟通表达能力

学习任务 1：制作稳压电源

4.1 元器件引脚的判别	5.1 电路测量方法	
4.1 器件焊接； 4.2 电路焊接	5.1 电路的检查； 5.2 故障判断	6.1 根据改进意见完善安装方法
实施工作计划 工作环节 4	工作环节 5 成果检测	评价 工作环节 6
4.1 增强时间管理意识； 4.2 增强分工协作意识	5.1 分析、归纳能力； 5.2 在焊接工艺中体现工匠精神	6.1 勇于自我批评

课程 3. 机器人电气控制单元的制作

学习任务 1：制作稳压电源

	工作子步骤	教师活动	学生活动	评价
信息收集	阅读任务单，明确整流电路装配与测试的任务要求并收集所需信息。	1. 教师展示本次的任务单，引导学生阅读和辨识任务单的内容及要求。 2. 要求学生填答工作页中关于任务单的内容及要求的问题并说明工作页中的相关要求。 3. 巡查学生回答工作页中关于任务单中内容及要求的答案，抽查并点评其准确性。 4. 要求学生阅读任务书，在学生阅读任务书的时候，对一些专业名词等进行提点。 5. 引导学生分析安装驱动系统需要完成的工作。 6. 巡察监控课堂，回答学生学习过程中遇到的种种问题，共性问题集中讲解。 7. 对标记出的关键词和制作的工作能力要求表给出评价规则，待小组互评后给予修改建议。	1. 学生独自阅读任务单，标注任务单中的工作内容及要求。 2. 按要求独自填答工作页中关于任务单的内容及要求的问题。 3. 学生回答工作页中关于任务单中内容及要求的问题，听取老师点评。 4. 学生独自用荧光笔画出任务中需要完成的工作。 5. 小组根据列出的需要完成的工作，思考完成该项工作需要掌握哪些知识技能，制作一份工作能力要求表，过程中遇到的问题先由小组讨论，必要时与教师沟通或听课。 6. 小组根据修改建议修改工作能力要求表并上交老师。 7. 学生认真聆听教师的小结。	1. 划出的关键词是否合理，是否贴近主要知识、技能点（师评）； 2. 按列出的“完成驱动系统安装要完成的工作”，对照评价表进行自评和互评； 3. 老师对上交的工作能力要求表给予分数评价和简短文字评价。
	课时： 20 课时 1. 软资源：工作页、PPT 整流电路装配与测试任务评价表等。 2. 硬资源：多媒体、手 机（在教师的监控下使用）、展示白板、能上网的机房等。			
制订工作计划	制订整流电路装配与测试工作计划。	1. 巡视并监控课堂，对学生学习过程提供适当的帮助，共性问题集中讲解。 2. 提出小组汇报要求，听取学生对合同前期资料准备工作计划书汇报及互评后进行综合评价，给出修改建议。 3. 对上交的修改后的计划书给出分数和简短文字评价。 4. 对本课堂的学生学习过程及学习成果进行小结，提出今后实际工作中的注意事项。 5. 组织各小组展示工作计划。 6. 对学生的工作计划情况进行小结。	1. 通过任务介绍中呈现的工作描述和收集到的信息，对整流电路装配与测试进行规划。 2. 制订工作计划的过程中遇到不了解的知识，继续通过网络等途径进行查阅，或与同学、老师进行交流。 3. 组内讨论，整合出最优的工作计划。 4. 以小组为单位制作工作计划。 5. 小组展示并陈述制作好的工作计划。 6. 学生认真聆听教师的小结。	1. 老师抽检学生的工作计划并点评其规范性、可行性。 2. 对学生展示的工作计划进行小组自评和互评，教师现场口头点评（多元化评价）。
	课时： 1 课时 1. 软资源：学生自己起草的工作计划、授课教师制作的 PPT 等。 2. 硬资源：多媒体、手机（在教师的监控下使用）、展示白板等。			

基准学时：40

1 信息收集　2 制订工作计划　3 评估工作计划　4 实施工作计划　5 成果检测　6 评价

	工作子步骤	教师活动	学生活动	评价
评估工作计划	对整流电路装配与测试的工作计划进行评估与决策。	1. 教师对各组的工作计划进行评价，给出修改意见。 2. 组织学生对各组的工作计划进行投票，选出最优工作计划。	1. 聆听同学和教师对每个小组的工作计划的评价。 2. 全班同学对各组的工作计划进行投票，选出最优工作计划。	1. 教师点评每个小组的工作计划。 2. 小组互评工作计划。 3. 教师对修改后的工作计划给予分数和简短文字评价（定性及定量评价相结合）。
	课时： 1 课时 1. 软资源：学生自己起草的工作计划、授课教师制作的 PPT 等。 2. 硬资源：多媒体、手机（在教师的监控下使用）、展示白板等。			
实施工作计划	装配与检测整流电路。	1. 教师组织学生安装整流电流并巡回指导。 2. 巡察并监控课堂，回答学生优化方案过程中遇到的问题，共性问题集中讲解。 3. 对不符合工艺要求的焊接点进行口头点评，给出修改建议。	1. 各小组按工作计划的分工实施安装任务。 2. 实施任务过程中对疑惑的问题进行沟通。 3. 练习基本焊接技巧，再完成电路的焊接。 4. 用万用表及示波器检测焊接好的电路。 5. 学生认真聆听教师的小结。	1. 是否按工作计划完成安装任务（小组自评）； 2. 对小组工作过程中表现出的工作态度、是否在规定时间完成、分工是否合理、综合素质进行评价（多元化评价）； 3. 对安装调试成果进行评价。
	课时： 12 课时 1. 软资源：学生自己制作的工作计划、收集到的信息资料、授课教师制作的 PPT 等。 2. 硬资源：多媒体、手机（在教师的监控下使用）、安装工具、安装材料等。			
成果检测	1. 学生自检。	1. 组织学生进行自检。 2. 听取学生的汇报对学生的安装接线、功能测试、工作态度、职业素养等方面进行评价。	1. 小组根据生产标准检测本组结果并修正。 2. 小组向教师陈述和展示本组结果，听取教师点评和建议。	1. 抽检学生回答检查接线工艺。 2. 功能测试。
	课时： 4 课时 1. 软资源：学生自己制作的工作计划、收集到的信息资料、授课教师制作的 PPT 等。 2. 硬资源：多媒体、展示白板、工作页等。			
评价		1. 组织班级汇报。 2. 组织学生互评。 3. 点评学生学习过程及结果。 4. 对本课堂学生的学习过程及学习成果进行小结，提出今后实际工作中的注意事项。	1. 各小组展示本组的成果。 2. 学生对其他小组进行评价。 3. 聆听教师对各小组的评价。 4. 学生认真聆听及记录教师的小结。	1. 教师根据评价指标对各组成果进行评价。
	课时： 2 课时 1. 软资源：学生自己制作的工作计划、收集到的信息资料、授课教师制作的 PPT 等。 2. 硬资源：多媒体、完成焊接的电路、展示白板、计算机、工作页等。			

学习任务 2：电气控制线路安装

任务描述

学习任务学时：30 课时

任务情境：

某工业机器人生产企业主要生产小负载的 6 轴工业机器人，根据生产计划已完成 RB08 型机器人电气控制柜的加工和电气元件的采购，现需要对机器人电气控制柜进行电气安装。班组长向电气装配工下达安装任务并发放电气安装任务单，电气装配工需要在 3 天内按照厂家技术规范完成工业机器人电气控制柜的电气控制线路的安装与调试。

具体要求见下页。

工作流程和标准

工作环节 1

一、信息收集

1

获取电气部件装配的信息：

通过阅读任务单，明确任务要求，观察成果示意图，分析图上的有哪些元器件；查阅资料，识别各种元器件的作用，分析各种元器件的结构、工作原理及用途。

工作成果 / 学习成果：
列出电路图中的元件清单、保险、交流接触器、热继电器的接线图。

知识点：
保险、交流接触器、热继电器的结构、工作原理、用途及安装方法。

技能点：
线槽的安装方法、设备定位的方法。

职业素养、思政元素：
安全意识、严谨的求知态度。

工作环节 2

二、制订工作计划

2

列出电气部件的材料清单，补全电气部件的工作计划。包括：

1. 准备好完成任务所需的材料，如电气元件、导线、接线端子、接线柜等。
2. 准备好完成任务所需的工具，如斜口钳、螺丝刀、万用表、剥线钳等。
3. 明确小组内人员分工及职责。
4. 估算阶段性工作时间及具体日期安排。
5. 制订工作计划文本并进行组内审定。工作计划内容包括工作环节内容、人员分工、工作要求、时间安排等要素。

工作成果 / 学习成果：
步进驱动系统的材料清单、工作计划表。

知识点：
线路装配流程。

技能点：
装配规划。

职业素养、思政元素：
培训学生有计划做事的工作习惯。

工作流程和标准

工作环节 3

三、评估工作计划

3

制订电气部件的装配计划：

根据部件安装图列出电气部件的材料清单。

工作成果 / 学习成果：
修订后的工作计划。

职业素养、思政元素：
沟通表达能力。

工作环节 4

四、实施计划

实施电气部件的装配计划：

按照工作计划和自己规划的电路布局对电路进行焊接。

工作成果 / 学习成果：
装配好的电气部件。

知识点：
装配注意事项。

技能点：
器件装配方法。

职业素养、思政元素：
增强时间管理、分工协作意识。

工作环节 5

五、成果检测

5

任务完成后，对装配好的器件进行检查。了解检查与评分表以及评分标准，独自进行评分并将成绩记录到评分表。

工作成果 / 学习成果：
学生自评评分表。

技能点：
电路检查。

职业素养、思政元素：
养成检查的习惯。

工作环节 6

六、评价

教师对小组工作态度、工作过程、职业素养和装配好的电气线路进行评分，并同时将其评分记录到检查评分表中。确定两次检查之间的差别，指出可能的检查错误并陈述理由。

工作成果 / 学习成果：
电气装配评价表。

职业素养、思政元素：
接受意见和改进问题的态度。

学习内容

	工作环节 1	工作环节 2	工作环节 3
知识点	1.1 热继电器的结构、工作原理、用途及安装方法； 1.2 交流接触器的结构、工作原理、用途及安装方法； 1.3 熔断器的结构、工作原理、用途及安装方法； 1.4 空气断路器的结构、工作原理、用途及安装方法； 1.5 导线使用的规范； 1.6 电气控制线路的安装规范； 1.7 三相异步电动机正反转的控制原理	2.1 电气线路安装流程； 2.2 材料清单	
技能点	1.1 斜口钳的使用； 1.2 剥线钳的使用； 1.3 电气控制线路图的识读	2.1 器件布局	3.1 判别工作计划是否合理
工作环节	工作环节 1 信息收集	制订工作计划 工作环节 2	工作环节 3 评估工作计划
素养	1.1 安全意识； 1.2 严谨的求知态度	2.1 形成按计划工作的意识	3.1 沟通表达能力； 3.2 探索创新精神

学习任务 2：电气控制线路安装

4.1 器件的端口	5.1 电路测量方法	
4.1 器件安装； 4.2 电路接线	5.1 电路的检查； 5.2 故障判断	6.1 根据改进意见完善安装方法
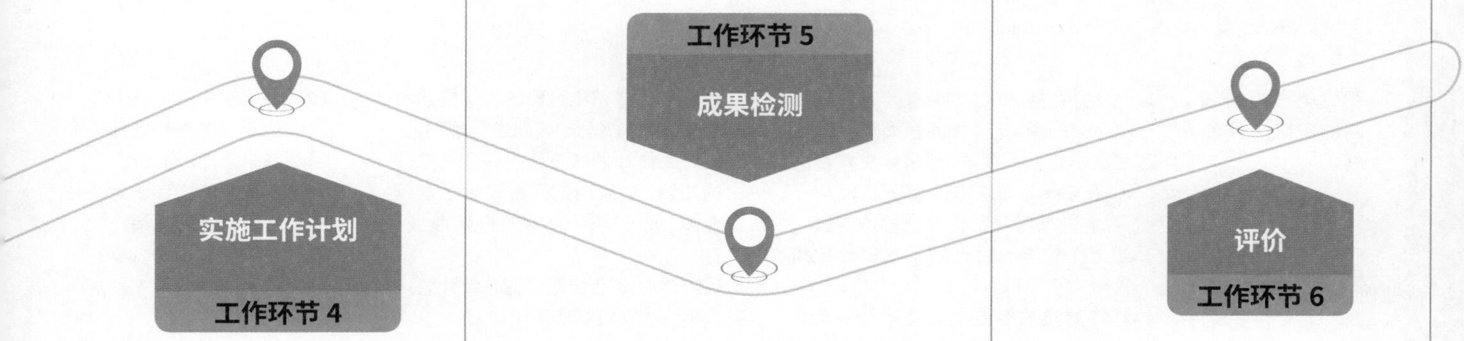 工作环节 4 实施工作计划	工作环节 5 成果检测	工作环节 6 评价
4.1 增强时间管理意识； 4.2 分工协作意识	5.1 养成检查的习惯	6.1 乐于接受意见

学习任务 2：电气控制线路安装

1 信息收集　2 制订工作计划　3 评估工作计划　4 实施工作计划　5 成果检测　6 评价

	工作子步骤	教师活动	学生活动	评价
信息收集	领取项目方案书、项目安装调试进度计划表，并收集所需信息。	1. 教师展示本次的任务单，引导学生阅读和辨识任务单的内容及要求。 2. 要求学生填答工作页中关于任务单的内容及要求的问题并说明工作页中的相关要求。 3. 巡查学生回答工作页中关于任务单中内容及要求的答案。 4. 要求学生阅读任务书，在学生阅读任务书的时候，对一些专业名词等进行提点。 5. 引导学生分析装配需要完成的工作。 6. 巡察监控课堂，回答学生学习过程中遇到的种种问题，共性问题集中讲解。 7. 对标记出的关键词和制作的工作能力要求表给出评价规则，听取小组互评后给出修改建议。	1. 学生独自阅读任务单，标注任务单中的工作内容及要求。 2. 按要求独自填答工作页中关于任务单的内容及要求的问题。 3. 1 名学生回答工作页中关于任务单中内容及要求的问题。 4. 学生独自用荧光笔画出任务中需要完成的工作。 5. 小组根据列出的需要完成的工作，思考完成该项工作需要掌握哪些知识技能，制作一份工作能力要求表。在此过程中遇到的问题先由小组讨论，必要时与教师沟通或听课。 6. 小组根据修改建议修改工作能力要求表并上交老师。 7. 学生认真聆听教师的小结。	1. 划出的关键词是否合理，是否贴近主要知识、技能点（师评）； 2. 是否掌握电气部件的理论知识和使用方法。
	课时： 20 课时 1. 软资源：工作页、PPT、任务评价表等。 2. 硬资源：多媒体、展示白板、能上网的机房等。			
制订工作计划	制订电气控制线路的安装工作计划。	1. 巡视并监控课堂，对学生学习过程提供适当的帮助，共性问题集中讲解。 2. 提出小组汇报要求，听看学生对合同前期资料准备工作计划书汇报及互评后，进行综合评价，给出修改建议。 3. 对上交的修改后计划书给出分数和简短文字评价。 4. 对本课堂的学生学习过程及学习成果进行小结，提出今后实际工作中的注意事项。 5. 组织各小组展示工作计划。 6. 对学生的工作计划情况进行小结。	1. 通过任务介绍中呈现的工作描述和收集到的信息，对装配进行规划。 2. 制订工作计划的过程中遇到不了解的知识，继续通过网络等途径进行查阅，或与同学、老师进行交流。 3. 组内讨论，整合出最优的工作计划。 4. 以小组为单位制作工作计划。 5. 小组展示并陈述制作好的工作计划。 6. 学生认真聆听教师的小结。	1. 教师抽检学生的步进驱动系统安装工作计划并点评其规范性、可行性。 2. 对学生展示的工作计划进行小组自评和互评，教师现场口头点评（多元化评价）。
	课时： 1 课时 1. 软资源：学生自己起草的工作计划、授课教师制作的 PPT 等。 2. 硬资源：多媒体、展示白板等。			

	工作子步骤	教师活动	学生活动	评价
评估工作计划	审核、修订、评估电气控制线路的安装工作计划。	1. 教师对各组工作计划进行评价，给出修改意见。 2. 组织学生对各组的工作计划进行投票，选出最优工作计划。	1. 聆听同学和教师对每个小组的工作计划的评价和修改意见。 2. 每个小组大胆发表自己计划中的创新点。	1. 教师点评每个小组的工作计划并提出修改建议。 2. 小组互评工作计划。 3. 教师对修改后的工作计划给予分数和简短文字评价（定性及定量评价相结合）。
	课时：1 课时 1. 软资源：学生自己起草的工作计划、授课教师制作的 PPT 等。 2. 硬资源：多媒体、手机（在教师的监控下使用）、展示白板等。			
实施工作计划	安装电气控制线路。	1. 教师组织实施安装任务并巡回指导。 2. 巡察并监控课堂，回答学生优化方案过程中遇到的问题，共性问题集中讲解。 3. 对不符合工作规范的行为进行口头点评并给出修改建议。	1. 各小组按工作计划的分工实施安装。 2. 在实施计划的过程中，对疑惑的问题进行沟通。 3. 按照计划完成装配。 4. 对接好线的驱动系统进行编程调试。 5. 认真聆听教师的小结。	1. 小组自评是否按工作计划完成安装任务。 2. 对小组工作过程中表现出的工作态度、是否在规定时间完成、分工是否合理、综合素质进行评价（多元化评价）。 3. 对安装调试成果进行评价。
	课时：4 课时 1. 软资源：学生自己制作的工作计划、收集到的信息资料、授课教师制作的 PPT 等。 2. 硬资源：多媒体、安装工具、安装材料等。			
成果检测	对安装好的电气控制线路进行检查。	1. 组织学生进行自检。 2. 听取学生的工作汇报，对学生完成的安装接线、功能测试、工作态度、职业素养等方面进行评价。	1. 小组根据生产标准检测本组结果并修正。 2. 小组向教师陈述和展示本组结果，听取教师点评和建议。	1. 抽检学生回答检查接线工艺； 2. 功能测试。
	课时：2 课时 1. 软资源：学生自己制作的工作计划、收集到的信息资料、授课教师制作的 PPT 等。 2. 硬资源：多媒体、完成装配的系统、展示白板等。			
评价		1. 组织班级汇报。 2. 组织学生互评。 3. 点评学生学习过程及结果。 4. 对本课堂的学生学习过程及学习成果进行小结，提出今后实际工作中的注意事项。	1. 各小组展示本组的成果。 2. 对其他的小组进行评价。 3. 聆听教师对各小组的评价。 4. 认真聆听及记录教师的小结。	教师根据评价指标对各组进行评价。
	课时：2 课时 1. 软资源：学生自己制作的工作计划、收集到的信息资料、授课教师制作的 PPT 等。 2. 硬资源：多媒体、展示白板等。			

学习任务 3：机器人驱动系统安装

任务描述

学习任务学时：50 课时

任务情境：

某工业机器人生产企业接到一批小负载的 6 轴桌面机器人的生产订单，机械生产和装配部门已经完成了本体铸件、连接轴承、减速机和步进电机等结构的安装，现需要给组装好的本体安装驱动系统。电控组组长向电控安装调试工下达机器人驱动系统的安装调试任务并发放安装调试任务单，要求安装调试工在规定的工期内按照生产技术指标完成 6 轴桌面机器人驱动系统的安装调试（现在组长要求你们完成机器人驱动系统安装任务）。

6 台步进电机已经安装在机器人本体的 6 个轴上，现需要你们完成步进驱动器在控制柜中的安装、步进电机与步进驱动器的接线、步进驱动器与电源的接线、步进驱动器与三菱 FX（3U）PLC 的接线，并对步进驱动器的细分及电流进行设置。完成安装后，下载程序到 PLC 对桌面机器人进行调试。现需要你们以小组合作的方式，在规定工期内完成安装调试任务。要求：接线准确，布线合理规范，步进驱动器的电流、细分设置准确；步进驱动系统安装好后，桌面机器人能正常运行。

具体要求见下页。

机器人电气控制单元的制作

工作流程和标准

工作环节 1

一、信息收集

（一）阅读任务单，明确步进驱动系统安装的任务要求

1. 通过阅读任务单，明确任务要求。

2. 通过小组讨论的方式，找出关键词并在工作页上记录完成任务需要做的工作和需要掌握的知识，各小组通过思维导图进行展示。

工作成果 / 学习成果：

生产任务单、完成引导问题的工作页、知识点思维导图、工作能力要求思维导图。

知识点：

桌面机器人驱动系统组成。

技能点：

能获取任务书中的关键信息。

职业素养、思政元素：

提炼关键信息。

（二）步进电机驱动系统安装信息收集

每个学生通过网络和书籍独立收集步进电机的相关信息并完成步进电机及其驱动器的工作页，包含以下内容：

1. 步进电机的定义；
2. 国际上有影响力的步进电机品牌，我国步进电机发展和现状；
3. 步进电机的结构；
4. 步进电机的工作原理；
5. 步进电机的分类；
6. 步进电机驱动器与 PLC、电源接线图；
7. 步进电机驱动器设置方法；
8. 编写一份机器人驱动系统安装接线技术规范表。

工作成果 / 学习成果：

步进电机驱动器安装工作页、机器人驱动系统安装接线技术规范表。

知识点：

步进电机的定义、结构、工作原理、分类，步进驱动系统的接线方法，步进电机驱动器的设置方法。

职业素养、思政元素：

培养沟通表达的能力，通过了解国际技术前沿激发学生爱国情怀。

工作环节 2

二、制订步进驱动系统安装工作计划

2

制订步进驱动系统安装工作计划，包括：

1. 准备好完成任务所需的材料，如机器人本体、控制柜、步进电机、步进电机驱动器、三菱 PLC 和导线。
2. 准备好完成任务所需的工具，如螺丝刀、剥线钳、六角匙和尖锥钳等。
3. 明确小组内人员分工及职责。
4. 估算阶段性工作时间及具体日期安排。
5. 制订工作计划文本并进行组内审定。工作计划内容包括工作环节内容、人员分工、工作要求、时间安排等要素。

工作成果 / 学习成果：
步进驱动系统的材料清单、工作计划表。

知识点：
制订步进驱动系统安装工作计划。

职业素养、思政元素：
培养制订计划的能力，形成按计划工作的意识。

工作流程和标准

工作环节 3

三、审核与修订步进驱动系统安装的工作计划

3

各小组展示工作计划，其他小组与教师一起根据任务书的工期、技术要求、产品标准、施工规范等对该小组工作计划给出改进意见，该小组参考改进意见修改计划。

技能点：
判别工作计划是否合理。

工作成果 / 学习成果：
修订后的工作计划。

职业素养、思政元素：
培养沟通表达能力，能用批判质疑精神去修订工作计划。

工作环节 4

四、实施驱动系统的安装计划

按照步进电机与驱动器的接线图，完成控制柜的步进驱动器与机器人本体上的步进电机的接线、步进驱动器与三菱 FX（3U）PLC 的接线。

工作成果 / 学习成果：
完成硬件接线的步进驱动系统。

知识点：
步进电机驱动器、PLC 的端口。

技能点：
驱动系统的安装。

职业素养、思政元素：
增强时间管理、分工协作意识。

工作环节 5

五、对安装好的桌面机器人进行检查

5

任务完成后，对安装好步进驱动系统的机器人进行安装情况检查和功能测试。了解检查方法、评分表以及评分标准，独自进行评分并将成绩记录到评分表。

工作成果 / 学习成果：
学生自评评分表。

技能点：
检查安装好驱动系统的桌面机器人。

职业素养、思政元素：
提高分析、归纳能力。

工作环节 6

六、评价

教师对小组工作态度、工作过程、职业素养和安装好的机器人驱动系统进行评分，同时将其评分记录到检查评分表中。确定两次检查之间的差别，指出可能的检查错误和陈述理由。

工作成果 / 学习成果：
驱动系统安装评价表。

职业素养、思政元素：
能够用积极的心态听取他人的评价。

学习内容

知识点	1.1 桌面机器人驱动系统组成； 1.2 步进电机的定义； 1.3 步进电机的结构； 1.4 步进电机的工作原理； 1.5 步进电机的分类； 1.6 步进电机驱动器与 PLC、电源接线图； 1.7 驱动系统调试流程； 1.8 PLC 的基础知识； 1.9 PLC 基本指令及基本编程方法。	2.1 步进驱动系统安装工作流程	
技能点	1.1 步进电机驱动器设置方法； 1.2 获取任务书中的关键信息； 1.3 三菱 PLC 的简单编程	2.1 制订步进驱动系统安装工作计划； 2.2 制订步进驱动系统调试工作计划	3.1 判别工作计划是否合理
工作环节	工作环节 1 信息收集	工作环节 2 制订机器人驱动系统安装工作计划	工作环节 3 审核与修订机器人驱动系统安装工作计划
素养	1.1 沟通表达的能力； 1.2 提炼关键信息的能力； 1.3 查阅产品说明书的能力	2.1 制订计划的能力； 2.2 形成按计划工作的意识	3.2 批判质疑精神

学习任务3：机器人驱动系统安装

工作环节4 实施机器人驱动系统安装计划	工作环节5 检查安装好的驱动系统	工作环节6 评价
4.1 工具使用注意事项； 4.2 电气接线注意事项	5.1 检查方法	
4.1 驱动系统的安装； 4.2 电气接线； 4.3 步进电机的控制程序编程； 4.4 驱动系统的调试	5.1 检查安装好驱动系统的桌面机器人； 5.2 故障判断	6.1 根据改进意见完善安装方法
4.1 增强时间管理意识； 4.2 分工协作意识	5.1 分析、归纳能力	6.1 能够用积极的心态听取他人的评价

课程 3. 机器人电气控制单元的制作

学习任务 3：机器人驱动系统安装

1 信息收集 | 2 制订工作计划 | 3 评估工作计划 | 4 实施工作计划 | 5 成果检测 | 6 评价

信息收集

工作子步骤	教师活动	学生活动	评价
1. 阅读任务单，明确步进驱动系统安装的任务要求。	1. 展示本次的任务单，引导学生阅读、辨识任务单的内容及要求。 2. 要求学生填答工作页中关于任务单的内容及要求的问题并说明工作页中的相关要求。 3. 巡查学生回答工作页中关于任务单中内容及要求的答案，抽查并点评其准确性。 4. 要求学生阅读任务书，在学生阅读任务书的时候，对一些专业名词等进行提点。 5. 引导学生分析安装驱动系统需要完成的工作。 6. 巡察监控课堂，回答学生学习过程中遇到种种的问题，共性问题集中讲解。 7. 对标记出的关键词和制作的工作能力要求表给出评价规则，待小组互评后给予修改建议。	1. 学生独自阅读任务单，标注任务单中的工作内容及要求。 2. 按要求独自填答工作页中关于任务单的内容及要求的问题。 3. 学生回答工作页中关于任务单中内容及要求的问题，听取老师点评。 4. 学生独自用荧光笔画出任务中需要完成的工作。 5. 小组根据列出的需要完成的工作，思考完成该项工作需要掌握哪些知识技能，制作一份工作能力要求表，过程中遇到的问题先由小组讨论，必要时与教师沟通或听课。 6. 小组根据修改建议修改工作能力要求表并上交老师。 7. 学生认真聆听教师的小结。	1. 教师点评划出的关键词是否合理，是否贴近主要知识、技能点。 2. 按列出的“完成驱动系统安装要完成的工作”对照评价表进行自评和互评。 3. 老师对上交的工作能力要求表给予分数评价和简短文字评价。

课时： 2 课时

1. 软资源：《机器人驱动系统安装》工作页、PPT、驱动系统安装任务评价表等。
2. 硬资源：多媒体、手 机（在教师的监控下使用）、展示白板、能上网的机房、完成机械安装的桌面机器人等。

1 信息收集　2 制订工作计划　3 评估工作计划　4 实施工作计划　5 成果检测　6 评价

信息收集

工作子步骤	教师活动	学生活动	评价
2. 收集步进电机驱动系统安装信息。	1. 通过 PPT 讲授步进电机的定义。 2. 引导学生收集国际上有影响力的步进电机品牌、我国步进电机的发展和现状、步进电机的结构等信息，并对任务进行细化，引导学生从各个途径寻找信息。 3. 要求学生通过网络查找信息；在学生查找资料的过程中，巡视并监控课堂，对学生学习过程提供适当的帮助，共性问题集中讲解。 4. 组织学生展示收集到的相关内容。 5. 点评学生展示的信息并提出修改建议。 6. 通过 PPT 展示数据，分析国内步进电机的发展趋势以及和国际顶尖品牌的差距，激发学生学习热情以及技能强国的爱国情怀。	1. 学生聆听步进电机的定义。 2. 学生通过书籍、网络等途径收集国际上有影响力的步进电机品牌、我国步进电机的发展和现状、步进电机的结构等信息。 3. 回答工作页中关于步进电机定义、结构、原理、分类等的问题。 4. 小组展示收集到的信息。 5. 聆听并记录小组互评与教师点评，根据建议进行修改。 6. 根据了解到的我国步进电机的现状，发表如何发挥力量、提升技能、助力中国制造 2025 的感想，并从中实现自我价值，培养沟通表达的能力。	1. 回答工作页中关于步进电机基本知识的问题，教师现场口头点评其准确性。 2. 教师对学生收集资料的情况进行口头点评。 3. 教师现场口头点评学生展示的步进电机驱动器参数说明表的准确性并提出修改建议。 4. 小组互评学生展示的步进电机驱动器参数说明表，教师现场口头评价并提出修改建议。 5. 根据学生对如何发挥自己的作用达到技能强国的发言，评价学生是否有深厚的爱国情怀。

课时： 30 课时
1. 软资源：山社电机官方网站、百度文库、技术论坛、授课教师制作的 PPT 等。
2. 硬资源：多媒体、手机（在教师的监控下使用）、工作页等。

课程 3. 机器人电气控制单元的制作

学习任务 3：机器人驱动系统安装

	工作子步骤	教师活动	学生活动	评价
制订工作计划	制订步进驱动系统安装工作计划。	1. 巡视并监控课堂，对学生学习过程提供适当的帮助，共同问题集中讲解。 2. 提出小组汇报要求，听看学生对合同前期资料准备工作计划书汇报及互评后，进行综合评价，给出修改建议。 3. 对修改后的计划书给出分数和简短文字评价。 4. 对本课堂的学生学习过程及学习成果进行小结，并提出今后实际工作中的注意事项。 5. 组织各小组展示工作计划。 6. 对学生的工作计划情况进行小结。	1. 通过任务介绍中呈现的工作描述和收集到的信息，对步进驱动系统的安装进行规划。 2. 制订工作计划的过程中遇到不了解的知识，继续通过网络等途径进行查阅，或与同学、老师进行交流。 3. 组内讨论,整合出最优的工作计划。 4. 以小组为单位制订工作计划。 5. 小组展示并陈述制作好的工作计划。 6. 学生认真聆听教师的小结。	1. 教师抽检学生步进驱动系统安装工作计划并点评其规范性、可行性。 2. 对学生展示的步进驱动系统安装的工作计划进行小组自评、互评和教师现场口头点评。
	课时： 1 课时 1. 软资源：山社步进电机选型手册、学生自己起草的《步进驱动系统安装的工作计划》、授课教师制作的 PPT 等。 2. 硬资源：多媒体、手机（在教师的监控下使用）、展示白板等。			
评估工作计划	审核、修订、评估步进驱动系统安装工作计划。	1. 教师对各组工作计划进行评价，给出修改意见。 2. 组织学生对各组的工作计划进行投票，选出最优工作计划。	1. 聆听同学和教师对每个小组的工作计划的评价和修改意见。 2. 全班同学对各组的工作计划进行投票，选出最优工作计划。	1. 教师对各小组的步进驱动系统安装工作计划的准确性、可行性进行点评并提出修改建议。 2. 小组互评工作计划。 3. 教师对修改后的步进驱动系统安装工作计划给予分数和简短文字评价 (定性及定量评价相结合)。
	课时： 2 课时 1. 软资源：《机器人驱动系统安装》工作页、PPT、驱动系统安装任务评价表等。 2. 硬资源：多媒体、手 机（在教师的监控下使用）、展示白板、能上网的机房、完成机械安装的桌面机器人等。			

基准学时：50

1 信息收集 → 2 制订工作计划 → 3 评估工作计划 → 4 实施计划 → 5 自检 → 6 评价

	工作子步骤	教师活动	学生活动	评价
实施计划	安装、调试步进驱动系统。	1. 教师组织实施安装任务并巡回指导。 2. 巡察并监控课堂，回答学生优化方案过程中遇到的问题，共性问题集中讲解。 3. 对不符合工作规范的行为进行口头点评并给出修改建议。	1.各小组按工作计划的分工实施安装。 2. 在实施计划的过程中，对疑惑的问题进行沟通。 3. 完成桌面机器人步进驱动系统的接线并进行检查。 4. 对接好线的驱动系统进行编程调试。 5. 学生认真聆听教师的小结。	1. 小组自评是否按工作计划完成安装任务。 2. 对小组工作过程中表现出的工作态度、是否在规定时间完成、分工是否合理、综合素质进行评价（多元化评价）。 3. 对安装调试成果进行评价。
	课时： 12 课时 1. 软资源：学生自己制作的工作计划、收集到的信息资料、授课教师制作的 PPT 等。 2. 硬资源：多媒体、手机（在教师的监控下使用）、安装工具、安装材料等。			
自检	对安装好的步进驱动系统进行自检。	1. 组织学生进行自检。 2. 听取学生的工作汇报，对学生完成的安装接线、功能测试、工作态度、职业素养等方面进行评价。	1. 小组根据生产标准检测本组结果并修正。 2. 小组向教师陈述和展示本组结果，听取教师点评和建议。	1. 抽检学生回答检查接线工艺。 2. 功能测试。
	课时： 1 课时 1. 软资源：学生自己制作的工作计划、收集到的信息资料、授课教师制作的 PPT 等。 2. 硬资源：多媒体、完成安装的步进驱动系统、展示白板、计算机、工作页等。			
评价		1. 组织班级汇报。 2. 组织学生互评。 3. 点评学生学习过程及结果。 4. 对本课堂的学生学习过程及学习成果进行小结，并提出今后实际工作中的注意事项。	1. 各小组展示本组的成果。 2. 学生对其他的小组进行评价。 3. 聆听教师对各小组的评价。 4. 学生认真聆听及记录教师的小结。	教师根据评价指标对各组进行评价。
	课时： 2 课时 1. 软资源：学生自己制作的工作计划、收集到的信息资料、授课教师制作的 PPT 等。 2. 硬资源：多媒体、完成安装的步进驱动系统、展示白板、计算机、工作页等。			

学习任务 4：机器人夹具控制系统安装

任务描述

学习任务学时：30 课时

任务情境：

某机器人生产企业主要生产小负载的 6 轴台式机器人，根据生产计划已完成 RB08 机器人机械部件的加工和零配件采购、本体和驱动系统的总装，现需要对机器人末端执行器的夹具控制系统（气动传动系统）实施安装作业。该企业与我校为校企合作关系，企业经评估，认为我校工业机器人专业的学生具备协助完成该项目的条件，遂将部分订单交由我校学生完成。教师向学生下达机器人夹具控制系统安装任务并发放安装企业提供的外派工单，要求学生在规定工期内按照厂家技术规范完成工业机器人夹具控制系统安装。

具体要求见下页。

机器人电气控制单元的制作

工作流程和标准

工作环节 1

一、信息收集

1

（一）阅读任务书，明确任务要求

阅读“机器人夹具控制系统安装”任务书，明确工业机器人本体装配的任务要求、内容、工艺流程及要求、安全注意事项和工期要求，划出任务描述的关键词并口头复述工作任务以明确任务要求，完成派工单和引导问题的填写。

学习成果：
派工单。

职业素养：
培养责任意识。

（二）气动与液压理论知识

通过老师的讲解及查询相关的资料库，认识气动系统和液压传动系统的原理、特点和应用，完成工作页。

学习成果：
填写关于气动系统和液压传动系统的原理、特点和应用的工作页内容。

知识点：
气动系统和液压传动系统的原理、特点和应用。

职业素养、思政元素：
培养独立思考能力及认真严谨的学习态度。

学习任务4：机器人夹具控制系统安装

工作环节1

一、信息收集

（三）气动基础知识

通过老师的讲解和查询相关的资料库，完成以下任务：

1. 学习过滤器、减压阀、油雾器、气动二联件、电磁阀、换向阀、消声器、真空发生器、气缸、数字压力传感 器等器件的图形符号、原理及应用，做一份包含各器件的名称、作用和工作原理的使用说明表。
2. 根据气动符号找出器件实物，认识器件；观察老师的演示，学习器件的安装方法。

学习成果：
气动器件使用说明表。

知识点：
（1）过滤器、减压阀、油雾器、气动二联件、电磁阀、换向阀、消声器、真空发生器、气缸、数字压力传感器等器件的图形符号、原理及应用。
（2）气动器件的安装方法。

技能点：
气动器件的安装。

职业素养：
8s 管理

（四）气动回路知识

识读机器人夹具控制系统气动回路图，了解典型气动控制回路的组成和各器件在系统中起的作用，在气动回路图中标出气动器件名称并说明器件的作用。在了解典型的气动系统回路组成后，通过单作用气缸的控制回路、双作用气缸的控制回路、气动逻辑回路来理解气动控制原理，并分析机器人夹具控制系统的气动回路图。

学习成果：
标出器件名称和作用的典型控制回路。

知识点：
机器人夹具控制系统气动回路的组成。

技能点：
机器人夹具控制系统气动回路图的识读。

职业素养：
培养注意细节的习惯。

工作流程和标准

工作环节 2

二、审核与修订机器人夹具控制系统安装工作计划

2

阅读机器人夹具控制系统的气动回路图、分析气动回路的组成和结构后，制订夹具控制系统安装的作业流程。列出工具清单，填写机器人工装物料（机器人本体、空气压缩机、气动二联件、电磁阀、节流阀、吸盘、气缸、真空发生器、消声器、气管、气管管接头、联接螺钉、扎带、导线等）领用表。以个人为单位完成机器人夹具控制系统安装过程工作计划表（详细列出每一步骤和时间、安装的位置和方向）。

学习成果：
工具清单、机器人工装物料领用表、表机器人夹具控制系统安装工作计划表。

知识点：
安装机器人夹具控制系统的工具材料准备。

职业素养：
培养制订计划的能力，形成按计划工作的意识。

工作环节 3

三、评估工作计划

3

各小组进行组内讨论，整合意见并修订本组的工作计划，同学和老师对计划进行评估，确保计划的可行性。

学习成果：
评估修订后的机器人夹具控制系统安装工作计划表。

职业素养：
提高表达能力、决策能力。

学习任务 4：机器人夹具控制系统安装

工作环节 4

四、实施工作计划

以小组为单位按计划表步骤完成机器人夹具控制系统的安装，记录好每一步的实际实施时间并与计划时间进行对比，掌握好时间的分配。首先根据工具清单、物料领用表，从工具室、物料仓库和半成品库领取机器人整机测试所需的物料、辅料、耗材以及工具等，检验并核对后进行归类、整理。然后开始实施安装任务，先把电磁阀的控制线安装好，然后把气动二联件、电磁阀、节流阀、气缸、真空发生器等气动器件安装固定好，再安装真空发生器、消声器和吸盘等器件。最后进行气路和电路的连接，气管把气动回路里的各个器件连接起来、将电磁阀控制线与 PLC 连接。安装完成后，进行气路和电路检查，并对安装好的夹具控制系统进行调试。现场 8S 管理。

学习成果：
完成夹具控制系统安装的机器人、记录后的工作计划表。

职业素养：
培养团队合作意识。

工作环节 5

五、检查

5

老师准备评价表并详细介绍评价表的填写方式，组织学生以小组为单位实施相应的清洁、润滑、紧固、调整等作业，检查供气压力是否正常，有无漏气现象、气管管接头或连接螺钉松动等，保证运行可靠、布局合理、安装工艺正确、将来维修检测方便，并完成检查表的填写。

学习成果：
评价表。

知识点：
检测的内容和要求。

学习内容：
评价表的填写。

职业素养：
培养实事求是的作风，学会运用工程思维排查故障。

工作环节 6

六、评估

6

教师对本次的实施操作进行评估。

学习成果：
评估表。

学习内容：
评估表、评估方式、评估要点。

职业素养：
接受别人提出的意见并进行自我总结。

学习内容

知识点	1.1 气动系统和液压传动系统的原理、特点和应用； 1.2 气动元器件的图形符号、原理及应用； 1.3 机器人夹具控制系统气动回路的组成； 1.4 机器人夹具控制系统安装的工具材料清单	2.1 夹具气动系统安装工作流程	
技能点	1.1 气动器件的使用； 1.2 机器人夹具控制系统气动回路图的识读	2.1 制订夹具控制系统安装工作计划	3.1 判别工作计划是否合理
工作环节	工作环节 1 信息收集	工作环节 2 制订机器人夹具控制系统安装工作计划	工作环节 3 审核与修订机器人夹具控制系统安装工作计划
素养	1.1 沟通表达的能力； 1.2 提炼关键信息的能力； 1.3 查阅产品说明书的能力	2.1 制订计划的能力； 2.2 形成按计划工作的意识	3.1 批判质疑精神

学习任务 4：机器人夹具控制系统安装

4.1 气动回路安装注意事项	5.1 常见气动回路故障的原因	
4.1 驱动系统的安装； 4.2 电气接线； 4.3 步进电机的控制程序编程； 4.4 驱动系统的调试	5.1 气动回路的故障检查	5.1 根据改进意见完善安装方法
实施机器人夹具控制系统安装计划 工作环节 4	工作环节 5 对安装好的机器人夹具控制系统进行检查	评价 工作环节 6
4.1 增强时间管理意识； 4.2 增强分工协作意识	5.1 分析、归纳能力	5.1 能够用积极的心态听取他人的评价

教学活动

课程 3. 机器人电气控制单元的制作

学习任务 4：机器人夹具控制系统安装

信息收集

工作子步骤	教师活动	学生活动	评价
1. 阅读任务单，明确机器人夹具控制系统安装的任务要求。	1. 发放派工单。 2. 解说派工单填写规范，如任务名称、完成时间、完成要求、各负责人。 3. 提出填写派工单任务。 4. 抽查一份填写好的派工单进行投影检查,并点评任务完成的准确性、完整性。 5. 要求学生进行互评。 6. 要求学生阅读夹具控制系统的安装内容及要求。 7. 抽查一位学生的技术要求并进行解说，要求学生进行修改。	1. 小组领取派工单。 2. 听取老师解说派工单填写规范。 3. 完成派工单的填写。 4. 听取教师点评。 5. 进行相互评价。 6. 阅读任务书，明确机器人夹具控制系统安装的内容。 7. 听取老师解说并进行对比、思考、修改，口头复述工作任务以明确任务要求，完成派工单填写。	1. 划出的关键词的依据是否合理，是否贴近主要知识点、技能点（师评）； 2. 对列出的“完成驱动系统安装要完成的工作”对照评价表进行自评和互评； 3. 老师对上交的工作能力要求表给予分数评价和简短文字评价。
课时： 1 课时 1. 教学场所：一体化学习站、气动实验箱等。 2. 硬资源：白板、白板笔、板刷、磁钉、A4 纸等。 3. 软资源：教学课件、任务书、工作页等。 4. 教学设施：笔记本电脑、投影仪、音响、麦克风等。			
2. 气动与液压理论知识。	1. 讲解气动与液压理论知识并提问。 2. 老师现场对回答的问题进行评价。 3. 下达填写气动系统和液压传动系统的原理和特点工作页任务，并给出完成要求。 4. 巡回指导，及时对学生的疑问做引导，监督学生的进度。 5. 组织学生进行组内互评并统一意见。 6. 组织学生以小组为单位进行展示。 7. 教师进行评价并提出建议。	1. 倾听教师讲解，学习气动与液压理论知识思考。 2. 填写气动系统和液压传动系统的原理和特点工作页。 3. 小组展示本组总结的气动系统和液压传动系统的原理和特点。 4. 进行组内互评。 5. 听取老师评价并进行反思。 6. 倾听老师讲解，查阅资料，了解千斤顶的原理。 7. 小组各同学制作一份千斤顶工作过程和原理流程图。 8. 进行组内互评。 9. 小组展示本组总结后的千斤顶工作流程图。 10. 小组互评。 11. 听取老师评价并进行反思。	1. 回答工作页中的问题，教师现场口头点评其准确性（他评）； 2. 教师巡视过程中对学生完成的收集情况进行口头点评（师评）。
课时： 3 课时 1. 教学场所：一体化学习站、气动实验箱等。 2. 硬资源：白板、白板笔、板刷、磁钉、A4 纸等。 3. 软资源：教学课件、任务书、工作页等。 4. 教学设施：笔记本电脑、投影仪、音响、麦克风等。			

	工作子步骤	教师活动	学生活动	评价
信息收集	3．气动基础知识。	1. 教师对气动系统的工作原理、应用及组成做讲解，要求学生全程做好笔记。 2. 给出气动器件说明表的样表，要求学生查阅刚才提及的常见气动器件的资料，完成说明表。 3. 巡回指导，及时对学生的疑问做引导，监督学生的进度。 4. 组织学生进行组内互评，并统一意见。 5. 组织学生进行以小组为单位进行展示。 6. 教师作评价和建议。	1. 倾听教师讲解夹具控制系统的组成及常见气动器件，并做好笔记。 2. 根据教师给出的气动器件说明表查阅资料，完成气动器件说明表。 3. 组内互评。 4. 小组展示本组总结后的千斤顶工作流程图。 5. 小组互评。 6. 听取老师评价并进行反思。	1. 学生互评； 2. 老师评价； 3. 气动器件说明表填写标准。
	课时： 16 课时 1. 教学场所：一体化学习站、气动实验箱等。 2. 硬资源：白板、白板笔、板刷、磁钉、A4 纸、电工工具等。 3. 软资源：教学课件、任务书、工作页等。 4. 教学设施：笔记本电脑、投影仪、音响、麦克风			
制订工作计划	制作机器人夹具控制系统安装工作计划表。	1. 巡视并监控课堂，对学生学习过程提供适当的帮助，共性问题集中讲解。 2. 提出小组汇报要求，听取学生对合同前期资料准备工作计划书汇报及互评后，进行综合评价，给出修改建议。 3. 对上交的修改后的计划书给出分数和简短文字评价。 4. 对本课堂的学习过程及学习成果质量进行小结，提出今后实际工作中的注意事项。 5. 组织各小组展示工作计划。 6. 对学生的工作计划情况进行小结。	1. 通过任务介绍中呈现的工作描述和收集到的信息，对机器人夹具控制系统安装进行规划。 2. 制订工作计划的过程中遇到不了解的知识，继续通过网络等途径进行查阅，或与同学、老师进行交流。 3. 组内讨论，整合出最优的工作计划。 4. 以小组为单位制订工作计划。 5. 小组展示并陈述制作好的工作计划。 6 . 学生认真聆听教师的小结。	1. 教师抽检学生的机器人夹具控制系统安装工作计划并点评其规范性、可行性。 2. 对学生展示的机器人夹具控制系统安装工作计划进行小组自评、互评，教师现场口头点评（多元化评价）。
	课时： 1 课时 1. 软资源：学生自己起草的《机器人夹具控制系统安装的工作计划》、授课教师制作的 PPT 等。 2. 硬资源：多媒体、展示白板等。			

课程 3. 机器人电气控制单元的制作

学习任务 4：机器人夹具控制系统安装

	工作子步骤	教师活动	学生活动	评价
评估工作计划	审核、修订、评估机器人夹具控制系统安装计划。	1. 教师对各组的工作计划进行评价，给出修改意见。 2. 组织学生对各组的工作计划进行投票，选出最优工作计划。	1. 聆听同学和教师对每个小组的工作计划的评价和修改意见。 2. 全班同学对各组的工作计划进行投票，选出最优工作计划。	1. 教师点评每个小组的机器人夹具控制系统安装工作计划。 2. 小组互评工作计划。 3. 教师对修改后的机器人夹具控制系统安装的工作计划给予分数和简短文字评价（定性及定量评价相结合）。
	课时： 1 课时 2. 硬资源：多媒体、展示白板等。 3. 软资源：学生自己起草的《机器人夹具控制系统安装的工作计划》、授课教师制作的 PPT 等。			
实施计划	安装机器人夹具控制系统。	1. 教师组织学生安装机器人夹具控制系统并巡回指导。 2. 巡察并监控课堂，回答学生优化方案过程中遇到的问题，共性问题集中讲解。 3. 对不符合工作规范的行为进行口头点评，给出修改建议。	1. 各小组按工作计划的分工实施安装任务。 2. 实施计划过程中对疑惑进行沟通。 3. 完成机器人夹具控制系统的安装并进行检查。	1. 小组自评是否按工作计划完成安装任务； 2. 教师对小组工作过程中表现出的工作态度、是否在规定时间完成、分工是否合理、综合素质进行评价（多元化评价）； 3. 对安装调试成果进行评价。
	课时： 6 课时 2. 硬资源：多媒体、安装工具、安装材料等。 3. 软资源：学生自己制作的工作计划、收集到的信息资料、授课教师制作的 PPT 等。			

	工作子步骤	教师活动	学生活动	评价
自检	对安装好的机器人夹具控制系统进行检查。	1 评价。. 组织学生进行自检。 2. 听取学生对完成的安装工作、功能测试、工作态度、职业素养等方面的汇报并评价。	1. 小组根据生产标准检测本组结果并如实记录，运用工程思维对出现的问题进行分析。 2. 小组向教师陈述和展示本组结果，听取教师点评和建议。	1. 教师抽检学生回答安装检查的注意事项； 2. 功能测试。
	课时： 1 课时 1. 软资源：学生自己制作的工作计划、收集到的信息资料、授课教师制作的 PPT 等。 2. 硬资源：多媒体、完成安装的机器人夹具控制系统、展示白板、计算机、工作页等。			
评价	教师对本次的实施操作进行评价。	1. 组织班级汇报。 2. 组织学生互评。 3. 点评学生学习过程及结果。 4. 教师对本课堂的学生学习过程及学习成果进行小结，并提出今后实际工作中的注意事项。	1. 各小组展示本组的成果。 2. 学生对其他的小组进行评价。 3. 聆听教师对各小组的评价。 4. 学生认真聆听及记录教师的小结。	教师根据评价指标对各组进行评价。
	课时： 1 课时 1. 软资源：学生自己制作的工作计划、收集到的信息资料、授课教师制作的 PPT 等。 2. 硬资源：多媒体、完成安装的机器人夹具控制系统、展示白板、计算机、工作页等。			

课程 4. 机器人外部系统编程

学习任务 1	学习任务 2	学习任务 3
气动压力机的控制	传送带正反转的控制	模拟量传感器的检测
（30）学时	（20）学时	（10）学时

课程目标

完成本课程后，学生应当能够完成设备的装配和电气气动线路连接，按功能要求进行 PLC 和 HMI 的编程和测试任务。如气动压力机的控制、传送带正反转的控制、模拟量传感器的检测、小型机器人的 PLC 和 HMI 编程等工作任务，并严格执行国家、企业安全生产制度和“8S”管理制度，养成吃苦耐劳、爱岗敬业等良好的职业素养，具备独立分析与解决问题的能力，提高学习 PLC 和 HMI 技术的兴趣，养成关注 PLC 和 HMI 技术发展的思维习惯，增强智能制造行业发展的责任感，推进我国智能制造 2025。具体包括：

1. 能通过阅读任务单和识读装配图纸、电气图纸和气动图纸等获取有效信息，完成气动压力机、传送带、传感器单元组装。
2. 能简述 PLC 技术发展史、应用领域及未来发展趋势，并能根据 PLC、HMI 和设备的结构，分析功能要求，并从节约时间、成本等经济角度合理设计编程思路，通过查阅编程手册，制订编程和调试的作业方案，明确相关作业规范及技术标准，并能进行作业前的准备工作。
3. 能根据编程和调试的作业方案，正确使用编程软件，按功能要求进行程序编程，完成后对程序等进行检查与仿真测试。
4. 根据仿真测试的效果，下载设备进行调试，调试合格后，填写调试记录单，做好记录和存档。在调试过程中严格遵守企业安全生产的操作规程、企业内部检验规范以及“8S”管理规定。
5. 能展示和总结 PLC 和 HMI 编程技术要点，总结工作经验，分析不足，提出改进措施。

课时：80

学习任务 4

小型机器人的 PLC 和 HMI 编程

（20）学时

课程内容

1. 电气气动原理分析、机械图纸分析；

2. 电气、气动、机械安装的工艺要求；

3. 工具的使用方法；

4. 元器件的安装方法及安全操作规程；

5.PLC 和 HMI 的硬件结构及其编程软件；

6.PLC 编程语言和编程基本原则；

7.PLC 基本指令、功能指令、顺序功能图；

8.PLC 的 I/O 分配及接线图的画法；

9.PLC 和 HMI 程序下载、仿真、调试的方法；

10.PLC 程序故障诊断和排查方法；

11.A/D 转换、模拟量传感器接线和使用；

12. 工作计划表的编写方法；

13. 企业管理制度及”8S”管理知识。

学习任务 1：气动压力机的控制

任务描述

学习任务学时：30 课时

任务情境：

某家电企业需要加工生产水壶盖外壳，客户要求：能够把水壶盖外壳加工自动化。

接到任务订单后，方案工程师首先做出方案，设计了气动压力机方案，电气工程师完成电气原理图、电气接线图的设计；机械工程师完成机械加工图、装配图、气液原理图的设计。现已根据方案完成了气压机机械部件、电气元件和气动元件的采购，要求你：（1）完成气动压力机的机械、电气和气动部件的整机安装；（2）编写和调试气动压力机的 PLC 程序，实现手动和自动两种不同的操作模式。根据订单要求，需要 30 课时完成任务并交付。

具体要求见下页。

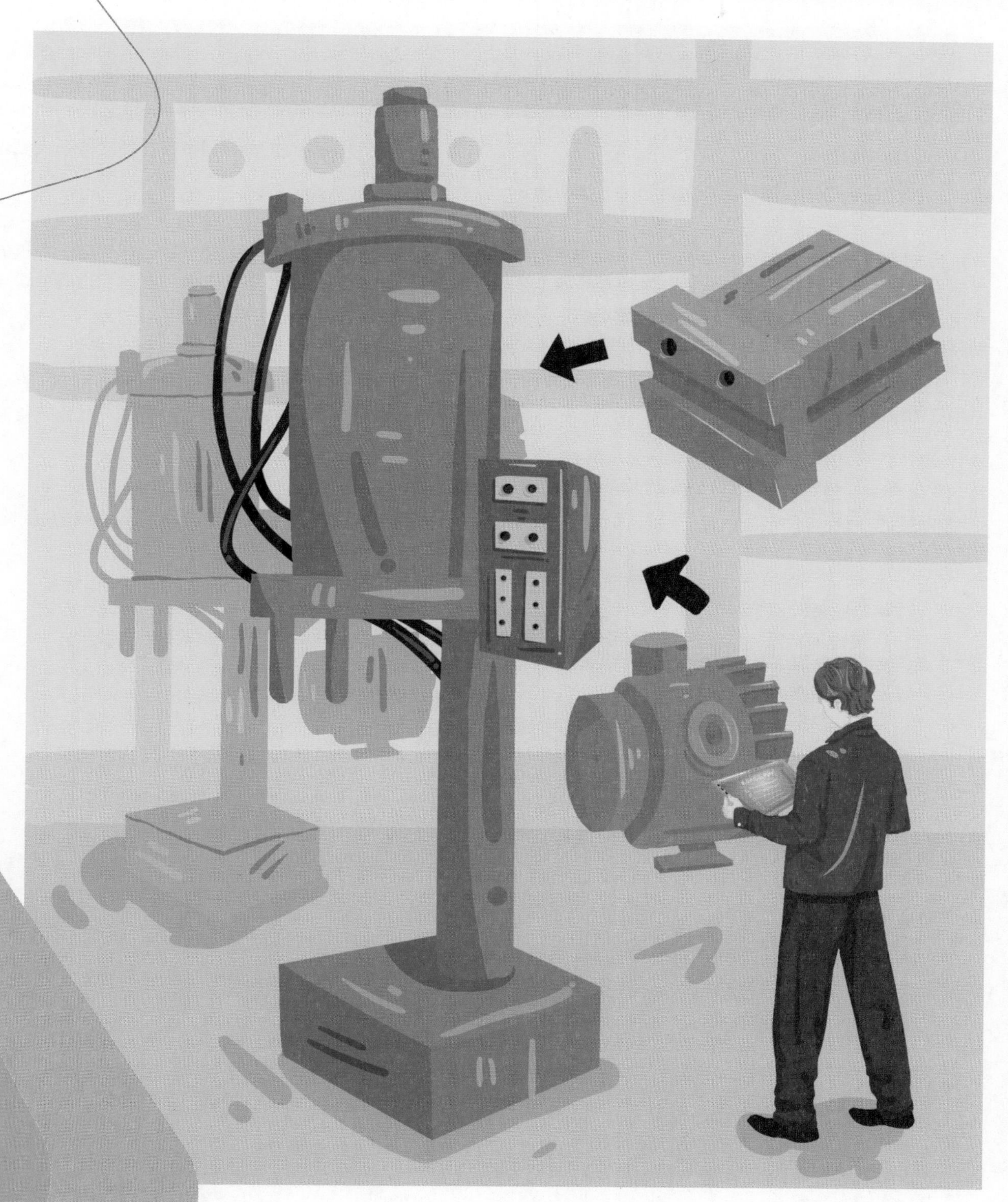

机器人外部系统编程

工作流程和标准

工作环节 1

一、气动压力机的装配

（一）获取装配的信息

1. 阅读任务描述，通过提取关键词的方法明确任务内容。

2. 识读气动压力机的机械装配图、电气原理图和气动原理图。观察各元器件的布局，了解各元器件的作用，分析电气气动原理图，理解机械装配图，并编制装配的先后顺序表。

3. 根据图纸中材料清单识别材料，清点确认材料，并根据图纸确定安装位置。

（二）制订装配计划

根据图纸、材料清单，找出相应的工具，制订完成装配任务的工作计划。

（三）做决策

根据已经完成的工作计划进行互动式检查，优化工作计划内容。

（四）装配

按照制订的工作计划、图纸，进行气动压力机的机械装配、气路连接和电路安装。在装配过程中遵守安全操作规程，实施 8S 管理标准。

（五）控制检查

安装完成后，对安装部件进行可靠性自检，包括设备安装是否正确、位置是否安装准确、气路连接和电路连接是否正确。

（六）评价与反馈

完成任务后，对任务的学习过程和完成情况进行评价，完成评价表填写。

学习成果：

1. 关键词列表、气动压力机装配的先后顺序表、材料清单确认表、标记安装位置的图纸；
2. 工具清单、工作计划表；
3. 优化后的工作计划表；
4. 装配好的气动压力机；
5. 检查表；
6. 评价表。

知识点：

1. 电气气动原理、元器件结构和作用；
2. 工具的使用方法、工作计划的编制方法、装配的步骤；
3. 电气、气动、机械安装的工艺要求、元器件的安装方法、安全操作规程。

技能点：

1. 分析气路图、分析机械图纸、编制装配先后顺序图；
2. 编制工作计划的编制；
3. 识别工作计划的合理性；
4. 电气、气动、机械部件的安装；
5. 检查电气、气动、机械连接的准确性。

职业素养：

1. 增强学生提取要点的能力；
2. 培养有计划做事的工作习惯；
3. 强化批判质疑的思维；
4. 培养学生规范意识、节约和环保意识、安全意识、提高团队合作能力；
5. 培养学生形成检查的习惯；
6. 表达能力，接受意见和改进问题的态度。

工作环节 2

二、气动压力机的编程和调试

2

（一）获取 PLC 编程和调试的信息

1. 通过阅读任务描述，用自己的话写出气动压力机的功能流程。

2. 识读气动压力机的工艺图纸，标注各元件名称。

3. 结合工作页引导，查找机电一体化图表手册 IEC61131-3 PLC 标准和西门子 S7-300PLC 辅助教材，写出标识符的表示方法、常用的梯形图指令，说出顺序功能图的三要素，并画出顺序功能图的结构。

4. 阅读编程基本原则和位逻辑指令内容，完成工作页内容和 PLC 编程的小练习。

5. 根据调试任务要求，写出 PLC 程序调试的方法。

6. 列出在调试过程中应规避的危险操作。

（二）编程和调试计划

1. 根据编程要求，运用顺序功能图的知识，画出气动压力机的流程图。

2. 根据编程和调试步骤，编制 PLC 编程和调试任务的工作计划。

（三）做决策

根据已经完成的工作计划进行互动式检查，优化工作计划内容。

（四）实施编程和运行调试

按照制订的工作计划进行 PLC 编程和调试，在实施编程过程中遵守安全操作规程，实施 8S 管理标准。

（五）检查控制

编程完成后，对程序功能进行可靠性自检，包括 I/O 地址是否正确、程序编写格式是否正确、是否正确下载程序。调试完成后，记录运行调试的结果是否符合要求，总结在程序调试过程中出现的故障原因和解决方法。

（六）评价与反馈

完成任务后，对任务的学习过程和完成情况进行评价，完成评价表填写。

学习成果：

1. 气动压力机的功能流程、标注名称后的图纸、常用标识符和梯形图指令列表、画好的顺序功能图结构、工作页、PLC 程序调试方法、调试应避免的危险操作；
2. 流程图、工作计划表；
3. 优化后的工作计划表；
4. 输入输出地址分配图、PLC 接线图、PLC 功能程序；
5. 检查表；
6. 评价表。

知识点：

1. PLC 的结构、IEC 标准编程语言、编程基本原则、标识符、顺序功能图、位逻辑指令、PLC 程序调试方法、程序调试注意事项；
2. 流程图的画法；
3. I/O 分配的方法、PLC 接线图的画法、程序下载的方法、故障诊断和排查方法。

技能点：

1. 描述功能流程、标注图纸、写出标识符和常用梯形图指令、画出顺序功能图结构、练习梯形图指令、完成工作页相关内容、写出 PLC 程序调试方法、列出应避免的危险操作；
2. 画出流程图、编制工作计划；
3. 识别工作计划的合理性；
4. 绘制 I/O 表、画 PLC 接线图、编写 PLC 程序、上传和下载程序、操作 PLC 软件、调试 PLC 程序，诊断和排查故障；
5. 检查 I/O 地址、程序编写格式和传输下载是否正确，检查调试结果是否符合要求，总结故障原因和解决方法。

职业素养：

1. 加强学生多渠道获取信息的能力，熟悉 IEC PLC 编程标准，具有遵循工业标准的规则意识；
2. 培养学生有计划做事的工作习惯；
3. 强化批判质疑的思维；
4. 培养学生规范意识、节约和环保意识、安全意识；培养清晰的逻辑思维，严谨理性的学习方法；
5. 培养学生形成检查的习惯；
6. 表达能力，接受意见和改进问题的态度。

学习内容

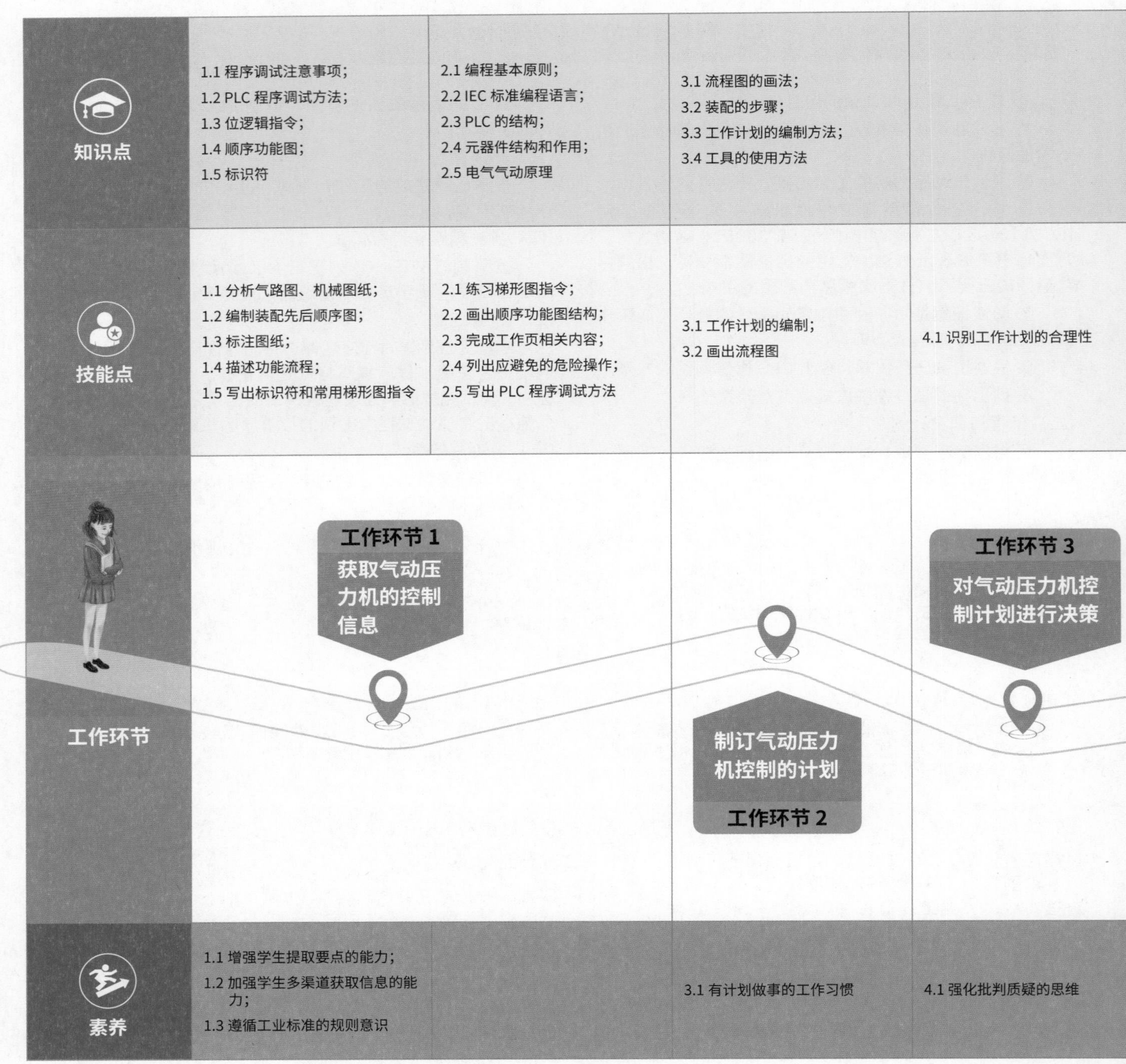

知识点	1.1 程序调试注意事项； 1.2 PLC 程序调试方法； 1.3 位逻辑指令； 1.4 顺序功能图； 1.5 标识符	2.1 编程基本原则； 2.2 IEC 标准编程语言； 2.3 PLC 的结构； 2.4 元器件结构和作用； 2.5 电气气动原理	3.1 流程图的画法； 3.2 装配的步骤； 3.3 工作计划的编制方法； 3.4 工具的使用方法	
技能点	1.1 分析气路图、机械图纸； 1.2 编制装配先后顺序图； 1.3 标注图纸； 1.4 描述功能流程； 1.5 写出标识符和常用梯形图指令	2.1 练习梯形图指令； 2.2 画出顺序功能图结构； 2.3 完成工作页相关内容； 2.4 列出应避免的危险操作； 2.5 写出 PLC 程序调试方法	3.1 工作计划的编制； 3.2 画出流程图	4.1 识别工作计划的合理性
工作环节	工作环节 1 获取气动压力机的控制信息		制订气动压力机控制的计划 工作环节 2	工作环节 3 对气动压力机控制计划进行决策
素养	1.1 增强学生提取要点的能力； 1.2 加强学生多渠道获取信息的能力； 1.3 遵循工业标准的规则意识		3.1 有计划做事的工作习惯	4.1 强化批判质疑的思维

学习任务 1：气动压力机的控制

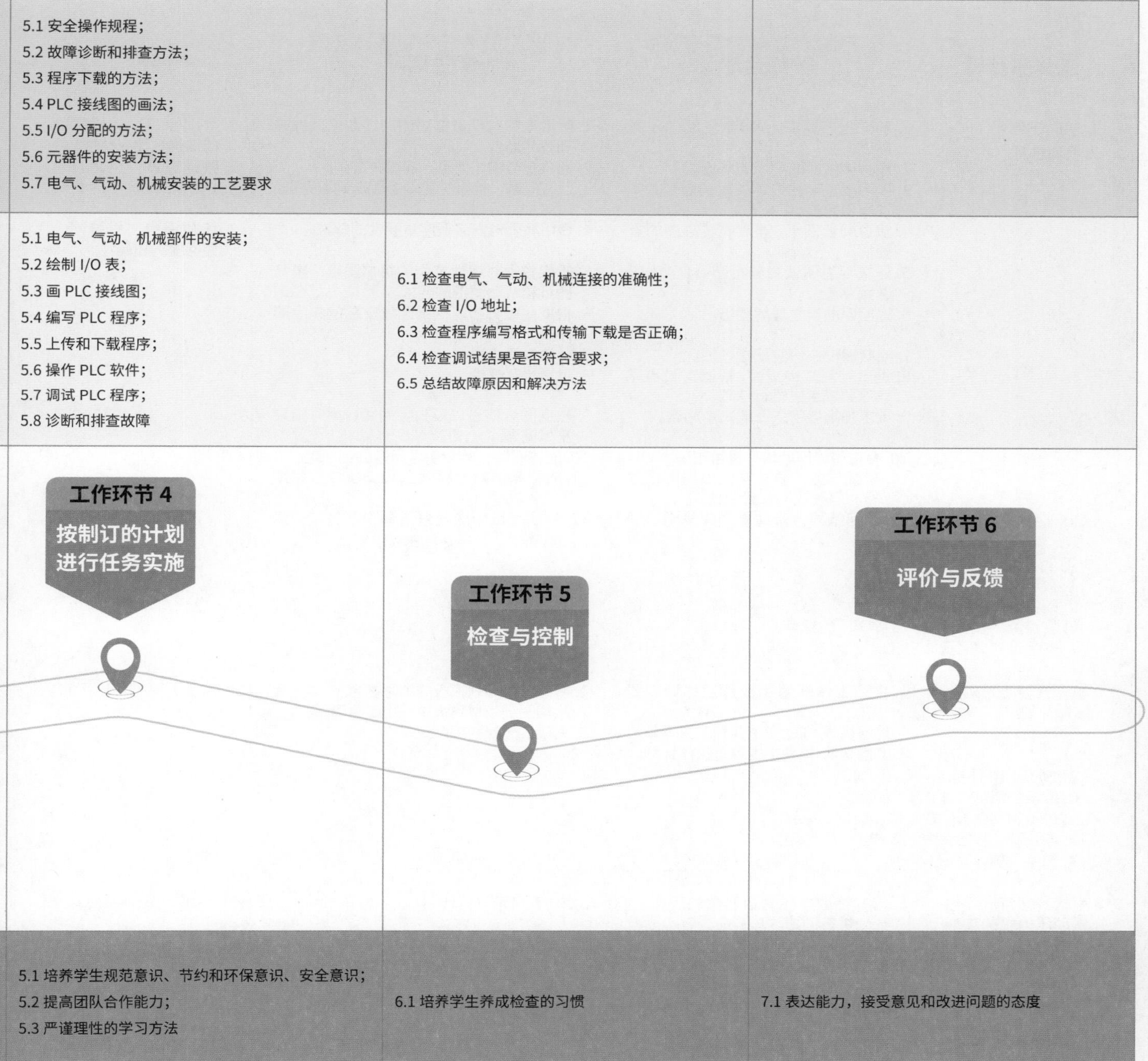

5.1 安全操作规程； 5.2 故障诊断和排查方法； 5.3 程序下载的方法； 5.4 PLC 接线图的画法； 5.5 I/O 分配的方法； 5.6 元器件的安装方法； 5.7 电气、气动、机械安装的工艺要求		
5.1 电气、气动、机械部件的安装； 5.2 绘制 I/O 表； 5.3 画 PLC 接线图； 5.4 编写 PLC 程序； 5.5 上传和下载程序； 5.6 操作 PLC 软件； 5.7 调试 PLC 程序； 5.8 诊断和排查故障	6.1 检查电气、气动、机械连接的准确性； 6.2 检查 I/O 地址； 6.3 检查程序编写格式和传输下载是否正确； 6.4 检查调试结果是否符合要求； 6.5 总结故障原因和解决方法	
工作环节 4 按制订的计划进行任务实施	工作环节 5 检查与控制	工作环节 6 评价与反馈
5.1 培养学生规范意识、节约和环保意识、安全意识； 5.2 提高团队合作能力； 5.3 严谨理性的学习方法	6.1 培养学生养成检查的习惯	7.1 表达能力，接受意见和改进问题的态度

学习任务 1：气动压力机的控制

1 获取气动压力机的装配信息 → 2 制订气动压力机的装配计划 → 3 评估气动压力机的装配计划 → 4 实施气动压力机的装配计划 → 5 气动压力机的装配检查与控制 → 6 气动压力机的装配评价与反馈

7 获取气动压力机的编程和调试信息 → 8 制订气动压力机的编程和调试计划 → 9 评估气动压力机的编程和调试计划 → 10 实施气动压力机的编程和调试计划 → 11 气动压力机的编程和调试检查与控制 → 12 气动压力机的编程和调试评价与反馈

	工作子步骤	教师活动	学生活动	评价
获取气动压力机的装配信息	1. 明确任务 2. 获取信息。	1. 解说任务要求，引导学生阅读任务描述。 2. 观察学生提取要点的情况。 3. 提问检查学生提炼关键词是否完成准确和完整。 4. 解说阅读图纸，理清安装顺序的重要性。 5. 要求学生阅读和分析图纸，列出安装顺序表。 6. 巡回帮助学生理解图纸。 7. 抽取评价一份装配顺序图。 8. 提出相互交换点评，根据交流点评信息要求学生进行修改。 9. 要求并指导学生完成文本问题。 10. 检查引导问题填写是否正确。 11. 布置任务，要求学生根据图纸进行材料确认和位置确认。 12. 巡回指导，帮助学生完成学习要求。	1. 听取教师对任务描述的阅读要求，做好阅读的准备。 2. 阅读任务描述信息，提炼关键词。 3. 回答问题，检查关键词是否准确和完整。 4. 聆听教师对安装顺序重要性的解说。 5. 听取教师对阅读装配的机械图纸、电气图纸和气动图纸的要求。 6. 根据图纸分析，列出图纸安装的先后顺序表。 7. 听取教师点评。 8. 进行相互评价。 9. 根据图纸信息以及引导问题，填写指导文本问题。 10. 回答问题，检查引导问题的正确性。 11. 听取教师对材料清点和安装位置确定的要求。 12. 根据图纸中的材料清单识别材料，清点确认，并标注其安装位置。	1. 教师点评：关键词的准确性和完整性； 2. 教师点评，小组互评：安装顺序的合理性； 3. 教师评价：引导问题回答的正确性。
	课时：160 分钟 1. 教学场所：一体化学习站等。 2. 硬资源：白板、白板笔、板刷、磁钉、A4 纸等。 3. 软资源：教学课件、工作页、图纸等。 4. 教学设施：笔记本电脑、投影仪、音响、麦克风等。			
制订气动压力机的装配计划	制订气动压力机的装配计划。	1. 介绍工作计划模板及工作计划要求。 2. 巡回指导，辅助学生罗列工具清单。 3. 巡回指导，辅助学生制订工作计划。	1. 聆听工作计划模板的填写要求。 2. 根据图纸和材料清单列出工具清单。 3. 完成工作计划编制。	
	课时：80 分钟 1. 教学场所：一体化学习站等。 2. 硬资源：白板、白板笔、板刷、磁钉、A4 纸等。 3. 软资源：教学课件、工作页、图纸等。 4. 教学设施：笔记本电脑、投影仪、音响、麦克风等。			
评估气动压力机的装配计划	审核、修订、评估气动压力机的装配计划。	1. 随机抽取学生对自己做的工作计划进行汇报。 2. 教师点评工作计划内容。 3. 要求小组之间相互交换工作计划并提出修改意见。 4. 现场指导学生修订工作计划表。	1. 小组代表展示工作计划。 2. 听取教师点评并进行思考。 3. 小组之间交互检查工作计划，提出修改意见。 4. 根据存在的问题做出选择和决定，修改和优化本组的工作计划。	1. 教师点评：工作计划表的合理性； 2. 小组互评：工作计划表的合理性。
	课时：40 分钟 1. 教学场所：一体化学习站等。 2. 硬资源：白板、白板笔、板刷、磁钉、A4 纸、张贴板等。 3. 软资源：教学课件、工作页等。 4. 教学设施：笔记本电脑、投影仪、音响、麦克风等。			

基准学时：30

	工作子步骤	教师活动	学生活动	评价
实施气动压力机的装配计划	实施气动压力机的装配计划。	巡回指导，观察各小组团队合作能力及完成情况并记录实施情况。	小组按制订的工作计划、图纸进行气动压力机的装配。	学生对安装的正确性进行自评。
	课时： 160 分钟 1. 教学场所：一体化学习站等。 2. 硬资源：白板、白板笔、板刷、磁钉、A4 纸、张贴版、气压机材料、安装工具等。 3. 软资源：教学课件、工作页等。 4. 教学设施：笔记本电脑、投影仪、音响、麦克风等。			
气动压力机的装配检查与控制	气动压力机的装配检查与控制。	1. 讲解控制检查表的填写要求。 2. 观察学生记录情况并巡回指导。 3. 指导填写引导文。	1. 倾听控制检查表的填写注意事项。 2. 根据完成任务的情况正确记录检查表并完成自检。 3. 完成引导文。	学生按控制检查记录表对自己的成果进行自查自评。
	课时： 80 分钟 1. 教学场所：一体化学习站等。 2. 硬资源：白板、白板笔、板刷、磁钉、A4 纸、张贴板、装配好的气压机、检查工具等。 3. 软资源：教学课件、工作页等。 4. 教学设施：笔记本电脑、投影仪、音响、麦克风等。			
气动压力机的装配评价与反馈	对气动压力机的装配进行评价与反馈	1. 介绍评估表，引导学生进行自我评估。 2. 完成教师对学生的评估表。 3. 根据评估偏差进行总结。 4. 与学生谈话，反馈问题。 5. 对本次实践情况进行总结。 6. 拓展，布置课后任务（收集 PLCs7-300 的信息）。	1. 根据检查控制记录情况进行自我评估。 2. 观察、对比表的教师对自己的评估。 3. 思考评估偏差，进行自我总结。 4. 与教师交流，了解反馈问题。 5. 听取教师的总结与反馈。 6. 接受拓展任务。	1. 根据评价表的内容，采用自我评估和教师评估，进行评估比较，分析偏差； 2. 自评、教师评价、教师谈话反馈。
	课时： 80 分钟 1. 教学场所：一体化学习站等。 2. 硬资源：白板、白板笔、板刷、磁钉、A4 纸、张贴板等。 3. 软资源：教学课件、工作页等。 4. 教学设施：笔记本电脑、投影仪、音响、麦克风等。			

教学活动

课程 4. 机器人外部系统编程

学习任务 1：气动压力机的控制

1 获取气动压力机的装配信息　2 制订气动压力机的装配计划　3 评估气动压力机的装配计划　4 实施气动压力机的装配计划　5 气动压力机的装配检查与控制　6 气动压力机的装配评价与反馈

7 获取气动压力机的编程和调试信息　8 制订气动压力机的编程和调试计划　9 评估气动压力机的编程和调试计划　10 实施气动压力机的编程和调试计划　11 气动压力机的编程和调试检查与控制　12 气动压力机的编程和调试评价与反馈

	工作子步骤	教师活动	学生活动	评价
获取气动压力机的编程和调试信息	1. 明确任务； 2. 获取信息。	1. 解说任务要求，引导学生阅读任务描述。 2. 观察学生完成情况。 3. 随机提问检查学生对功能流程描述的完整性。 4. 引导学生阅读图纸，完成图纸标注。 5. 检查学生的标注是否准确。 6. 提出获取信息的任务要求。 7. 提供资料，引导学生写出标识符的表示方法、常用的梯形图指令。 8. 讲授顺序功能图编程标准。 9. 要求学生找出顺序功能图的三要素，并画出顺序功能图的结构。 10. 提问回答问题，检查标识符、常用指令和顺序功能图画法是否正确。 11. 指导和示范 PLC 软件安装和操作。 12. 引导学生学习位逻辑指令内容，完成编程小练习。 13. 指导学生完成文本问题。 14. 检查引导问题填写是否正确。	1. 阅读任务描述，听取老师对任务要求的讲解。 2. 通过阅读任务描述，用自己的话写出气动压力机的功能流程。 3. 回答气动压力机的功能流程，检查描述是否完整。 4. 进行气动压力机的工艺图纸分析，标注各元件名称。 5. 集体讨论，共同回答各标注元件的名称。 6. 聆听教师要求，做好获取 PLC 和博途软件信息资料的准备。 7. 结合工作页引导，查找机电一体化图表手册 IEC61131-3 PLC 标准和西门子 S7-300PLC 辅助教材，写出标识符的表示方法、常用的梯形图指令。 8. 认真听教师对顺序功能图编程标准的解读。 9. 根据对顺序功能图的理解，说出顺序功能图的三要素，并画出顺序功能图的结构。 10. 回答问题，检查标识符、常用指令和顺序功能图答案是否正确。 11. 学习 PLC 软件的安装和操作、采用编程和程序调试的方法。 12. 根据获取的位逻辑指令的知识，练习 PLC 位逻辑指令的编写。 13. 根据图纸信息以及引导文，填写指导文本问题。 14. 回答问题，检查引导问题的正确性。	教师点评引导问题回答的正确性。
	课时： 240 分钟 1. 教学场所：一体化学习站等。 2. 硬资源：白板、白板笔、板刷、磁钉、A4 纸等。 3. 软资源：教学课件、工作页、图纸等。 4. 教学设施：笔记本电脑、投影仪、音响、麦克风等。			
制订气动压力机的编程和调试计划	制订气动压力机的编程和调试计划。	1. 介绍工作计划模板，工作计划的填写要求。 2. 巡回指导，辅助学生罗列工具清单。 3. 巡回指导，辅助学生完成工作计划填写。	1. 聆听工作计划模板的填写要求。 2. 根据气动压力机控制功能，画出流程图。 3. 完成工作计划编制。	1. 学生自查自评控制检查记录表。
	课时： 40 分钟 1. 教学场所：一体化学习站等。 2. 硬资源：白板、白板笔、板刷、磁钉、A4 纸等。 3. 软资源：教学课件、工作页等。 4. 教学设施：笔记本电脑、投影仪、音响、麦克风等。			

基准学时：30

	工作子步骤	教师活动	学生活动	评价
评估气动压力机的编程和调试计划	评估气动压力机的编程和调试计划。	1. 随机抽取学生对自己的工作计划进行汇报。 2. 教师点评工作计划内容。 3. 要求小组之间相互交换工作计划并提出修改意见。 4. 现场指导学生修订工作计划表。	1. 小组代表展示工作计划。 2. 听取教师点评并进行思考。 3. 小组之间交互检查工作计划，提出修改意见。 4. 根据存在问题，做出选择和决定，修改和优化本组的工作计划。	教师点评工作计划表的合理性。
	课时： 40 分钟 1. 教学场所：一体化学习站等。 2. 硬资源：白板、白板笔、板刷、磁钉、A4 纸、张贴板等。 3. 软资源：教学课件、工作页等。 4. 教学设施：笔记本电脑、投影仪、音响、麦克风等。			
实施计划	实施气动压力机的编程和调试计划。	巡回指导，观察并记录各小组实施情况。	按照制订的工作计划进行 PLC 编程和调试。	学生对程序功能编写的完整性进行自评。
	课时： 160 分钟 1. 教学场所：一体化学习站等。 2. 硬资源：白板、白板笔、板刷、磁钉、A4 纸、张贴板、气动压力机、PLC 等。 3. 软资源：教学课件、工作页等。 4. 教学设施：笔记本电脑、投影仪、音响、麦克风等。			
检查与控制	气动压力机的编程和调试检查与控制。	1. 讲解控制检查表的填写要求。 2. 观察学生记录情况并巡回指导。 3. 指导填写引导文。	1. 倾听控制检查表的填写要求。 2. 根据完成任务的情况正确记录检查表并完成自检。 3. 完成引导文填写。	学生对控制检查记录表进行自榆、自评。
	课时： 80 分钟 1. 教学场所：一体化学习站等。 2. 硬资源：白板、白板笔、板刷、磁钉、A4 纸、张贴板、气动压力机、PLC、检查工具等。 3. 软资源：教学课件、工作页等。 4. 教学设施：笔记本电脑、投影仪、音响、麦克风等。			
评价与反馈	对气动压力机的编程和调试进行评价与反馈。	1. 介绍评估表，引导学生自我评估。 2. 完成教师对学生的评估表。 3. 根据评估偏差进行总结。 4. 与学生谈话，反馈问题。 5. 教师对本次实践情况进行总结。 6. 拓展，布置课后任务（以小组为单位完成并提交任务完成总结）。	1. 根据检查控制表的记录情况进行自我评估。 2. 观察、对比、教师对自己的评估。 3. 思考评估偏差，进行自我总结。 4. 与教师交流，了解反馈问题。 5. 听取教师的总结与反馈。 6. 接受拓展任务。	1. 采用自我评估和教师评估的方法进行评估比较，分析偏差； 2. 根据评价表的内容进行总结和反馈谈话。
	课时： 80 分钟 1. 教学场所：一体化学习站等。 2. 硬资源：白板、白板笔、板刷、磁钉、A4 纸、张贴板等。 3. 软资源：教学课件、工作页等。 4. 教学设施：笔记本电脑、投影仪、音响、麦克风等。			

学习任务 2：传送带正反转的控制

任务描述

学习任务学时：20 课时

任务情境：

某物流企业需要打造一条全自动搬运生产线，用以实现产品搬运过程的自动化，设计部已经根据物流企业的要求设计了一个传送带方案，该物流企业已根据方案完成了整条传送带部件的采购。企业负责人了解到我学院现有的设备、师资水平能满足该传送带的装配和控制，因此找到了我院学生，要求：（1）完成传送带机构的机械和电气的整机安装；（2）编写和调试传送带的 PLC 程序，实现传送带正反转的功能控制。根据订单要求，需要 20 课时完成任务并交付。

具体要求见下页。

机器人外部系统编程

工作流程和标准

工作环节 1

一、传送带的装配

（一）获取装配的信息

1. 阅读任务描述，通过提取关键词的方法明确任务内容。

2. 识读传送带的机械装配图、电气原理图。观察各元器件的布局，了解各元器件的作用，理解机械装配图，并编制合理的装配先后顺序表。

3. 根据图纸中材料清单识别材料，清点确认材料。

（二）制订装配计划

根据图纸、材料清单，找出相应的工具，制订完成装配任务的工作计划。

（三）做决策

根据已经完成的工作计划进行互动式检查，优化工作计划内容。

（四）装配

按照制订的工作计划、图纸，进行传送带的机械装配和电路安装。在装配过程中遵守安全操作规程，实施 8S 管理标准。

（五）控制检查

安装完成后，对安装部件进行可靠性自检，包括设备是否安装正确，位置是否安装准确，电路连接是否正确。

（六）评价与反馈

完成任务后，对任务的学习过程和完成情况进行评价，完成评价表填写。

学习成果：

1. 关键词列表、传送带装配的先后顺序表、材料清单确认表；
2. 工具清单，工作计划表；
3. 优化后的工作计划表；
4. 装配好的传送带；
5. 检查表；
6. 评价表。

知识点：

1. 电气气动原理、元器件结构和作用；
2. 工具的使用方法、装配的步骤。
3. 电气、机械安装的工艺要求，元器件的安装方法、安全操作规程。

技能点：

1. 分析机械图纸、编制装配先后顺序表；
2. 工作计划的编制；
3. 识别工作计划的合理性；
4. 电气、机械部件的安装；
5. 检查电气、机械连接的准确性。

职业素养：

1. 提取要点的能力，分析问题的能力；
2. 有计划做事的工作习惯；
3. 批判质疑的思维；
4. 规范意识、节约和环保意识、安全意识、团队合作意识；
5. 检查的习惯；
6. 表达能力，接受意见和改进问题的态度。

工作环节 2

二、传送带正反转控制的编程和调试

2

（一）获取编程和调试的信息

1. 明确任务要求。阅读“全自动搬运生产线”任务的电气原理图中对电气技术要求的介绍，通过提取关键词和口头复述工作任务以明确任务要求。

2. 通过老师的讲解和查询相关的资料库，阅读 S/R 指令、定时器、计数器等指令内容，完成工作页内容和 PLC 编程的小练习。

3. 根据编程要求，画出传送带正反转控制的流程图。

（二）制订编程和调试计划

以小组为单位完成传送带正反运动控制编程和调试的工作计划表（详细列出每一步骤和时间）。

（三）做决策

随机抽取部分同学上台汇报自己的工作计划，同学和老师进行互动式的计划评估，确保计划的可行性。

（四）实施计划

以小组为单位，按工位和计划表步骤完成传送带正反运动控制编程，记录好每一步的实际实施时间，和计划时间进行对比，掌握好时间的分配；进行现场 8S 管理。

（五）控制与检查

老师准备评价表并详细介绍评价表的填写方式，组织学生以小组为单位进行下载仿真并完成检查表的填写，统计仿真的正确率。调试完成后，记录运行调试的结果是否符合要求，总结在程序调试过程中出现故障的原因和解决方法。

（六）评价与反馈

对本次的实施操作进行自我评估、教师评估、评估偏差，进行总结。

学习成果：

1. 关键词列表、工作页中引导问题的完成、流程图；
2. 传送带正反转的控制工作计划表；
3. 评估修订后的传送带正反运动控制编程工作计划表；
4. 输入输出地址分配图、PLC 接线图、PLC 功能程序；
5. 检查表；
6. 评估表、总结。

知识点：

1. 全自动搬运生产线的电气原理、S/R 指令、定时器指令、计数器指令；
2. 工作计划表的编写方法。

技能点：

1. 全自动搬运生产线的电气原理图纸分析、练习基本指令、画出流程图、完成工作页内容；
2. PLC 编程工作计划表的编写；
3. 识别工作计划的合理性；
4. 编写和调试 PLC 程序，诊断和排查故障；
5. 检查 I/O 地址、程序编写格式和传输下载是否正确，检查调试结果是否符合要求，总结故障原因和解决方法。

职业素养：

1. 辨识并查阅最有用的信息来源，以满足任务所需；
2. 明晰学习（工作）任务的参与者与时间安排；
3. 强化批判质疑的思维；
4. 培养学生规范意识、节约和环保意识、安全意识；
5. 现场 8S 管理、独立检查、认真严谨的学习态度；
6. 自觉认真的态度、接受别人提出意见的态度，自我总结。

学习内容

知识点	1.1 定时器指令、计数器指令； 1.2 S/R 指令； 1.3 全自动搬运生产线的电气原理； 1.4 元器件结构和作用； 1.5 电气气动原理	2.1 工作计划表的编写方法； 2.2 装配的步骤； 2.3 工具的使用方法	
技能点	1.1 分析机械图纸； 1.2 编制装配先后顺序表； 1.3 全自动搬运生产线的电气原理图纸分析； 1.4 练习基本指令； 1.5 画出流程图； 1.6 完成工作页内容	2.1 工作计划的编制	3.1 识别工作计划的合理性
工作环节	工作环节 1 获取传送带正反转控制的相关信息	制订传送带正反转控制的计划 工作环节 2	工作环节 3 对传送带正反转控制的计划进行决策
素养	1.1 提取要点的能力表； 1.2 批判质疑的思维； 1.3 辨识并查阅信息的能力	2.1 有计划做事的工作习惯； 2.2 明晰学习任务的参与者与时间安排	3.1 强化批判质疑的思维

学习任务 2：传送带正反转的控制

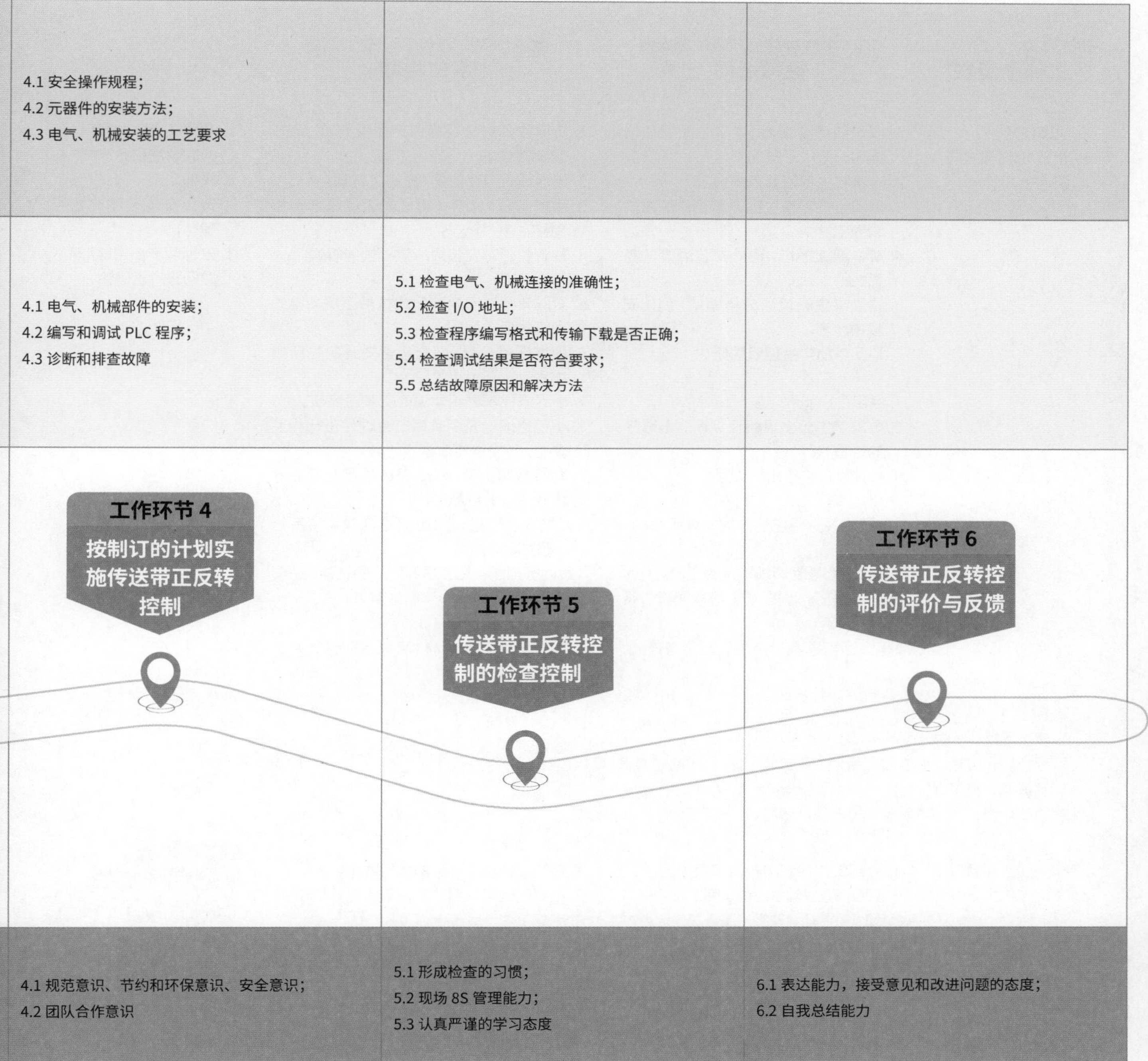

4.1 安全操作规程； 4.2 元器件的安装方法； 4.3 电气、机械安装的工艺要求		
4.1 电气、机械部件的安装； 4.2 编写和调试 PLC 程序； 4.3 诊断和排查故障	5.1 检查电气、机械连接的准确性； 5.2 检查 I/O 地址； 5.3 检查程序编写格式和传输下载是否正确； 5.4 检查调试结果是否符合要求； 5.5 总结故障原因和解决方法	
工作环节 4 按制订的计划实施传送带正反转控制	工作环节 5 传送带正反转控制的检查控制	工作环节 6 传送带正反转控制的评价与反馈
4.1 规范意识、节约和环保意识、安全意识； 4.2 团队合作意识	5.1 形成检查的习惯； 5.2 现场 8S 管理能力； 5.3 认真严谨的学习态度	6.1 表达能力，接受意见和改进问题的态度； 6.2 自我总结能力

课程 4. 机器人外部系统编程

学习任务 2：传送带正反转的控制

1 获取传送带的装配信息 → 2 制订传送带的装配计划 → 3 评估传送带的装配计划 → 4 实施传送带的装配计划 → 5 传送带的装配检查与控制 → 6 传送带的装配评价与反馈

7 获取传送带正反转控制的编程和调试信息 → 8 制订传送带正反转控制的编程和调试计划 → 9 评估传送带正反转控制的编程和调试计划 → 10 实施传送带正反转控制的编程和调试计划 → 11 传送带正反转控制的编程和调试检查与控制 → 12 传送带正反转控制的编程和调试评价与反馈

	工作子步骤	教师活动	学生活动	评价
获取传送带的装配信息	1. 明确任务； 2. 获取传送带的装配信息。	1. 解说任务要求，引导学生阅读任务描述。 2. 观察学生提取要点的情况。 3. 提问检查学生关键词是否提炼准确和完整。 4. 解说阅读图纸，理清安装顺序的重要性。 5. 要求学生阅读和分析图纸，列出安装顺序表。 6. 巡回帮助学生理解图纸。 7. 组织各小组展示装配顺序表。 8. 要求学生分小组相互点评装配顺序的合理性。 9. 教师点评各小组的成果。 10. 要求并指导学生完成文本问题。 11. 检查引导问题填写是否正确。 12. 布置任务，要求学生根据图纸进行材料确认。 13. 巡回指导,帮助学生完成学习任务。	1. 听取教师对任务描述的阅读要求，做好阅读的准备。 2. 阅读任务描述信息，提炼关键词。 3. 回答问题，检查关键词是否提炼准确和完整。 4. 聆听教师对安装顺序重要性的解说。 5. 听取教师对阅读装配的机械图纸和电气图纸的要求。 6. 根据图纸分析，列出图纸安装的先后顺序表。 7. 小组派代表展示本组的安装顺序表。 8. 小组之间对装配顺序的合理性进行相互评价，并提出修改意见。 9. 聆听教师点评，并根据小组和教师点评修改自己的装配顺序。 10. 根据图纸信息以及引导问题，填写指导文本问题。 11. 回答问题，检查引导问题的正确性。 12. 听取教师对材料清点的要求。 13. 根据图纸中的材料清单识别材料并清点确认。	1. 老师点评：关键词的准确性和完整性； 2. 教师点评，小组互评：安装顺序的合理性； 3. 教师评价：引导问题回答的正确性。
	课时： 120 分钟 1. 教学场所：一体化学习站等。 2. 硬资源：白板、白板笔、板刷、磁钉、A4 纸、气动压力机材料包等。 3. 软资源：教学课件、工作页、图纸等。 4. 教学设施：笔记本电脑、投影仪、音响、麦克风等。			
制订传送带的装配计划	制订传送带的装配计划	1. 介绍工作计划模板填写要求。 2. 巡回指导并辅助学生罗列工具清单。 3. 巡回指导并辅助学生制订工作计划。	1. 聆听工作计划模板的填写要求。 2. 根据图纸和材料清单，列出工具清单。 3. 完成工作计划编制。	
	课时： 40 分钟 1. 教学场所：一体化学习站等。 2. 硬资源：白板、白板笔、板刷、磁钉、A4 纸等。 3. 软资源：教学课件、工作页、图纸等。 4. 教学设施：笔记本电脑、投影仪、音响、麦克风等。			

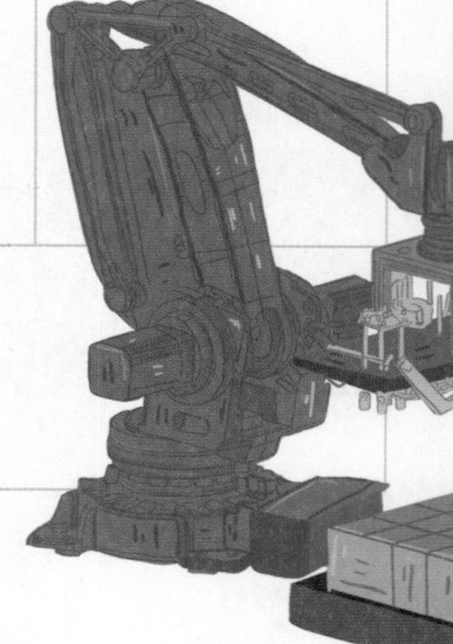

基准学时：20

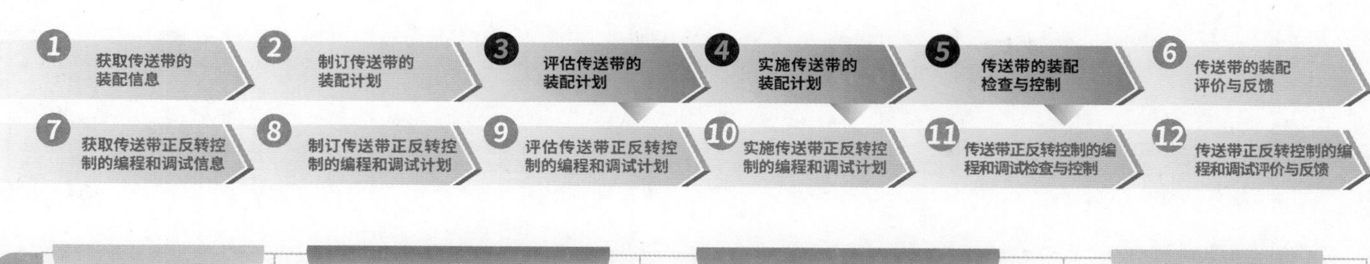

	工作子步骤	教师活动	学生活动	评价
评估传送带的装配计划	评估计划。	1. 随机抽取学生对自己做的工作计划进行汇报。 2. 教师点评工作计划内容。 3. 要求小组之间相互检查工作计划并提出修改意见。 4. 现场指导学生修订工作计划表。	1. 小组代表展示工作计划。 2. 听取教师点评并进行思考。 3. 小组之间交互检查工作计划，提出修改意见。 4. 根据存在问题，做出选择和决定，修改和优化本组的工作计划。	1. 教师点评：工作计划的合理性； 2. 小组互评计划的合理性。
	课时： 40 分钟 1. 教学场所：一体化学习站。 2. 硬资源：白板、白板笔、板刷、磁钉、A4 纸、张贴版。 3. 软资源：教学课件、工作页。 4. 教学设施：笔记本电脑、投影仪、音响、麦克风。			
实施传送带的装配计划	实施计划。	巡回指导，观察各小组团队合作能力及完成情况并记录实施情况。	小组按制订的工作计划、图纸进行传送带的装配。	评学生对安装的正确性进行自评。
	课时： 160 分钟 1. 教学场所：一体化学习站等。 2. 硬资源：白板、白板笔、板刷、磁钉、A4 纸、张贴板、传送带材料、安装工具等。 3. 软资源：教学课件、工作页等。 4. 教学设施：笔记本电脑、投影仪、音响、麦克风等。			
传送带的装配检查与控制	检查控制。	1. 讲解控制检查表的填写要求。 2. 观察学生记录情况并巡回指导。 3. 指导填写引导文。	1. 倾听控制检查表的填写要求。 2. 根据完成任务的情况正确记录检查表，并完成自检。 3. 完成引导文填写。	学生对自己的控制检查记录表进行自查自评。
	课时： 40 分钟 1. 教学场所：一体化学习站等。 2. 硬资源：白板、白板笔、板刷、磁钉、A4 纸、张贴版、装配好的传送带、检查工具等。 3. 软资源：教学课件、工作页等。 4. 教学设施：笔记本电脑、投影仪、音响、麦克风等。			
传送带的装配评价与反馈	评价反馈。	1. 介绍评估表，引导学生进行自我评估。 2. 完成教师对学生的评估表。 3. 根据评估偏差进行总结。 4. 与学生谈话，反馈问题。 5. 教师对本次实践情况进行总结。 6. 拓展，布置课后任务（收集 PLCs7-300 的定时、计数的编程信息）。	1. 根据检查控制表的记录情况，进行自我评估。 2. 观察、对比教师对自己的评估。 3. 思考评估偏差，进行自我总结。 4. 与教师交流，了解反馈问题。 5. 听取教师的总结与反馈。 6. 接受拓展任务。	通过谈话反馈进行自我评估和教师评估，进行评估比较并分析偏差。
	课时： 40 分钟 1. 教学场所：一体化学习站等。 2. 硬资源：白板、白板笔、板刷、磁钉、A4 纸、张贴板等。 3. 软资源：教学课件、工作页等。 4. 教学设施：笔记本电脑、投影仪、音响、麦克风等。			

教学活动

课程 4. 机器人外部系统编程

学习任务 2：传送带正反转的控制

	工作子步骤	教师活动	学生活动	评价
获取传送带正反转控制的编程和调试信息	明确任务要求，获取编程和调试信息。	1. 发放资料（A4 纸），准备好口头提问的问题。 2. 观察学生提取要点的情况。 3. 提问检查学生关键词提取是否准确和完整。 4. 由老师介绍完成任务所需要的知识与技能。 5. 提供资料，辅助学生完成工作页内容。 6. 提问回答问题，检查文本问题是否回答正确。 7. 引导学生学习指令内容，完成编程小练习。 8. 要求学生根据编程要求，思考并画出传送带正反转控制的编程思路。 9. 巡回指导，辅助学生完成流程图的编写。 10. 随机抽取并检查小组的流程图的完整性。	1. 通过划关键词和口头复述工作任务以明确任务要求。 2. 阅读任务描述信息，提炼关键词。 3. 回答问题，检查关键词是否准确和完整。 4. 明确完成任务所需要的知识与技能。 5. 查找 PLC 资料，完成工作页填空内容。 6. 回答问题，检查问题答案是否正确。 7. 根据获取的指令知识，练习所涉及指令的编写。 8. 聆听教师要求。 9. 根据编程要求，画出传送带正反转控制的流程图。 10. 小组代表展示流程图，检查描述是否完整。	1. 教师点评：关键词的准确性和完整性； 2. 教师批改点评：工作页的准确性和完整性； 3. 小组展示解说流程图，教师点评流程图的完整性。
	课时： 80 分钟 1. 教学场所：一体化学习站、PLC 学习工作站等。 2. 硬资源：白板、白板笔、板刷、磁钉、A4 纸等。 3. 软资源：教学课件、任务书、工作页等。 4. 教学设施：笔记本电脑、投影仪、音响、麦克等。			
制订计划	制订传送带正反转控制的编程与调试工作计划。	1. 介绍工作计划模板填写要求。 2. 巡回指导，辅助学生完成工作计划制订。	1. 聆听工作计划模板的填写要求。 2. 完成工作计划制订。	
	课时： 40 分钟 1. 教学场所：一体化学习站等。 2. 硬资源：白板、白板笔、板刷、磁钉、A4 纸等。 3. 软资源：教学课件、工作页等。 4. 教学设施：笔记本电脑、投影仪、音响、麦克风等。			
评估计划	评估传送带正反转控制的编程与调试计划。	1. 随机抽取学生对自己做的工作计划进行汇报。 2. 教师点评工作计划内容。 3. 要求小组之间相互交换工作计划并提出修改意见。 4. 现场指导学生修订工作计划表。	1. 小组代表展示工作计划。 2. 听取教师点评并进行思考。 3. 小组之间交互检查工作计划并提出修改意见。 4. 根据存在的问题做出选择和决定，修改和优化本组的工作计划。	教师点评计划的合理性。
	课时： 40 分钟 1. 教学场所：一体化学习站等。 2. 硬资源：白板、白板笔、板刷、磁钉、A4 纸、张贴板等。 3. 软资源：教学课件、工作页等。 4. 教学设施：笔记本电脑、投影仪、音响、麦克风等。			

基准学时：20

1 获取传送带的装配信息 → 2 制订传送带的装配计划 → 3 评估传送带的装配计划 → 4 实施传送带的装配计划 → 5 传送带的装配检查与控制 → 6 传送带的装配评价与反馈

7 获取传送带正反转控制的编程和调试信息 → 8 制订传送带正反转控制的编程和调试计划 → 9 评估传送带正反转控制的编程和调试计划 → 10 实施传送带正反转控制的编程和调试计划 → 11 传送带正反转控制的编程和调试检查与控制 → 12 传送带正反转控制的编程和调试评价与反馈

	工作子步骤	教师活动	学生活动	评价
实施计划	实施传送带正反转控制的编程与调试计划。	巡回指导，观察各小组完成情况并记录实施情况。	按照制订的工作计划进行 PLC 编程和调试。	学生对程序功能编写的完整性进行自评。
	课时：120 分钟 1. 教学场所：一体化学习站等。 2. 硬资源：白板、白板笔、板刷、磁钉、A4 纸、张贴板、传送带、PLC 等。 3. 软资源：教学课件、工作页等。 4. 教学设施：笔记本电脑、投影仪、音响、麦克风等。			
检查控制	对传送带正反转控制的编程与调试进行检查与控制。	1. 讲解控制检查表的填写要求。 2. 观察学生记录情况并巡回指导。 3. 指导填写引导文。	1. 倾听控制检查表的填写要求。 2. 根据完成任务的情况正确记录检查表，并完成自检。 3. 完成引导文填写。	学生对自己的控制检查记录表进行自查自评。
	课时：40 分钟 1. 教学场所：一体化学习站等。 2. 硬资源：白板、白板笔、板刷、磁钉、A4 纸、张贴版、传送带、PLC、检查工具等。 3. 软资源：教学课件、工作页等。 4. 教学设施：笔记本电脑、投影仪、音响、麦克风等。			
评价与反馈	对传送带正反转控制的编程与调试进行评价与反馈。	1. 介绍评估表，引导学生进行自我评估。 2. 完成教师对学生的评估表。 3. 根据评估偏差，进行总结。 4. 与学生谈话，反馈问题。 5. 教师对本次实践情况进行总结。 6. 拓展，布置课后任务（以小组为单位完成并提交任务完成总结）。	1. 根据检查控制表的记录情况，进行自我评估。 2. 观察、对比教师对自己的评估。 3. 思考评估偏差，进行自我总结。 4. 与教师交流，了解反馈问题。 5. 听取教师的总结与反馈。 6. 接受拓展任务。	通过谈话反馈进行自我评估和教师评估，进行评估比较并分析偏差。
	课时：40 分钟 1. 教学场所：一体化学习站等。 2. 硬资源：白板、白板笔、板刷、磁钉、A4 纸、张贴板等。 3. 软资源：教学课件、工作页等。 4. 教学设施：笔记本电脑、投影仪、音响、麦克风等。			

学习任务 3：模拟量传感器的检测

任务描述

学习任务学时：10 课时

任务情境：

某机械加工企业为了提高产品的检测精度和产品合格率，拟将电机端盖的高度检测由原来的人工检验升级为自动化尺寸检测。现需要供应商设计传感器和 PLC 相结合的检测装置实现电机端盖的高度的检测。目前已完成方案设计，并根据方案完成了皮带、传感器、PLC 等机械部件、电气元件的采购和安装，要求你进行传感器接线，编写模拟量输入检测的程序，实现模拟量传感器精准检测电机的端盖高度。需要 10 课时完成任务并交付。

具体要求见下页。

机器人外部系统编程

工作流程和标准

工作环节 1

一、模拟量传感器的检测编程和调试

1

（一）获取编程和调试的信息

1. 阅读任务描述，通过提取关键词的方法明确任务内容。
2. 查找超声波传感器的资料，写出 A/D 转换的计算方法。
3. 查找关于西门子 S7-300PLC 模拟量输入的接线，阅读功能指令的内容，完成工作页内容和 PLC 编程的小练习。

（二）制订编程计划

1. 根据编程要求，运用顺序功能图的知识，画出传感器检测的流程图。
2. 根据编程和调试步骤，编制实现任务要求的工作计划。

（三）做决策

根据已经完成的工作计划进行互动式检查，优化工作计划内容。

（四）实施编程和调试

按照制订的工作计划进行 PLC 编程和调试，在编程和调试的过程中实施 8S 管理标准。

（五）检查控制

编程完成后，对程序功能进行可靠性自检，包括 I/O 地址是否正确、程序编写格式是否正确、是否正确下载程序。调试完成后，记录运行调试的结果是否符合要求，总结在程序调试过程中出现的故障原因和解决方法。

（六）评价与反馈

完成任务后，对任务的学习过程和完成情况进行评价，完成评价表填写。

学习任务 3：模拟量传感器的检测

学习成果：

1. 关键词列表、A/D 转换的计算方法、工作页；
2. 流程图、工作计划表；
3. 优化后的工作计划表；
4. 输入输出地址分配图、PLC 接线图、PLC 功能程序。

知识点：

1.A/D 转换、PLC 模拟量输入的接线方法、超声波传感器知识、PLC 功能指令；
2. 流程图的画法；
3. I/O 分配的方法、PLC 接线图的画法。

技能点：

1. 写出 A/D 转换的计算方法，练习功能指令，完成工作页相关内容；
2. 画出流程图，编制工作计划；
3. 识别工作计划的合理性；
4. 绘制 I/O 表，画 PLC 接线图，编写和调试 PLC 程序；
5. 检查 I/O 地址、程序编写格式和传输下载是否正确。

职业素养：

1. 加强学生多渠道获取信息的能力；
2. 培养学生有计划做事的工作习惯；
3. 强化批判质疑的思维；
4. 培养学生具有规范意识、安全意识；
5. 培养学生养成检查的习惯；
6. 表达能力，接受意见和改进问题的态度。

学习内容

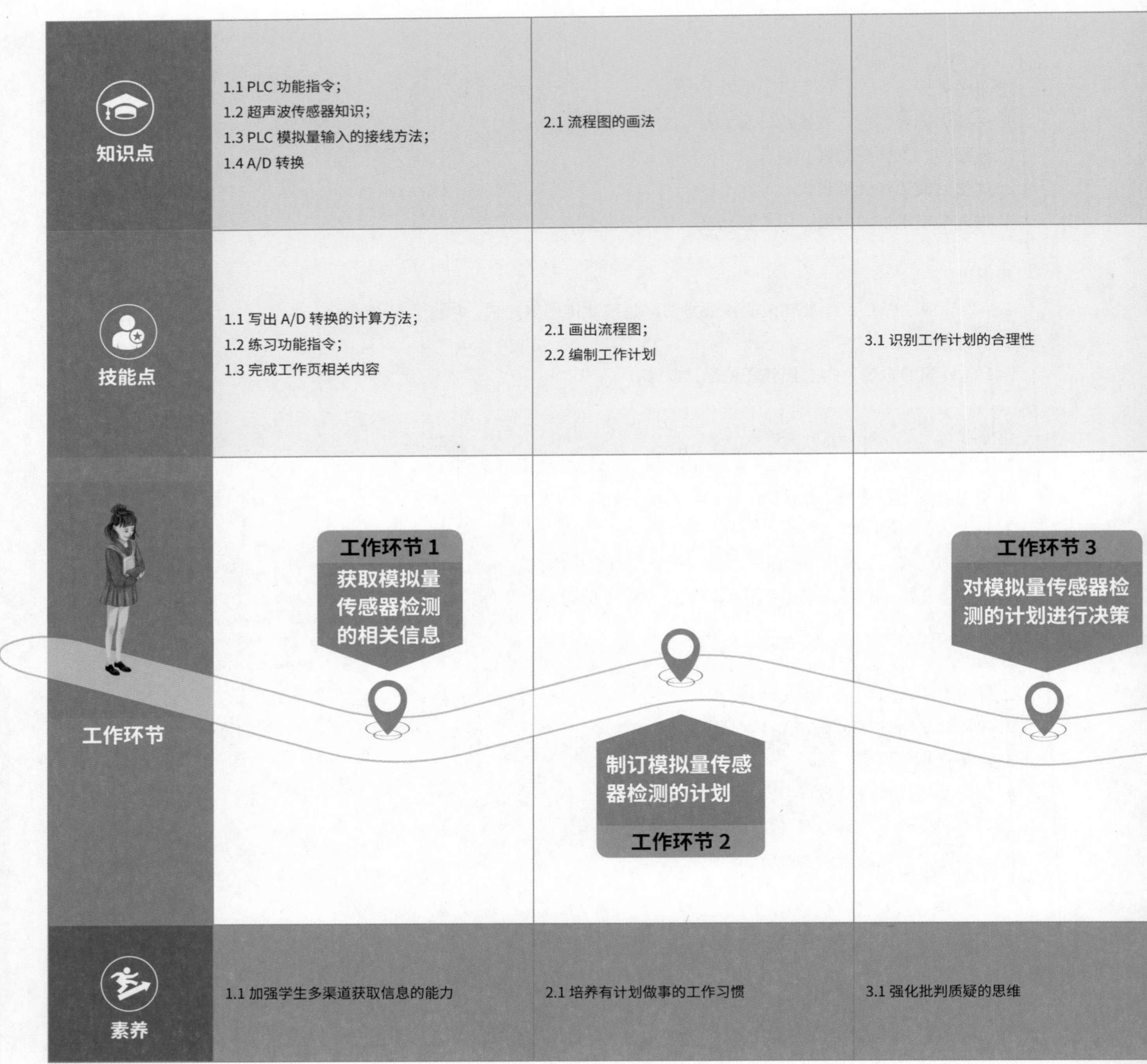

知识点	1.1 PLC 功能指令； 1.2 超声波传感器知识； 1.3 PLC 模拟量输入的接线方法； 1.4 A/D 转换	2.1 流程图的画法	
技能点	1.1 写出 A/D 转换的计算方法； 1.2 练习功能指令； 1.3 完成工作页相关内容	2.1 画出流程图； 2.2 编制工作计划	3.1 识别工作计划的合理性
工作环节	工作环节 1 获取模拟量传感器检测的相关信息	工作环节 2 制订模拟量传感器检测的计划	工作环节 3 对模拟量传感器检测的计划进行决策
素养	1.1 加强学生多渠道获取信息的能力	2.1 培养有计划做事的工作习惯	3.1 强化批判质疑的思维

学习任务 3：模拟量传感器的检测

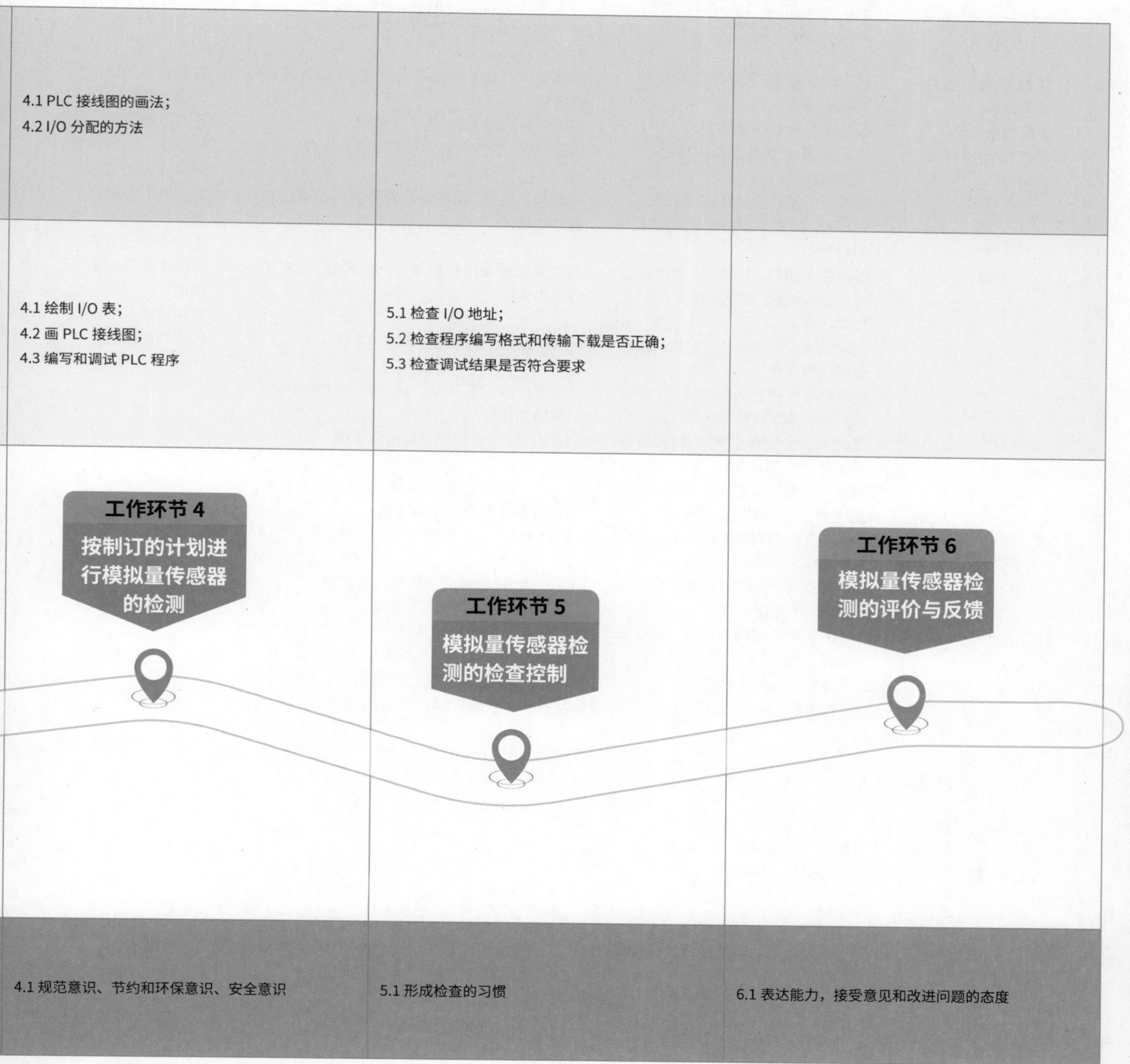

工作环节 4	工作环节 5	工作环节 6
4.1 PLC 接线图的画法； 4.2 I/O 分配的方法		
4.1 绘制 I/O 表； 4.2 画 PLC 接线图； 4.3 编写和调试 PLC 程序	5.1 检查 I/O 地址； 5.2 检查程序编写格式和传输下载是否正确； 5.3 检查调试结果是否符合要求	
工作环节 4 按制订的计划进行模拟量传感器的检测	工作环节 5 模拟量传感器检测的检查控制	工作环节 6 模拟量传感器检测的评价与反馈
4.1 规范意识、节约和环保意识、安全意识	5.1 形成检查的习惯	6.1 表达能力，接受意见和改进问题的态度

课程 4. 机器人外部系统编程

学习任务 3：模拟量传感器的检测

1 获取模拟量传感器的检测信息 → 2 制订模拟量传感器的检测计划 → 3 评估模拟量传感器的检测计划 → 4 实施模拟量传感器的检测计划 → 5 模拟量传感器的检测检查控制 → 6 模拟量传感器的检测评价反馈

	工作子步骤	教师活动	学生活动	评价
获取模拟量传感器的检测信息	1. 获取信息，明确任务要求。 2. 获取理论知识。 3. 获取技能操作知识。	1. 解说任务要求，引导学生阅读任务描述。 2. 观察学生完成任务情况。 3. 提问检查学生关键词提炼是否准确和完整。 4. 要求学生通过多种渠道(工作页、说明书、网络等）查找超声波传感器资料。 5. 提供相关资料，引导学生通过多渠道查找信息，辅助学生完成工作页内容。 6. 通过提问，检查学生文本问题是否回答正确。 7. 要求学生根据已获取的知识，寻找并写出 A/D 转换的计算方法。 8. 通过提问，检查学生 A/D 转换方法是否回答正确。 9. 要求学生通过多种渠道(工作页、说明书、网络等）查找资料。 10. 提供资料，辅助学生完成工作页内容。 11. 通过提问，检查学生文本问题是否回答正确。 12. 引导学生学习功能内容，完成编程小练习。 13. 指导学生完成文本问题。 14. 检查引导问题填写是否正确。	1. 听取教师对任务描述的阅读要求，做好阅读的准备。 2. 阅读任务描述信息，提炼关键词。 3. 回答问题，检查关键词是否准确和完整。 4. 聆听教师要求，做好获取超声波传感器信息资料的准备。 5. 通过多渠道查找超声波传感器资料，完成工作页内容填空。 6. 回答问题，检查问题答案是否正确。 7. 根据模拟量传感器知识，坚持不懈地寻找 A/D 转换的计算方法。 8. 回答问题，检查问题答案是否正确。 9. 聆听教师要求，做好获取 S7-300PLC 模拟量输入接线方法信息的准备。 10. 查找相关资料，完成工作页填空内容。 11. 回答问题，检查问题答案是否正确。 12. 根据获取的功能指令的知识，练习 PLC 功能指令的编写。 13. 根据资讯信息和引导文，填写引导文本问题。 14. 回答问题，检查引导问题的正确性。	1. 教师点评关键词提炼的完整性； 2. 通过教师提问、学生回答、共同讨论的方式评价工作页内容的正确性； 3. 通过教师提问、学生回答的方式评价 A/D 转换方法的正确性； 4. 教师评价引导问题回答的正确性。
	课时： 160 分钟 1. 教学场所：一体化学习站等。 2. 硬资源：白板、白板笔、板刷、磁钉、A4 纸等。 3. 软资源：教学课件、工作页、图纸等。 4. 教学设施：笔记本电脑、投影仪、音响、麦克风等。			
制订模拟量传感器的检测计划	制订模拟量传感器的检测工作计划。	1. 介绍工作计划模板介绍填写要求。 2. 巡回指导，辅助学生罗列工具清单。 3. 巡回指导，辅助学生完成工作计划填写。	1. 聆听工作计划模板的填写要求。 2. 根据编程要求，运用顺序功能图的知识，画出传感器检测的流程图。 3. 完成工作计划编制。	1. 学生的积极性和参与度； 2. 小组的组织协能力。
	课时： 40 分钟 1. 教学设施：工作页等。			

基准学时：10

1 获取模拟量传感器的检测信息 2 制订模拟量传感器的检测计划 3 评估模拟量传感器的检测计划 4 实施模拟量传感器的检测计划 5 模拟量传感器的检测检查控制 6 模拟量传感器的检测评价反馈

	工作子步骤	教师活动	学生活动	评价
评估模拟量传感器的检测计划	评估模拟量传感器的检测计划。	1. 随机抽取学生对自己做的工作计划进行汇报。 2. 教师点评工作计划内容。 3. 要求小组之间交互检查工作计划并提出修改意见。 4. 现场指导学生修订工作计划表。	1. 小组代表展示工作计划。 2. 听取教师点评并进行思考。 3. 小组之间交互检查工作计划，提出修改意见。 4. 根据存在的问题，做出选择和决定，修改和优化本组的工作计划。	教师点评计划的合理性。
	课时： 40 分钟 1. 教学设施：工作页、张贴板、多媒体、A4 纸张等。			
实施模拟量传感器的检测计划	实施模拟量传感器的检测计划。	巡回指导，观察各小组完成情况并记录实施情况。	对模拟量传感器进行检测。	学生对程序功能编写的完整性进行自评。
	课时： 80 分钟 1. 教学设施：皮带、传感器检测单元、PLC、电脑、教学课件、工作页等。			
模拟量传感器的检测检查控制	对模拟量传器的检测进行控制与检查。	1. 讲解控制检查表的填写要求。 2. 观察学生记录情况并巡回指导。 3. 指导填写引导文。	1. 倾听控制检查表的填写要求。 2. 根据完成任务的情况正确记录检查表，并完成自检。 3. 完成引导文填写。	学生对照控制检查记录表进行自查自评。
	课时： 40 分钟 1. 教学设施：皮带、传感器检测单元、PLC、电脑、检查工具、教学课件、工作页等。			
模拟量传感器的检测评价反馈	评价反馈	1. 介绍评估表，引导学生进行自我评估。 2. 完成教师对学生的评估表。 3. 根据评估偏差进行总结。 4. 与学生谈话，反馈问题。	1. 根据检查控制表的记录情况，进行自我评估。 2. 观察、对比教师对自己的评估。 3. 思考评估偏差，进行自我总结。 4. 与教师交流，了解反馈问题。	1. 采用自我评估和教师评估的方式进行评估比较，分析偏差； 2. 对评价表的内容进行总结，并进行反馈谈话。
	课时： 40 分钟 1. 教学设施：工作等。			

学习任务 4：小型机器人的 PLC 和 HMI 编程

任务描述

学习任务学时：20 课时

任务情境：

广州某电机端盖生产线的搬运机构升级为由 PLC 控制的机器人进行搬运。为方便搬运控制，需要供应商增加人机界面进行操作，客户要求：通过人机界面对上料机进行控制、监测、统计。现要求你在 HMI 上建立 2 个以上界面（启动、停止、报警、日期、标题、有无物料检测、数据统计、历史纪录），不同颜色的指示灯显示，显示清晰，美观，布局合理，PLC 编程符合生产标准。需要 20 课时完成任务并交付。

具体要求见下页。

小型机器人的PLC和HMI编程
数据统计
历史记录
物料检测
XX编程

工作流程和标准

工作环节 1

小型机器人的 PLC 和 HMI 编程和调试

（一）获取 PLC 和 HMI 编程及调试的信息

1. 阅读任务描述，通过提取关键词的方法明确任务内容。

2. 通过老师的讲解和查询相关的资料库，阅读 PLC 的运动控制指令内容，完成工作页内容和 PLC 编程的小练习。

3. 老师讲授人机界面的发展史，通过播放当前人机界面的主要应用领域视频，引导学生搜索目前中国人机界面市场的发展现状，人机界面未来平台嵌入化、品牌民族化、设备智能化、界面时尚化、通信网络化和节能环保化的六个现代化发展趋势。通过感受先进的技术给人类生活带来的变化，激发学习先进技术的兴趣和热情。

4. 查找关于西门子 TP700 Comfort 和编程软件使用的资料，完成工作页内容和 HMI 编程的小练习。

5. 以一控一灯为例，编写 PLC 程序和 HMI 程序，正确连接计算机、PLC、HMI 三者之间的通信，运用组态编程方法，实现用触摸屏控制一控一灯的程序运行。

（二）制订编程和调试计划

1. 根据编程要求，运用顺序功能图的知识，画出气动压力机的流程图。

2. 根据编程和调试步骤，编制 PLC 编程和调试任务的工作计划。

（三）做决策

根据已经完成的工作计划进行互动式检查，优化工作计划内容。

（四）实施编程和运行调试

按照制订的工作计划进行小型机器 PLC 和 HMI 编程和调试，在实施编程过程中遵守安全操作规程，实施 8S 管理标准。

（五）检查控制

编程完成后，对程序功能进行可靠性自检，包括 I/O 地址是否正确、程序编写格式是否正确、是否正确下载程序、通信是否正常。调试完成后，记录运行调试的结果是否符合要求，总结在程序调试过程中出现的故障原因和解决方法。

（六）评价与反馈

完成任务后，对任务的学习过程和完成情况进行评价，完成评价表填写。

学习任务 4：小型机器人的 PLC 和 HMI 编程

学习成果：

1. 关键词列表，完成后的工作页，一控一灯 PLC 和 HMI 程序；
2. 流程图，工作计划表；
3. 优化后的工作计划表；
4. 输入输出地址分配图、PLC 功能程序、HMI 编程设计；
5. 检查表；
6. 评价表。

知识点：

1. PLC 的运动控制指令，HMI 的结构，HMI 通信参数设置、计算机、PLC、HMI 三者之间的通信，组态编程方法；
2. 流程图的画法；
3. HMI 程序下载的方法，故障诊断和排查方法。

技能点：

1. 练习运动控制指令，练习 HMI 编程软件使用，完成工作页相关内容，练习一控一灯的 PLC 和 HMI 编程；
2. 画出流程图，编制工作计划；
3. 识别工作计划的合理性；
4. 绘制 I/O 表，编写 PLC 和 HMI 程序，上传和下载程序，操作 PLC 和 HMI 软件，调试 PLC 和 HMI 程序，诊断和排查故障；
5. 检查 I/O 地址、程序编写格式和传输下载是否正确，检查调试结果是否符合要求。总结故障原因和解决方法。

职业素养：

1. 加强学生多渠道获取信息的能力；通过了解目前中国人机界面市场的发展现状及人机界面的未来发展趋势，激发学习先进技术的兴趣和热情；
2. 培养学生有计划做事的工作习惯；
3. 强化批判质疑的思维；
4. 培养学生规范意识、节约和环保意识、安全意识；
5. 培养学生形成检查的习惯；
6. 表达能力，接受意见和改进问题的态度。

学习内容

知识点	1.1 组态编程方法； 1.2 计算机、PLC、HMI 三者之间的通信； 1.3 HMI 通信参数设置； 1.4 HMI 的结构； 1.5 PLC 的运动控制指令	2.1 流程图的画法	
技能点	1.1 练习运动控制指令； 1.2 练习 HMI 编程软件使用； 1.3 完成工作页相关内容； 1.4 练习一控一灯的 PLC 和 HMI 编程	2.1 画出流程图； 2.2 编制工作计划	3.1 识别工作计划的合理性
工作环节	工作环节 1 获取相关信息	制订工作计划 工作环节 2	工作环节 3 对计划进行决策
素养	1.1 加强学生多渠道获取信息的能力； 1.2 激发学习先进技术的兴趣和热情	2.1 培养有计划做事的工作习惯	3.1 强化批判质疑的思维

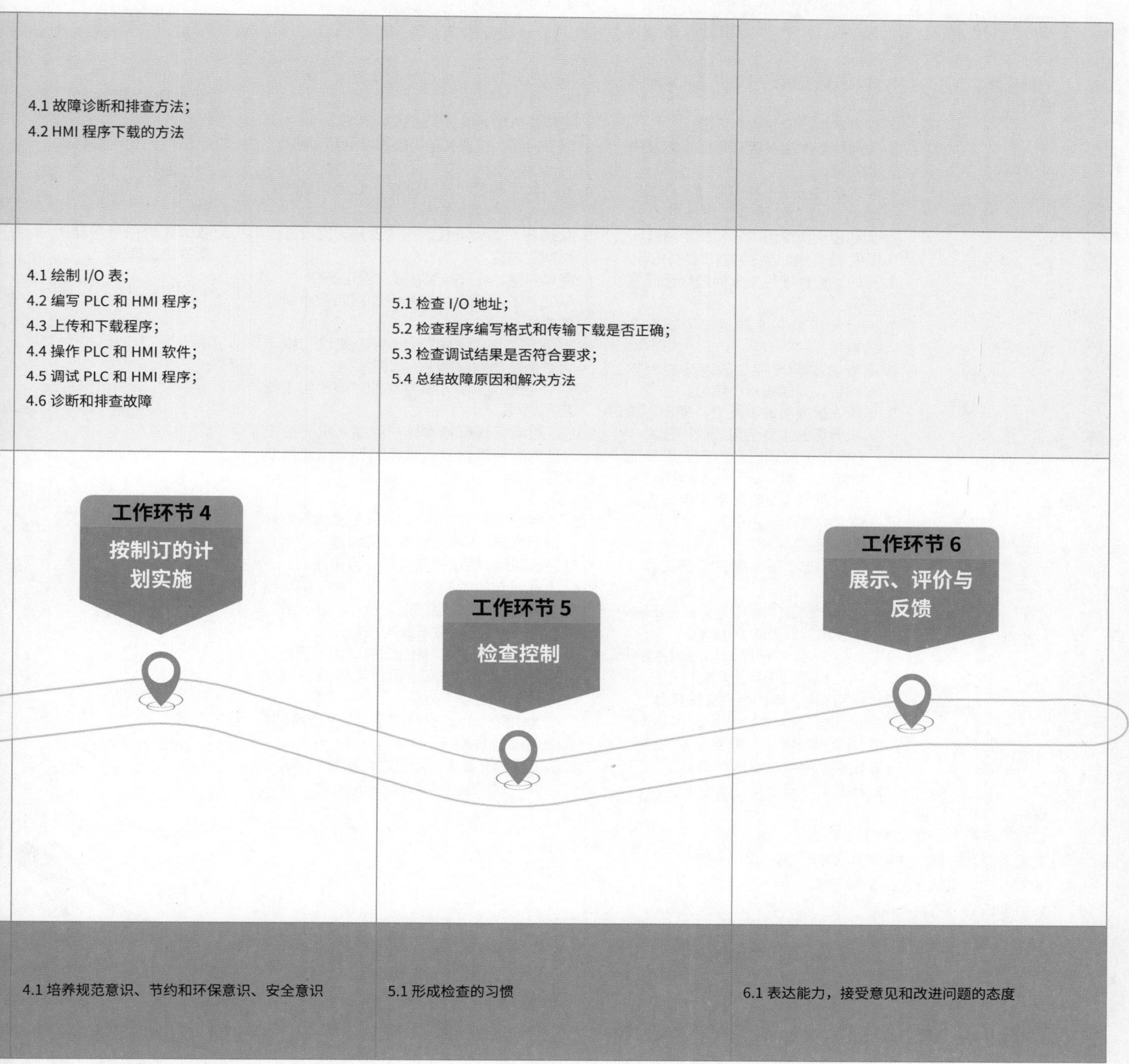

4.1 故障诊断和排查方法； 4.2 HMI 程序下载的方法		
4.1 绘制 I/O 表； 4.2 编写 PLC 和 HMI 程序； 4.3 上传和下载程序； 4.4 操作 PLC 和 HMI 软件； 4.5 调试 PLC 和 HMI 程序； 4.6 诊断和排查故障	5.1 检查 I/O 地址； 5.2 检查程序编写格式和传输下载是否正确； 5.3 检查调试结果是否符合要求； 5.4 总结故障原因和解决方法	
工作环节 4 按制订的计划实施	工作环节 5 检查控制	工作环节 6 展示、评价与反馈
4.1 培养规范意识、节约和环保意识、安全意识	5.1 形成检查的习惯	6.1 表达能力，接受意见和改进问题的态度

课程 4. 机器人外部系统编程

学习任务 4：小型机器人的 PLC 和 HMI 编程

1 获取小型机器人的 PLC 和 HMI 编程和调试信息 → 2 制订小型机器人的 PLC 和 HMI 编程和调试计划 → 3 评估小型机器人的 PLC 和 HMI 编程和调试计划 → 4 实施小型机器人的 PLC 和 HMI 编程和调试计划 → 5 小型机器人的 PLC 和 HMI 编程和调试检查控制 → 6 小型机器人的 PLC 和 HMI 编程和调试评价反馈

获取 PLC 和 HMI 编程及调试信息

工作子步骤	教师活动	学生活动	评价
1. 明确任务； 2. 获取信息。	1. 解说任务要求，引导学生阅读任务描述。 2. 观察学生提取要点的情况。 3. 提问检查学生关键词是否提炼准确和完整。 4. 要求学生通过多种渠道（工作页、辅助教材、网络等）查找 PLC 的运动控制指令的内容和使用资料。 5. 提供资料，辅助学生完成工作页内容。 6. 提问，检查学生文本问题是否回答正确。 7. 指导和示范 PLC 的运动控制指令的编程。 8. 引导学生学习 PLC 的运动控制指令内容，完成编程小练习。 9. 讲授人机界面的发展史，播放当前人机界面的主要应用领域视频。 10. 引导学生搜索目前中国人机界面市场的发展现状及人机界面的未来发展趋势，激发学生学习先进技术的兴趣和热情。 11. 点评总结。 12. 提供资料，辅助学生完成工作页内容。 13. 提问，检查文本问题是否回答正确。 14. 指导和示范 HMI 的编程。 15. 布置任务，以一控一灯为例，编写 PLC 程序和 HMI 程序。 16. 巡回指导，辅助学生完成任务。 17. 展示学生小组的优秀的作品，请同学们观察和点评，并总结方法。 18. 指导学生完成文本问题。 19. 检查引导问题填写是否正确。	1. 听取教师对任务描述的阅读要求，做好阅读的准备。 2. 阅读任务描述信息，提炼关键词。 3. 回答问题，检查关键词是否准确和完整。 4. 聆听教师要求，做好获取 PLC 的运动控制指令信息资料的准备。 5. 查找 PLC 的运动控制指令资料，完成工作页填空内容。 6. 回答问题，检查问题答案是否正确。 7. 学习 PLC 的运动控制指令编程和程序调试的方法。 8. 根据获取的运动控制指令的知识，练习 PLC 的运动控制指令的编程。 9. 观看视频，了解人机界面的发展史和主要应用领域。 10. 通过网络设备搜索目前中国人机界面市场的发展现状及人机界面的未来发展趋势。 11. 总结。 12. 查找西门子 TP700 Comfort 和编程软件使用资料，完成工作页填空内容。 13. 回答问题，检查问题答案是否正确。 14. 认真观看教师指导和操作，学习 HMI 编程和程序调试的方法。 15. 聆听任务要求，做好练习准备。 16. 连接计算机、PLC、HMI 三者之间的通信，运用组态编程方法，实现用触摸屏控制一控一灯的程序运行。 17. 观看优秀作品的操作展示，点评作品，并总结编程方法。 18. 根据引导文要求，填写文本问题。 19. 回答问题，检查引导问题的正确性。	1. 教师点评：关键词的准确性和完整性； 2. 学生对一控一灯优秀作品的操作和展示进行评价和总结； 3. 教师评价引导问题回答的正确性。

课时：240 分钟

1. 教学场所：一体化学习站等。
2. 硬资源：白板、白板笔、板刷、磁钉、A4 纸等。
3. 软资源：教学课件、工作页等。
4. 教学设施：笔记本电脑、投影仪、音响、麦克风等。

制订 PLC 和 HMI 编程及调试计划

工作子步骤	教师活动	学生活动	评价
制订计划	1. 介绍工作计划模板的填写要求。 2. 巡回指导，辅助学生完成工作计划的制订。	1. 聆听工作计划模板的填写要求。 2. 完成工作计划编制。	

课时：40 分钟

1. 教学场所：一体化学习站等。
2. 硬资源：白板、白板笔、板刷、磁钉、A4 纸等。
3. 软资源：教学课件、工作页等。
4. 教学设施：笔记本电脑、投影仪、音响、麦克风等。

基准学时：20

1 获取小型机器人的 PLC 和 HMI 编程和调试信息 → 2 制订小型机器人的 PLC 和 HMI 编程和调试计划 → 3 评估小型机器人的 PLC 和 HMI 编程和调试计划 → 4 实施小型机器人的 PLC 和 HMI 编程和调试计划 → 5 小型机器人的 PLC 和 HMI 编程和调试检查控制 → 6 小型机器人的 PLC 和 HMI 编程和调试评价反馈

	工作子步骤	教师活动	学生活动	评价
评估 PLC 和 HMI 编程及调试计划	决策计划。	1. 随机抽取学生对自己做的工作计划进行汇报。 2. 教师点评工作计划内容。 3. 要求小组之间交互检查工作计划并提出修改意见。 4. 现场指导学生修订工作计划表。	1. 小组代表展示工作计划。 2. 听取教师点评并进行思考。 3. 小组之间交互检查工作计划，提出修改意见。 4. 根据存在的问题，做出选择和决定，修改和优化本组的工作计划。	教师点评计划的合理性。
	课时： 40 分钟 1. 教学场所：一体化学习站等。 2. 硬资源：白板、白板笔、板刷、磁钉、A4 纸、张贴板等。 3. 软资源：教学课件、工作页等。 4. 教学设施：笔记本电脑、投影仪、音响、麦克风等。			
实施 PLC 和 HMI 编程及调试计划	实施计划。	巡回指导，观察并记录各小组实施情况。	按照制订的工作计划进行 PLC 编程和调试。	学生对程序功能编写的完整性进行自评。
	课时： 320 分钟 1. 教学场所：一体化学习站等。 2. 硬资源：白板、白板笔、板刷、磁钉、A4 纸、张贴版、小型机器人、PLC、HMI 等。 3. 软资源：教学课件、工作页等。 4. 教学设施：笔记本电脑、投影仪、音响、麦克风等。			
PLC 和 HMI 编程及调试检查控制	检查控制。	1. 讲解控制检查表的填写要求。 2. 观察学生记录情况并巡回指导。 3. 指导填写引导文。	1. 倾听控制检查表的填写要求。 2. 根据完成任务的情况正确记录检查表，并完成自检。 3. 完成引导文填写。	学生对自己的控制检查记录表进行自查自评。
	课时： 80 分钟 1. 教学场所：一体化学习站等。 2. 硬资源：白板、白板笔、板刷、磁钉、A4 纸、张贴版、小型机器人、PLC、HMI、检查工具等。 3. 软资源：教学课件、工作页等。 4. 教学设施：笔记本电脑、投影仪、音响、麦克风等。			
PLC 和 HMI 编程及调试评价反馈	评价反馈。	1. 介绍评估表，引导学生进行自我评估。 2. 完成教师对学生的评估表。 3. 根据评估偏差进行总结。 4. 与学生谈话，反馈问题。 5. 教师对本次实践情况进行总结。 6. 拓展，布置课后任务（以小组为单位完成并提交任务完成总结）。	1. 根据检查控制记录表的情况进行自我评估。 2. 观察、对比教师对自己的评估。 3. 思考评估偏差，进行自我总结。 4. 与教师交流，了解反馈问题。 5. 听取教师的总结与反馈。 6. 接受拓展任务。	1. 采用自我评估和教师评估的方式进行评估比较，分析偏差； 2. 对评价表的内容进行总结，并进行反馈谈话。
	课时： 80 分钟 1. 教学场所：一体化学习站等。 2. 硬资源：白板、白板笔、板刷、磁钉、A4 纸、张贴板等。 3. 软资源：教学课件、工作页等。 4. 教学设施：笔记本电脑、投影仪、音响、麦克风等。			

考核标准

考核任务参考案例：PLC 和 HMI 在工业机器人工作站的应用

情境描述：

在工业机器人工作站中，为配合工业机器人进行分料仓储，设置了供料站、传送站和检测单元，现要求利用 PLC 和 HMI 完成供料、传送和检测的安装编程和调试，实现工件的不同颜色、姿态和材质的区别，以便配合工业机器人分拣入仓。

参考资料：

完成上述任务时，学生可以使用学生工作页、《西门子 PLC 电气设计与编程》《西门子 PLC S7-300 使用手册》《西门子组态软件工程应用技术》《图解 PLC、变频器与触摸屏技术完全自学手册》等教学辅助资料。

考核要点：

（1）能根据电气原理图进行电路连接；

（2）能正确使用编程软件进行编程；

（3）能独立完成供料、传送和检测的功能；

（4）任务过程中体现应有的操作安全和职业素养。

评价方式：

由任课教师、专业组长、企业代表组成考评小组共同实施考核评价，取所有考核人员评分的平均分作为学生考核成绩。（如果有笔试、实操等多种类型考核内容的，还须说明分数占比或分值计算方式。）

评价标准

序号	项目	操 作 内 容	配分	评分标准	扣分	得分
1	口述工作步骤	1. 表述仪态自然、吐字清晰。 2. 表述思路清晰、层次分明、准确。	5	1. 表述仪态不自然或吐字模糊扣 1 ～ 2 分； 2. 表述思路模糊或层次不清扣 1 ～ 2 分。		
2	设备安全检查	1. 气压调整合适； 2. 电压正常； 3. 接地正确。	10	每漏一项扣 1 分，扣完此项配分为止。		
3	规范进行如械部件安装及检测	1. 安装部件稳固； 2. 能轻松且稳定移动； 3. 水平高度正确。	10	每漏一项扣 1 分，扣完此项配分为止。		
4	规范进行电气线路连接及检测	1. 输入输出端子连接正确； 2. 电源连接正确； 3. 所有接线牢固。	10	每漏一项扣 1 分，扣完此项配分为止。		
5	规范进行电机连接及检测	1. 电机的电源连接； 2. 电机正反运行的检测。	10	每漏一项扣 1 分，扣完此项配分为止。		
6	PLC 程序输入及下载	1. 运用软件编辑程序； 2. 程序写入 PLC。	10	1、不能正确录入、编辑程序扣 1 ～ 5 分； 2、不能正确将程序写入 PLC 扣 1 ～ 5 分。		
7	自动运行情况	1. 系统部件未达原点条件； 2. 系统部件满足原点条件； 3. 系统按下停止按钮。	30	系统部件不能按控制要求正常工作，每一项扣 1 分，扣完此项配分为止。		
8	安全规范操作	1. 遵守安全操作规程； 2. 不违反考场规定和纪律； 3. 不得喧哗影响其他； 4. 不得造成触电事故； 5. 不带电进行电路连接。	5	每违反 1 条扣 1 分。		
9	整理调试现场	1. 在调试过程中保持 6S； 2. 工具、仪表、设备、工位恢复整理。	5	1. 每违反一项扣 1 分，扣完此项配分为止； 2. 每漏一项扣 1 分，扣完此项配分为止。		
10	实操总结	1. 表述仪态自然、吐字清晰； 2. 实操过程符合方案调试过程； 3. 表述与实际操作相符。	5	1. 仪态不自然或吐字模糊扣 1 分； 2. 每错一项扣 1 分； 3. 表述与实际操作不符扣 3 分。		
	合计		100			

课程 5. 工业机器人工作站的安装与调试

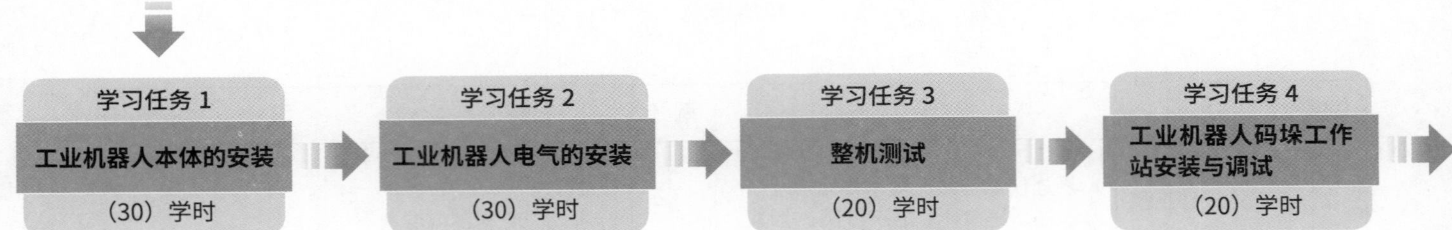

课程目标

学习完本课程后，学生应当能够胜任工业机器人工作站的安装与调试任务，包括：工业机器人本体及非标辅助设备的安装、电气安装和码垛、装配、焊接、打磨、喷涂等工作站的安装与调试，严格执行国家、待业企业安全环保制度和“8S”管理制度，养成吃苦耐劳、爱岗敬业工作态度等良好的职业素养，具备独立分析与解决常规问题的能力。

1. 能读懂安装与调试任务单，并及时与班组长沟通，明确安装与调试、工作要求和工期；查阅机械装配图、电气原理图、电气安装接线图、项目方案书和项目安装与调试进度计划表等资料；根据安装与调试项目、技术和工期要求等，正确、规范制订作业流程。

2. 能按照作业流程和工作要求等，以独立或小组合作的方式，在规定时间内安全、规范地完成工装夹具、上料台、下料台等机械部件的装配，完成工业机器人本体及非标辅助设备的安装和电气设备的安装与连接。

3. 能参照工业机器人操作说明书和标准辅助设备操作说明书正确地进行通讯设置，实现机器人与标准辅助设备间的在线控制。

4. 能根据生产工艺、工作站功能要求和工作流程编写机器人程序。

5. 能根据工作站的生产流程和生产节拍、生产工艺、系统稳定性、环境保护、防碰撞与安全互锁等要求，规范、高效地进行分段运行调试、整体空载运行调试和小批量工件试产调试；根据生产的要求，规范、高效地对工作站进行规定时长的试产，并及时备份机器人程序。

6. 能正确、规范填写调试记录单、调试工序检验单等，并及时提交班组长审核。

7. 能及时总结安装现场的设备布局、安装与调试的作业流程、调试要点等，分析不足，提出有效的改进方法。

8. 能够增强爱国主义情怀，为实现技能强国而努力学习。

9. 对精益求精的理解更加深刻，增强学生对精工求品质的理解。

10. 具备环境意识，对环境保护有强烈的责任感。

课时：200

学习任务 5

工业机器人装配工作站安装与调试

（20）学时

学习任务 6

工业机器人焊接工作站安装与调试

（20）学时

学习任务 7

工业机器人打磨工作站安装与调试

（30）学时

学习任务 8

工业机器人喷涂工作站安装与调试

（30）学时

课程内容

1. 工业机器人工作站的组成、工作流程和工作原理

工作机器人打磨、喷涂工作站的组成及工作流程；视觉系统、焊机及清枪器、砂带机、等离子喷涂机的组成及工作原理；装配工艺、焊接工艺、打磨工艺、喷涂工艺；工业机器人搬运、视觉、焊接、打磨、喷涂程序指令；工程项目管理制度；安装与调试任务单的内容；减速机的技术、国产减速机与进口减速机的差距，国产减速机的快速发展。

2. 安装与调试工具、材料和设备的选择与使用

工具：钳工工具、电工工具、量具、冲击钻、手电钻、电烙铁、水平仪、SOLIDWORKS 软件、电子 CAD、仿真软件。

材料：安全帽、防护镜、口罩、耳塞、手套、工作服、劳保鞋、膨胀螺丝、卡簧、螺纹紧固件、气管、快速接头、焊丝、保护气、水性漆、电缆线、接线端子、光纤、扎带、管线包、套管、焊锡膏、绝缘胶布、异型管、热缩管、磨轮、砂带、布轮、抛光蜡。

设备：号码机、角磨机、PLC、触摸屏、漏电开关、交流接触器、开头电源等；

资料：项目方案书、项目安装高度进度计划表、机械装配图、电气原理图、电气安装接线图、工业机器人操作说明书、标准辅助设备操作说明书等。

3. 安装与调试作业流程的编制

工业机器人工作站安装与调试作业流程的制订。

4. 工业机器人工作站的安装与调试

非标辅助件（工装夹具、上料台、下料台）的装配和工业机器人本体及非标辅助设备的安装；

电控柜、操作平台和传感器的安装（包括铝导轨、线槽的布局安装、空气开关、交流交接触器、开关电源、PLC 等元器件的安装），数控车床电气柜的改装（包括电磁阀、继电器等元件的安装等），对电控柜、操作台和传感器等电气设备的布线连接。

模拟仿真工作站的建立，工业机器人仿真动作路径的导入，工具坐标系和工件坐标系的建立、工业机器人 I/O 信号的添加、程序逻辑框架的编写、运动指令的添加、工业机器人程序的编写。

视觉系统的设置和标定、焊接工艺参数的设置、机器人第六轴元限旋转功能的设置、打磨工艺参数的设置（通过介绍高尔夫球头 6 道打磨工艺介绍打磨工艺流程，让学生认识好的工艺是需要反复实践、检验的。）、喷涂工艺参数的设置（通过讲解喷涂工作站对人及环境存在严重污染，来增强学生对环境的防护意识）、工业机器人和标准辅助设备在线控制的整合。

分段空载运行的调试、整体空载运行的调试和小批量工件试产的调试。

5. 工作站安装与调试作业自检与总结

工作站的试产，机器人程序的备份，调试记录单、调试工艺检验单的填写；总结报告的填写；工作现场的清理。

学习任务 1：工业机器人本体的安装

任务描述

学习任务学时：30 课时

任务情境：

某工业机器人生产企业主要生产小负载的 6 轴工业机器人，根据生产计划已完成 RB08 机器人机械部件的加工和零配件采购，现需要对机器人本体（机体结构和机械传动系统）实施装配作业。班组长向装配工下达机器人本体装配任务并发放装配任务单，装配工在规定工期内按照厂家技术规范完成工业机器人本体的装配。

装配工从班组长处领取装配任务，阅读任务单，查阅作业指导书，必要时与班组长沟通，明确工业机器人本体装配的任务要求、内容、工艺流程及要求、安全注意事项和工期要求，制订装配作业流程；对安装现场进行确认后，以小组合作的方式，按照工艺流程和安全作业规范，在规定时间内完成工业机器人 1 到 3 轴、4 到 6 轴的本体铸件、连接轴承、减速机和伺服电机等结构件的安装，本体电缆和气管等附件的套装；对接 4、5、6 轴和 1、2、3 轴，压接各轴伺服电机的动力线和伺服编码线插件，配装伺服电机附件、伺服编码板和抱闸板等。完成装配后，实施相应的清洁、检查、润滑、紧固、调整等作业，使用专用的注油枪对减速箱注油，对伺服电机、减速机和轴承等进行密封性检测；检测合格后填写质量过程控制单，并交付班给长核查。

在作业过程中，要严格遵守工业机器人相关行业企业标准、安全生产制度、环境保护制度和“8S”管理要求。

具体要求见下页。

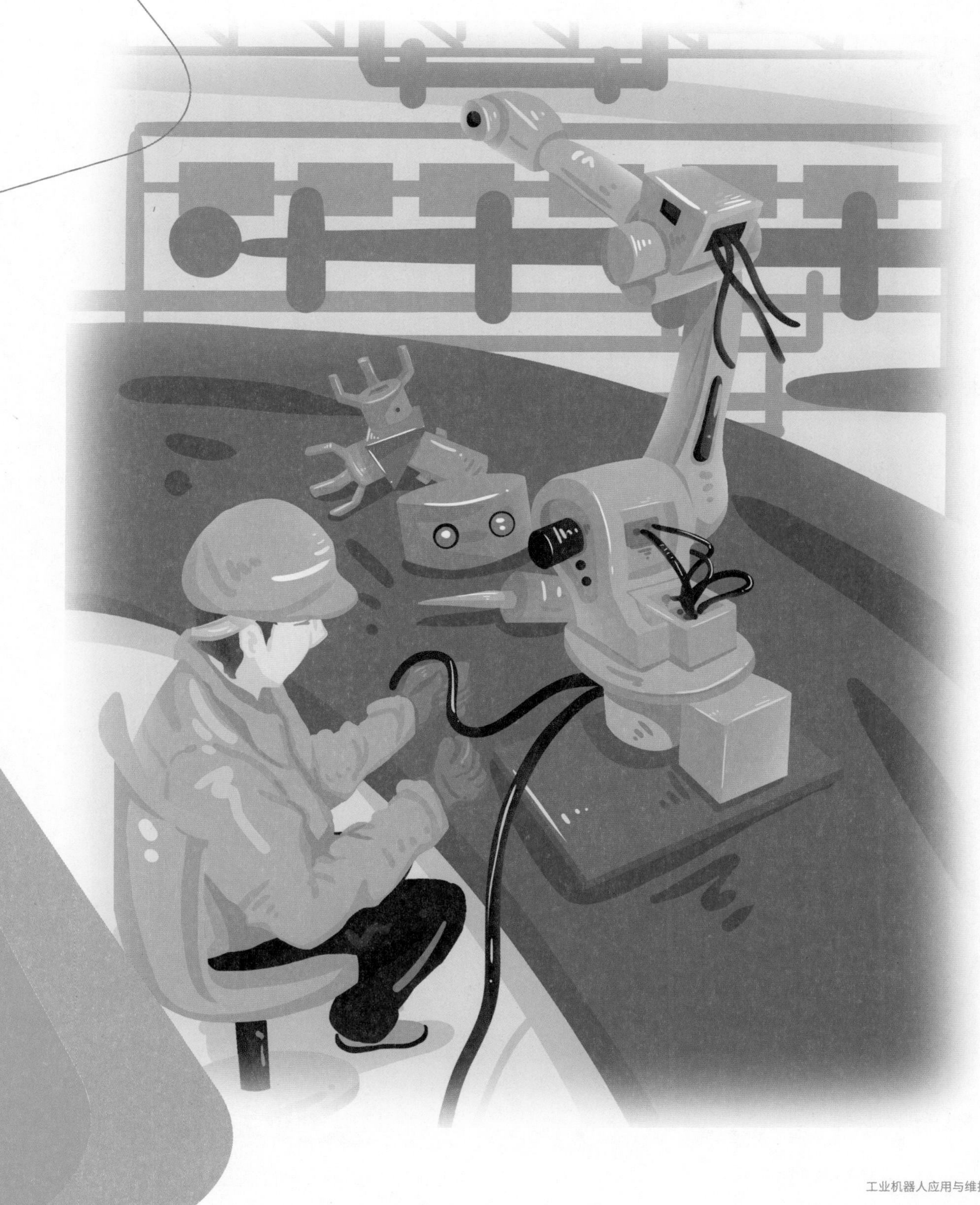

工业机器人工作站安装与调试

工作流程和标准

工作环节 1

一、收集工业机器人本体安装信息

1. 明确工业机器人本体安装的工作任务。

装配工从班组长处领取装配任务，阅读任务单，查阅作业指导书，必要时与班组长沟通，明确工业机器人本体装配的任务要求、内容、装配工艺流程及要求、安全注意事项和工期要求。

2. 工业机器人本体装配图的阅读与分析。

在安装工业机器人本体之前，需要认真阅读装配图，识别装配图中的关键信息，图纸之间的关系，各部件的关联，部件的各种图形符号及安装位置，螺丝孔的大小与安装位置，部件的安装位置。

3. 装配前的知识准备。

学习成果：

1.（1）复述工业机器人本体安装内容；（2）复述装配工艺流程图；
（3）复述本体安装的工艺要求和安全注意事项。

2.（1）各部件的安装位置图示；（2）螺孔大小与安装位置图。

3. 设备、材料和工具清单。

知识点：

1.（1）找准工业机器人本体安装内容和要求；（2）识别项目安装调试进度计划表的关键信息。

2.（1）机械装配图中各种图形符号；（2）各部件的安装位置；（3）螺孔大小与安装位置。

3.（1）工业机器人本体结构；（2）伺服电机知识；
（3）减速器知识（在讲授减速器知识时，引发学生批判质疑的精神，激发学生辩证地分析问题，做出选择和决定）；
（4）阅读装配图、电气连接图符号；（5）扭力扳手原理；（6）电动葫芦的作用。

技能点：

1.（1）找准工业机器人本体安装内容和要求；（2）识别项目安装调试进度计划表的关键信息。

2.（1）阅读机械装配图的方法；（2）明确各部件的安装位置；（3）识别螺孔大小与安装位置的方法。

3.（1）扭力扳手的使用方法；（2）电动葫芦的使用方法。

职业素养：

1. 做任何工作前，养成分析任务的习惯；

2. 批判质疑的精神。

工作环节 2

二、制订本体装配的工作计划

在明确工业机器人本体装配的任务要求、内容、工艺流程及要求、安全注意事项和工期要求后，制订本体装配作业流程。

学习成果：

工业机器人本体的装配工作计划表。

技能点：

（1）本体安装流程；（2）各轴装配的方法。

职业素养：

规划能力，培养于工作计划中的时间安排；协调能力，培养于对人员进行分工安排；考虑周到的能力，培养于制订全面的工作计划的过程中。

工作环节 3

三、评估工业机器人本体装配

学习成果：

完善的工作计划表。

知识点：

讨论并确定安装流程，修订工作计划。

职业素养：

接受意见与建议的精神，通过讨论发现本组计划的不足和接受更好的建议。

工作流程和标准

工作环节 4

四、实施工业机器人本体装配

完成工业机器人本体装配的计划，做好施工现场安全防护布置，开始按计划实施工业机器人本体的安装。

学习成果：

装配好的工业机器人本体。

知识点：

（1）施工现场安全防护布置；（2）底座安装；

（3）各轴安装与测试；（4）安装过程注意事项。

技能点：

（1）底座安装的流程；（2）各轴安装的步骤。

职业素养：

（1）安全可靠、细心，培养于安装的过程中；

（2）8 S 管理。

工作环节 5

五、工业机器人本体的检测

在完成工业机器人本体的安装后，对本体进行外观检查，对各轴配合进行检查，通电进行轴运动的测试。

学习成果：

（1）质量过程控制单；（2）评价表（自评部分）。

知识点：

（1）检测工具的使用；（2）检测的内容和要求。

技能点：

检测的步骤。

职业素养：

认真细致的工作态度。

工作环节 6

六、评价与反馈

在完成工业机器人本体的安装后，对本体进行外观检查，对各轴配合进行检查，通电进行轴运动的测试。

学习成果：

评价表。

职业素养：

提高分析、归纳能力。

学习内容

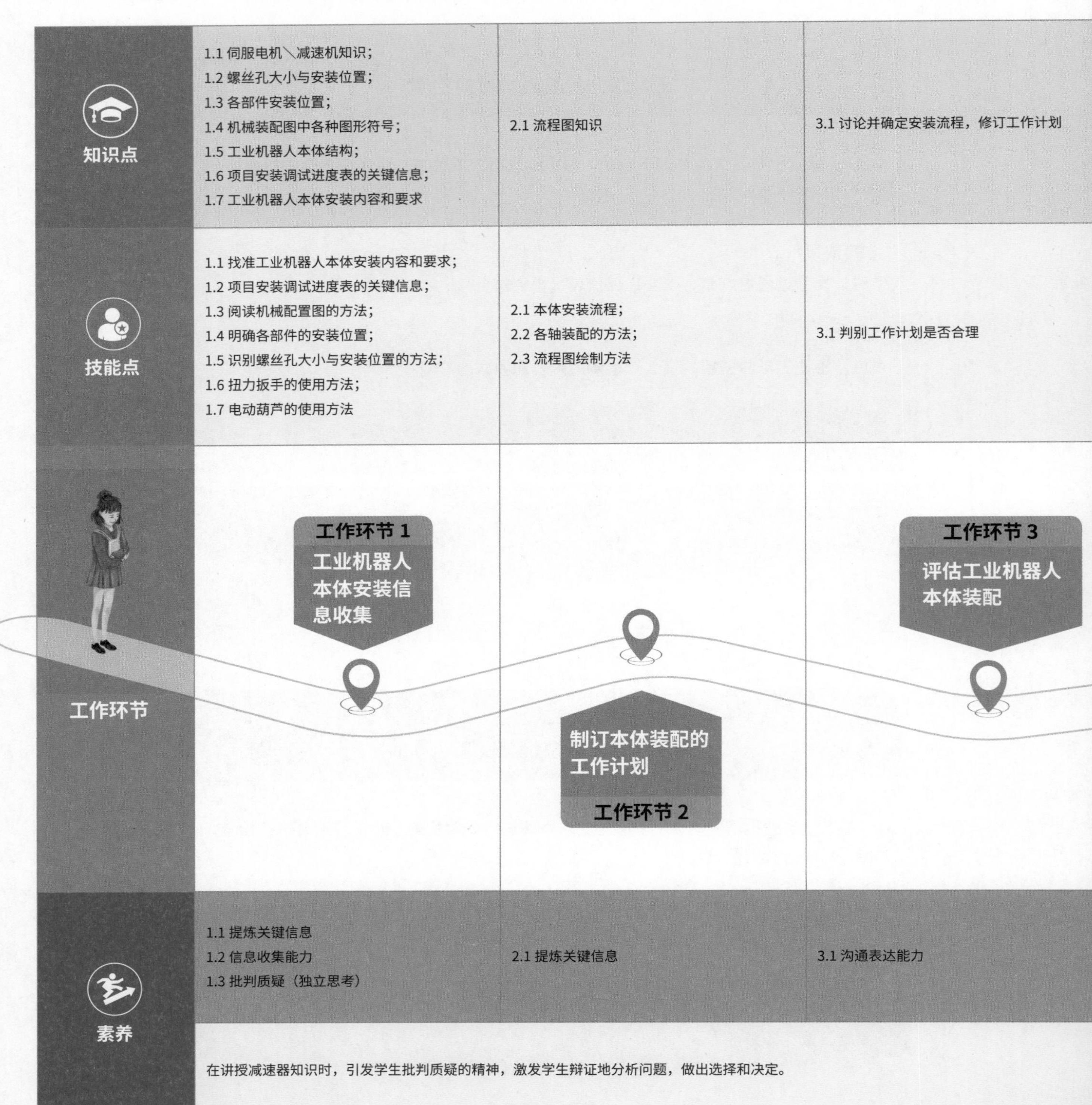

知识点	1.1 伺服电机＼减速机知识； 1.2 螺丝孔大小与安装位置； 1.3 各部件安装位置； 1.4 机械装配图中各种图形符号； 1.5 工业机器人本体结构； 1.6 项目安装调试进度表的关键信息； 1.7 工业机器人本体安装内容和要求	2.1 流程图知识	3.1 讨论并确定安装流程，修订工作计划
技能点	1.1 找准工业机器人本体安装内容和要求； 1.2 项目安装调试进度表的关键信息； 1.3 阅读机械配置图的方法； 1.4 明确各部件的安装位置； 1.5 识别螺丝孔大小与安装位置的方法； 1.6 扭力扳手的使用方法； 1.7 电动葫芦的使用方法	2.1 本体安装流程； 2.2 各轴装配的方法； 2.3 流程图绘制方法	3.1 判别工作计划是否合理
工作环节	工作环节 1 工业机器人本体安装信息收集	工作环节 2 制订本体装配的工作计划	工作环节 3 评估工业机器人本体装配
素养	1.1 提炼关键信息 1.2 信息收集能力 1.3 批判质疑（独立思考）	2.1 提炼关键信息	3.1 沟通表达能力
	在讲授减速器知识时，引发学生批判质疑的精神，激发学生辩证地分析问题，做出选择和决定。		

4.1 安装过程注意事项； 4.2 各轴安装与测试； 4.3 施工现场安全防护布置	5.1 检测指令； 5.2 检测的内容和要求； 5.3 检测工具的使用	
4.1 底座安装的流程； 4.2 各轴安装的步骤	5.1 检测的步骤	
工作环节 4 工业机器人本体装配实施	工作环节 5 工业机器人本体的检测	工作环节 6 评价与反馈
4.1 安全可靠； 4.2 8 S 管理	5.1 认真细致	6.1 提高分析、归纳能力
在讲授减速器知识时，引发学生批判质疑的精神，激发学生辩证地分析问题，做出选择和决定。		

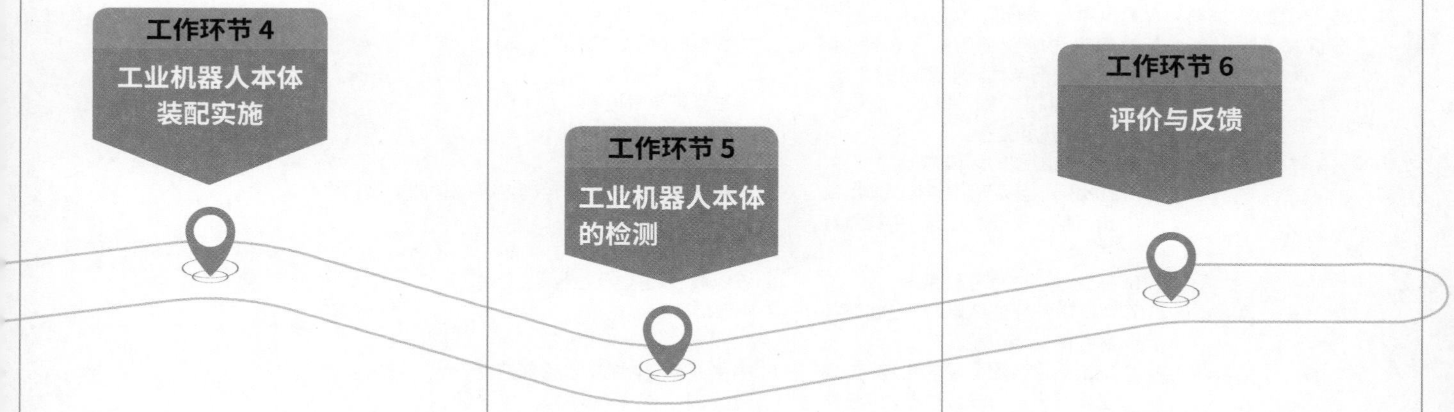

课程 5. 工业机器人工作站的安装与调试

学习任务 1：工业机器人本体的安装

1 收集工业机器人本体安装信息 → 2 制订工业机器人本体安装工作计划 → 3 评估工业机器人本体装配计划 → 4 实施工业机器人本体安装 → 5 工业机器人本体检测 → 6 评价及反馈

收集工业机器人本体安装信息

工作子步骤	教师活动	学生活动	评价
1. 领取项目任务单，明确工作任务。	1. 发放项目方案书、进度计划表。 2. 提出阅读活动要求。 3. 出示关键信息参考答案，要求学生自评。 4. 提出分析进度计划表的要求和规则。 5. 要求各组张贴已经完成的项目任务描述表并口头汇报。 6. 点评任务描述的准确性、完整性。	1. 小组领取资料。（2 分钟） 2. 阅读项目方案书，找出与内容和要素相关的信息。（5 分钟） 3. 小组自评并改正关键信息。（5 分钟） 4. 小组阅读项目安装调试进度计划表，找出不同时间段的要求，并按时间段书写在项目任务描述表中。（15 分钟） 5. 小组展示汇报。（10 分钟） 6. 听取教师点评。（3 分钟）	1. 小组根据参考答案自评所找关键信息是否准确； 2. 通过汇报及点评，抽查学生对内容掌握是否准确、全面。
课时： 1 课时 1. 软资源：项目方案书、项目安装调试进度计划表、项目任务描述表等。 2. 教学设施：白板、磁吸等。			
2. 工业机器人本体装配图的阅读与分析。	1. 出示装配图，要求学生小组指出从中看出什么。（导入） 2. 顺势说明装配图的重要性，介绍装配图电气符号表示的含义。 3. 说明竞答规则，PPT 呈现电气符号，开展竞答。 4. 讲解装配图的阅读方法。 5. 提出阅读装配图要求和规则：找出各部件的安装位置，用红星标注。 6. 抽查一组的标注结果。 7. 点评学生标注结果，小结强调各部件的安装位置。 8. 提出阅读装配图要求和规则：找出螺孔大小与安装位置，用红星标注。 9. 提出互评标准与规则。 10. 总结回顾本课所学。	1. 观察装配图，小组讨论，回答问题。 2. 听取电气符号、表示的含义。 3. 学生竞答电气符号。 4. 听取讲解。 5. 小组阅读装配图，讨论确定各部件的安装位置，并用红星标注。 6. 该组展示汇报标注结果。 7. 听取点评和小结。 8. 小组阅读装配图，讨论确定螺孔大小与安装位置，并用红星标注。 9. 学生按标准互评打分。 10. 与老师一起回顾本课所学内容。	1. 竞答：电气符号的含义； 2. 抽查各部件的安装位置标注的准确性； 3. 互评螺孔大小与安装位置标注的准确性。
课时： 4 课时 1. 软资源：装配图、红星等。 2. 教学设施：白板、磁吸等。			
3. 知识准备。	1. 下发工作页。 2. 引导学生寻找资源进行自主学习。 3. 巡回指导，极时给学生提供帮助。 4. 教师重点讲述减速机的技术、国产减速机与进口减速机的差距，国产减速机的快速发展和应用领域。	1. 接收工作页。 2. 独立完成工作页填写。 3. 填写工作页时有问题及时问老师。 4. 专业听讲，通过教师的讲解，独立思考，对国产和进口减速机的可取技术做出正确判断。	检查工作页填写情况。
课时： 10 课时 1. 教学设施：机器人本体的结构、电动机、减速机、力矩板手、电动胡芦工作页等。			

基准学时：30

1 收集工业机器人本体安装信息 → 2 制订工业机器人本体安装工作计划 → 3 评估工业机器人本体装配计划 → 4 实施工业机器人本体安装 → 5 工业机器人本体检测 → 6 评价及反馈

工作子步骤	教师活动	学生活动	评价
制订工业机器人本体安装工作计划	1. 展示工作计划表，讲解工作计划编写的内容和方法。 2. 引导学生观看仿真装配动画。 3. 提出讨论规则和要求：讨论本体安装的流程。	1. 学生听讲，并记录计划的内容、编制的方法。 2. 小组讨论本体安装的流程。 3. 各小组做好记录准备工作。	1. 检查工作计划编写内容的方法掌握是否到位。
	课时： 2 课时 1. 软资源：工作计划表、本体装配动画等。 2. 教学设施：白板、磁吸等。		
评估工业机器人本体装配计划	1. 组织小组轮流展示本体安装流程。 2. 提示观察并听其他组的汇报。 3. 引导学生及时提出在展示中出现的问题。 4. 通过仿真软件演示并讲解各轴装配的方法和流程。	1. 小组代表展示安装流程。 2. 倾听并记录其他组的安装流程。 3. 根据提出的问题进行说明和修订。 4. 观看并对照本组的计划，寻找差距并修订。	1. 小组展示，互评本体安装流程； 2. 人员分工是否合理。
	课时： 2 课时 1. 软资源：工作计划表、仿真软件等。 2. 教学设施：白板、磁吸等。		
实施工业机器人本体安装	1. 巡回指导。 2. 观察并及时纠正学生。	1. 按计划实施安装。 2. 填写安装记录单。	1. 检查安装记录单。
	课时： 8 课时 1. 软资源：装配图、安装记录单等。 2. 教学设施：本体各部件、防护带钳工工具、电工工具、量具等。		
工业机器人本体检测	1.讲解检测的内容、检测的方法和要求。	1. 实施检测并填写检测表。	1. 检测记录表的填写情况。
	课时： 2 课时 1. 软资源：评价表等。		
评价及反馈	1. 引导学生小组交叉评价。 2. 对评价结果进行反馈。	1. 交叉评价。 2. 听取评价结果反馈。	1. 反馈式
	课时： 1 课时 1. 软资源：评价表等。		

学习任务 2：工业机器人电气的安装

任务描述

学习任务学时：30 课时

任务情境：

某工业机器人生产企业主要生产小负载的 6 轴工业机器人，根据生产计划已完成 RB08 型机器人的电控柜的加工和电气元件的采购，现需要对机器人电气控制柜进行电气安装。班组长向电气装配工下达安装任务并发放电气安装任务单，电气装配工需要在规定工期内按照厂家技术规范完成工业机器人控制柜的电气安装。

电气装配工从班组长处接受任务，阅读电气安装任务单，查阅作业指导书，必要时与班组长沟通，明确工业机器人控制柜电气安装内容、工艺流程、工艺要求和安全注意事项等，制订安装流程；以小组合作的方式，按照安装流程、工艺要求和安全作业规范，在规定工期内完成对电气控制柜布线与定位，对系统主机、电源、电源分配板、伺服驱动器等电气零配件进行安装与连接，并实施清洁、检查、整理、调整等作业；完成安装后，对电气控制柜进行安全测试、通电测试和功能测试；测试合格后，填写机器人电气控制柜装配质量过程控制单，建立机器人档案并交付班组长检验。

在作业过程中，要严格执行安全生产制度、环境保护制度，遵守《GB 5226.1-2008 机械电气安全机械电气设备第 1 部分：通用技术条件》等技术标准及“8S”管理要求。

具体要求见下页。

工作流程和标准

工作环节 1

一、明确工业机器人控制柜安装的学习任务

电气装配工从班组长处接受任务，阅读工业机器人电气安装任务单，查阅作业指导书，必要时与班组长沟通，明确工业机器人控制柜电气安装内容、工艺流程、工艺要求和安全注意事项等。

学习成果：

1. 复述工业机器人控制柜电气安装内容；
2. 复述工业机器人控制柜电气安装工艺要求和安全注意事项。

知识点：

1. 工业机器人电气安装的任务内容；
2. 工业机器人电气安装的任务要求；
3. 工业机器人控制柜电气安装安全注意事项。

技能点：

找准工业机器人电气安装内容和要求。

职业素养：

通过分析工作任务单，总结控制柜安装的工作内容，培养学生分析能力和信息提炼能力。

工作环节 2

二、制订工业机器人控制柜安装的工作流程图

在熟悉工业机器人控制柜电气安装内容、工艺流程、工艺要求和安全注意事项后，对工业机器人电气系统图和电气装配图进行分析，制订电气装配的工作流程图。

学习成果：

1. 工业机器人控制柜电气装配的工作流程图；
2. 工业机器人控制柜电气装配工作页。

知识点：

1. 工业机器人电气柜的结构认知；2. 识读电气布局图；3. 读电气装配图纸。

技能点：

1. 阅读电气元件布局的方法；2. 分析电气原理图的步骤；3. 流程图的编制方法。

职业素养：通过编制流程图，培养学生的逻辑思维能力。

工作环节 3

三、业机器人控制柜安装前知识准备

3

在进行工业机器人电气安装前，学习电气各部分知识，理解什么是机器人电气控制系统，了解驱动器的作用、电气控制知识、电缆的种类、各元器件的工作原理等。

学习成果：工业机器人电气安装工作页

知识点：1. 工业机器人控制器电气组成；2. 工业机器人本体电气组成；
3. 电气符号的含义；4.RB-08 机器人电路图及其控制原理，伺服驱动器的接口和作用，主控制器的作用，I/O 板的识别；5. 重载接线点的定义。

技能点：

1. 电线电缆的识别与选型；2. 各电气部件的安装方法；3. 线路敷设与扎线的技巧。

职业素养：线路敷设和扎线技巧，对工艺美观的意识。

工作流程和标准

工作环节 4

四、工业机器人控制柜安装实施

在规定工期内完成对电气控制柜布线与定位，对系统主机、电源、电源分配板、伺服驱动器等电气零配件进行安装与连接，并实施清洁、检查、整理、调整等作业。

学习成果：装配完的工业机器人电气柜。

知识点：1. 施工现场安全防护布置；2. 核对电气控制柜电气布置图；
3. 安装过程注意事项；4.LOGO、二维码、设备编号、警示标识等。

技能点：
1. 各电气元件布置的方法；2. 线缆布放的技巧；
3.LOGO、二维码、设备编号、警示标识等粘贴的方法。

职业素养：在工业机器人控制柜的安装过程中，培养学生 8S 管理职业素养。

工作环节 5

五、工业机器人控制柜安装质量的检查

完成安装后，对电气控制柜进行安全测试、通电测试和功能测试；测试合格后，填写机器人电气控制柜装配质量过程控制单，建立机器人档案，并交付班组长检验。

学习成果：工业机器人控制柜电气装配测试报告。

知识点：1. 检测工具的使用；2. 测试的内容和要求。

技能点：

1. 测试仪的使用方法；2. 测试报告的填写方法。

职业素养：规范使用仪器仪表和爱护设备的观念。

工作环节 6

六、工业机器人控制柜安装学习活动评价与总结

完成安装后，对电气控制柜进行安全测试、通电测试和功能测试；测试合格后，填写机器人电气控制柜装配质量过程控制单，建立机器人档案，并交付班组长检验。

学习成果：工业机器人控制柜电气装配评价表。

知识点：评价的内容和意义。

技能点：

客观评价自己对知识技能的掌握情况，认真填写学习评价表。

职业素养：自我剖析的能力。

学习内容

	工作环节 1	工作环节 2	工作环节 3
知识点	1.1 伺服电机＼减速机知识； 1.2 螺丝孔大小与安装位置； 1.3 各部件安装位置； 1.4 机械装配图中各种图形符号； 1.5 工业机器人电气结构； 1.6 工业机器人电气安装安全注意事项； 1.7 工业机器人电气安装内容和要求	2.1 识读电气装配图纸； 2.2 识读电气布局图； 2.3 工业机器人电气柜的结构认知	3.1 I/O 板的识别； 3.2 主控制板的作用； 3.3 伺服驱动器的接口和作用； 3.4 工业机器人控制柜电气组成
技能点	1.1 找准工业机器人电气安装内容； 1.2 找准工业机器人电气安装的要求； 1.3 明确各部件的安装位置； 1.4 识别螺丝孔大小与安装位置的方法； 1.5 扭力扳手的使用方法； 1.6 电动葫芦的使用方法	2.1 阅读电气元件布局图的方法； 2.2 分析电气原理图的步骤； 2.3 流程图的编制方法	3.1 电线电缆的识别与选型； 3.2 各电气部件的安装方法； 3.3 线路敷设的技巧； 3.4 扎线的技巧
 工作环节	工作环节 1 明确工业机器人控制柜安装的学习任务	制订工业机器人控制柜安装的工作流程图 工作环节 2	工作环节 3 工业机器人控制柜安装前知识准备
素养	1.1 分析能力	2.1 逻辑思维能力	3.1 工艺美观的意识

学习任务 2：工业机器人电气的安装

4.1 LOGO、二维码、设备编号、警示标识； 4.2 安装过程注意事项； 4.3 电气控制柜电气布置图； 4.4 施工现场安全防护布置	5.1 检测的内容和要求； 5.2 检测工具的使用	6.1 评价的内容和意义
4.1 各电气元件布置的方法； 4.2 线缆布放的技巧； 4.3 LOGO、二维码、设备编号、警示标识等粘贴的方法	5.1 检测工具的使用方法； 5.2 测试报告的填写方法	6.1 客观评价自己对知识技能的掌握情况，认真填写学习评价表
工作环节 4 工业机器人电气装配实施	工作环节 5 工业机器人电气的检测	工作环节 6 评价与反馈
4.1 安全可靠； 4.2 8 S管理	5.1 认真细致	6.1 自我剖析的能力

工业机器人工作站安装与调试

课程 5. 工业机器人工作站的安装与调试

学习任务 2：工业机器人电气的安装

 明确工业机器人控制柜安装的学习任务  制订工业机器人控制柜安装的工作流程图  工业机器人控制柜安装前知识准备  工业机器人控制柜安装实施 5 工业机器人控制柜安装质量的检查 6 工业机器人控制柜安装学习活动评价与总结

阶段	工作子步骤	教师活动	学生活动	评价
明确工业机器人控制柜安装的学习任务	1. 领取项目任务单、明确工业机器人控制柜安装的学习任务。	1. 引导学生进行任务分析，明确工作任务内容。 2. 随机提问学生任务的工作内容是什么。 3. 总结任务的工作内容。 4. 引导学生阅读任务要求。 5. 引导各组汇报存在的问题。 6. 与学生一同分析学生提出的问题。	1. 阅读项目方案书，小组讨论，明确工作内容。 2. 小组代表回答问题，其他人进行补充。 3. 听讲并明确工作内容。 4. 阅读任务要求，并对任务要求进行逐一讨论，弄清楚任务要求，将不理解的内容记录下来。 5. 小组代表汇报不理解的任务要求。 6. 认真听教师的分析并记录。	通过提问方式考察学生对内容的掌握情况。
	课时： 2 课时 1. 软资源：项目方案书等。 2. 教学设施：白板、磁吸、投影仪等。			
制订工业机器人控制柜安装的工作流程图		1. 通过 PPT 讲解工业机器人电气柜的结构。 2. 用卡片法的学习规则，引导学生理解电气柜的结构。 3. 引导学生小组分析电气原理图各部件关系，对原理图上的关键信息进行讲解。 4. 引导学生阅读工作页中的内容并讨论确定电气柜安装流程。 5. 提出互评规则与标准。	1. 听教师讲解工业机器人电气柜的结构并思考。 2. 回答卡片中的问题（控制主板、I/O 控制板、驱动器等内容）。 3. 小组分析电气原理图，理清原理图各部件之间关系。 4. 根据工作页的内容（安装步骤已经有，但顺序是乱的），小组讨论电气柜安装流程。 5. 各小组成果互评。	1. 小组展示； 2. 讨论本体安装流程；人员分工是否合理。
	课时： 4 课时 1. 软资源：工作计划表等。 2. 教学设施：白板、磁吸等。			
工业机器人控制柜安装前知识准备	知识准备	1. 讲解电气装配图的阅读方法及电气装配图电气符号。 2. 布置学生将各装配图之间关系位置标出来。 3. 引导学生自主学习寻找资源并完成工作页的内容： (1) 伺服驱动器的接口和作用； (2) 主控制器的作用； (3) I/O 板的识别。 4. 抽查学生完成情况。	1. 听讲电气装配图电气符号及电气装配图的阅读方法。 2. 在装配图上进行标注。 3. 学生独立填写工作页的内容： (1) 伺服驱动器的接口和作用； (2) 主控制器的作用； (3) I/O 板的识别。 4. 回答老师的问题。	1. 检查工作页填写情况。
	课时： 10 课时 1. 教学设施：机器人电气柜的结构、驱动器、主控板、I/O 板的安装工作页等。			

基准学时：30

1 明确工业机器人控制柜安装的学习任务 → 2 制订工业机器人控制柜安装的工作流程图 → 3 工业机器人控制柜安装前知识准备 → 4 工业机器人控制柜安装实施 → 5 工业机器人控制柜安装质量的检查 → 6 工业机器人控制柜安装学习活动评价与总结

工作子步骤	教师活动	学生活动	评价
工业机器人控制柜安装实施	1. 引导学生做好施工现场安全防护的布置。 2. 引导学生安装控制柜前要对电气柜各部件安装位置进行校对。 3. 引导学生按安装流程进行安装并提醒其安装过程注意事项。 4. 提示 LOGO、二维码、设备编号、警示标识等标识及粘贴方法。 5. 观察并及时纠正学生。	1. 学生做好施工现场安全防护的布置。 2. 对电气柜各部件安装位置进行核对，包括主板的位置、电源位置、控制板的位置等，确定各部件的安装位置是否正确。 3. 学生按安装流程进行安装并注意安装事项。 4. 按要求对 LOGO、二维码、设备编号、警示标识等标识进行粘贴。 5. 有不能解决的问题及时向老师求助。	1. 检查安装记录单。
	课时：10 课时 1. 软资源：安装记录单等。 2. 教学设施：防护带、装配图、钳工工具、电工工具、量具等。		
工业机器人控制柜安装质量的检查	1. 引导学生查看工作中检测表，讲解检测的内容和要求。 2. 演示检测工具的使用。 3. 抽查 2 个学生检测工具的使用。 4. 引导学生对照检查表进行检测并填写检测表。	1. 查看工作中检测表，听讲检测的内容和要求。 2. 观看检测工具的使用。 3. 学生代表演示检测工具的使用。 4. 对照检查表进行检测并填写检测表。	1. 检测记录表的填写情况。
	课时：2 课时 1. 软资源：工检测表、百分表等。		
工业机器人控制柜安装学习活动评价与总结	1. 呈现及要求学生查看一份学习评价表，讲解评价的内容、要求及评价的重要意义。 2. 巡查并监控课堂，在学生学习过程中适时给予帮助，对于共性问题进行集中讲解。 3. 组织学生以小组为单位汇报小组内成员的评价情况，并组织其他小组认真地做出表决。 4. 点评与小结。	1. 独自查看学习评价表，了解评价的内容，听取老师讲解关于评价的要求和评价的意义作用。 2. 对照自己在整个任务活动过程中所做的工作和情况，客观地实事求是地给自己做出评价。 3. 以小组为单位，派代表上台汇报本小组各成员的自我评价情况，其他小组进行表决（是否通过）。 4. 听取老师点评，做好笔记。	1. 学生自评与互评：执行工作页中该部分的自评与互评的标准； 2. 教师的评价：执行工作页中该部分的教师的评价标准。
	课时：2 课时 1. 软资源：学习评价表、工作页等。		

学习任务 3：工业机器人整机测试

任务描述

学习任务学时：20 课时

任务情境：

某工业机器人生产企业主要生产小负载的 6 轴工业机器人，根据生产计划已完成某机型机器人本体的装配和电控柜的组装，现需要对机器人进行整机测试。班组长向测试员下达测试任务并发放任务单，测试员需要在规定工期内按照厂家技术规范完成工业机器人整机测试。

测试员从班组长处接受工业机器人整机测试任务，阅读测试任务单，查阅作业指导书，必要时与班组长沟通，明确整机测试的工作内容、测试流程及方式方法、安全注意事项和工期要求等，制订测试流程；以小组合作的方式，正确连接机器人本体、电气控制柜和示教器，并对机器人本体、电气控制柜、示教器等的外观、标识、结构及其连接与紧固部分和机器人结构件、电器元件、整机电气的安全性进行检查；检查后使用专用测试工具，根据测试流程、厂家测试指标及要求，分别对机器人进行耐久测试（含负重测试）、坐标系测试、各轴运动范围测试等系列测试，正确记录各项测试数据；完成测试后填写机器人整机检验报告，建立机器人档案，并交付班组长检查。

在作业过程中，要严格执行安全生产制度、环境保护制度、遵守《GB 5226.1-2008 机械安全电气设备第 1 部分：通用技术条件》等技术标准及“8S”管理要求。

具体要求见下页。

××整机测试

工作流程和标准

工作环节 1

一、收集工业机器人整机测试任务信息

1. 领取测试任务单和作业指导书，明确工业机器人整机测试任务。

测试员从班组长处领取整机测试任务单和作业指导书，并与班组长沟通，明确工业机器人整机测试的工作任务。根据测试任务单，查阅作业指导书，明确工业机器人整机测试内容、测试指标及各指标测试方法。

2. 知识准备

通过各种途径，如教材、学材、工业机器人厂家说明书或使用手册、图书馆、网络等，广泛收集资料，学习本任务中所需掌握的知识和技能。

学习成果：

1. 工业机器人整机测试指标列表；2. 工业机器人整机测试工作页。

知识点：

1.（1）工业机器人测试指标；（2）工业机器人各指标测试要求。

2.（1）专用测试工具的使用；（2）工业机器人外观检查的内容；（3）工业机器人功能测试指标。

技能点：

1. 查阅整机测试工艺卡的方法。

2.（1）机器人本体、电气控制柜和示教器的连接方法。

（2）工业机器人外观检查方法：

① 对工业机器人紧固部分的可靠性与活动部分润滑度的检查；

② 工业机器人的标识、标签及各轴关节的检查；

③ 工业机器人表面、罩壳和金属零件部位的检查；

④ 开关、按钮、显示、报警功能的检验；

⑤ 对工业机器人的电气安全检查。

3. 工业机器人功能测试方法：

① 机器人各轴运动的平稳性和异常报警检验；

② 各种操作指令与其动作协调一致性查验；

③ 对工业机器人进行耐久测试（含负重测试）；

④ 对工业机器人坐标系测试；

⑤ 对工业机器人各轴运动范围测试；

⑥ 对工业机器人最大单轴速度测试；

⑦ 对工业机器人循环时间测试；

⑧ 对工业机器人位置准确度测试；

⑨ 对工业机器人位置重复性测试；

⑩ 对工业机器人最小定位时间测试；

⑪ 对工业机器人静态柔顺性测试；

⑫ 对工业机器人噪声检验；

⑬ 对工业机器人稳定性长时运行测试；

⑭ 对工业机器人抗干扰测试；

⑮ 对工业机器人 I/O 测试；

⑰ 指令测试。

4. 工业机器人机械安全性测试。

职业素养：

1. 工作严谨性，遵循标准。

学习任务 3：工业机器人整机测试

工作环节 2

二、制订测试流程

根据整机测试工艺卡，明确工业机器人整机测试的工艺流程及要求，并列出整机测试工作流程。

学习成果：
工业机器人整机的测试流程。

知识点：
（1）工业机器人整机测试指标；
（2）机器人整机测试工艺流程及要求；
（3）填写测试工艺卡的内容；
（4）厂家整机测试技术规范的要点。

技能点：
（1）查阅整机测试工艺卡；（2）列出测试工艺流程。

工作环节 4

四、工业机器人整机测试评价反馈

整机测试完成后进行自检，自检合格后录入机器人档案，并通知班组长填写半成品入库单。

学习成果：
工业机器人整机测试评价表。

知识点：
评价的内容和意义。

技能点：
评价的方法。

工作环节 3

三、工业机器人整机测试任务实施

3

根据测试内容，列出整机测试工具、材料清单，填写机器人工装物料（机器人本体半成品、控制柜半成品、示教器、连接电缆、辅料等）领用表，根据清单和机器人工装物料领用表，从工具室、线边仓（临时仓库）和半成品库领取机器人整机测试所需的工装、物料、辅料、耗材以及工具等，检验并核对后进行归类、整理。

学习成果：（1）整机测试的工具清单；（2）机器人整机检验报告。

知识点：（1）整机测试的工具种类和使用；（2）检测的内容和要求。

技能点：
（1）外观检查的方法；（2）功能测试的方法。

职业素养：6S 管理，安全意识。

学习内容

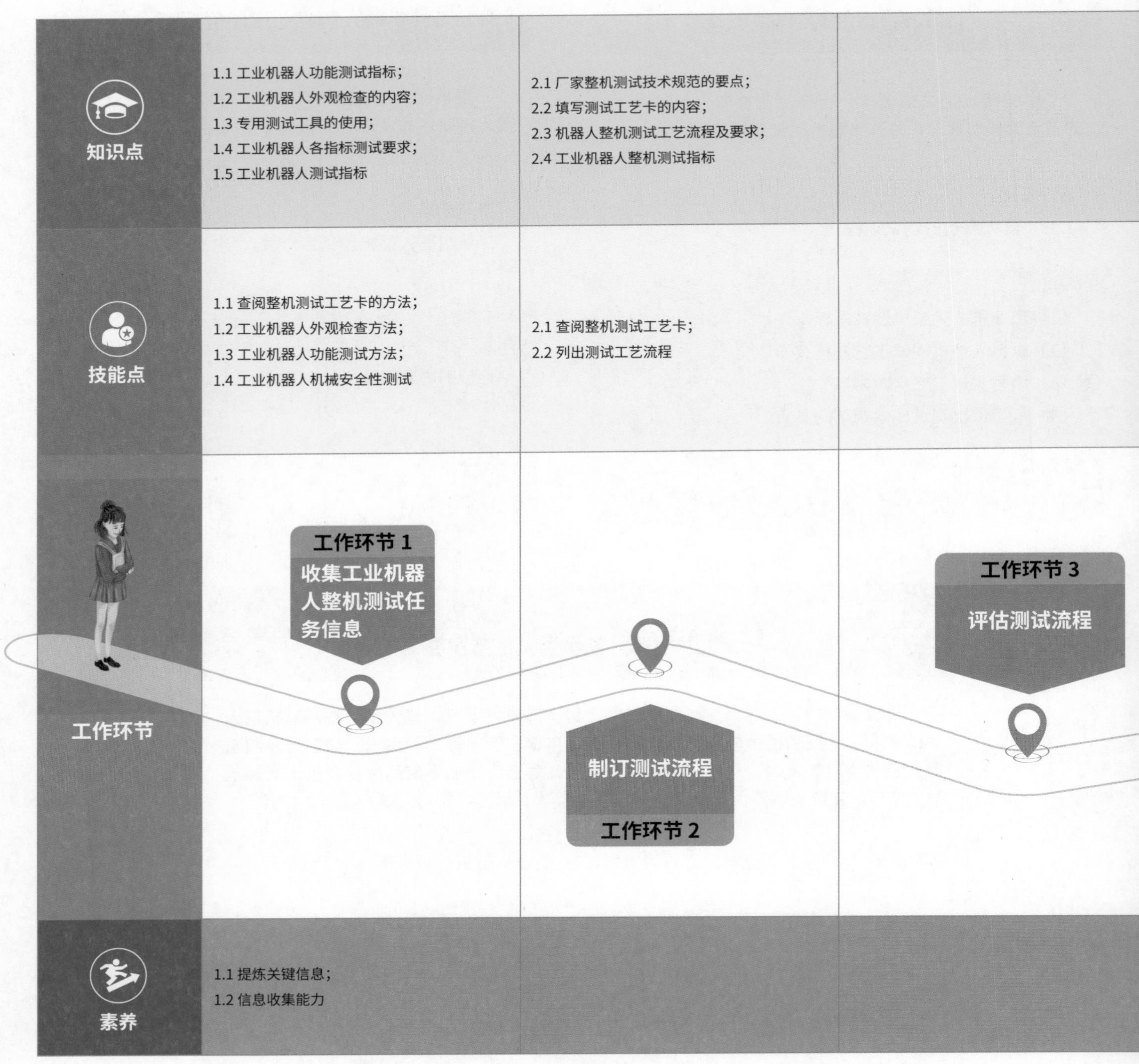

知识点	1.1 工业机器人功能测试指标； 1.2 工业机器人外观检查的内容； 1.3 专用测试工具的使用； 1.4 工业机器人各指标测试要求； 1.5 工业机器人测试指标	2.1 厂家整机测试技术规范的要点； 2.2 填写测试工艺卡的内容； 2.3 机器人整机测试工艺流程及要求； 2.4 工业机器人整机测试指标	
技能点	1.1 查阅整机测试工艺卡的方法； 1.2 工业机器人外观检查方法； 1.3 工业机器人功能测试方法； 1.4 工业机器人机械安全性测试	2.1 查阅整机测试工艺卡； 2.2 列出测试工艺流程	
工作环节	工作环节 1 收集工业机器人整机测试任务信息	工作环节 2 制订测试流程	工作环节 3 评估测试流程
素养	1.1 提炼关键信息； 1.2 信息收集能力		

学习任务 3：工业机器人整机测试

	工作环节 4 实施工业机器人整机测试任务	工作环节 5 工业机器人整机测试施工总结与评价
	4.1 工具的使用； 4.2 检测的内容和要求； 4.3 整机测试的工具种类	5.1 评价的意义； 5.2 评价的内容
	4.1 外观检查的方法； 4.2 功能测试的方法	5.1 评价的方法 5.2 编写工作总结
	4.1 8S 管理	5.1 接受意见和建议的良好心态

工业机器人工作站安装与调试

教学活动

课程 5. 工业机器人工作站的安装与调试

学习任务 3：工业机器人整机测试

1 收集工业机器人整机测试任务信息 → 2 制订测试流程 → 3 评估测试流程 → 4 实施工业机器人整机测试任务 → 5 工业机器人整机测试评价反馈

	工作子步骤	教师活动	学生活动	评价
收集工业机器人整机测试任务信息	1. 领取测试任务单和作业指导书，明确工业机器人整机测试任务。	1. 发放测试任务单。 2. 提出阅读活动要求。 3. 出示关键信息参考答案并要求学生自评。 4. 提出分析作业指导书的各测试指标的流程和方法。 5. 要求各组张贴已经完成的测试任务描述表并口头汇报。 6. 点评任务描述的准确性、完整性。	1. 小组领取资料。（2 分钟） 2. 阅读测试任务单，找出与内容和要素相关的信息。（5 分钟） 3. 小组自评并改正关键信息。（5 分钟） 4. 小组阅读作业指导书，找出各测试指标的流程和方法。（15 分钟） 5. 小组展示汇报。（10 分钟） 6. 听取教师点评。（3 分钟）	1. 小组根据参考答案自评所找关键信息是否准确； 2. 通过汇报及点评，抽查学生对内容掌握是否准确、全面。
	课时： 1 课时 1. 软资源：测试任务单、作业指导书等。 2. 教学设施：白板、磁吸等。			
	2. 知识准备	1. 演示机器人本体、电气控制柜和示教器的连接。 2. 结合工作页，演示各项指标的测试流程和方法。 3. 巡回指导，及时给学生提供帮助。	1. 观看机器人本体、电气控制柜和示教器的连接。 2. 观看各项指标的测试流程和方法，并填写工作页。	检查工作页填写情况。
	课时： 6 课时 1. 软资源：整机测试工作页、测试指标列表。等。			
制订测试流程		1. 引导学生查看工作页中工业机器人整机测试表，明确测试指标。 2. 对个别无法实施测试的指标，通过引导学生观看部件测试视频，理解相关指标测试方法，如耐欠测试。 3. 提出规则和要求，讨论并制订测试流程。 4. 组织小组展示测试流程，并引导其他学生进行讨论。	1. 查看工作页中工业机器人整机测试表，明确测试指标。 2. 对个别无法实施测试的指标，通过观看部分测试视频，理解相关指标测试方法。 3. 按教师提出的规则和要求，讨论并制订测试流程。 4. 小组轮流展示测试流程，并根据讨论结果完善测试流程。	1. 检查测试流程编写内容的方法掌握是否到位。
	课时： 2 课时 1. 软资源：工作页、测试表等。 2. 教学设施：白板、磁吸、测试仪等。			

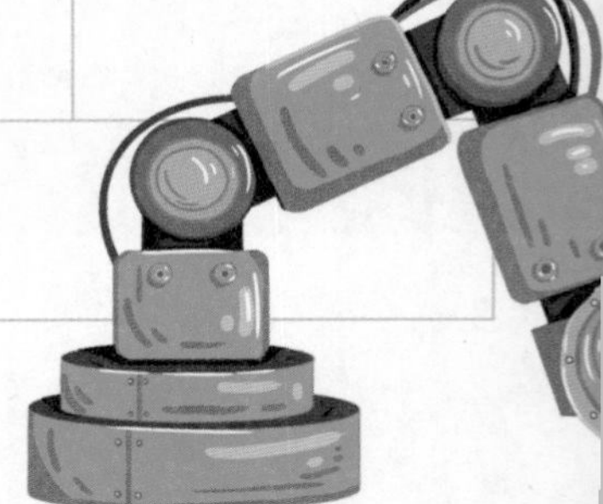

基准学时：20

1 收集工业机器人整机测试任务信息　2 制订测试流程　3 评估测试流程　4 实施工业机器人整机测试任务　5 工业机器人整机测试评价反馈

工作子步骤	教师活动	学生活动	评价
测试流程决策	1. 组织小组轮流展示整机测试。 2. 提示观察并听其他组的汇报。 3引导学生及时提出展示中不明白的问题。	1. 小组代表展示整机测试流程。 2. 倾听并记录其他组的整机测试。 3. 根据提出的问题进行说明和修订。	1. 小组展示，互评整机测试。
	课时：1 课时 1. 软资源：工作计划表等。 2. 教学设施：白板、磁吸等。		
工业机器人整机测试任务实施	1. 通过提问的方式检查学生对检测工具的认识。 2. 检查学生对检测内容和要求是否了解。 3. 引导学生布置好测试现场并做好个人防护。 4. 提示小组按测试流程完成整机测试并填写检测表。	1. 熟悉检测表中要用到的检查工具，并回答老师的问题。 2. 学生代表讲解检测内容和要求。 3. 学生布置好测试现场并做好个人防护。 4. 小组按测试流程完成整机测试并填写检测表。	1. 检测记录表的填写情况。
	课时：8 课时 1. 软资源：评价表等。		
工业机器人整机测试评价反馈	1. 呈现及要求学生查看一份学习评价表，讲解评价的内容、要求及评价的重要意义。 2. 巡查并监控课堂，在学生学习过程中适时给予帮助，对共性问题进行集中讲解。 3. 组织学生以小组为单位汇报组内成员的评价情况，并组织其他小组认真地做出表决。 4. 点评与小结 。	1. 独自查看学习评价表,了解评价的内容，听取老师讲解关于评价的要求和评价的意义作用。 2. 对照自己在整个任务活动过程中所做的工作和情况，客观地实事求是地给自己做出评价。 3. 以小组为单位，派代表上台汇报本组各成员的自我评价情况，其他小组进行表决（是否通过）。 4. 听取老师点评，做好笔记。	1. 学生自评与互评：执行工作页中该部分的自评与互评的标准； 2. 教师评价：执行工作页中该部分的教师的评价标准。
	课时：2 课时 1. 软资源：评价表等。		

学习任务 4：工业机器人码垛工作站的安装与调试

任务描述

学习任务学时：20 课时

任务情境：

某车间引进了一套工业机器人码垛工作站。已经把设备送到车间，你们作为该项目工程实施人员，现要求按照合同完成工业机器人码垛工作站的安装与调试。该工作站由 1 台 6 轴工业机器人、1 套码垛夹具、1 个上料台、1 个下料台、1 个 U 形传送带和 1 套 PLC 总控系统组成，根据合同要求，需在规定时间内完成工作站的安装与调试，要求技术员按照国家、行业企业相关规范在 2 天内完成调试工作。

操作调整工从项目负责人处领取码垛工作站安装调试任务单，根据安装调试任务单，完成码垛工作站的安装；操作工业机器人，建立工具坐标系和工件坐标系，根据信号清单添加工业机器人 I/O 信号和工作站的工作流程编写程序的逻辑框架，添加程序运动指令、信号控制指令和程序数据等，完成搬运工作站机器人程序编写并进行程序的检查和调试，调试完成后试运行并备份工业机器人程序。工作站的搬运调试必须满足生产节拍要求、物料转移的定位要求、系统稳定性要求、防碰撞、安全互锁等安全要求。调试合格后，填写调试记录单、调试工序检验单并提交部门主管审核。最后通过规定时间的试产，调试作业完成后，做好记录和存档。

在生产过程中，要遵循现场工作管理规范，符合安全作业和环境保护要求，遵守《GB 5226.1-2008 机械电气安全机械电气设备 第 1 部分：通用技术条件》《GB/T 20867-2007 工业机器人安全实施规范》等技术标准及“8S”管理制度。

具体要求见下页。

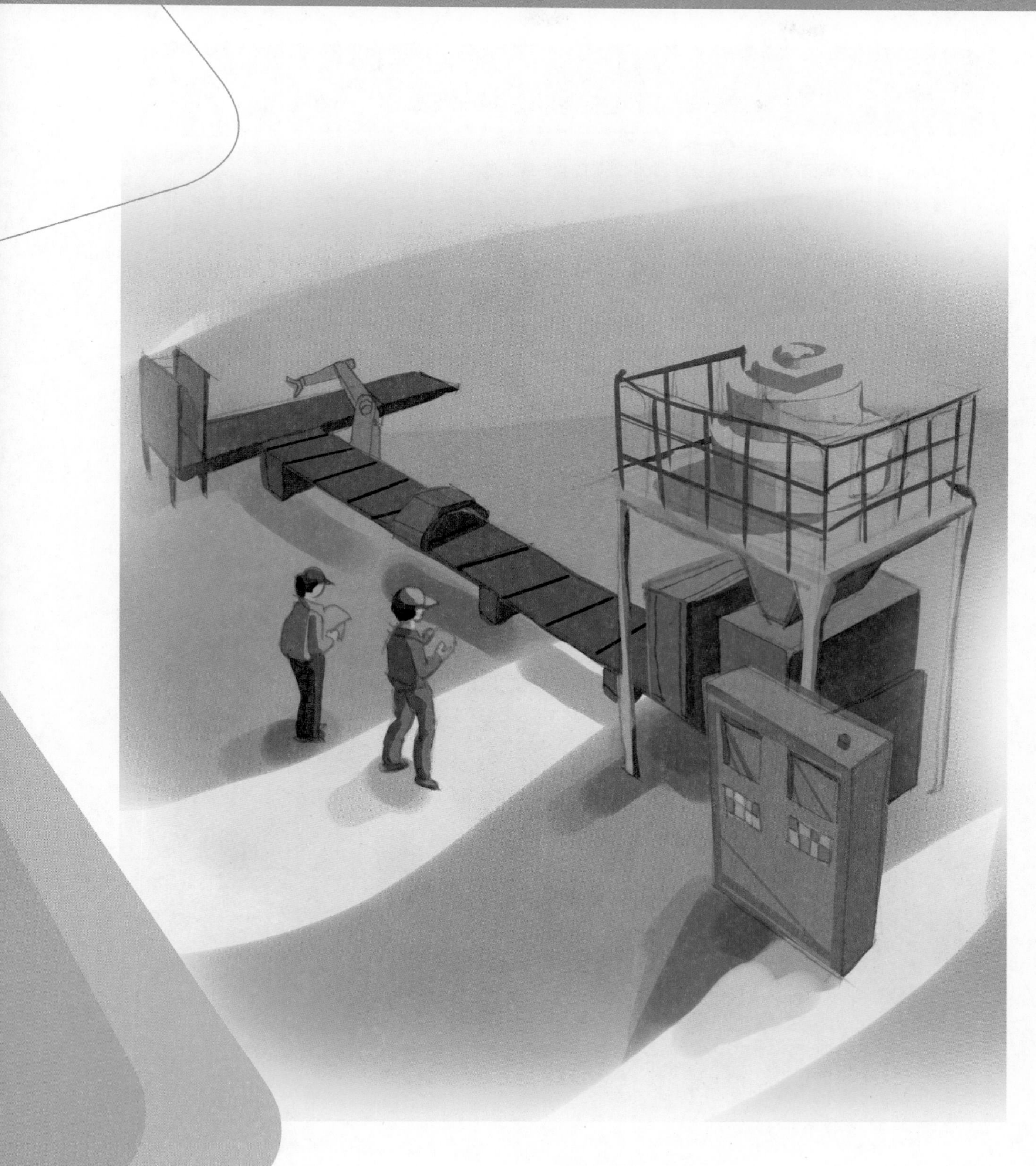

工作流程和标准

工作环节 1

一、收集码垛工作站安装调试的相关信息

1. 领取任务单，明确码垛工作站安装、调试的工作任务。

操作调整工从项目负责人处领取码垛工作站安装调试任务单，阅读工作站安装与调试任务单，必要时与班组长沟通，明确工业机器人码垛工作站安装与调试内容、安装调试流程、工艺要求和安全注意事项等。

2. 知识准备。

通过各种途径，如教材、学材、工业机器人厂家产品说明书或使用手册、图书馆、网络等，广泛查收资料，学习本任务中所需掌握的知识和技能。

学习成果：

1.（1）复述工业机器人码垛工作站安装调试的任务内容；
（2）复述工业机器人码垛工作站安装调试的任务工艺要求和安全注意事项；
2. 完成的工业机器人码垛工作站安装与调试工作页。

知识点：

1.（1）码垛工作站安装调试任务单的内容和要求；（2）项目安装调试进度计划表的信息。
2.（1）认识机器人码垛工作站硬件设备，含机器人、操作箱、传送带等；
（2）工业机器人码垛工作站电气布线；（3）工业机器人基本系统的电气连线；
（4）工位电柜与机器人系统、操作箱及传送带的电气连线；
（5）夹具的电气连线；（6）工业机器人本体的安装注意事项；
（7）传送带的安装注意事项。

技能点：

1. 通过分析码垛工作站安装调试任务单，明确码垛工作站安装调试流程。
2.（1）工业机器人码垛工作站电气接线的方法；
（2）工业机器人码垛工作站安装调试流程；
（3）工业机器人人码垛工作站安装调试的注意事项；
（4）传送带的安装方法和注意事项；（5）安全防护栏安装；
（6）夹具的安装；（7）安全检查与系统开启。

职业素养：

1. 任务分析能力；
2. 查阅资料和提取信息的能力。

工作环节 2

二、制订码垛工作站安装调试工作计划

1. 对照码垛工作站的各种设备，勘查施工现场，并绘制各设备安装布局图。
2. 制订码垛工作站安装调试的工作计划。

   根据码垛工作站安装调试的任务单及码垛工作站安装调试流程，制订工作计划。
3. 设备、材料的领取，工具的准备。

   根据任务单和安装调试工作需要，列出本工作站安装调试的设备、材料和工具并领取清单物品。

学习成果：

1. 码垛工作站的安装布局图；
2. 工作计划表；
3. 设备、材料和工具清单。

知识点：

1.（1）布局图定义；（2）布局的作用。
2.（1）膨胀螺栓结构和用途；（2）冲击钻的结构及用途；
（3）安全护栏结构与功能；
（4）安全标识牌和警戒的种类。

技能点：

1. 布局图的绘制方法。
2.（1）码垛工作站安装流程和方法；
（2）估算安装工期，制订工作计划。
3.（1）膨胀螺栓的使用方法；
（2）冲击钻的使用方法；
（3）安全防护栏的安装方法。

职业素养：

1. 空间规划能力；
2. 按流程工作的意识；
3. 安全防护意识。

工作流程和标准

工作环节 3

三、码垛工作站安装与调试现场施工

3

1. 码垛工作站硬件设备安装。

对照码垛工作站设备安装布局图，对机器人本体、传送带、上下料台、电器柜、安全防护栏进行定位及安装，并完成各种设备的电气连接。

2. 码垛工作站调试。

码垛工作站各个设备连接好后，给工业机器人上电，测试各部件是否能正常运行。

学习成果：

1. 安装好的码垛工作站；
2. 完成测试的码垛工作站。

知识点：

1. （1）施工安全防范措施；（2）各种导线的连接方法；
（3）线路的走线工艺；
（4）机器人本体、传送带、上下料台、电器柜、安全防护栏等设备的安装要求。
2. （1）各设备测试的内容；（2）设备上电；（3）I/O 信号的知识。

技能点：

1. （1）施工现场安全防护布置方法；
（2）机器人本体、传送带、上下料台、电器柜、安全防护栏等设备安装方法。
2. （1）设备上电流程；
（2）各设备测试的方法；
（3）I/O 信号配置方法；
（4）工业机器人码垛站程序导入的方法。

职业素养：

1. 安全意识。

工作环节 4

四、码垛工作站施工项目验收

4

根据项目施工技术标准，对照验收单，对工作站的硬件设备的安装及电气接线进行检查，确保没问题后，进行上电，对机器人、传送带、夹具等进行动作测试，逐项规范填写检验记录单并签名确认。邀请客户（企业技术人员）做成果验收，对验收意见做答辩及后续处理，最终交付。

学习成果：工业机器人码垛站验收单。

知识点：（1）工业机器人码垛工作站检测内容；（2）工业机器人码垛工作站验收流程；（3）通电测试；（4）填写验收单；（5）工作现场的清理。

技能点：
（1）工业机器人码垛工作站检测方法；（2）工业机器人码垛工作站验收流程。

职业素养：工作严谨性。

工作环节 5

五、总结与评价

5

汇报工业机器人码垛工作站验收情况，提出意见和建议。

学习成果：工程质量分析报告。

知识点：（1）工程质量分析；（2）总结报告的填写。

技能点：评价方法。

职业素养：接受意见和建议的良好心态。

学习内容

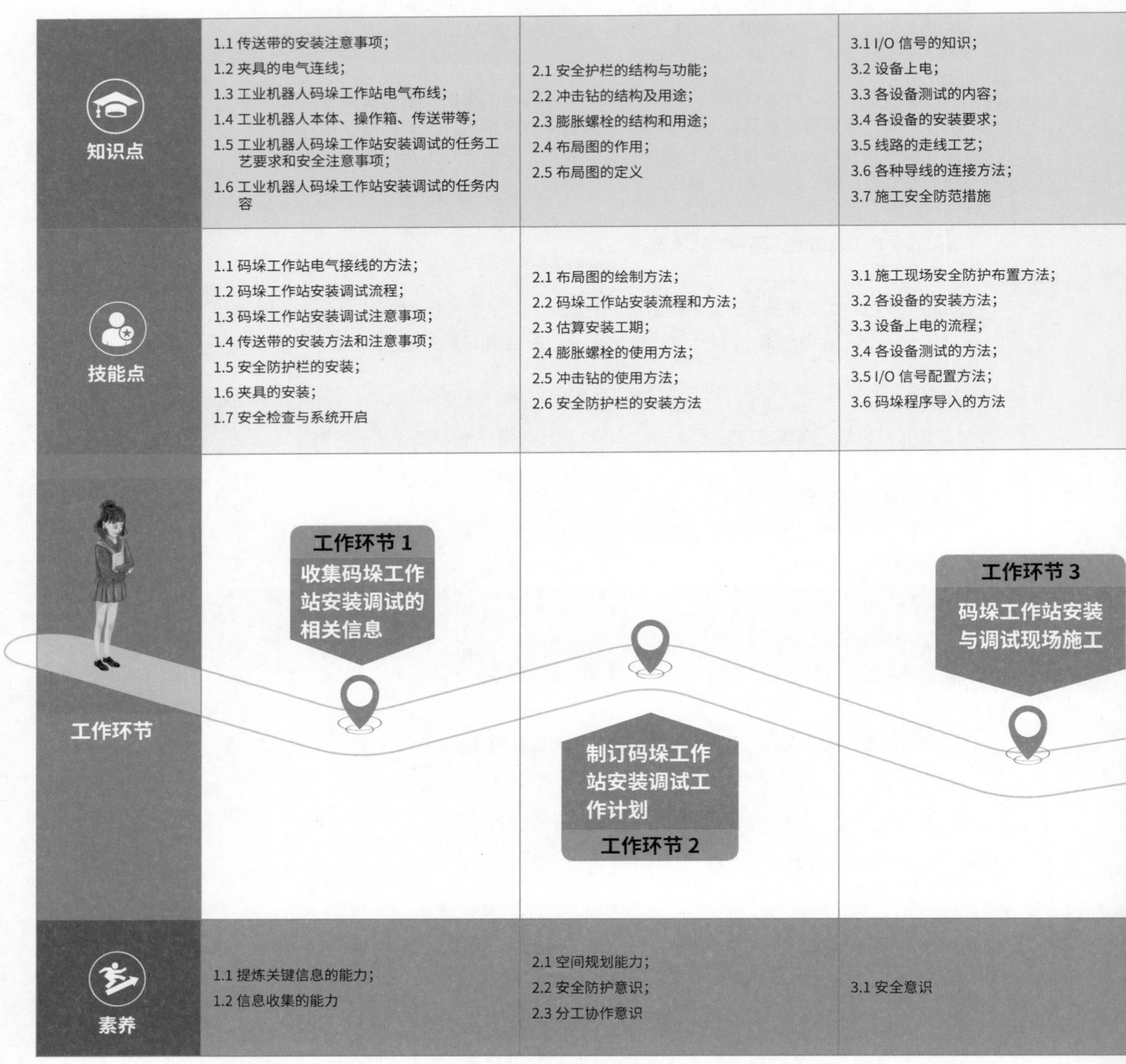

知识点	1.1 传送带的安装注意事项； 1.2 夹具的电气连线； 1.3 工业机器人码垛工作站电气布线； 1.4 工业机器人本体、操作箱、传送带等； 1.5 工业机器人码垛工作站安装调试的任务工艺要求和安全注意事项； 1.6 工业机器人码垛工作站安装调试的任务内容	2.1 安全护栏的结构与功能； 2.2 冲击钻的结构及用途； 2.3 膨胀螺栓的结构和用途； 2.4 布局图的作用； 2.5 布局图的定义	3.1 I/O 信号的知识； 3.2 设备上电； 3.3 各设备测试的内容； 3.4 各设备的安装要求； 3.5 线路的走线工艺； 3.6 各种导线的连接方法； 3.7 施工安全防范措施
技能点	1.1 码垛工作站电气接线的方法； 1.2 码垛工作站安装调试流程； 1.3 码垛工作站安装调试注意事项； 1.4 传送带的安装方法和注意事项； 1.5 安全防护栏的安装； 1.6 夹具的安装； 1.7 安全检查与系统开启	2.1 布局图的绘制方法； 2.2 码垛工作站安装流程和方法； 2.3 估算安装工期； 2.4 膨胀螺栓的使用方法； 2.5 冲击钻的使用方法； 2.6 安全防护栏的安装方法	3.1 施工现场安全防护布置方法； 3.2 各设备的安装方法； 3.3 设备上电的流程； 3.4 各设备测试的方法； 3.5 I/O 信号配置方法； 3.6 码垛程序导入的方法
工作环节	工作环节 1 收集码垛工作站安装调试的相关信息	制订码垛工作站安装调试工作计划 工作环节 2	工作环节 3 码垛工作站安装与调试现场施工
素养	1.1 提炼关键信息的能力； 1.2 信息收集的能力	2.1 空间规划能力； 2.2 安全防护意识； 2.3 分工协作意识	3.1 安全意识

学习任务 4：工业机器人码垛工作站安装与调试

	4.1 工作现场的清理； 4.2 填写验收单； 4.3 码垛工作站验收流程； 4.4 码垛工作站检测内容	5.1 总结报告的填写； 5.2 工程质量分析
	4.1 码垛工作站检测方法； 4.2 码垛工作站验收流程	5.1 评价的方法； 5.2 编写工作总结
	工作环节 4 码垛工作站施工项目验收	工作环节 5 码垛工作站施工总结与评价
	4.1 工作严谨性	5.1 接受意见和建议的良好心态

课程 5. 工业机器人工作站的安装与调试

学习任务 4：工业机器人码垛工作站的安装与调试

1 收集码垛工作站信息 → 2 制订码垛工作站安装调试工作计划 → 3 码垛工作站安装与调试现场实施 → 4 码垛施工项目验收 → 5 总结与评价

收集码垛工作站信息

工作子步骤	教师活动	学生活动	评价
1. 领取任务单、明确码垛工作站安装、调试的工作任务。	1. 引导学生进行任务分析，明确工作任务内容。 2. 随机提问学生任务的工作内容是什么。 3. 总结本任务的工作内容。 4. 引导学生阅读任务要求。 5. 引导各组汇报存在的问题。 6. 与学生一同分析提出的问题。	1. 阅读项目方案书，进行小组讨论，明确工作内容。 2. 小组代表回答问题，其他人进行补充。 3. 听讲并明确工作内容。 4. 阅读任务要求，并对任务要求进行逐一讨论，弄清楚任务要求，将不理解的内容记录下来。 5. 小组代表汇报不理解的任务要求。 6. 认真听教师的分析并记录。	1. 通过提问的方式考察学生对内容的掌握情况。
课时： 1 课时 1. 软资源：项目方案书等。 2. 教学设施：白板、磁吸、投影仪等。			
2. 知识准备	1. 引导学生根据工作页的引导问题完成工作页。 2. 巡回指导。 3. 逐一对工作页的问题进行抽查，了解学生工作页的完成情况和正确率。 4. 通过 PPT 讲解工业机器人码垛工作站的相关知识与技能。	1. 根据工作页内容回答问题。 2. 有问题及时请教老师。 3. 被抽查到的学生回答问题，其他同学听讲。 4. 听教师讲解工业机器人码垛工作站的相关知识与技能。	1. 通过抽查学生的工作页完成情况和对问题回答的正确率来判断学生学习效果。
课时： 6 课时 1. 软资源：工作页、教材、PPT、电气图原理图、电气接线图、ABB 机器人使用手册等。 2. 教学设施：白板、磁吸、投影仪等。			

制订码垛工作站安装调试工作计划

工作子步骤	教师活动	学生活动	评价
1. 对照码垛工作站的各种设备，勘查施工现场，并绘制各设备安装布局图。	1. 提问：码垛工作站的设备这么多，如何安装？ 2. 引出布局图，并讲解布局的定义及作用。 3. 讲解布局图的绘制方法。 4. 引导学生小组绘制布局图。 5. 组织小组汇报布局图成果。 6. 指出各组布局图存在的问题。	1. 思考并回答老师的提问，提出各种方法。 2. 听讲并记录布局的定义及作用。 3. 听讲布局图的绘制方法。 4. 小组讨论并绘制布局图。 5. 各组派代表汇报布局图，其他人员提出意见。 6. 修订并完善布局图存在的问题。	1. 通过提问方式考察学生对内容的掌握。
课时： 1 课时 1. 软资源：PPT、布局图等。 2. 教学设施：白板、磁吸、投影仪等。			

基准学时：20

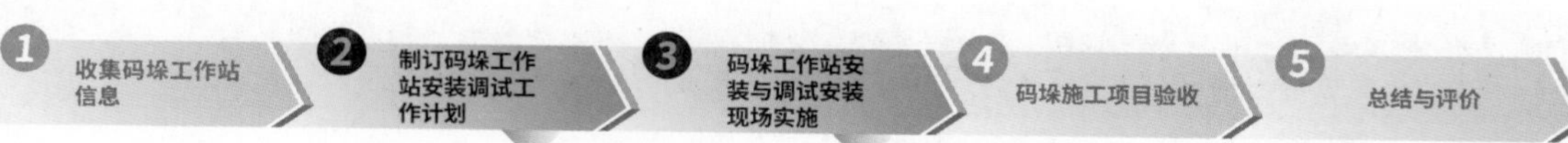

阶段	工作子步骤	教师活动	学生活动	评价
制订码垛工作站安装调试工作计划	2. 制订工作计划表。	1. 引导学生小组分析码垛工作站的安装流程，并巡回指导。 2. 组织学生汇报码垛工作站的安装流程。 3. 点评各组的码垛工作站的安装流程并要求各组完善。 4. 引导各小组根据码垛工作站的安装流程进行人员分工、时间分配。	1. 小组讨论分析码垛工作站的安装流程，并填写工作页中流程表。 2. 小组汇报码垛工作站的安装流程，其他学生思考并对流程提出异议。 3. 听讲并完善码垛工作站的安装流程。 4. 小组根据码垛工作站的安装流程进行人员分工、时间分配。	1. 小组展示； 2. 讨论码垛工作站安装流程； 3. 人员分工是否合理。
	课时： 1 课时 1. 软资源：工作页中流程表、工作计划表等。 2. 教学设施：白板、磁吸等。			
	3. 设备、材料的领取，工具的准备。	1. 引导学生列出安装过程需使用的工具的清单。 2. 讲解并演示膨胀螺栓、冲击钻、安全防护栏的使用方法和注意事项。	1. 学生列出安装过程需使用的工具的清单。 2. 听讲并观看教师演示膨胀螺栓、冲击钻、安全防护栏的使用方法和注意事项。	1. 检查工作页填写情况。
	课时： 1 课时 1. 软资源：码垛工作站的工作页等。			
码垛工作站安装与调试安装现场实施	1. 码垛工作站硬件设备安装。	1. 引导学生查阅各设备的安装说明书。 2. 重点讲解各种设备安装易出问题的点。 3. 引导学生根据计划安装上料台、下料台、传送带、控制柜、机器人本体。 4. 巡回指导、观察并及时纠正学生。	1. 查阅各设备的安装说明书。 2. 听教师讲解各种设备安装易出问题的点。 3. 小组按计划实施安装上料台、下料台、传送带、控制柜、机器人本体并填写安装记录单。	检查安装记录单。
	课时： 6 课时 1. 软资源：装配图等。 2. 教学设施：防护带、本体各部件、钳工工具、电工工具、量具等。			
	2. 码垛工作站调试。	1. 引导学生检查各设备安装是否正确。 2. 讲解设备上电流程和注意事项。 3. 给学生示范程序导入方法。	1. 根据计划检查各设备安装是否正确。 2. 观看和听讲设备上电流程和注意事项。 3. 导入程序并关联 I/O。	成果演示。
	课时： 2 课时 1. 软资源：安装记录单等。			
码垛施工项目验收		1. 讲解检测的内容、方法和要求。 2. 巡回指导。	1. 检测。 2. 填写检测表。	1. 通过提问方式考察学生对内容的掌握情况。
	课时： 1 课时 1. 软资源：验收单等。			
总结与评价	项目总结与评价	与偏差较大的学生进行谈话反馈。	与老师进行谈话反馈。	1. 评估偏差，互动交流； 2. 谈话反馈。
	课时： 1 课时 1. 软资源：张贴板等。 2. 教学设施：多媒体设备等。			

学习任务 5：工业机器人装配工作站安装与调试

任务描述

学习任务学时：20 课时

任务情境：

公司为照相机电池和内存卡的装配工序采购了一套工业机器人装配工作站。设备已经送到车间，你们作为该项目工程实施人员，现要求按照合同完成工业机器人装配工作站的安装与调试。该工作站由 1 台 6 轴工业机器人、1 套装配夹具、1 套机器人视觉系统、1 套物料导向台、1 个物料检测传感器和 1 套 PLC 总控系统组成，要求操作调整工按照合同要求完成工业机器人视觉装配工作站的调试。

操作调整工从项目负责人处领取装配工作站安装调试任务单，根据安装调试任务单，完成装配工作站的安装；操作工业机器人，建立工具坐标系和工件坐标系，根据信号清单添加工业机器人 I/O 信号，根据工作站的工作流程编写程序的逻辑框架，添加程序运动指令、信号控制指令和程序数据等，完成装配工作站机器人程序编写并进行程序的检查和调试，调试完成后试运行，并备份工业机器人程序。工作站的搬运调试必须满足生产节拍要求、物料转移的定位要求、系统稳定性要求、防碰撞、安全互锁等安全要求。调试合格后，填写调试记录单、调试工序检验单并提交部门主管审核。最后通过规定时间的试产，调试作业完成后，做好记录和存档。

在生产过程中，要遵循现场工作管理规范，符合安全作业和环境保护要求，遵守《GB 5226.1-2008 机械电气安全机械电气设备 第 1 部分：通用技术条件》《GB/T 20867-2007 工业机器人安全实施规范》等技术标准及“8S”管理制度。

具体要求见下页。

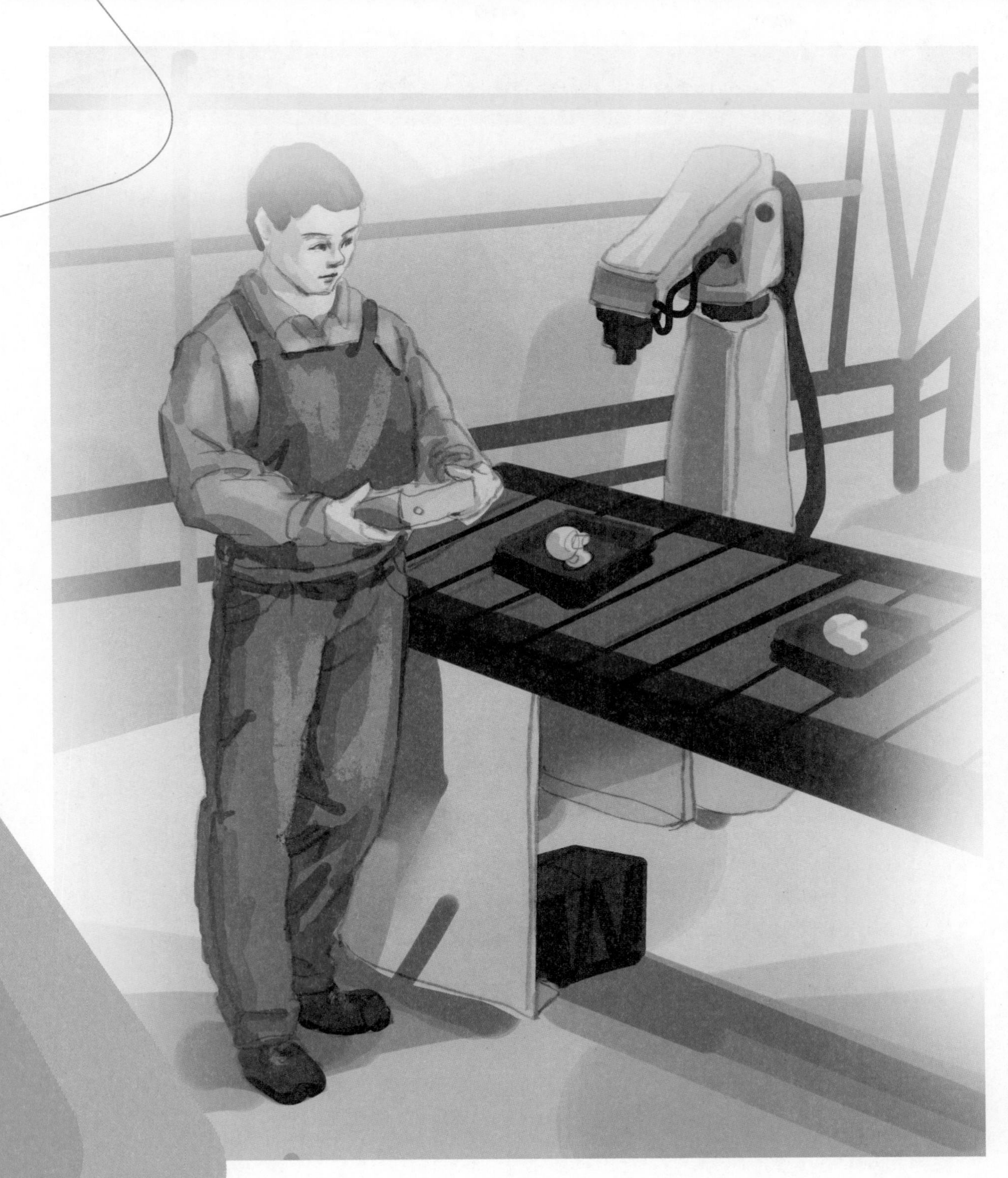

工业机器人工作站安装与调试

工作流程和标准

工作环节 1

一、收集装配工作站安装调试的相关信息

1. 领取任务单，明确装配工作站安装、调试的工作任务。

操作调整工从项目负责人处领取装配工作站安装调试任务单，阅读工作站安装与调试任务单，必要时与班组长沟通，明确工业机器人装配工作站安装与调试内容、安装调试流程、工艺要求和安全注意事项等。

2. 知识准备

通过各种途径，如教材、学材、工业机器人厂家产品说明书或使用手册、图书馆、网络等。广泛收集资料，学习任务中所需掌握的知识和技能。

学习成果：

1. （1）复述工业机器人装配工作站安装调试的任务内容；
   （2）复述工业机器人装配工作站安装调试的任务工艺要求和安全注意事项。
2. 完成的工业机器人装配工作站安装与调试工作页。

知识点：

1. （1）装配工作站安装调试任务单的内容和要求；
   （2）项目安装调试进度计划表的信息。
2. （1）认识装配机器人；（2）装配机器人系统组成；
   （3）工业机器人装配工作站电气原理与布线；
   （4）工位电柜与机器人系统、操作箱及周边设备的电气连线；
   （5）视觉传感系统；（6）工业机器人本体安装注意事项；（7）机器人行走导轨。

技能点：

1. 通过分析装配工作站安装调试任务单，明确装配工作站安装调试流程。
2. （1）工业机器人装配工作站电气接线的方法；
   （2）工业机器人装配工作站安装调试流程；
   （3）工业机器人装配工作站安装调试的注意事项；
   （4）视觉系统的安装方法和注意事项；（5）安全防护栏安装；
   （6）机器人行走导轨的安装；（7）安全检查与系统开启。

职业素养：

1. 任务分析能力；
2. 查阅资料和提取信息的能力。

工作环节 2

二、制订装配工作站安装调试工作计划

1. 对照装配工作站的各种设备，勘查施工现场，绘制各设备安装布局图。
2. 制订装配工作站安装调试的工作计划。

   根据装配工作站安装调试的任务单及装配工作站安装调试流程，制订工作计划。
3. 设备、材料的领取，工具的准备。

   根据任务单和安装调试工作需要，列出本工作站安装调试的设备、材料和工具并领取清单物品。

学习成果：

1. 装配工作站的安装布局图；
2. 工作计划表；
3. 设备、材料和工具清单。

知识点：

1.（1）布局图定义；（2）布局的作用。

2.（1）膨胀螺栓的结构和用途；（2）冲击钻的结构及用途；

（3）安全护栏的结构与功能；

（4）安全标识牌和警戒的种类。

技能点：

1. 布局图的绘制方法。

2.（1）装配工作站安装流程和方法；

（2）估算安装工期，制订工作计划。

3.（1）膨胀螺栓的使用方法；

（2）冲击钻的使用方法；

（3）安全防护栏的安装方法。

职业素养：

1. 空间规划能力；
2. 按流程工作的意识；
3. 安全防护意识。

工作流程和标准

工作环节 3

一、装配工作站安装与调试现场施工

3

1. 装配工作站硬件设备安装。

对照装配工作站设备安装布局图，对机器人本体、传送带、视觉识别系统、工件平台、电器柜、安全防护栏进行定位及安装，并完成各种设备的电气连接。

2. 装配工作站调试。

装配工作站各个设备连接好后，给工业机器人上电，测试各部件是否能正常运行。

学习成果：

1. 安装好的装配工作站；
2. 完成测试的装配工作站。

知识点：

1. （1）施工安全防范措施；（2）各种导线的连接方法；（3）线路的走线工艺；
   （4）机器人本体、传送带、视觉识别系统、工件平台、电器柜、安全防护栏等设备的安装要求。
2. （1）各设备测试的内容；（2）设备上电；（3）I/O 信号的知识。

技能点：

1. （1）施工现场安全防护布置方法；
   （2）机器人本体、传送带、视觉识别系统、工件平台、电器柜、安全防护栏等设备安装方法。
2. （1）设备上电流程；（2）各设备测试的方法；（3）I/O 信号配置方法；
   （4）工业机器人装配站程序导入的方法。

职业素养：

1. 安全意识。

工作环节 4

四、装配工作站施工项目验收

根据项目施工技术标准，对照验收单，对工作站的硬件设备的安装、电气接线进行检查，确保没问题后进行上电，对机器人、传送带、夹具等进行动作测试，逐项规范填写检验记录单并签名确认。邀请客户（企业技术人员）做成果验收，对验收意见做答辩及后续处理，最终交付。

学习成果：工业机器人装配站验收单

知识点：（1）工业机器人装配工作站检测内容；（2）工业机器人装配工作站验收流程；（3）通电测试；（4）填写验收单；（5）工作现场的清理。

技能点：
（1）工业机器人装配工作站检测方法；（2）工业机器人装配工作站验收流程。

职业素养：工作严谨性。

工作环节 5

五、总结与评价

5

汇报工业机器人装配工作站验收情况，提出意见和建议。

学习成果：工程质量分析报告。

知识点：（1）工程质量分析；（2）总结报告的填写。

技能点：评价方法。

职业素养：接受意见和建议的良好心态。

课程 5. 工业机器人工作站的安装与调试

学习内容

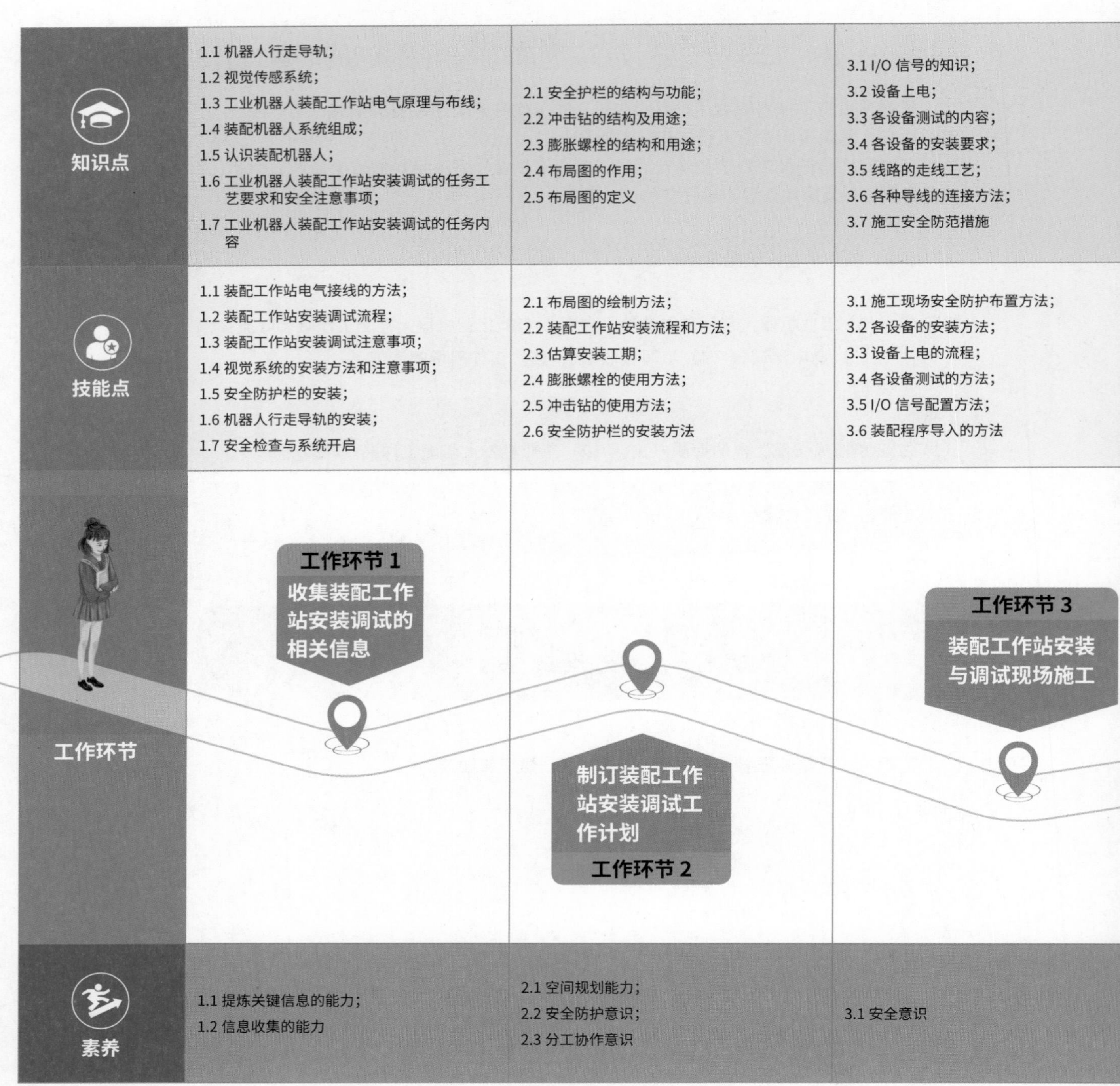

知识点	1.1 机器人行走导轨； 1.2 视觉传感系统； 1.3 工业机器人装配工作站电气原理与布线； 1.4 装配机器人系统组成； 1.5 认识装配机器人； 1.6 工业机器人装配工作站安装调试的任务工艺要求和安全注意事项； 1.7 工业机器人装配工作站安装调试的任务内容	2.1 安全护栏的结构与功能； 2.2 冲击钻的结构及用途； 2.3 膨胀螺栓的结构和用途； 2.4 布局图的作用； 2.5 布局图的定义	3.1 I/O 信号的知识； 3.2 设备上电； 3.3 各设备测试的内容； 3.4 各设备的安装要求； 3.5 线路的走线工艺； 3.6 各种导线的连接方法； 3.7 施工安全防范措施
技能点	1.1 装配工作站电气接线的方法； 1.2 装配工作站安装调试流程； 1.3 装配工作站安装调试注意事项； 1.4 视觉系统的安装方法和注意事项； 1.5 安全防护栏的安装； 1.6 机器人行走导轨的安装； 1.7 安全检查与系统开启	2.1 布局图的绘制方法； 2.2 装配工作站安装流程和方法； 2.3 估算安装工期； 2.4 膨胀螺栓的使用方法； 2.5 冲击钻的使用方法； 2.6 安全防护栏的安装方法	3.1 施工现场安全防护布置方法； 3.2 各设备的安装方法； 3.3 设备上电的流程； 3.4 各设备测试的方法； 3.5 I/O 信号配置方法； 3.6 装配程序导入的方法
工作环节	工作环节 1 收集装配工作站安装调试的相关信息	工作环节 2 制订装配工作站安装调试工作计划	工作环节 3 装配工作站安装与调试现场施工
素养	1.1 提炼关键信息的能力； 1.2 信息收集的能力	2.1 空间规划能力； 2.2 安全防护意识； 2.3 分工协作意识	3.1 安全意识

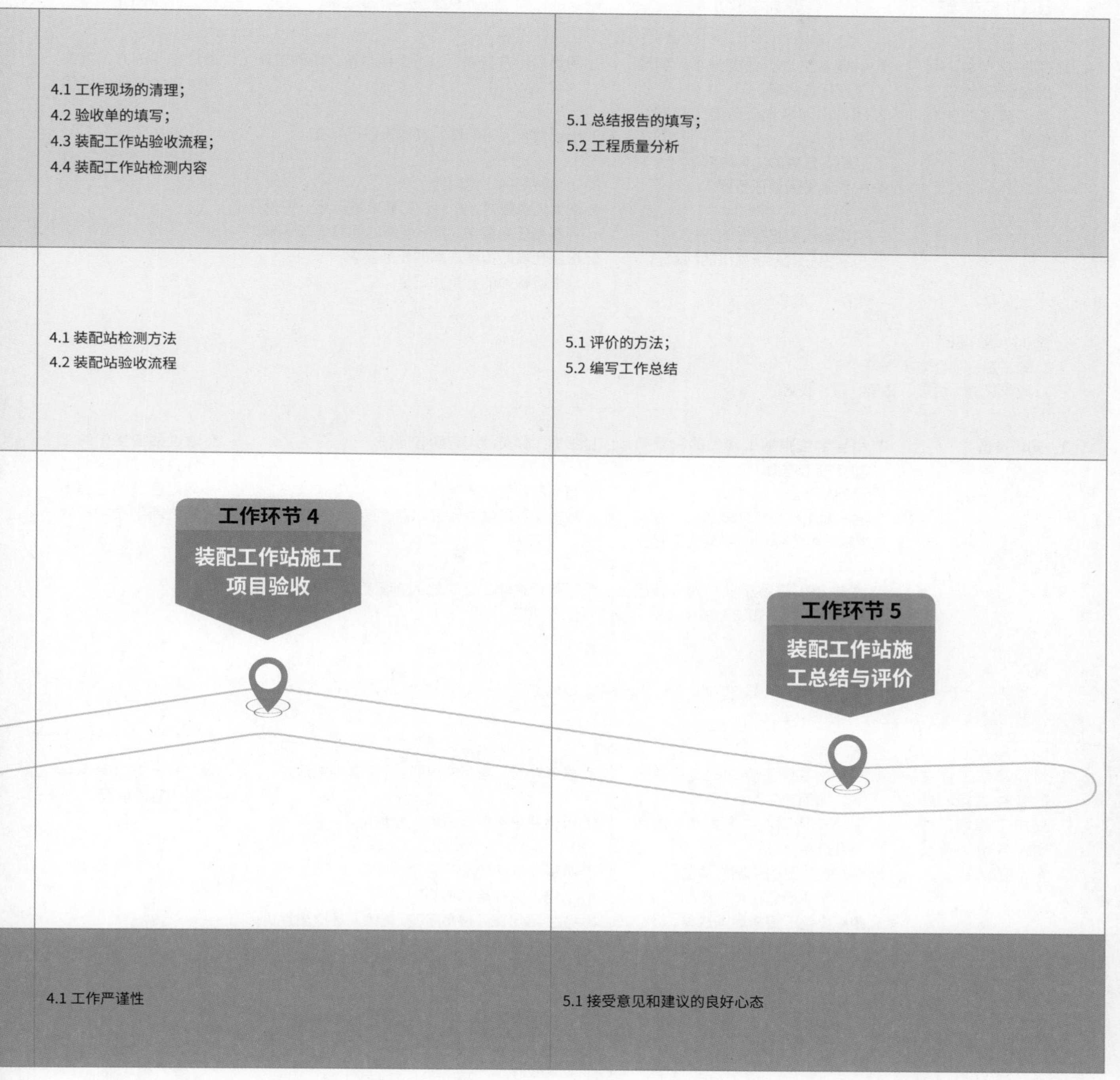

工作环节 4 装配工作站施工项目验收	工作环节 5 装配工作站施工总结与评价
4.1 工作现场的清理； 4.2 验收单的填写； 4.3 装配工作站验收流程； 4.4 装配工作站检测内容	5.1 总结报告的填写； 5.2 工程质量分析
4.1 装配站检测方法 4.2 装配站验收流程	5.1 评价的方法； 5.2 编写工作总结
4.1 工作严谨性	5.1 接受意见和建议的良好心态

学习任务 5：工业机器人装配工作站的安装与调试

1 收集装配工作站信息 → 2 制订装配工作站安装调试工作计划 → 3 装配工作站安装与调试安装现场实施 → 4 装配施工项目验收 → 5 总结与评价

工作子步骤	教师活动	学生活动	评价
收集装配工作站信息			
1. 领取任务单、明确装配工作站安装、调试的工作任务。	1. 引导学生进行任务分析，明确工作任务内容。 2. 随机提问学生任务的工作内容是什么。 3. 总结本任务的工作内容。 4. 引导学生阅读任务要求。 5. 引导各组汇报存在的问题。 6. 与学生一同分析提出的问题。	1. 阅读项目方案书，进行小组讨论，明确工作内容。 2. 小组代表回答问题，其他人进行补充。 3. 听讲并明确工作内容。 4. 阅读任务要求，并对任务要求进行逐一讨论，弄清楚任务要求，将不理解的问题记录下来。 5. 小组代表汇报不理解的任务要求。 6. 认真听教师的分析并记录。	通过提问的方式考察学生对内容的掌握情况。
课时： 1 课时 1. 软资源：项目方案书等。 2. 教学设施：白板、磁吸、投影仪等。			
2. 知识准备	1. 引导学生根据工作页的引导问题完成工作页。 2. 巡回指导。 3. 逐一对工作页的问题进行抽查，了解学生工作页的完成情况和正确率。 4. 通过 PPT 讲解工业机器人装配工作站的相关知识与技能。	1. 根据工作页的内容回答问题。 2. 有问题及时请教老师。 3. 被抽查到的学生回答问题，其他同学听讲。 4. 听教师讲解工业机器人装配工作站的相关知识与技能。	1. 通过抽查学生的工作页完成情况和对问题回答的正确率来判断学生学习效果。
课时： 6 课时 1. 软资源：工作页、教材、PPT、电气图原理图、电气接线图、ABB 机器人使用手册等。 2. 教学设施：白板、磁吸、投影仪等。			
制订装配工作站安装调试工作计划			
1. 对照装配工作站的各种设备，勘查施工现场，并绘制各设备安装布局图。	1. 提问：装配工作站的设备这么多，如何安装? 2. 引出布局图，并讲解布局的定义及作用。 3. 讲解布局图的绘制方法 。 4. 引导学生小组绘制布局图。 5. 组织小组汇报布局图成果。 6. 指出各组布局图存在的问题。	1. 思考并回答老师的提问，提出各种方法。 2. 听讲并记录布局的定义及作用。 3. 听讲布局图的绘制方法。 4. 小组讨论并绘制布局图。 5. 各组派代表汇报布局图，其他人员提出意见。 6. 修订并完善布局图存在的问题。	通过提问方式考察学生对内容的掌握。
课时： 2 课时 1. 软资源：PPT、布局图等。 2. 教学设施：白板、磁吸、投影仪等。			

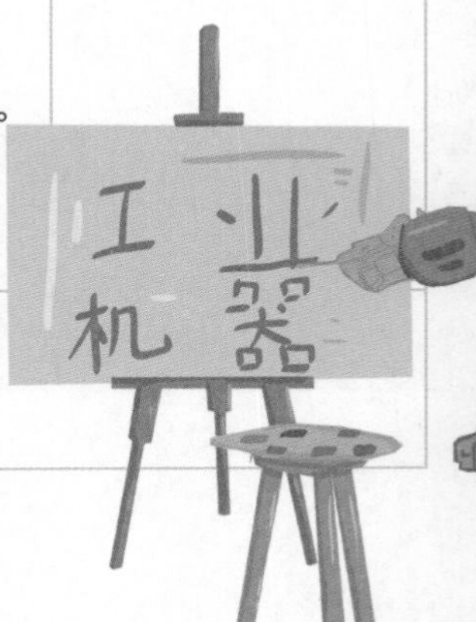

基准学时：20

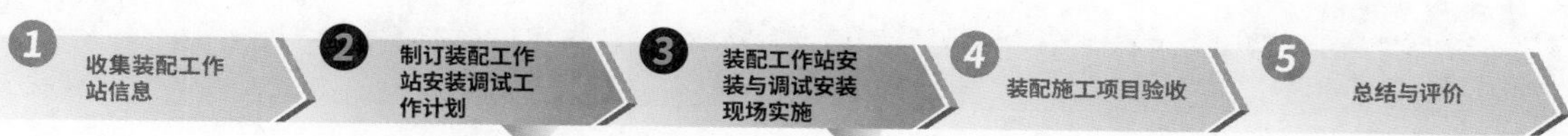

	工作子步骤	教师活动	学生活动	评价
制订装配工作站安装调试工作计划	2. 制订工作计划表。	1. 引导学生小组分析装配工作站的安装流程并巡回指导。 2. 组织学生汇报装配工作站的安装流程。 3. 点评各组的装配工作站的安装流程并要求各组完善。 4. 引导各小组根据装配工作站的安装流程进行人员分工、时间分配。	1. 小组讨论分析装配工作站的安装流程，并填写工作页中流程表。 2. 小组汇报装配工作站的安装流程，其他学生思考并对流程提出异义。 3. 听讲并完善装配工作站的安装流程。 4. 小组根据装配工作站的安装流程进行人员分工、时间分配。	1. 小组展示； 2. 讨论装配工作站安装流程； 3. 人员分工是否合理。
	课时： 1 课时 1. 软资源：工作页中流程表、工作计划表等。 2. 教学设施：白板、磁吸等。			
	3. 设备、材料的领取，工具的准备。	1. 引导学生列出安装过程需使用到的工具清单。 2. 讲解并演示膨胀螺栓、冲击钻、安全防护栏的使用方法和注意事项。	1. 学生列出安装过程需使用到的工具清单。 2. 听讲并观看教师演示膨胀螺栓、冲击钻、安全防护栏的使用方法和注意事项。	检查工作页填写情况。
	课时： 1 课时 1. 软资源：装配工作站的工作页等。			
装配工作站安装与调试安装现场实施	1. 装配工作站硬件设备安装。	1. 引导学生查阅各设备的安装说明书。 2. 重点讲解各种设备安装易出问题的点。 3. 引导学生根据计划安装装配工作站。 4. 巡回指导、观察并及时纠正学生的错误。	1. 查阅各设备的安装说明书。 2. 听教师讲解各种设备安装易出问题的点。 3. 小组按计划安装装配工作站并填写安装记录单。	检查安装记录单。
	课时： 6 课时 1. 软资源：装配图等。 2. 教学设施：防护带、本体各部件、钳工工具、电工工具、量具等。			
	2. 装配工作站调试	1. 引导学生检查各设备安装是否正确。 2. 讲解设备上电流程和注意事项。 3. 给学生示范程序导入方法。	1. 根据计划检查各设备安装是否正确。 2. 观看和听讲设备上电流程和注意事项。 3. 导入程序并关联 I/O。	成果演示。
	课时： 1 课时 1. 软资源：安装记录单等。			
装配施工项目验收		1. 讲解检测的内容、方法和要求。 2. 巡回指导。	1. 检测。 2. 填写检测表。	检测记录表的填写情况。
	课时： 1 课时 1. 软资源：验收单等。			
总结与评价		与偏差较大的学生进行谈话反馈。	谈话反馈。	1. 评估偏差，互动交流； 2. 谈话反馈。
	课时： 1 课时 1. 软资源：张贴板等。 2. 教学设施：多媒体设备等。			

学习任务 6：工业机器人焊接工作站安装与调试

任务描述

学习任务学时：20 课时

任务情境：

某系统集成商为一家私生产企业提供了一套工业机器人焊接工作站，该工作站由 1 台 6 轴工业机器人、1 套焊机、1 套变位机、1 套焊接夹具、1 套除烟装置、1 套氩气系统和 1 套 PLC 总控系统组成，由机器人完成空调安装直角支架的焊接，根据合同要求，需在规定时间内完成工作站的安装与调试，要求技术员按照国家、行业企业相关规范在 3 天内完成调试工作。

技术员从班组长处领取工业机器人焊接工作站安装调试工作任务单，并与班组长沟通，明确调试任务；查阅工作任务单，明确安装与调试工作内容、调试技术和工期要求，制订安装与调试作业流程；根据调试工作内容，列出并领取工具，查阅工业机器人操作说明书和焊机操作说明书等资料，完成工作站的安装，并根据焊接工艺和焊接方法，设置焊机焊接工艺参数，测试焊接工艺效果；根据工作站的生产流程和要求（包括生产节拍要求、焊接工艺要求、系统稳定性要求、环境保护要求、防碰撞、安全互锁等安全要求），进行分段空载运行调试（手动操作工业机器人，单段运行机器人程序，检验机器人程序、I/O 信号和设备动作路径）、整体空载运行调试（空运行设备，检查工作站各设备动作配合）和小批量工件试产调试（重启设备，使机器人、焊机和各配套设备恢复到的初始设定状态，利用焊接夹具固定工件，按照生产流程操作机器人工作站，进行小批量工件的试产），调试合格后，对工作站进行规定时长的试产，并备份机器人程序，填写调试记录单、调试工序检验单，提交班组长审核。在调试过程中，要遵循企业现场工作管理规范，符合安全作业和环境保护要求，遵守《GB/T20867-2007 工业机器人安全实施规范》等技术标准及“8S”管理要求。

具体要求见下页。

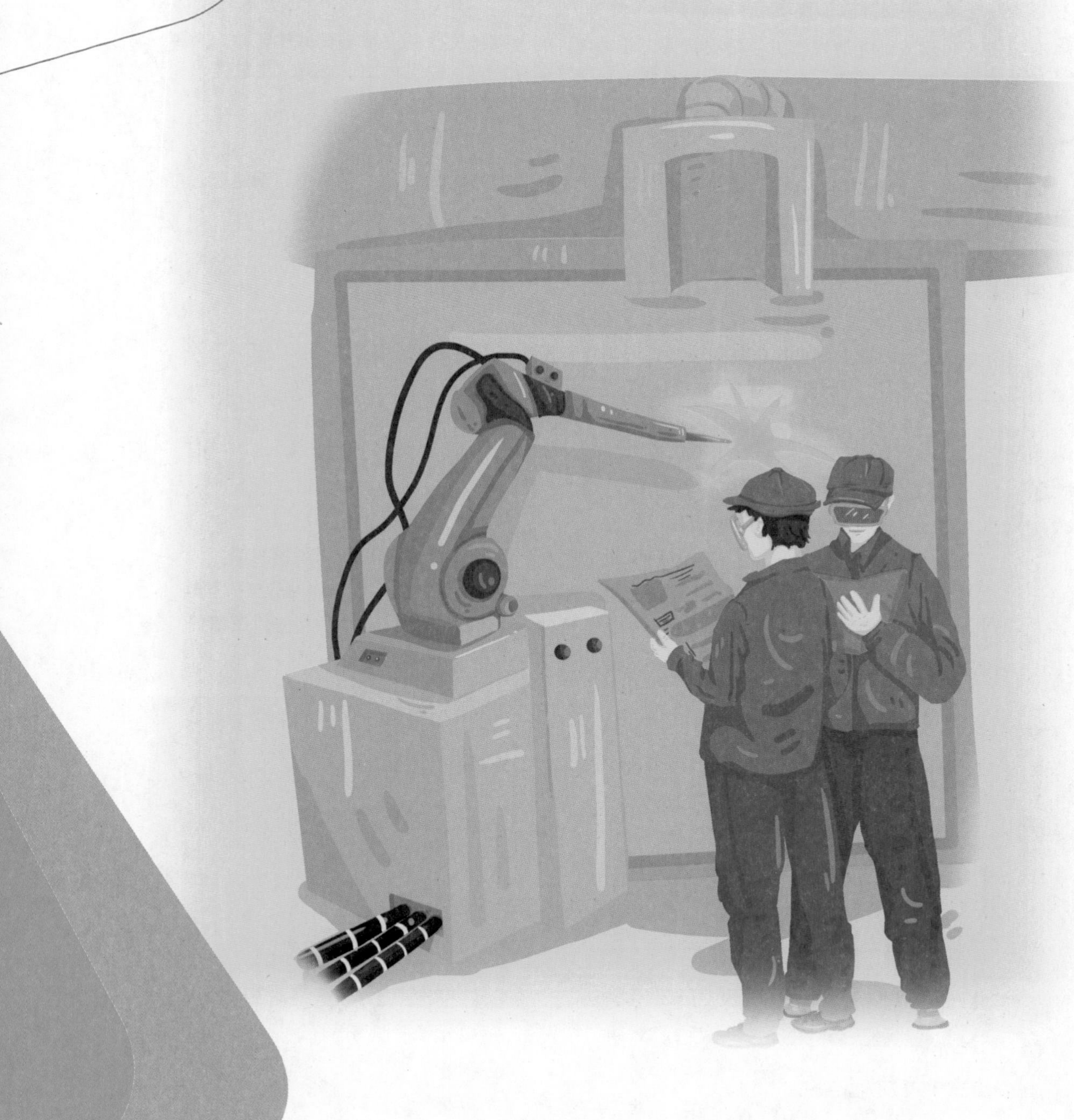

工业机器人工作站安装与调试

工作流程和标准

工作环节 1

一、明确焊接工作站工作任务

1. 领取任务单，明确焊接工作站安装、调试的工作任务。

你从项目负责人处领取焊接工作站安装调试任务单，阅读焊接工作站安装与调试任务单，必要时与班组长沟通，明确工业机器人焊接工作站安装与调试内容、安装与调试流程、工艺要求和安全注意事项等。

2. 知识准备

通过各种途径，如教材、学材、工业机器人厂家产品说明书或使用手册、图书馆、网络等，广泛收集资料，学习本任务中所需掌握的知识和技能。

学习成果：

1. （1）复述工业机器人焊接工作站安装调试的任务内容；
   （2）复述工业机器人焊接工作站安装调试的任务工艺要求和安全注意事项。
2. 工业机器人焊接工作站知识准备工作页。

知识点：

1. （1）焊接工作站安装调试任务单的内容和要求；
   （2）项目安装调试进度计划表的信息。
2. （1）焊接机器人的定义；（2）焊接机器人的分类与特点；（3）弧焊机器人系统组成；
   （4）点焊机器人系统组成；（5）激光机器人系统组成；（6）焊接机器人工作站的电气原理；
   （7）信号分配电气原理图；（8）接线端子与现场信号接线原理图；（9）焊机工作原理；
   （10）保护气的作用。

技能点：

1. 通过分析焊接工作站安装调试任务单，明确焊接工作站安装调试流程。
2. （1）工业机器人焊接工作站电气接线的方法；
   （2）工业机器人焊接工作站安装调试流程；
   （3）工业机器人焊接工作站安装调试的注意事项；
   （4）焊机的安装方法和注意事项；（5）安全防护栏的安装；
   （6）保护气的安装；（7）安全检查与系统开启。

职业素养：

1. 任务分析能力；
2. 查阅资料和提取信息的能力。

工作环节 2

二、制订焊接工作站安装调试工作计划

1. 对照焊接工作站的各种设备，勘查施工现场，并绘制各设备安装布局图。
2. 制订焊接工作站安装调试的工作计划

   根据焊接工作站安装调试的任务单及焊接工作站安装调试流程，制订工作计划。
3. 设备、材料的领取，工具的准备。

   根据任务单和安装调试工作需要，列出本工作站安装调试的设备、材料和工具，并领取清单上物品。

学习成果：

1. 焊接工作站布局图；
2. 焊接工作站安装调试工作计划表；
3. 设备、材料和工具清单。

知识点：

1. （1）布局图定义；（2）布局的作用；（3）布局图绘制；
   （4）现场定位、划线。
2. （1）工业机器人焊接工作站安装调试流程；
   （2）人员分工、估算安装工期，制订工作计划。
3. （1）膨胀螺栓的结构和用途；（2）冲击钻的结构及用途；
   （3）安全护栏的结构与功能；（4）安全标识牌和警戒的种类。

技能点：

1. （1）布局图的绘制方法；（2）现场定位、划线的技巧。
2. （1）焊接工作站安装流程和方法；（2）估算安装工期，人员分工。
3. （1）膨胀螺栓的使用方法；（2）冲击钻的使用方法；
   （3）安全防护栏的安装方法。

职业素养：

1. 空间规划能力；
2. 按流程工作的意识；
3. 安全防护意识。

工作流程和标准

工作环节 3

三、焊接工作站安装与调试现场施工

3

1. 硬件安装

对照焊接工作站设备安装布局图，对变位机、焊接台、保护气、焊机、机器人本体、电气柜进行定位及安装，并完成各种设备的电气连接。

2. 焊接工作站调试。

焊接工作站各个设备连接好后，给工业机器人上电，测试各部件是否能正常运行。

学习成果：

1. 安装好的焊接工作站；
2. 完成测试的焊接工作站。

知识点：

1.（1）施工安全防范措施；（2）各种导线的连接方法；（3）线路的走线工艺；

（4）焊接工作站的设备、安全防护栏等设备的安装要求；（5）线槽的作用。

2.（1）各设备测试的内容；（2）设备上电；（3）I/O 信号的知识。

技能点：

1.（1）施工现场安全防护布置方法；（2）焊机安装的基本要求；（3）保护气的安装；

（4）系统中各设备的走线；（5）线槽工艺；（6）防护栏的安装要求；

2.（1）设备上电流程；（2）各设备测试的方法；（3）I/O 信号配置方法。

（4）工业机器人焊接站程序导入的方法。

职业素养：

1. 安全防护意识，环保意识；
2. 安全意识。

工作环节 4

四、焊接工作站施工项目验收

4

根据项目施工技术标准，对照验收单，对工作站的硬件设备的安装、电气接线进行检查，确保没问题后进行上电，对机器人、传送带、夹具等进行动作测试，逐项规范填写检验记录单并签名确认。邀请客户（企业技术人员）做成果验收，对验收意见做答辩及后续处理，最终交付。

学习成果：工业机器人焊接站验收单。

知识点：（1）工业机器人焊接工作站检测内容；（2）工业机器人焊接工作站验收流程；（3）通电测试；（4）工作站功能检查；（5）填写验收单；（6）工作现场的清理。

技能点：
（1）工业机器人焊接工作站检测方法；（2）工业机器人焊接工作站验收流程。

职业素养：程序安全性。

工作环节 5

五、总结与评价

5

汇报工业机器人焊接工作站验收情况，提出意见和建议。

学习成果：工程质量分析报告。

知识点：（1）工程质量的分析；（2）总结报告的填写。

技能点：评价方法。

职业素养：接受意见和建议的良好心态。

学习内容

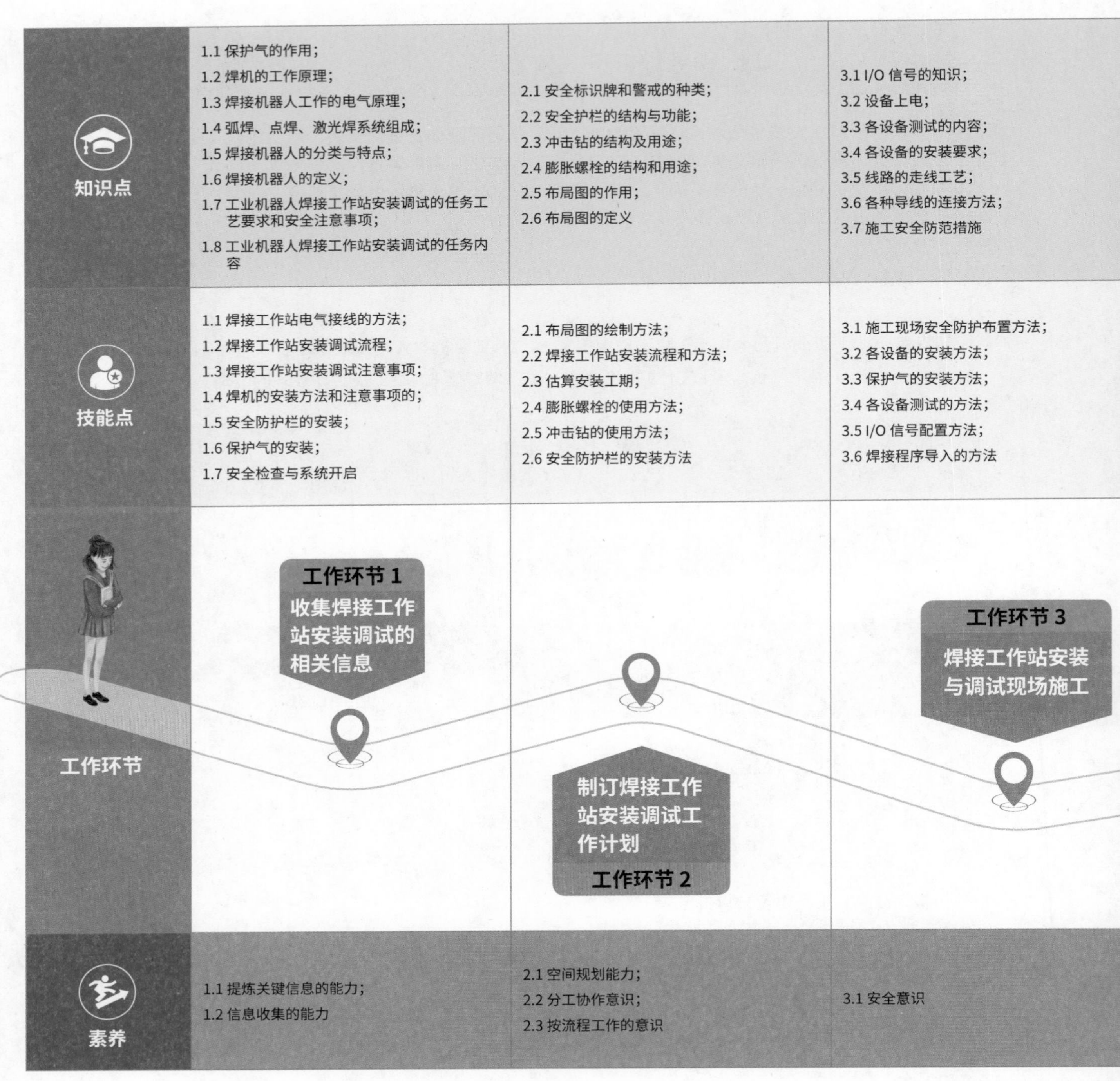

	工作环节 1	工作环节 2	工作环节 3
知识点	1.1 保护气的作用； 1.2 焊机的工作原理； 1.3 焊接机器人工作的电气原理； 1.4 弧焊、点焊、激光焊系统组成； 1.5 焊接机器人的分类与特点； 1.6 焊接机器人的定义； 1.7 工业机器人焊接工作站安装调试的任务工艺要求和安全注意事项； 1.8 工业机器人焊接工作站安装调试的任务内容	2.1 安全标识牌和警戒的种类； 2.2 安全护栏的结构与功能； 2.3 冲击钻的结构及用途； 2.4 膨胀螺栓的结构和用途； 2.5 布局图的作用； 2.6 布局图的定义	3.1 I/O 信号的知识； 3.2 设备上电； 3.3 各设备测试的内容； 3.4 各设备的安装要求； 3.5 线路的走线工艺； 3.6 各种导线的连接方法； 3.7 施工安全防范措施
技能点	1.1 焊接工作站电气接线的方法； 1.2 焊接工作站安装调试流程； 1.3 焊接工作站安装调试注意事项； 1.4 焊机的安装方法和注意事项的； 1.5 安全防护栏的安装； 1.6 保护气的安装； 1.7 安全检查与系统开启	2.1 布局图的绘制方法； 2.2 焊接工作站安装流程和方法； 2.3 估算安装工期； 2.4 膨胀螺栓的使用方法； 2.5 冲击钻的使用方法； 2.6 安全防护栏的安装方法	3.1 施工现场安全防护布置方法； 3.2 各设备的安装方法； 3.3 保护气的安装方法； 3.4 各设备测试的方法； 3.5 I/O 信号配置方法； 3.6 焊接程序导入的方法
工作环节	工作环节 1 收集焊接工作站安装调试的相关信息	制订焊接工作站安装调试工作计划 工作环节 2	工作环节 3 焊接工作站安装与调试现场施工
素养	1.1 提炼关键信息的能力； 1.2 信息收集的能力	2.1 空间规划能力； 2.2 分工协作意识； 2.3 按流程工作的意识	3.1 安全意识

学习任务 6：工业机器人焊接工作站安装与调试

	工作环节 4 焊接工作站施工项目验收	工作环节 5 焊接工作站施工总结与评价
	4.1 工作现场的清理； 4.2 验收单的填写； 4.3 焊接工作站验收流程； 4.4 焊接工作站检测内容	5.1 总结报告的填写； 5.2 工程质量分析
	4.1 焊接工作站检测方法； 4.2 焊接工作站验收流程	5.1 评价的方法； 5.2 编写工作总结
	4.1 工作严谨性	5.1 接受意见和建议的良好心态

学习任务 6：工业机器人焊接工作站的安装与调试

1 明确焊接工作站工作任务 → 2 制订焊接工作站安装调试工作计划 → 3 焊接工作站安装与调试现场施工 → 4 焊接工作站验收 → 5 总结与评价

明确焊接工作站工作任务

工作子步骤	教师活动	学生活动	评价
1. 领取任务单，明确焊接工作站安装、调试的工作任务。	1. 引导学生小组分析焊接工作站的安装流程并巡回指导。 2. 组织学生汇报焊接工作站的安装流程。 3. 点评各组焊接工作站的安装流程并要求各组完善。 4. 引导各小组根据焊接工作站的安装流程进行人员分工、时间分配。	1. 小组讨论分析焊接工作站的安装流程，并填写工作页中的流程表。 2. 小组汇报焊接工作站的安装流程，其他学生思考并对流程提出建议。 3. 听讲并完善焊接工作站的安装流程。 4. 小组根据焊接工作站的安装流程进行人员分工、时间分配。	通过提问的方式考察学生对内容的掌握情况。
课时： 1 课时 1. 教学设施：白板、磁吸、投影仪等。			
2. 知识准备。	1. 通过 PPT 焊接机器人的定义。 2. 引导学生查阅教材或运用网络搜集资料完成工业机器人工作站知识准备的工作页。 3. 按工作页的内容，通过随机提问的方式，逐题分析工作页内容。	1. 听教师讲解焊接机器人的定义并做记录。 2. 查阅教材或运用网络搜集资料，完成工业机器人工作站知识准备的工作页。 3. 回答教师的提问，核对自己的答案是否正确并进行修正。	1. 以现场提问方式进行考察； 2. 工作页的批改。
课时： 6 课时 1. 软资源：PPT、工作页等。 2. 教学设施：白板笔等。			

制订焊接工作站安装调试工作计划

工作子步骤	教师活动	学生活动	评价
1. 对照焊接工作站的各种设备，勘查施工现场，并绘制各设备安装布局图。	1. 讲解布局图的用途和绘制方法。 2. 随机提问 2 位学生对所讲的内容是否掌握。 3. 提问：工作站中各种设备应该如何定位？ 4. 引导学生进行发散讨论。 5. 演示现场定位、划线的方法。 6. 布置在 A4 纸上绘制布局图。	1. 听讲布局图的用途和绘制方法。 2. 被提问的学生回答问题，其他同学听讲并记录。 3. 学生发表各自的想法。 4. 与教师互动讨论。 5. 观看教师现场定位、划线的方法并记录。 6. 在 A4 纸上绘制布局图。	1. 检查学生的布局图。
课时： 1 课时 1. 软资源：PPT 等。 2. 教学设施：A4 白纸、笔等。			

基准学时：20

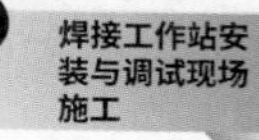

	工作子步骤	教师活动	学生活动	评价
制订焊接工作站安装调试工作计划	2. 制订焊接工作站安装调试的工作计划。	1. 组织学生分组讨论工业机器人焊接工作站安装调试流程。 2. 组织学生以小组为单位汇报工业机器人焊接工作站安装调试流程。 3. 对各小组汇报情况进行点评。 4. 引导学生根据布局图进行人员分工并制订工作计划。	1. 小组讨论工业机器人焊接工作站安装调试流程。 2. 小组派代表汇报工业机器人焊接工作站安装调试流程，其他成员听取汇报并提问。 3. 听取教师点评并记录，完善本组安装调试流程。 4. 小组根据布局图进行人员分工并制订工作计划。	1. 小组展示； 2. 讨论焊接工作站安装流程； 3. 人员分工是否合理。
	课时： 1 课时 1. 软资源：工作计划表等。 2. 教学设施：白板、磁吸等。			
	3. 设备、材料的领取，工具的准备。	1. 引导学生寻找资源进行自主学习，巡回指导学生并及时提供帮助。 2. 引导学生检查清单是否齐备。	1. 学生独立完成工作页填写。 2. 检查清单是否齐备。	检查工作页填写情况。
	课时： 1 课时 1. 软资源：焊接工作站的工作页等。			
焊接工作站安装与调试现场施工	1. 硬件安装	1. 引导学生查阅各设备的安装说明书。 2. 重点讲解各种设备安装易出问题的点。 3. 引导学生根据计划安装焊接工作站各种设备。 4. 巡回指导、观察并及时纠正学生。	1. 查阅各设备的安装说明书。 2.听教师讲解各种设备安装易出问题的点。 3. 小组按计划安装焊接工作站各种设备并填写安装记录单。	检查安装记录单。
	课时： 6 课时 1. 教学设施：本体各部件、防护带、装配图、钳工工具、电工工具、量具等。			
	2. 焊接工作站调试	1. 引导学生检查各设备安装是否正确。 2. 讲解设备上电流程和注意事项。 3. 给学生示范程序导入方法。	1.学生根据计划检查各设备安装是否正确。 2. 观看和听讲设备上电流程和注意事项。 3. 导入程序并关联 I/O。	成果演示。
	课时： 2 课时 1. 教学设施：调试记录单等。			
焊接工作站验收		1. 讲解检测的内容、方法和要求。 2. 巡回指导。	1. 检测。 2. 填写检测表。	检测记录表的填写情况。
	课时： 1 课时 1. 软资源：检测表、百分表等。			
总结与评价		与偏差较大的学生进行谈话反馈。	谈话反馈。	1. 评估偏差，互动交流； 2. 谈话反馈。
	课时： 1 课时 1. 教学设施：张贴板、多媒体设备等。			

学习任务 7：工业机器人打磨工作站安装与调试

任务描述

学习任务学时：30 课时

任务情境：

公司为不锈钢厨具的打磨抛光作业生产了一套工业机器人打磨工作站。设备已经送到车间，你们作为该项目工程实施人员，现要求按照合同完成工业机器人打磨工作站的安装与调试。该工作站由 1 台 6 轴工业机器人 IRB 6620、4 套打磨抛光机、1 套安装平台和 1 套 PLC 总控系统组成，根据合同要求，需在规定时间内完成工作站的安装与调试，要求技术员按照国家、行业企业相关规范在 3 天内完成调试工作。

操作调整工从项目负责人处领取打磨工作站安装调试任务单，根据安装调试任务单，完成打磨工作站的安装；操作工业机器人，建立工具坐标系和工件坐标系，根据信号清单添加工业机器人 I/O 信号，根据工作站的工作流程编写程序的逻辑框架，添加程序运动指令、信号控制指令和程序数据等，完成打磨工作站机器人程序编写并进行程序的检查和调试，调试完成后试运行并备份工业机器人程序。工作站的搬运、调试必须满足生产节拍要求、物料转移的定位要求、系统稳定性要求、防碰撞、安全互锁等安全要求。调试合格后，填写调试记录单、调试工序检验单并提交部门主管审核。最后通过规定时间的试产，调试作业完成后，做好记录和存档。

在生产过程中，要遵循现场工作管理规范，符合安全作业和环境保护要求，遵守《GB 5226.1-2008 机械电气安全机械电气设备 第 1 部分：通用技术条件》《GB/T 20867-2007 工业机器人安全实施规范》等技术标准及“6S”管理制度。

具体要求见下页。

工业机器人工作站安装与调试

工作流程和标准

工作环节 1

一、收集打磨工作站安装调试的相关信息

1

1. 领取任务单，明确打磨工作站安装、调试的工作任务。

操作调整工从项目负责人处领取打磨工作站安装调试任务单，阅读工作站安装与调试任务单，必要时与班组长沟通，明确工业机器人打磨工作站安装与调试内容、安装调试流程、工艺要求和安全注意事项等。

2. 知识准备

通过各种途径，如教材、学材、工业机器人厂家产品说明书或使用手册、图书馆、网络等，广泛收集资料，学习本任务中所需掌握的知识和技能。

学习成果：

1.（1）复述工业机器人打磨工作站安装调试的任务内容；

（2）复述工业机器人打磨工作站安装调试的任务工艺要求和安全注意事项。

2. 完成的工业机器人打磨工作站安装与调试工作页。

知识点：

1.（1）打磨工作站安装调试任务单的内容和要求；

（2）项目安装调试进度计划表的信息。

2.（1）认识打磨机器人；（2）机器人打磨工作站的系统构成；

（3）工业机器人打磨工作站的电气原理与布线；（4）工位电柜与机器人系统、操作箱等的电气连线；

（5）打磨工作站的工艺流程；（6）工业机器人本体的安装注意事项；

（7）打磨机的安装注意事项。

技能点：

1. 通过分析打磨工作站安装调试任务单，明确打磨工作站安装调试流程。

2.（1）工业机器人打磨工作站电气接线的方法；

（2）工业机器人打磨工作站安装调试流程；

（3）工业机器人人打磨工作站安装调试的注意事项；（4）打磨机的安装方法和注意事项；

（5）安全防护栏的安装；（6）打磨工作站周边设备的安装；

（7）安全检查与系统开启。

职业素养：

1. 任务分析能力。

2.（1）查阅资料和提取信息的能力；

（2）崇尚实践：介绍高尔夫球头 6 道打磨工艺流程，让学生认识打磨工艺需反复实践检验的重要性。

工作环节 2

二、制订打磨工作站安装调试工作计划

1. 对照打磨工作站的各种设备，勘查施工现场，绘制各设备安装布局图。
2. 制订打磨工作站安装调试的工作计划。

   根据打磨工作站安装调试的任务单及打磨工作站安装调试流程，制订工作计划。
3. 设备、材料的领取，工具的准备。

   根据任务单和安装调试工作需要，列出本工作站安装调试的设备、材料和工具并领取清单物品。

学习成果：

1. 打磨工作站的安装布局图；
2. 工作计划表；
3. 设备、材料和工具清单。

知识点：

1. （1）布局图定义；
   （2）布局的作用。
2. （1）膨胀螺栓的结构和用途；
   （2）冲击钻的结构及用途；
   （3）安全护栏的结构与功能；
   （4）安全标识牌和警戒的种类。

技能点：

1. 布局图的绘制方法。
2. （1）打磨工作站的安装流程和方法；（2）估算安装工期，制订工作计划。
3. （1）膨胀螺栓的使用方法；（2）冲击钻的使用方法；
   （3）安全防护栏的安装方法。

职业素养：

1. 空间规划能力；
2. 按流程工作的意识；
3. 安全防护意识。

工作流程和标准

工作环节 3

三、打磨工作站安装与调试现场施工

3

1. 打磨工作站硬件设备安装。

   对照打磨工作站设备安装布局图，对机器人本体、打磨机、安装平台、电器柜、安全防护栏进行定位及安装，并完成各种设备的电气连接。

2. 打磨工作站调试。

   打磨工作站各个设备连接好后，给工业机器人上电，测试各部件是否能正常运行。

学习成果：

1. 安装好的打磨工作站；
2. 完成测试的打磨工作站。

知识点：

1. （1）施工安全防范措施；（2）各种导线的连接方法；
   （3）线路的走线工艺；（4）机器人打磨工作站相关设备的安装要求。
2. （1）各设备测试的内容；（2）设备上电；（3）I/O 信号的知识。

技能点：

1. （1）施工现场安全防护布置方法；（2）机器人打磨工作站相关设备的安装方法。
2. （1）设备上电流程；（2）各设备的测试方法；（3）I/O 信号配置方法；
   （4）工业机器人打磨站程序导入的方法。

职业素养：

1. 安全意识。

工作环节 4

四、打磨工作站施工项目验收

根据项目施工技术标准，对照验收单，对工作站的硬件设备的安装、电气接线进行检查，确保没问题后进行上电，对机器人打磨工作站相关设备进行动作测试，逐项规范填写检验记录单并签名确认。邀请客户（企业技术人员）做成果验收，对验收意见做答辩及后续处理，最终交付。

学习成果：工业机器人打磨站验收单。

知识点：（1）工业机器人打磨工作站检测内容；（2）工业机器人打磨工作站验收流程；（3）通电测试；（4）填写验收单；（5）工作现场的清理。

技能点：
（1）工业机器人打磨工作站检测方法；（2）工业机器人打磨工作站验收流程。

职业素养：工作严谨性。

工作环节 5

五、总结与评价

汇报工业机器人打磨工作站验收情况，提出意见和建议。

学习成果：工程质量分析报告。

知识点：（1）工程质量分析；（2）总结报告的填写。

技能点：评价方法。

职业素养：接受意见和建议的良好心态。

学习内容

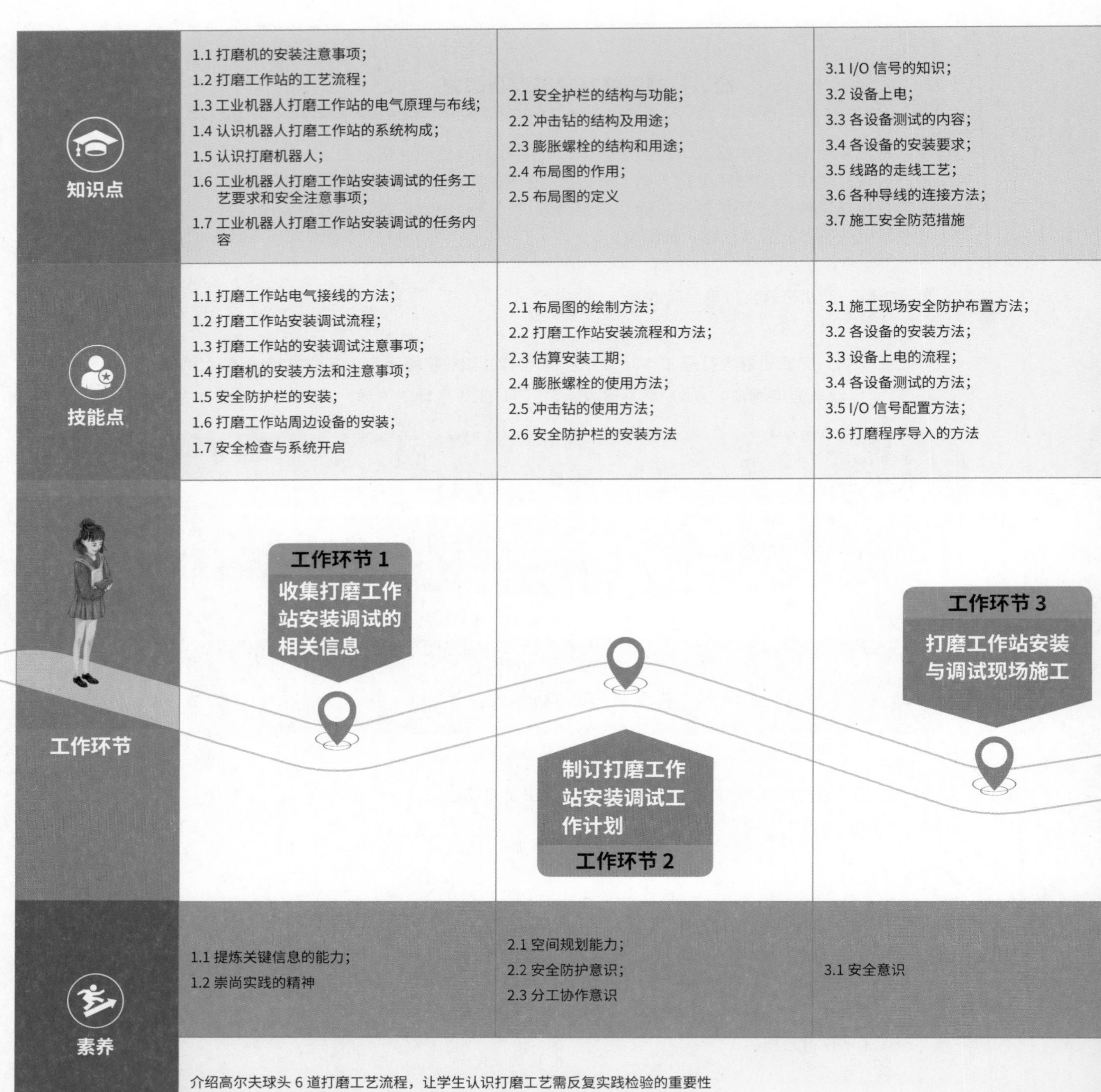

知识点	1.1 打磨机的安装注意事项； 1.2 打磨工作站的工艺流程； 1.3 工业机器人打磨工作站的电气原理与布线； 1.4 认识机器人打磨工作站的系统构成； 1.5 认识打磨机器人； 1.6 工业机器人打磨工作站安装调试的任务工艺要求和安全注意事项； 1.7 工业机器人打磨工作站安装调试的任务内容	2.1 安全护栏的结构与功能； 2.2 冲击钻的结构及用途； 2.3 膨胀螺栓的结构和用途； 2.4 布局图的作用； 2.5 布局图的定义	3.1 I/O 信号的知识； 3.2 设备上电； 3.3 各设备测试的内容； 3.4 各设备的安装要求； 3.5 线路的走线工艺； 3.6 各种导线的连接方法； 3.7 施工安全防范措施
技能点	1.1 打磨工作站电气接线的方法； 1.2 打磨工作站安装调试流程； 1.3 打磨工作站的安装调试注意事项； 1.4 打磨机的安装方法和注意事项； 1.5 安全防护栏的安装； 1.6 打磨工作站周边设备的安装； 1.7 安全检查与系统开启	2.1 布局图的绘制方法； 2.2 打磨工作站安装流程和方法； 2.3 估算安装工期； 2.4 膨胀螺栓的使用方法； 2.5 冲击钻的使用方法； 2.6 安全防护栏的安装方法	3.1 施工现场安全防护布置方法； 3.2 各设备的安装方法； 3.3 设备上电的流程； 3.4 各设备测试的方法； 3.5 I/O 信号配置方法； 3.6 打磨程序导入的方法
工作环节	工作环节 1 收集打磨工作站安装调试的相关信息	工作环节 2 制订打磨工作站安装调试工作计划	工作环节 3 打磨工作站安装与调试现场施工
素养	1.1 提炼关键信息的能力； 1.2 崇尚实践的精神	2.1 空间规划能力； 2.2 安全防护意识； 2.3 分工协作意识	3.1 安全意识
	介绍高尔夫球头 6 道打磨工艺流程，让学生认识打磨工艺需反复实践检验的重要性		

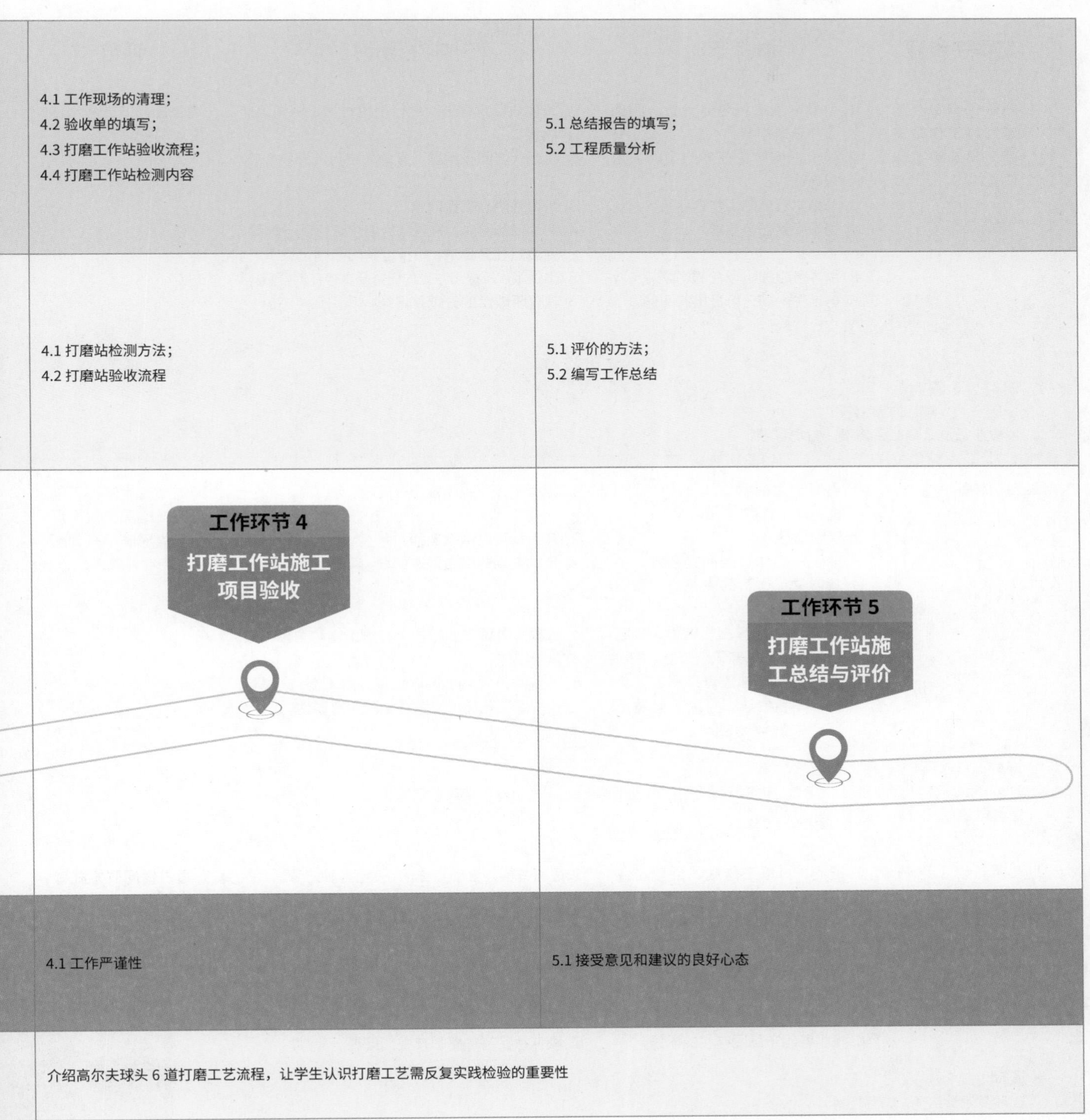

	工作环节 4	工作环节 5
	4.1 工作现场的清理； 4.2 验收单的填写； 4.3 打磨工作站验收流程； 4.4 打磨工作站检测内容	5.1 总结报告的填写； 5.2 工程质量分析
	4.1 打磨站检测方法； 4.2 打磨站验收流程	5.1 评价的方法； 5.2 编写工作总结
	打磨工作站施工项目验收	打磨工作站施工总结与评价
	4.1 工作严谨性	5.1 接受意见和建议的良好心态
	介绍高尔夫球头 6 道打磨工艺流程，让学生认识打磨工艺需反复实践检验的重要性	

学习任务 7：工业机器人打磨工作站安装与调试

1 收集打磨工作站信息　2 制订打磨工作站安装调试工作计划　3 打磨工作站安装与调试安装现场实施　4 打磨施工项目验收　5 总结与评价

收集打磨工作站信息

工作子步骤	教师活动	学生活动	评价
1. 领取任务单、明确打磨工作站安装、调试的工作任务。	1. 引导学生进行任务分析，明确工作任务内容。 2. 随机提问学生任务的工作内容是什么。 3. 总结本任务的工作内容。 4. 引导阅读任务要求。 5. 引导各组提出存在的问题。 6. 与学生一同分析提出的问题。	1. 阅读项目方案书，进行小组讨论，明确工作内容。 2. 小组代表回答问题，其他人进行补充。 3. 听讲并明确工作内容。 4. 阅读任务要求，并对任务要求进行逐一讨论，弄清楚任务要求，将不理解的问题记录下来。 5. 小组派代表提出对工作任务要求存在的疑惑。 6. 认真听教师的分析并记录。	通过提问方式考察学生对内容的掌握。
课时： 2 课时 1. 软资源：项目方案书等。 2. 教学设施：白板、磁吸、投影仪等。			
2. 知识准备。	1. 引导学生根据工作页的引导问题完成工作页。 2. 巡回指导。 3. 逐一对工作页的问题抽查，了解学生工作页的完成情况和正确率。 4. 通过 PPT 讲解工业机器人打磨工作站的相关知识与技能。 5. 介绍高尔夫球头道打磨工艺流程，让学生认识打磨工艺需反复实践检验的重要性。	1. 根据工作页的内容回答问题。 2. 有问题及时请教老师。 3. 被抽查到的学生回答问题，其他同学听讲。 4. 听教师讲解工业机器人打磨工作站的相关知识与技能。 5. 听教师讲解高尔夫球头道打磨工艺流程，认识打磨工艺需反复实践检验的重要性。	通过抽查学生的工作页完成情况和对问题回答的正确率来判断学生的学习效果。
课时： 10 课时 1. 软资源：工作页、教材、PPT、电气图原理图、电气接线图、ABB 机器人使用手册等。 2. 教学设施：白板、磁吸、投影仪等。			

制订打磨工作站安装调试工作计划

工作子步骤	教师活动	学生活动	评价
1. 对照打磨工作站的各种设备，勘查施工现场，绘制各设备安装布局图。	1. 提问：打磨工作站的设备这么多，如何安装？ 2. 引出布局图，并讲解布局的定义及作用。 3. 讲解布局图的绘制方法。 4. 引导学生小组绘制布局图。 5. 组织小组汇报布局图情况。 6. 指出各组布局图存在的问题。	1. 思考并回答老师的提问，提出各种方法。 2. 听讲并记录布局的定义及作用。 3. 听讲布局图的绘制方法。 4. 小组讨论并绘制布局图。 5. 派代表汇报布局图，其他人员提出意见。 6. 修订并完善布局图存在的问题。	1. 通过提问的方式考察学生对内容的掌握情况。
课时： 2 课时 1. 软资源：PPT、布局图等。 2. 教学设施：白纸、磁吸、投影仪等。			

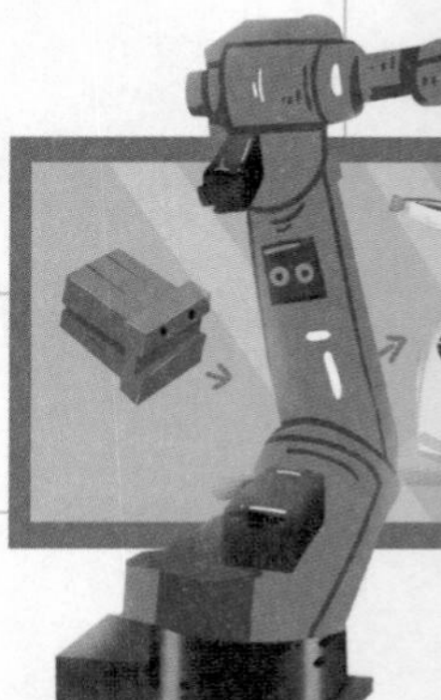

 收集打磨工作站信息
 制订打磨工作站安装调试工作计划
3 打磨工作站安装与调试安装现场实施
4 打磨施工项目验收
5 总结与评价

阶段	工作子步骤	教师活动	学生活动	评价
制订打磨工作站安装调试工作计划	2. 制订工作计划表。	1. 引导学生小组分析打磨工作站的安装流程并巡回指导。 2. 组织学生汇报打磨工作站的安装流程。 3. 点评各组打磨工作站的安装流程并要求各组完善。 4. 引导各小组根据打磨工作站的安装流程进行人员分工、时间分配。	1. 小组讨论分析打磨工作站的安装流程，填写工作页中的流程表。 2. 小组汇报打磨工作站的安装流程，其他学生思考并对流程提出建议。 3. 听讲并完善打磨工作站的安装流程。 4. 小组根据打磨工作站的安装流程进行人员分工、时间分配。	1. 小组展示； 2. 讨论打磨工作站安装流程； 3. 人员分工是否合理。
	课时： 2 课时 1. 软资源：工作页中流程表、工作计划表等。 2. 教学设施：白板、磁吸等。			
	3. 设备、材料的领取，工具的准备。	1. 引导学生列出安装过程需使用的工具的清单。 2. 讲解并演示膨胀螺栓、冲击钻、安全防护栏的使用方法和注意事项。	1. 学生列出安装过程需使用的工具的清单。 2. 听讲并观看教师演示膨胀螺栓、冲击钻、安全防护栏的使用方法和注意事项。	检查工作页填写情况。
	课时： 1 课时 1. 软资源：打磨工作站的工作页等。			
打磨工作站安装与调试安装现场实施	1. 打磨工作站硬件设备安装。	1. 引导学生查阅各设备的安装说明书。 2. 重点讲解各种设备安装易出问题的点。 3. 引导学生根据计划安装打磨工作站。 4. 巡回指导、观察并及时纠正学生。	1. 查阅各设备的安装说明书。 2. 听教师讲解各种设备安装易出问题的点。 3. 小组按计划安装打磨工作站并填写安装记录单。	检查安装记录单。
	课时： 10 课时 1. 软资源：装配图等。 2. 教学设施：本体各部件、防护带、钳工工具、电工工具、量具等。			
	2. 打磨工作站调试。	1. 引导学生检查各设备安装是否正确。 2. 讲解设备上电流程和注意事项。 3. 给学生示范程序导入方法。	1. 根据计划检查各设备安装是否正确。 2. 观看和听讲设备上电流程和注意事项。 3. 导入程序并关联 I/O。	成果演示
	课时： 1 课时 1. 教学设施：安装记录单等。			
打磨施工项目验收		1. 讲解检测的内容、方法和要求。 2. 巡回指导。	1. 检测。 2. 填写检测表。	检测记录表的填写情况。
	课时： 1 课时 1. 软资源：验收单等。			
总结与评价		与偏差较大的学生进行谈话反馈。	谈话反馈。	1. 评估偏差，互动交流； 2. 谈话反馈。
	课时： 1 课时 1. 软资源：张贴板等。 2. 教学设施：多媒体设备等。			

学习任务 8：工业机器人喷涂工作站的安装与调试

任务描述

学习任务学时：30 课时

任务情境：

某公司为了提高小汽车车身模型产品的喷涂质量和效率，引进了一套工业机器人喷涂工作站。设备已经送到车间，你们作为该项目工程实施人员，现要求按照合同完成工业机器人喷涂工作站的安装与调试。该工作站由 1 台 6 轴工业机器人 1600、1 套喷涂夹具、1 个上料台、1 套供漆系统（油漆泵，含防爆吹扫系统）、1 套多功能喷枪和喷涂平台、1 套水帘房和 1 套 PLC 总控系统组成。

操作调整工从项目负责人处领取喷涂工作站安装调试任务单，根据安装调试任务单，完成喷涂工作站的安装；操作工业机器人，建立工具坐标系和工件坐标系，根据信号清单添加工业机器人 I/O 信号，根据工作站的工作流程编写程序的逻辑框架，添加程序运动指令、信号控制指令和程序数据等，完成喷涂工作站机器人程序编写并进行程序的检查和调试，调试完成后试运行并备份工业机器人程序。工作站的搬运、调试必须满足生产节拍要求、物料转移的定位要求、系统稳定性要求、防碰撞、安全互锁等安全要求。调试合格后，填写调试记录单、调试工序检验单并提交部门主管审核。最后通过规定时间的试产，调试作业完成后，做好记录和存档。

在生产过程中，要遵循现场工作管理规范，符合安全作业和环境保护要求，遵守《GB 5226.1-2008 机械电气安全机械电气设备 第 1 部分：通用技术条件》《GB/T 20867-2007 工业机器人安全实施规范》等技术标准及“8S”管理制度。

具体要求见下页。

工业机器人工作站安装与调试

工作流程和标准

工作环节 1

一、收集喷涂工作站安装调试的相关信息

1. 领取任务单，明确喷涂工作站安装、调试的工作任务。

操作调整工从项目负责人处领取喷涂工作站安装调试任务单，阅读工作站安装与调试任务单，必要时与班组长沟通，明确工业机器人喷涂工作站安装与调试内容、安装调试流程、工艺要求和安全注意事项等。

2. 知识准备。

通过各种途径，如教材、学材、工业机器人厂家产品说明书或使用手册、图书馆、网络等，广泛查收资料，学习任务中所需掌握的知识和技能。

学习成果：

1.（1）复述工业机器人喷涂工作站安装调试的任务内容；

（2）复述工业机器人喷涂工作站安装调试的任务工艺要求和安全注意事项；

2. 完成的工业机器人喷涂工作站安装与调试工作页。

知识点：

1.（1）喷涂工作站安装调试任务单的内容和要求；

（2）项目安装调试进度计划表的信息。

2.（1）认识喷涂机器人的分类及特点；（2）认识机器人喷涂工作站硬件设备；

（3）工业机器人喷涂工作站电气布线；（4）供漆系统；

（5）涂装机器人辅助装置；（6）喷房的结构与作用。

技能点：

1. 通过分析喷涂工作站安装调试任务单，明确喷涂工作站安装调试流程。

2.（1）工业机器人喷涂工作站电气接线的方法；（2）工业机器人喷涂工作站安装调试流程；

（3）工业机器人喷涂工作站安装调试的注意事项；

（4）喷房的安装方法和注意事项；（5）安全防护栏的安装；

（6）供漆系统的安装；（7）涂装机器人周边设备的安装。

职业素养：

1. 任务分析能力；

2. 查阅资料和提取信息的能力。

工作环节 2

二、制订喷涂工作站安装调试工作计划

1. 对照喷涂工作站的各种设备，勘查施工现场，绘制各设备安装布局图。
2. 制订喷涂工作站安装调试的工作计划。

   根据喷涂工作站安装调试的任务单及喷涂工作站安装调试流程，制订工作计划。
3. 设备、材料的领取，工具的准备。

   根据任务单和安装调试工作需要，列出本工作站安装调试的设备、材料和工具并领取清单物品。

学习成果：

1. 喷涂工作站的安装布局图；
2. 工作计划表；
3. 安全防护意识。

知识点：

1.（1）布局图的定义；

 （2）布局的作用。

2.（1）膨胀螺栓的结构和用途；

 （2）冲击钻的结构及用途；

 （3）安全护栏的结构与功能；

 （4）安全标识牌和警戒的种类。

技能点：

1. 布局图的绘制方法。
2.（1）喷涂工作站的安装流程和方法；（2）估算安装工期，制订工作计划；
3.（1）膨胀螺栓的使用方法；（2）冲击钻的使用方法；

 （3）安全防护栏的安装方法。

职业素养：

1. 空间规划能力；
2. 按流程工作的意识；
3. 安全防护意识。

工作流程和标准

工作环节 3

三、喷涂工作站安装与调试现场施工

3

1. 喷涂工作站硬件设备安装。

对照喷涂工作站设备安装布局图，对机器人本体、传送带、上下料台、电器柜、安全防护栏进行定位及安装，并完成各种设备的电气连接。

2. 喷涂工作站调试。

喷涂工作站各个设备连接好后，给工业机器人上电，测试各部件是否能正常运行。

学习成果：

1. 安装好的喷涂工作站；2. 完成测试的喷涂工作站。

知识点：

1.（1）施工安全防范措施；（2）各种导线的连接方法；（3）线路的走线工艺；
（4）喷涂工作站的安装要求；（5）喷涂工作站的环境防护工作。

2.（1）设备上电流程；（2）各设备测试的方法；（3）I/O 信号配置方法；
（4）工业机器人喷涂站程序导入的方法。

技能点：

1.（1）施工现场安全防护布置方法；（2）喷涂工作站设备安装方法。

2.（1）设备上电流程；（2）各设备测试的方法；（3）I/O 信号配置方法；
（4）工业机器人喷涂站程序导入的方法。

职业素养：

1. 环境防护意识

通过讲解喷涂工作站的环境防护工作，增强学生运用技术解决环保问题的意识。

喷涂工作站在我国涂装工程领域的应用是非常普遍的，如许多汽车制造厂家，车子外壳和发动机的喷漆都是由自动喷涂生产线完成的。虽然自动涂装生产线给我们带来了诸多的便利，但是它也给我们的环境带来了许多的危害。

喷涂工作站排出的废气一般含有甲醛，可导致白血病、癌症等多种疾病。油漆材料中含有各种溶剂苯、二甲苯，硝基漆中稀释剂乙醇、丁醇等，挥发出现溶剂蒸汽，浓度高时对人体神经有较严重刺激和危害性。低浓度时会引发人体出现头痛、恶心、疲劳和腹痛等现象。

2. 安全意识。

工作环节 4

四、喷涂工作站施工项目验收

根据项目施工技术标准，对照验收单，对工作站的硬件设备的安装及电气接线进行检查，确保没问题后进行上电，对机器人、传送带、夹具等进行动作测试，逐项规范填写检验记录单并签名确认。请客户（企业技术人员）做成果验收，对验收意见做答辩及后续处理，最终交付。

学习成果：工业机器人喷涂站验收单。

知识点：（1）工业机器人喷涂工作站检测内容；（2）工业机器人喷涂工作站验收流程；（3）通电测试；（4）填写验收单；（5）工作现场的清理。

技能点：
（1）工业机器人喷涂工作站检测方法；（2）工业机器人喷涂工作站验收流程。

职业素养：工作严谨性。

工作环节 5

五、总结与评价

5

汇报工业机器人喷涂工作站验收情况，提出意见和建议。

学习成果：工程质量分析报告。

知识点：（1）工程质量分析；（2）总结报告的填写。

技能点：评价方法。

职业素养：接受意见和建议的良好心态。

学习内容

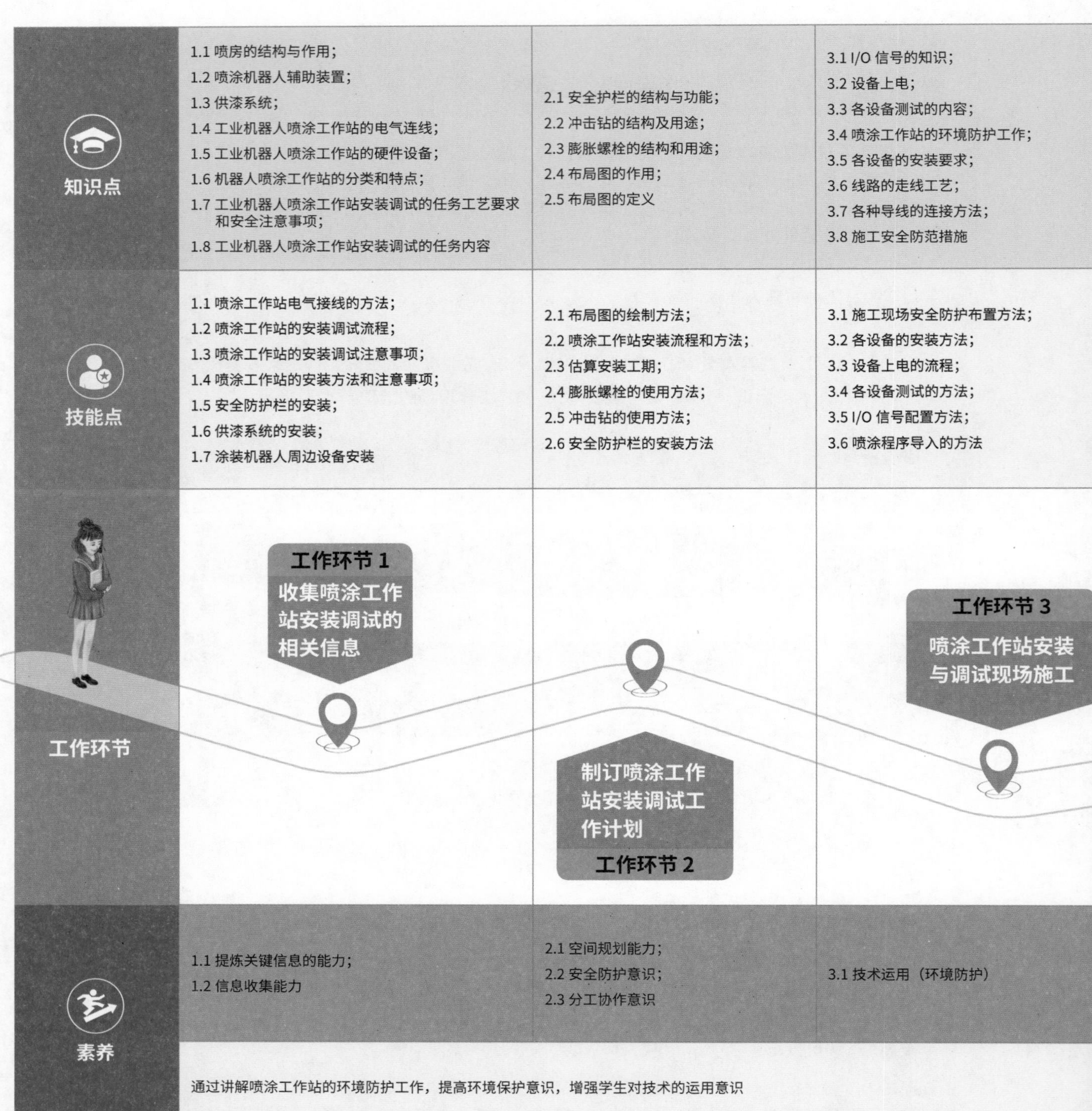

知识点	1.1 喷房的结构与作用； 1.2 喷涂机器人辅助装置； 1.3 供漆系统； 1.4 工业机器人喷涂工作站的电气连线； 1.5 工业机器人喷涂工作站的硬件设备； 1.6 机器人喷涂工作站的分类和特点； 1.7 工业机器人喷涂工作站安装调试的任务工艺要求和安全注意事项； 1.8 工业机器人喷涂工作站安装调试的任务内容	2.1 安全护栏的结构与功能； 2.2 冲击钻的结构及用途； 2.3 膨胀螺栓的结构和用途； 2.4 布局图的作用； 2.5 布局图的定义	3.1 I/O 信号的知识； 3.2 设备上电； 3.3 各设备测试的内容； 3.4 喷涂工作站的环境防护工作； 3.5 各设备的安装要求； 3.6 线路的走线工艺； 3.7 各种导线的连接方法； 3.8 施工安全防范措施
技能点	1.1 喷涂工作站电气接线的方法； 1.2 喷涂工作站的安装调试流程； 1.3 喷涂工作站的安装调试注意事项； 1.4 喷涂工作站的安装方法和注意事项； 1.5 安全防护栏的安装； 1.6 供漆系统的安装； 1.7 涂装机器人周边设备安装	2.1 布局图的绘制方法； 2.2 喷涂工作站安装流程和方法； 2.3 估算安装工期； 2.4 膨胀螺栓的使用方法； 2.5 冲击钻的使用方法； 2.6 安全防护栏的安装方法	3.1 施工现场安全防护布置方法； 3.2 各设备的安装方法； 3.3 设备上电的流程； 3.4 各设备测试的方法； 3.5 I/O 信号配置方法； 3.6 喷涂程序导入的方法
工作环节	工作环节 1 收集喷涂工作站安装调试的相关信息	制订喷涂工作站安装调试工作计划 工作环节 2	工作环节 3 喷涂工作站安装与调试现场施工
素养	1.1 提炼关键信息的能力； 1.2 信息收集能力	2.1 空间规划能力； 2.2 安全防护意识； 2.3 分工协作意识	3.1 技术运用（环境防护）
	通过讲解喷涂工作站的环境防护工作，提高环境保护意识，增强学生对技术的运用意识		

4.1 工作现场的清理； 4.2 验收单的填写； 4.3 喷涂工作站验收流程； 4.4 喷涂工作站检测内容	5.1 总结报告的填写； 5.2 工程质量分析
4.1 喷涂站检测方法； 4.2 喷涂站验收流程	5.1 评价的方法； 5.2 编写工作总结
工作环节 4 喷涂工作站施工项目验收	**工作环节 5** 喷涂工作站施工总结与评价
4.1 工作的严谨性	5.1 接受意见和建议的良好心态
通过讲解喷涂工作站的环境防护工作，提高环境保护意识，增强学生对技术的运用意识	

课程 5. 工业机器人工作站的安装与调试

学习任务 8：工业机器人喷涂工作站安装与调试

1 收集喷涂工作站信息 → 2 制订喷涂工作站安装调试工作计划 → 3 喷涂工作站安装与调试安装现场实施 → 4 喷涂施工项目验收 → 5 总结与评价

	工作子步骤	教师活动	学生活动	评价
收集喷涂工作站信息	1. 领取任务单、明确喷涂工作站安装、调试的工作任务。	1. 引导学生进行任务分析，明确工作任务内容。 2. 随机提问学生任务的工作内容是什么。 3. 总结本任务的工作内容。 4. 引导阅读任务要求。 5. 引导各组汇报存在的问题。 6. 与学生一同分析提出的问题。	1. 阅读项目方案书，进行小组讨论，明确工作内容。 2. 小组代表回答问题，其他人进行补充。 3. 听讲并明确工作内容。 4. 阅读任务要求，并对任务要求进行逐一讨论，弄清楚任务要求，将不理解的内容记录下来。 5. 小组代表汇报不理解的任务要求。 6. 认真听教师的分析并记录。	通过提问方式考察学生对内容的掌握情况。
	课时： 2 课时 1. 软资源：项目方案书等。 2. 教学设施：白板、磁吸、投影仪等。			
	2. 知识准备	1. 引导学生根据工作页的引导问题完成工作页。 2. 巡回指导。 3. 逐一对工作页的问题进行抽查，了解学生工作页的完成情况和正确率。 4. 通过 PPT 讲解工业机器人喷涂工作站的相关知识与技能。	1. 根据工作页的内容回答问题。 2. 有问题及时请教老师。 3. 被抽查到的学生回答问题，其他同学听讲。 4. 听教师讲解工业机器人喷涂工作站的相关知识与技能。	通过抽查学生的工作页完成情况和对问题回答的正确率来判断学生学习效果。
	课时： 10 课时 1. 软资源：工作页、教材、PPT、电气图原理图、电气接线图、ABB 机器人使用手册等。 2. 教学设施：白板、磁吸、投影仪等。			
制订喷涂工作站安装调试工作计划	1. 对照喷涂工作站的各种设备，勘查施工现场，并绘制各设备安装布局图。	1. 提问：喷涂工作站的设备这么多，如何安装？ 2. 引出布局图，讲解布局的定义及作用。 3. 讲解布局图的绘制方法。 4. 引导学生小组绘制布局图。 5. 组织小组汇报布局图成果。 6. 指出各组布局图存在的问题。	1. 思考并回答老师的提问，提出各种方法。 2. 听讲并记录布局的定义及作用。 3. 听讲布局图的绘制方法。 4. 小组讨论并绘制布局图。 5. 派代表汇报布局图，其他人员提出意见。 6. 修订并完善布局图存在的问题。	通过提问方式考察学生对内容的掌握。
	课时： 1 课时 1. 软资源：PPT、布局图等。 2. 教学设施：白纸、磁吸、投影仪等。			

1 收集喷涂工作站信息 → 2 制订喷涂工作站安装调试工作计划 → 3 喷涂工作站安装与调试安装现场实施 → 4 喷涂施工项目验收 → 5 总结与评价

阶段	工作子步骤	教师活动	学生活动	评价
制订喷涂工作站安装调试工作计划	2. 制订工作计划表。	1. 引导学生小组分析喷涂工作站的安装流程并巡回指导。 2. 组织学生汇报喷涂工作站的安装流程。 3. 点评各组的喷涂工作站安装流程并要求各组完善。 4. 引导各小组根据喷涂工作站的安装流程进行人员分工、时间分配。	1. 小组讨论分析喷涂工作站的安装流程，填写工作页中的流程表。 2. 小组汇报喷涂工作站的安装流程，其他学生思考并对流程提出建议。 3. 听讲并完善喷涂工作站的安装流程。 4. 小组根据喷涂工作站的安装流程进行人员分工、时间分配。	1. 小组展示； 2. 讨论喷涂工作站安装流程； 3. 人员分工是否合理。
	课时： 2 课时 1. 软资源：工作页中流程表、工作计划表等。 2. 教学设施：白板、磁吸等。			
	3. 设备、材料的领取，工具的准备。	1. 引导学生列出安装过程需使用的工具的清单。 2. 讲解并演示膨胀螺栓、冲击钻、安全防护栏的使用方法和注意事项。	1. 学生列出安装过程需使用的工具的清单。 2. 听讲并观看教师演示膨胀螺栓、冲击钻、安全防护栏的使用方法和注意事项。	检查工作页填写情况。
	课时： 1 课时 1. 软资源：喷涂工作站的工作页等。			
喷涂工作站安装与调试安装现场实施	1. 喷涂工作站硬件设备安装。	1. 引导学生查阅各设备的安装说明书。 2. 教师重点讲解喷涂工作站的环境防护工作内容，增强学生运用技术解决环保问题的意识。 3. 引导学生根据计划安装喷涂工作站。 4. 巡回指导、观察并及时纠正学生。	1. 查阅各设备的安装说明书。 2. 学生听教师讲解喷涂工作站的环境防护工作内容，提高环保的意识，在安装工作站时更加充分地做好防护工作。 3. 小组按计划安装喷涂工作站并填写安装记录单。	检查安装记录单。
	课时： 10 课时 1. 软资源：装配图等。 2. 教学设施：本体各部件、防护带、钳工工具、电工工具、量具等。			
	2. 喷涂工作站调试。	1. 引导学生检查各设备安装是否正确。 2. 讲解设备上电流程和注意事项。 3. 给学生示范程序导入方法。	1. 学生根据计划检查各设备安装是否正确。 2. 观看和听讲设备上电流程和注意事项。 3. 导入程序并关联 I/O。	成果演示
	课时： 2 课时 1. 教学设施：安装记录单等。			
喷涂施工项目验收		1. 讲解检测的内容、方法和要求。 2. 巡回指导。	1. 检测。 2. 填写检测表。	检测记录表的填写情况。
	课时： 1 课时 1. 软资源：验收单等。			
总结与评价		与偏差较大的学生进行谈话反馈。	谈话反馈。	1. 评估偏差，互动交流； 2. 谈话反馈。
	课时： 1 课时 1. 软资源：张贴板等。 2. 教学设施：多媒体设备等。			

考核标准

情境描述：

某系统集成商为一汽车发动机生产企业提供了一套工业机器人发动机外壳去毛刺工作站，由机器人完成发动机外壳的去毛刺。该工作站由 1 台 6 轴工业机器人、1 套浮动去毛刺具、1 个双工位转台、1 套除尘装置和 1 套 PLC 总控系统组成，生产班长要求你和另外一位同事根据合同要求，按照国家、行业企业相关标准，在 2 天内完成工作站的安装与调试工作。

任务要求：

根据任务的情境描述，通过与班组长的沟通，列出安装与调试项目、工作要求和工期，在规定的时间内，以双人作业的方式，完成工业机器人发动机外壳去毛刺工作站的安装与调试。

（1）列出安装与调试项目、工作要求和工期，制订作业流程；

（2）按照情境描述的情况，完成工业机器人发动机外壳去毛刺工作站机械、电气部分的安装；安装完成后，进行调试作业，完成小批量工件的试产，备份机器人程序，填写调试记录单和调试工序检验单，提交班组长审核；

（3）清理工作现场，归还工具、材料、设备和资料，填写总结。

参考资料：

回答上术问题时，你可以使用所有的教学资料，如工作页、装配图纸、设备操作说明书、个人笔记以及计算器等。

课程 6. 工业机器人的维护和保养　　课时：80

学习任务 1
工业机器人的保养
（40）学时

学习任务 2
工业机器人的维修
（40）学时

课程目标

学习完本课程后，学生应当能够胜任工业机器人的维护与保养工作、预防性维护及故障检修工作，养成良好的职业素养。具体包括：

1. 通过工业机器人维护知识学习，完成工业机器人的日常性维护、月维、年维工作；
2. 通过学习预防性维护知识和技能，完成工业机器人维护计划的编制、机器人各部件检修，填写维护记录并进行归档。
3. 通过学习工业机器人故障检修知识和技能，能完成工业机器人电子故障及机械故障的诊断、分析与检修。

课程内容

1. 安全文明生产与工作站 8S 管理；
2. 识读机器人零部件配置图、电气原理图、电气装配图；
3. 根据电气装配图及工艺指导文件，准备电气装配的工工具；
4. 根据工作内容选择仪器仪表；
5. 电气柜与机器人本体装配方法；
6. 气路、液压装配方法；
7. 工业机器人解决方案调试方法；
8. 工业机器人解决方案现场环境规划与建设；
9. TPM 管理方法；
10. 制订保养计划；
11. 日常性维护知识；
12. 工业机器人零点恢复；
13. 工业机器人校准知识；
14. 工业机器人操作规程；
15. 现场保养安全作业的相关知识；
16. 机器人机械故障原因分析及保养；
17. 机器人电气故障原因分析及保养；
18. 诊断程序控制类机器人系统的故障。

学习任务 1：工业机器人的保养

任务描述

学习任务学时：40 课时

任务情境：

一家汽车钣金生产车间购买了某设备厂的一批焊接机器人，维护技术人员根据车间的生产计划和设备保养情况，联系了解客户情况和机器人的使用情况后，安排进行机器人设备年度保养和日保、月保的培训。工业机器人在工厂生产过程中有大量重复性的工作，工作环境比较差，为了保证生产的有序进行，需要进行设备的定期保养。我院产业系与该设备厂有密切的合作关系，该企业的技术人员咨询我们在校生能否帮助他们完成该项简单、量大但重要的工作，教师团队认为大家在老师指导下，学习一些相关内容与实践，应用学院现有工业机器人设备及维护工具完全可以胜任。企业给我们提供了日保、月保和年度保养的保养标准，任务完成时间为 5 天，任务完成后交付班组长（教师）检查是否符合要求。

具体要求见下页。

工业机器人的维护和保养

工作流程和标准

工作环节 1

一、保养前准备

（一）阅读任务书，明确任务要求

通过指导教师下达的设计任务，明确任务完成时间、资料提交等要求。对主要技术指标中不明之处，通过查阅相关资料或咨询老师进一步明确，最终整理出设计任务要点归纳表并交教师签字确认，完成工作页引导问题。

（二）周期性维护保养

通过老师的讲解和观看视频，明确工业机器人日、周、月检查及维护相关要求。

工作成果：

1. 签字后任务表、工作页；
2. 工作页中工业机器人日、周、月检查与维护的相关工作表。

知识点：

工业机器人日、周、月检查与维护的相关工作要求。

技能点：

工业机器人日、周、月检查与维护的操作。

职业素养、思政融合：

辨识改善工作流程或结果的机会并采取行动。

工作环节 2

二、制订工业机器人日、周、月检查与维护计划

2

按工业机器人日、周、月检查与维护的要求制订保养工作计划。

工作成果 / 学习成果：
工业机器人日、周、月检查与维护工作计划表。

知识点：
日、周、月检查与维护工作计划表填写要求。

职业素养、思政融合：
良好的时间观念。

工作环节 3

三、评估工作计划

3

根据工作计划现场汇报进行表决，提出改进意见，修改工作计划。

工作成果 / 学习成果：
修改后工作计划表。

职业素养、思政融合：
严谨的工作态度、反思的意识。

工作流程和标准

工作环节 4

四、实施工业机器人日、周、月检查与维护工作

根据计划表中的步骤，运用相关工具进行工业机器人日、周、月检查与维护工作。

工作成果 / 学习成果：
完成保养的工业机器人。

职业素养、思政融合：
安全文明生产习惯、环保节约意识。

工作环节 5

五、成果检查

5

完成任务后，各小组按工业机器人日、周、月检查与维护工作要求对每一项进行交互检查。

工作成果 / 学习成果：
评价表。

职业素养、思政融合：
主动倾听、反思。

工作环节 6

六、评价与反馈

对比不同品牌维护方面的差异，查找技术原因与差距；以小组为单位对机器人与夹具连接轴的工作过程进行自我评价、教师评价、评估差异并进行汇总，根据以上的检测与评价结果，与出现差异较大的学生进行互动式谈话反馈。

工作成果 / 学习成果：
反馈记录表、机器人与夹具连接轴评价表。

技能点：
互动谈话。

职业素养、思政融合：
互动沟通，能有效进行评论或反馈。

学习内容

知识点	1.1 工业机器人日、周、月检查与保养的相关工作要求； 1.2 工业机器人保养的知识点； 1.3 任务书的内容和要素	2.1 工业机器人保养工艺； 2.2 工作计划表的编写方法	
技能点	1.1 工业机器人保养	2.1 工业机器人保养	3.1 判别工作计划是否合理
 工作环节	工作环节 1 任务前准备	制订工作计划 工作环节 2	工作环节 3 决策
素养	1.1 行动力； 1.2 改善工作流程或结果	2.1 时间观念； 2.2 安全文明生产	3.1 严谨的工作态度，反思意识

学习任务 1：工业机器人的保养

工作环节 4 实施	工作环节 5 检查	工作环节 6 评价与反馈
4.1 8S 现场管理	5.1 检查的要求； 5.2 检查的内容	
4.1 工业机器人日、周、月检查与保养工作		6.1 评估偏差； 6.2 谈话反馈
4.1 安全文明生产习惯、环保节约意识	5.1 倾听，反思	6.1 接受批评、建议；互动沟通

课程 6. 工业机器人的维护和保养

学习任务 1：工业机器人的保养

任务前准备

工作子步骤	教师活动	学生活动	评价
1. 阅读任务书，明确任务要求。	1. 解说任务要求，引导学生阅读任务描述。 2. 观察学生完成任务的情况。 3. 提问检查学生关键词是否提炼准确和完整。 4. 要求完成任务表的填写。 5. 提供资料，辅助学生完成工作页内容。 6. 通过提问，检查文本问题是否回答正确。 7. 提供资料，辅助学生完成工作页内容。 8. 通过提问，检查文本问题是否回答正确。	1. 听取教师对任务描述的阅读要求，做好阅读的准备。 2. 阅读任务描述信息，提炼关键词。 3. 回答问题，检查关键词是否准确和完整。 4. 完成任务表的填写。 5. 根据引导文问题1查找资料，完成工作页填空内容。 6. 回答问题，检查问题答案是否正确。 7. 根据引导文问题2查找资料，完成工作页填空内容。 8. 回答问题，检查问题答案是否正确。	1. 教师点评：关键词的准确性和完整性； 2. 教师评价引导问题 1 回答的正确性。 3. 教师评价引导问题 2 回答的正确性。
课时： 4 课时 1. 教学场所：一体化学习站等。 2. 硬资源：白板、白板笔、板刷、磁钉、A4 纸等。 3. 软资源：教学课件、工作页、编程软件等。 4. 教学设施：笔记本电脑、投影仪、音响、麦克风等。			
2. 周期性保养。	1. 要求学生带着工业机器人日、周、月检查与保养的问题进行实例视频介绍。 2. 带学生参观工业机器人工作站，提出回答提前设计的问题任务。 3. 老师现场对回答的问题进行评价。 4. 老师通过 PPT 讲授工业机器人日、周、月检查及保养相关知识，要求学生思考其工作流程是否有改进空间，引导学生辨识改善工作流程或结果的机会，并采取行动。 5. 要求学生以分组讨论的方式完成工作页的填写。 6. 提出组与组之间进行工作页的互评。	1. 主动并客观地倾听和学习工业机器人日、周、月检查与保养知识并进行思考。 2. 参观工业机器人工作站，观察工业机器人工作站应该做出的保养（现场回答老师的提问），注重现场安全。 3. 听取老师评价并进行反思。 4. 听取工业机器人日、周、月检查及保养相关知识，思考其工作流程是否有改进空间。 5. 小组讨论并完成工作页的填写。 6. 进行作页小组互评。	1. 现场对回答的问题进行评价（回答工业机器人日、周、月检查与保养的问题）； 2. 小组互评工作页。
课时： 6 课时 工作页、相关视频、相关 PPT、电脑等。			

基准学时：40

1 任务前准备　2 工作计划　3 决策　4 实施　5 检查　6 评价与反馈

	工作子步骤	教师活动	学生活动	评价
工作计划	制订工业机器人日、周、月检查与保养工作计划表。	1. 展示工业机器人保养练习工作计划表，结合以上学习知识，讲解工作计划编写的内容和方法。 2. 按以上示范、练习进度完成计划时间的规划。 3. 提出按照工作计划表模板完成工业机器人保养工作计划表。	1. 主动并客观地倾听，学习计划的内容及编制的方法。 2. 完成计划表（计划完成时间）。 3. 按照工作计划表模板完成工业机器人保养工作计划表。	随机抽查学生对计划表内容的了解情况。
	课时： 2 课时 工作计划表、白板、磁吸等。			
决策	评估工作计划。	1. 随机抽取 2~3 位学生汇报自己的工作计划，要求其他同学思考并进行表决，提出改进意见。 2. 进行现场点评并要求学生边听点评边修改工作计划。	1. 被抽到的同学进行现场汇报，其他同学听取汇报，进行思考和表决，并提出改进意见。 2. 听取老师点评，修改自己的工作计划。	1. 全班学生对工作计划进行综合评价决策； 2. 教师现场点评工作计划的安全文明生产、合理性、可操作性、修改意见等方面； 3. 教师对 8S、工具清单、责任分工进行点评。
	课时： 2 课时			
实施	实施工业机器人日、周、月检查与保养工作。	1. 提出严格按计划进行实施的要求并巡回指导。 2. 实施过程中要求按计划表进行质量控制记录。 3. 巡回指导，观察发现错误并作为案例统计起来并及时纠正学生。	1. 按计划进行工业机器人日、周、月检查与保养工作。 2. 填写工作计划表（实际完成时间、质量控制）。 3. 安全文明生产。	检查工业机器人是否按要求进行相关的日、周、月保养。
	课时： 20 课时 1. 教学场所：工业机器人一体化学习站等。 2. 硬资源：白板、白板笔、板刷、磁钉、A4 纸等。 3. 软资源：教学课件、任务书、工作页等。 4. 教学设施：笔记本电脑、投影仪、音响、麦克风等。			
检查	检查	1. 讲解检查的内容、方法和要求。 2. 提出互换保养机器人进行检查并巡回指导。 3. 对实施时统计案例进行点评。 4. 提出进行检查偏差分析。	1. 主动客观地倾听检查知识。 2. 接受检查任务，完成检查表。 3. 主动客观地倾听并思考。 4. 进行偏差分析。	1. 学生对保养进行互评； 2. 教师对教学案例进行点评； 3. 自我评估； 4. 小组互评。
	课时： 4 课时 张贴板、多媒体设备等。			
评价与反馈	评价与反馈	1. 介绍评价表，讲解如何进行评价。 2. 提出评估任务。 3. 进行评价偏差分析。 4. 与偏差较大的学生进行谈话反馈。	1. 主动客观地倾听评价要点。 2. 进行自我评估和小组互评。 3. 评价偏差分析。 4. 与老师进行谈话反馈。	自我评估、小组互评、谈话反馈。
	课时： 2 课时 张贴板、多媒体设备等。			

学习任务 2：工业机器人的维修

任务描述

学习任务学时：40 课时

任务情境：

我校焊接工作站（瑞典 ABB 公司的 IRB3400 型工业机器人）在一次正常的系统运行过程中机器人突然死机，并发出报警信息 20001(工作回路断开) 和 10010(马达关闭状态)，当时没有其他异常现象。此后，每次开机时都出现 6 条错误，其中包括 20001 错误；压下电动机按钮后又出现 7 条错误，其中包含 10010 及开机时出现过的 2 条错误，机器人处于死机状态。初步处理后未能消除异常报警。教师给同学们下达机器人的维修任务，要求通过使用维修工具、原材料、指导文本，根据不同故障、维修项目正确选择维修工具和原材料，制订维修工作计划，完成机器人的维修任务。

具体工作任务要求如下：

通常情况下，机器人在使用过程中如若发生故障，用户一般会先自行排除，如不能自行排除，则会向供应商提出维修申请，并要求供应商的维修部门进行派工。该供应商与我校是校企合作单位，现将机器人维修任务交由我校完成，目的是让学生学会工业机器人的维修，学习不同品牌机器人的维修保养工艺流程。

机器人供应商与我校是校企合作单位，其到操作现场与客户设备负责人进一步确认，发现是原有的通信板配件损坏及末端执行器的更换故障，可以使用维修工具和配件完成维修。供应商了解到我学院现有的设备、师资水平、学生前期学习的工业机器人应用基础能力能满足工业机器人的维修，现将异常报警的工业机器人维修任务交由我系 2 年级学生来完成，操作时间为 1 天，要求遵循 8S 管理，维修过程有工程师及教师进行现场指导。

具体要求见下页。

工业机器人的维护和保养

工作流程和标准

工作环节 1

一、获取信息

（一）阅读任务书，明确任务要求

完成派工单填写。

（二）理论知识

学生通过参观学习工作站现场设备，结合教师讲授的工具使用方法、钻床、虎钳机电一体单元的结构、运动原理及安全教育知识，能够使用钻床、虎钳，绘制钻床结构示意图，编制其用途说明。教师根据学生的工作过程、示意图展示和汇报内容，评价学生学习过程、成果和演讲内容。

（三）示范、指导练习

观看视频和现场示范钳工的基础操作（安全教育、钻床、虎钳、测量、锉削、锯削、攻丝），独立记录各项目的操作步骤和要点，进行钻床、虎钳、测量、锉削、锯削、攻丝操作练习（安全文明生产），并进行操作情况评估。

工作成果 / 学习成果：

1. 工业机器人维修派工单；
2. 钻床结构示意图、学习情况评估表；
3. 操作情况评估表。

知识点：

1. 游标卡尺、外径千分尺等量具的结构和使用原理，钻床、虎钳等机电一体的结构、单元及运动原理，安全教育；
2. 钻床、虎钳、测量、锉削、锯削操作方法，安全文明生产。

技能点：

1. 填写维修派工单；
2. 游标卡尺、外径千分尺的使用；
3. 钻床、虎钳的使用、钳工工具的使用。

职业素养、思政融合：

1. 责任识别、职业认知；
2. 图示化能力、独立学习能力、安全意识、规则意识；
3. 现场 8S 管理能力、独立学习能力。

工作环节 2

二、制订工业机器人维修工作计划

2

介绍工业机器人维修工作计划表模板，以小组为单位进行交流学习并完成工作计划表（给出工作计划流程完成时间的分布）。

工作成果 / 学习成果：
工作计划表。

知识点：
工业机器人维修工作计划。

技能点：
会做工业机器人维修工作计划。

职业素养、思政融合：
现场 8S 管理能力、独立学习能力、时间管理能力。

工作环节 3

三、评估工作计划

3

根据工作计划现场汇报进行表决，提出改进意见，修改工作计划。

工作成果 / 学习成果：
修改后的工作计划表。

职业素养、思政融合：
对工作进行反思的能力。

工作流程和标准

工作环节 4

四、实施（机器人 4 轴中间板的钳工制造）

4

以小组为单位，严格按工业机器人维修工作计划步骤完成工业机器人的维修（安全文明生产），记录好每一步的实际实施时间并与计划时间进行对比，掌握好时间的分配。现场进行 8S 管理。

工作成果 / 学习成果：
维修好的工业机器人。

知识点：
安全文明生产。

技能点：
会使用维修工具进行工业机器人维修。

职业素养、思政融合：
现场 8S 管理、独立学习、安全文明生产。

工作环节 5

五、工业机器人维修检查

对工业机器人维修进行目视检查、调试检查，完成检查表的填写。以小组为单位进行技术讨论。

工作成果 / 学习成果：
目视检查、调试检查。

知识点：
目视检查、调试检查要求。

技能点：
目视检查和调试检查表的填写。

职业素养、思政融合：
现场 8S 管理、独立学习、协作。

工作环节 6

六、评价

6

对工业机器人维修的工作过程进行自我评价、教师评价、评估差异，进行汇总、互动交流与学生谈话反馈。对比不同品牌机器人的维修保养差异，通过维保小案例“加错了油”，让学生认识到严格遵循工作流程、工作规则的重要意义。

工作成果 / 学习成果：

评价表、核心能力评价表、评价汇总表。

知识点：

评价表、评估方式、评估要点。

技能点：

会做评价表。

职业素养、思政融合：

互动沟通，能有效进行评论或反馈，严格遵循工作流程，具有良好的规则意识。

课程 6. 工业机器人的维护和保养

学习内容

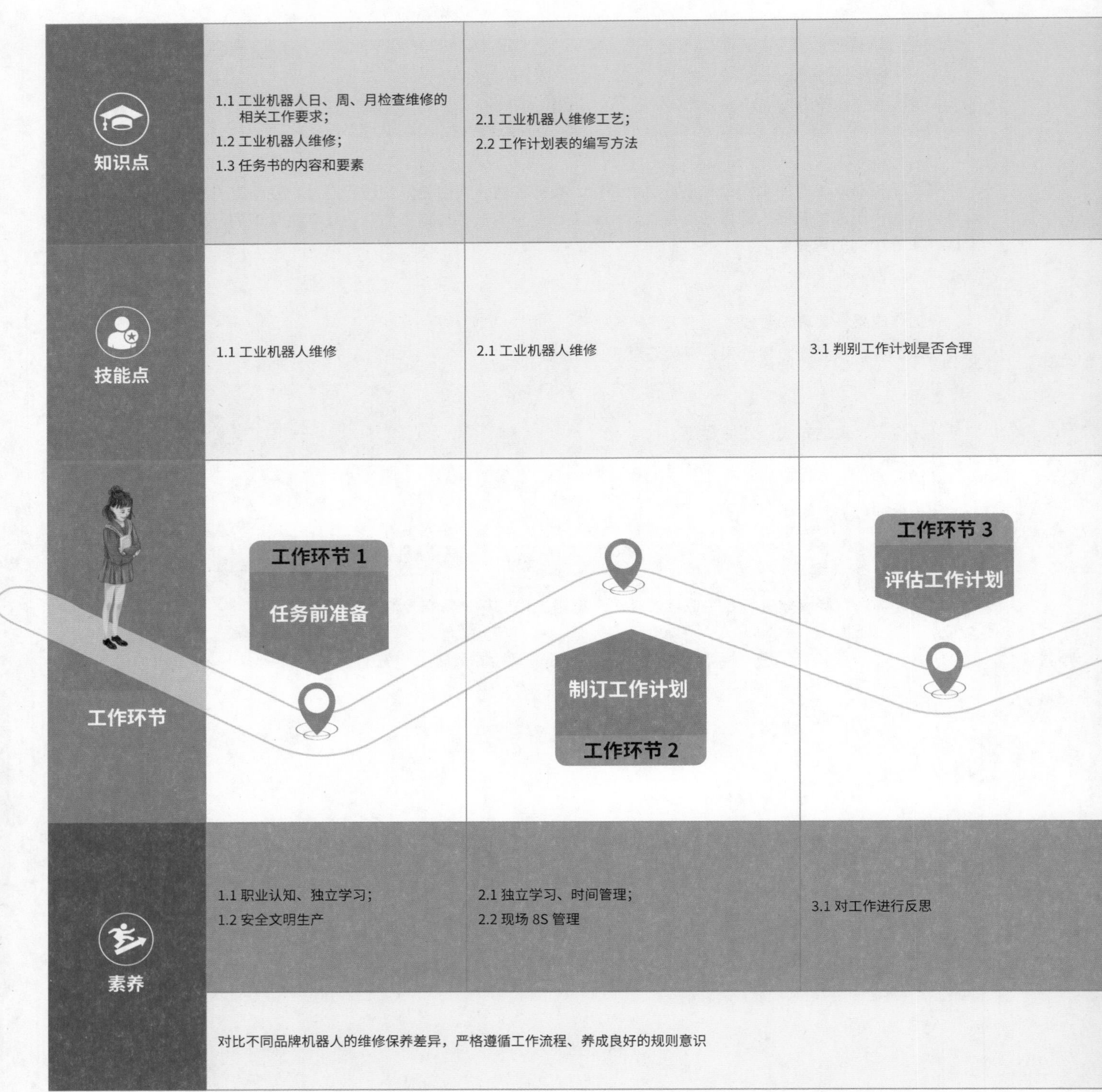

	工作环节 1	工作环节 2	工作环节 3
知识点	1.1 工业机器人日、周、月检查维修的相关工作要求； 1.2 工业机器人维修； 1.3 任务书的内容和要素	2.1 工业机器人维修工艺； 2.2 工作计划表的编写方法	
技能点	1.1 工业机器人维修	2.1 工业机器人维修	3.1 判别工作计划是否合理
工作环节	工作环节 1 任务前准备	制订工作计划 工作环节 2	工作环节 3 评估工作计划
素养	1.1 职业认知、独立学习； 1.2 安全文明生产	2.1 独立学习、时间管理； 2.2 现场 8S 管理	3.1 对工作进行反思
	对比不同品牌机器人的维修保养差异，严格遵循工作流程、养成良好的规则意识		

学习任务 2：工业机器人的维修

4.1 现场 8S 管理	5.1 展示的要求； 5.2 展示的内容	
4.1 工业机器人日、周、月检查与维修工作； 4.2 展示内容的选择	5.1 评价的方法	6.1 评估偏差
实 施 工作环节 4	工作环节 5 检查	工作环节 6 评价与反馈
4.1 现场 8S 管理、独立学习、安全文明生产	5.1 现场 8S 管理、独立学习、协作	6.1 有效进行评论或反馈沟通； 6.2 规则意识（工作流程）

工业机器人的维护和保养

课程 6. 工业机器人的维护和保养

学习任务 2：工业机器人的维修

1 任务前准备　2 制订工作计划　3 评估工作计划　4 实施工作计划　5 检 查　6 评价与反馈

任务前准备

工作子步骤	教师活动	学生活动	评价
1. 阅读任务书,明确任务要求。	1. 解说任务要求，引导学生阅读任务描述。 2. 观察学生任务完成情况。 3. 提问检查学生关键词是否提炼准确和完整。 4. 提出完成任务表的填写。 5. 提供资料,辅助学生完成工作页内容。 6. 提问引导文问题 1，检查文本问题是否回答正确。 7. 提供资料,辅助学生完成工作页内容。 8. 提问引导文问题 2，检查文本问题是否回答正确。	1. 听取教师对任务描述的阅读要求，做好阅读的准备。 2. 阅读任务描述信息，提炼关键词。 3. 回答问题，检查关键词是否准确和完整。 4. 完成任务表的填写。 5. 根据引导文问题 1,查找资料，完成工作页填空内容。 6. 回答问题，检查答案是否正确。 7. 根据引导文问题 2,查找资料，完成工作页填空内容。 8. 回答问题，检查答案是否正确。	1. 教师点评：关键词的准确性和完整性； 2. 教师评价：引导问题 1 回答的正确性。 3. 教师评价：引导问题 2 回答的正确性。
课时： 4 课时 1. 教学场所：一体化学习站等。 2. 硬资源：白板、白板笔、板刷、磁钉、A4 纸等。 3. 软资源：教学课件、工作页、编程软件等。 4. 教学设施：笔记本电脑、投影仪、音响、麦克风等。			
2. 周期性维修	1. 要求学生带着工业机器人日、周、月检查与维修的问题进行实例视频介绍。 2. 带学生参观工业机器人工作站，要求学生回答提前设计的问题。注重学生安全文明素养的培养。 3. 老师现场对回答的问题进行评价。 4. 老师通过 PPT 讲授工业机器人日周、月检查及维修相关知识并提出思考。 5. 提出以组为单位讨论完成工作页的填写。 6. 提出组与组之间进行工作页的互评。	1. 主动并客观地倾听和学习工业机器人日、周、月检查与维修知识并进行思考。 2. 参观工业机器人工作站，观察工业机器人工作站应该做出的维修(现场回答老师的提问)。 3. 听取老师评价并进行反思。 4. 听取工业机器人日、周、月检查及维修相关知识并进行思考。 5. 完成工作页的填写。 6. 进行工作页小组互评。	1. 现场对回答的问题进行评价（回答工业机器人日、周、月检查与维修的问题）； 2. 工作页小组互评。
课时： 6 课时 工作页、相关视频、相关 PPT、电脑等。			

制订工作计划

工作子步骤	教师活动	学生活动	评价
制订工业机器人日、周、月检查与维修工作计划表。	1. 展示工业机器人维修练习工作计划表，结合以上学习知识，讲解工作计划编写的内容和方法。 2. 按以上示范、练习进度完成计划时间的规划。 3. 提出按照工作计划表模板完成工业机器人维修工作计划表。	1. 主动并客观地倾听，学习计划的内容及编制的方法。 2. 完成计划表（计划完成时间）。 3. 按照工作计划表模板完成工业机器人维修工作计划表。	随机抽查学生对计划表内容的了解情况。
课时： 2 课时 工作计划表、白板、磁吸等。			

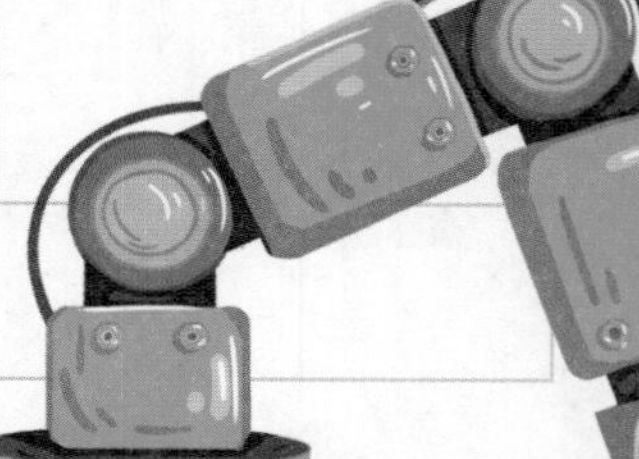

基准学时：40

	工作子步骤	教师活动	学生活动	评价
决策	评估工作计划	1. 随机抽取 2～3 位学生汇报自己的工作计划，要求其他同学思考并进行表决，提出改进意见。 2. 进行现场点评并要求学生边听点评边修改工作计划。	1. 被抽到的学生进行现场汇报，其他学生听取汇报，进行思考和表决，并提出改进意见。 2. 听取老师点评，修改自己的工作计划。	1. 全班学生对工作计划进行决策。 2. 教师现场点评工作计划的安全文明生产、合理性、可操作性并提出修改意见等。 3. 教师现场点评 8S、工具清单、责任分工。
	课时： 2 课时			
实施	实施工业机器人日、周、月检查与维修工作。	1. 提出严格按计划实施的要求并巡回指导。 2. 实施过程中要求按计划表进行质量控制记录。 3. 巡回指导，观察发现错误并作为案例进行统计，最后及时纠正。	1. 按计划进行工业机器人日、周、月检查与维修工作。 2. 填写工作计划表（实际完成时间、质量控制）质量控制。 3. 安全文明生产。	检查工业机器人是否按要求进行相关的日、周、月维修。
	课时： 20 课时 1. 教学场所：工业机器人一体化学习站等。 2. 硬资源：白板、白板笔、板刷、磁钉、A4 纸等。 3. 软资源：教学课件、任务书、工作页等。 4. 教学设施：笔记本电脑、投影仪、音响、麦克风等。			
检查	检查	1. 讲解检查的内容、方法和要求。 2. 巡回指导并要求各小组互换维修机器人进行检查。 3. 对实施时统计案例进行点评。 4. 提出进行检查偏差分析。	1. 主动并客观地倾听检查知识。 2. 接受检查任务，完成检查表。 3. 主动并客观地倾听，并思考。 4. 进行偏差分析。	1. 学生互评维修情况； 2. 教师点评实施时统计的特别案例； 3. 自我评估； 4. 小组互评。
	课时： 4 课时 张贴板、多媒体设备等。			
评价与反馈	评价与反馈	1. 介绍评价表，讲解如何进行评价。 2. 提出评估任务。 3. 进行评价偏差分析。 4. 与偏差较大的学生进行谈话反馈。 5. 通过维保小案例“加错了油”，让学生认识到严格遵循工作流程、工作规则的重要意义。	1. 主动并客观地倾听评价要点。 2. 进行自我评估和小组互评。 3. 评价偏差分析。 4. 与老师进行谈话反馈。 5. 能够对比不同品牌机器人的维修保养差异。	自我评估、小组互评、谈话反馈。
	课时： 2 课时 张贴板、多媒体设备等。			

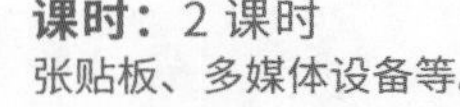

考核标准

情境描述：

公司售后服务部接到某客户电话，需要对其一套生产传动轴的生产线（机器人）进行保养。售后服务部工作人员在与客户代表充分沟通后了解了客户的需求，之后售后服务部把客户需求信息准确传给服务人员，安排前往完成保养工作。

任务要求：

1. 通过阅读产品说明书，准确了解机器人的基本结构和保养内容。
2. 根据客户需求，制订可行的机器人保养方案；
3. 运用专业的技能，按照企业要求，向顾客提供优质的保养服务。
4. 能根据客户的反馈意见，准确按照客户需求保养机器人，并通过良好的售后技巧成功把机器人产品交付给客户。

参考资料：

完成上述任务时，学生可以使用学生工作页、使用说明书、与客户沟通的案例、售后人员职业形象学习资料、客户意见分析表等学习资料。

课程 7. 工业机器人应用方案分析与设计　　课时：100

学习任务 1
自动生产线应用分析
（40）学时

学习任务 2
机器人末端执行器的设计
（30）学时

学习任务 1
夹具设计
（30）学时

课程目标

学习完本课程后，学生应当能够完成自动化生产线的设计，能够根据产品设计对应的执行器和夹具，并养成良好的职业素养。具体包括：

1. 通过分析自动化生产线案例，学习自动化生产线的类型和组成、各单元功能和结构，接 近开关、微动开关的类型和选用，传感器和气动元器件的结构、原理和选用；能根据自动化生产线的产 品、场地等具体情况，借助工具书完成设计并提交方案。

2. 通过分析机器人单元的案例，学习机器人的基本结构研究、机器人末端执行器的类型和工作原理以及末端执行器与机器人的连接；能够根据具体生产对象的结构特征和生产线的运行情况，借助工具 书完成末端执行器的设计并提交方案。

3. 通过分析工作站生产线夹具的案例，学习夹具的基本结构和组成、功能、分类以及夹具的设计原则和步骤；能够根据生产对象的特征和生产线的实际情况，正确分析工件夹具的夹紧力、夹紧过程、工件装夹，确定夹具的结构方案，借助工具书完成生产对象的夹具设计，绘制零件图和装配图并提交方案。

课程内容

1. 企业安全生产规程；
2. 自动化生产线的类型、基本组成；
3. 进料模块、转运模块、识别模块、测量模块、提升模块的组成及其工作过程；
4. 能够借助工具书完成生产线动力驱动的选择；
5. 接近开关、微动开关的类型和选用；
6. 位移传感器、电容式传感器、反射式光电传感器、漫射式光电传感器等的结构和作用、工作原理和选用；
7. CPV 阀岛、真空发生器、双作用气缸、机械耦合的气动无杆缸的工作原理和选用；
8. 摆动缸、比例方向控制阀气动组件的工作原理；
9. 末端执行器的类型、工作原理、基本结构及尺寸确定；
10. 生产对象的结构、形状、搬运形式、夹持方式、受力情况；
11. 机器人手臂、手腕结构，合理分析设置其末端执行器的连接形式；
12. 夹具的基本结构、组成、功能和分类；
13. 夹具的基本术语；
14. 夹具的夹紧力和夹紧过程；
15. 夹具设计的基本原则和步骤；
16. 夹具的基本要求；
17. 夹具的结构方案；
18. 夹具的装配图和零件图。

学习任务 1：自动化生产线应用分析

任务描述

学习任务学时：40 课时

任务情境：

某机械设备制造企业的机加车间主要加工电机轴零件，为提高生产效率、降低生产成本，现决定进行生产线的自动化改造。

X 公司业务员在获得项目信息并报公司业务经理后，和工程师一同与客户沟通明确需求，形成设计方案。设计方案经公司批准，待客户进行招标后，业务员做商务标书，技术工程师做技术标书，进行应标。中标后，业务员和技术工程师根据标书形成合同与技术协议；业务员和技术工程师将合同交业务经理和总监审核，签核完毕后交客户；（客户方依流程支付首付款）。公司收到首付款后，由项目部讨论确定项目负责人，项目负责人组建团队并分工设计。各工程师依据分工完成各自设计。项目负责人进行整合讨论并修改定案，方案（文员）负责收集整理相关图纸、产品需求表。设计完成后，项目负责人将设计图产品需求表交采购制造部。采购制造部依需求表采购设备和生产零配件。采购、生产完成后，由生产组装技术人员进行厂内安装和调试。技术员将调试过程中发现的问题反馈到各环节设计工程师处并协同工程师进行处理。厂内安装调试完成后，项目负责人安排技术人员到客户工厂进行安装调试，现场工程师负责最终的生产调试。业务和工程师共同完成生产线的验收。客户反馈生产线问题，售后服务人员及时进行处理。

该生产线改造采用工业机器人自动化搬运工作站进行零件的上下料，工作站由 3 台 6 轴工业机器人、3 台数控车床、1 台加工中心、3 套搬运夹具、1 个上料台、1 个下料台、2 条输料线和 1 套 PLC 总控制系统组成，预计完成时间为 120 天。

我校专业教师认为我院学生可以通过参与该自动化生产线的改造项目，提升对自动化生产线的认识。

具体要求见下页。

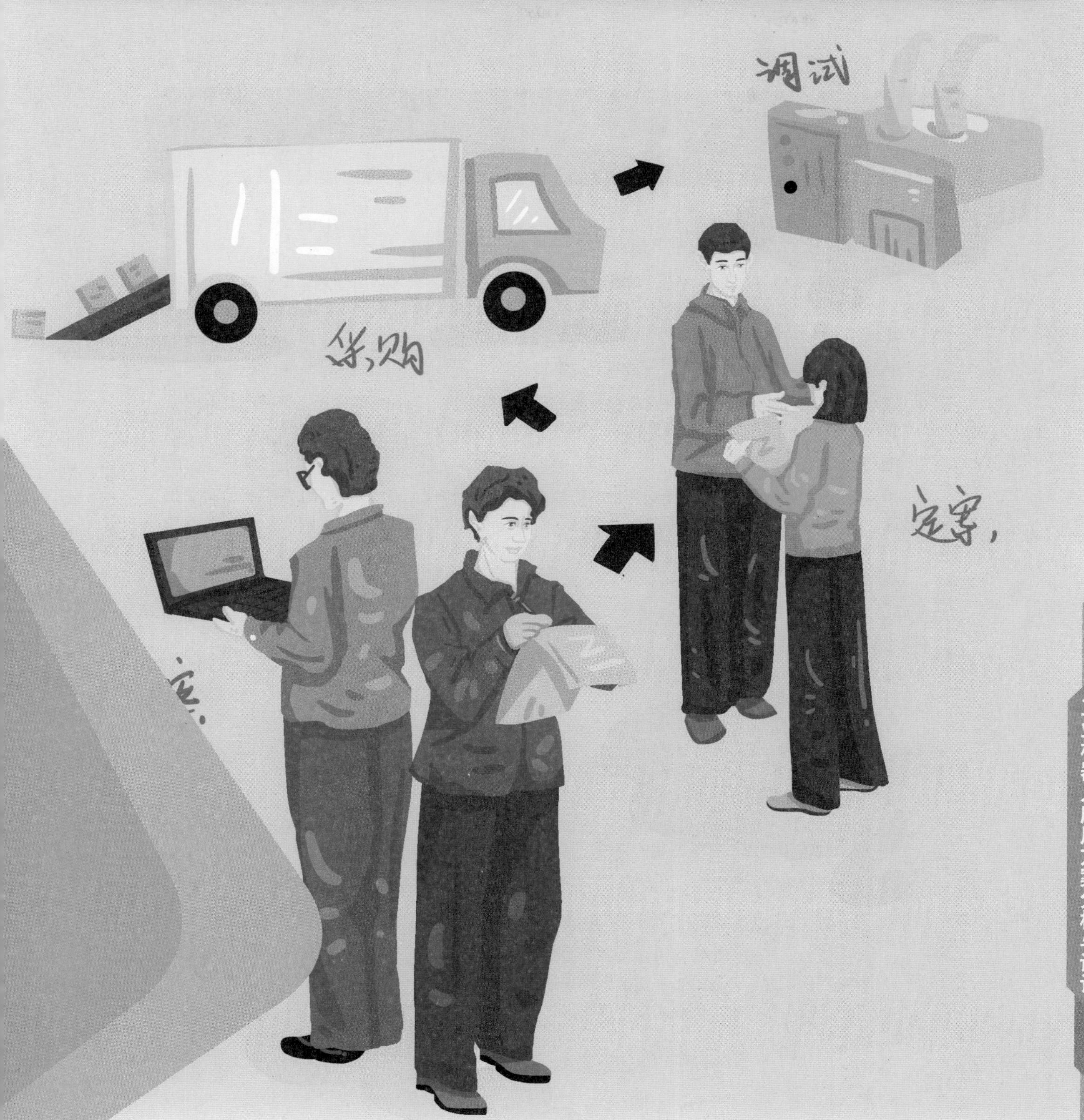
调试
采购
定案

工作流程和标准

工作环节 1

一、获取项目信息

（一）搜集信息

业务员在获得项目信息后，通过观看视频、现场参观、与客户沟通，了解该企业的生产现场情况和改造需要，形成项目需求表（了解清楚客户的工作信息、加工工艺、工作重点、加工设备、加工要求、场地；弄懂加工工艺及机械常用设备）。

（二）依据客户需求信息设计方案，形成设计方案应标。

（标书报公司业务经理后，业务员和方案工程师一同与客户沟通明确需求，待客户进行招标后，业务员做商务标书，技术工程师做技术标书，进行应标）。

（三）签订合同与技术协议

中标后，业务员和技术工程师根据标书形成合同与技术协议；业务和技术工程师将合同交业务经理、总监审核，签核完毕交客户；（客户方依流程，支付首付款）。

工作成果：

1. 客户现场图、项目需求表；
2. 初步设计方案、标书布局图和清单；
3. 合同、技术协议。

知识点、技能点：

1. 生产线、沟通技巧；
2. 标书的制作步骤、方案内容、结构、要素，机器人、自动化生产线组成、3D 设计布局图、标书的制作要点、初步方案的评价、详细方案的评价；
3. 合同、协议的制作。

职业素养、思政融合：

1. 沟通能力、严谨的工作态度、技能强国的理念；
2. 标书制作能力、严谨的工作态度、沟通能力、协作能力；
3. 表达能力、与人沟通的能力、严谨的工作态度。

工作环节 2

二、制订项目计划

2

公司项目部讨论确定项目负责人；项目负责人组建团队，分工，拟订工作看板，形成项目进度表（机械设计、电气设计、制造，采购、装配调试、发货）。

工作成果：

分工表，可视化看板（项目进度表）。

知识点、技能点：

生产线各部分的机械基本结构（上下料机构、传送机构，手爪、翻转机构）、电气基本元器件与基本结构（气缸、电磁阀、传感器）。

职业素养、思政融合：

组织能力、表达能力、严谨的工作态度。

工作环节 3

三、项目设计与加工

3

（一）细化设计：（机械细化设计、电控细化设计）

各工程师依据分工完成各自设计。项目负责人进行整合讨论并修改定案，方案（文员）负责收集整理相关图纸及产品需求表。

（二）加工、采购、制作

设计完成后，项目负责人将设计图及产品需求表交采购制造部。采购制造部依需求表采购设备和生产零配件。

工作成果：

1. 各部分的结构选定与 3D 造型；
2. 机械、电气工程图、项目 BOM。

知识点、技能点：

1. 各部分工作原理：上、下料架和输送机构；手爪、翻转机构；机床液压卡盘、机床自动门；机器人底座、安全围栏。
2. （外购件传感器）标准产品性能品质与价格、产品的可加工性、机械加工。

职业素养、思政融合：

1. 信息检索与收集的能力，团队合作及与人沟通的能力；
2. 与人沟通、谈价议价的能力，供应商管理能力，严谨的工作态度。

工作流程和标准

工作环节 4

四、项目（机械）安装（调试）

采购、生产完成后，由生产组装技术人员进行厂内安装和调试。技术员将调试过程中发现的问题反馈到各环节设计工程师处并协同工程师进行处理。（凭 BOM 表领取物料，根据机械、电气装配图开始装配，包括机械安装、电气安装、整机调试。

工作成果：
装配现场。

知识点、技能点：
机械装配、电工装配、基本的装配方式方法、机器人安装与调试。

职业素养、思政融合：
与人沟通的能力，规范意识，安全意识，团队合作能力。

工作环节 5

五、项目验收与售后

（一）客户工厂安装试产验收

厂内安装调试完成后，项目负责人安排技术人员到客户工厂进行安装调试，现场工程师负责最终的生产调试。业务员和工程师共同完成生产线的验收。

（二）客户培训与售后服务

客户反馈生产线问题，售后服务人员及时进行处理。

工作成果：
1. 验收单；
2. 售后服务表。

知识点、技能点：
1. 机械装配、电工装配、基本的装配方式方法、机器人调试；
2. 自动化生产线装配、调试，设备维护，故障排除技巧。

职业素养、思政融合：
1. 综合调试能力，与人沟通的能力，团队合作能力，现场 8S 管理能力；
2. 技术分析与总结能力。

学习内容

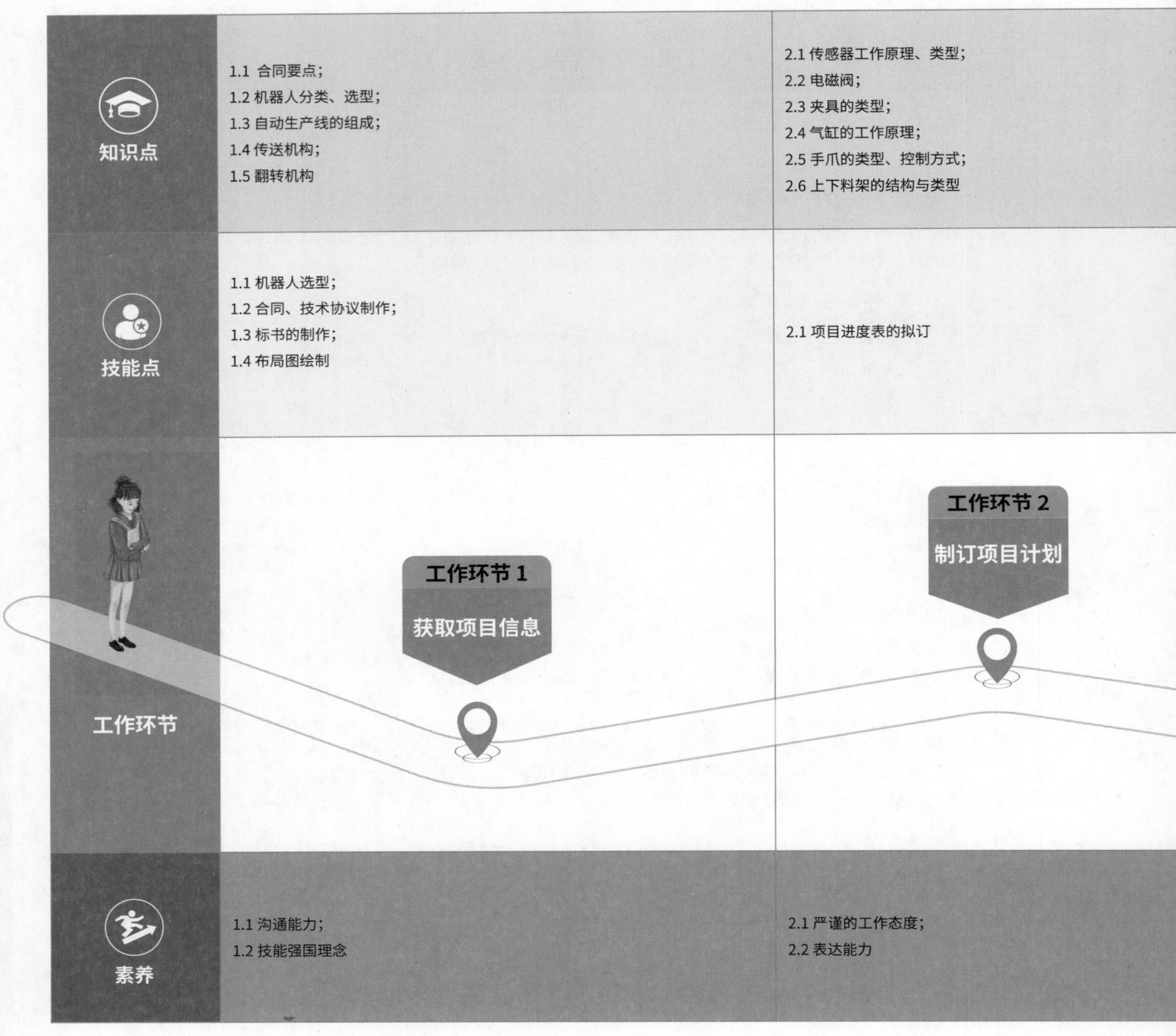

知识点	1.1 合同要点； 1.2 机器人分类、选型； 1.3 自动生产线的组成； 1.4 传送机构； 1.5 翻转机构	2.1 传感器工作原理、类型； 2.2 电磁阀； 2.3 夹具的类型； 2.4 气缸的工作原理； 2.5 手爪的类型、控制方式； 2.6 上下料架的结构与类型
技能点	1.1 机器人选型； 1.2 合同、技术协议制作； 1.3 标书的制作； 1.4 布局图绘制	2.1 项目进度表的拟订
工作环节	工作环节 1 获取项目信息	工作环节 2 制订项目计划
素养	1.1 沟通能力； 1.2 技能强国理念	2.1 严谨的工作态度； 2.2 表达能力

学习任务 1：自动化生产线应用分析

3.1 标准产品性能品质与价格； 3.2 紧固件、导向件； 3.3 手爪、翻转机构、机床自动门固件； 3.4 产品的可加工性； 3.5 机器人底座； 3.6 机床液压卡盘外购件； 3.7 安全围栏	4.1 装配方式方法	5.1 故障排除技巧
3.1 机械加工	4.1 机器人安装	5.1 集成设备维护调试； 5.2 自动化生产线装配； 5.3 故障排除
工作环节 3 项目设计与加工	工作环节 4 项目安装	工作环节 5 项目验收与售后
3.1 组织能力，严谨的工作态度； 3.2 谈价议价能力； 3.3 供应商管理能力	4.1 严谨的工作态度； 4.2 与人沟通的能力，团队合作的能力； 4.3 规范意识； 4.4 安全意识	5.1 技术分析与总结能力； 5.2 与人沟通的能力、团队合作的能力

教学活动

课程 7. 工业机器人应用方案分析与设计

学习任务 1：自动化生产线应用分析

1 获取项目信息　2 制订项目计划　3 项目设计与加工　4 项目安装　5 项目验收与售后

	工作子步骤	教师活动	学生活动	评价
获取项目信息	1. 搜集信息。 2. 依据客户需求信息设计方案，形成设计方案应标。 3. 签订合同与技术协议。	1. 介绍学习情境，布置学习任务，通过国内外机器人发展现状对比，激发学生技术强国梦想。 2. 在学生提出问题时，及时给予引导，帮助学生初步了解任务开展流程。 3. 组织小组进行展示与评价活动。	1. 阅读任务书，通过现场参观和与客户沟通，了解该企业的生产现场情况和改造需求，形成项目需求表。搜集国内外工业机器人发展现状信息。 2. 依据客户需求信息设计方案，形成设计方案。 3. 制作合同、技术协议。	1. 过程性评价：学生的项目需求表是否详细； 2. 成果验收方式：小组互评与师评； 3. 成果评价标准：任务需求是否详细；布局图、设计方案是否合理；协议是否完善。
	课时： 6 课时 1. 硬资源：白板、白板笔、板刷、磁钉、A4 纸等。 2. 软资源：教学课件、任务书、工作页、现场视频等。 3. 教学设施：笔记本电脑、投影仪、音响、麦克风等。			
制订项目计划	项目部确定项目负责人，项目负责人组建团队，进行分工，拟订工作看板，形成项目进度表。	1. 布置学习活动。 2. 讲授机械基础知识。 3. 组织各小组进行分工，制订项目进度表。 4. 组织进行展示评价。	1. 学生讨论确定任务组长（负责人）。 2. 小组进行任务学习。 3. 小组确定分工，制订项目进度表。	1. 过程性评价：学生学习能力、对营销理论的理解；对市场营销主要工作内容的知悉程度； 2. 成果验收方式：学生展示市场营销主要工作内容列表，教师评价。
	课时： 10 课时 1. 硬资源：白板、白板笔、板刷、磁钉、A4 纸等。 2. 软资源：教学课件、任务书、工作页等。 3. 教学设施：笔记本电脑、投影仪、音响、麦克风等。			
项目设计与加工	1. 细化设计：各工程师依据分工完成各自设计。项目负责人进行整合讨论并修改定案，方案（文员）负责收集整理相关图纸、产品需求表。	1. 介绍学习情境，布置学习任务。 2. 进行各部分的设计讲解，指导学生完成设计。 3. 引导学生完成采购模拟与相关制作、加工。	1. 依照分工进行任务设计。 2. 按照计划进行加工，秉持严谨的工作态度，完成采购和制作任务。	1. 过程性评价：任务参与度； 2. 成果验收方式：展示与评价，教师评价； 3. 成果评价标准：设计的可行性及工程图标准，BOM 表的完善情况。

基准学时：40

1 获取项目信息　2 制订项目计划　3 项目设计与加工　4 项目安装　5 项目验收与售后

	工作子步骤	教师活动	学生活动	评价
项目设计与加工	2. 加工、采购、制作：设计完成后，项目负责人将设计图产品需求表交采购制造部。采购制造部依需求表采购设备和生产零配件。			
	课时： 10 课时 1. 硬资源：白板、白板笔、板刷、磁钉、A4 纸等。 2. 软资源：教学课件、任务书、工作页等。 3. 教学设施：笔记本电脑、投影仪、音响、麦克风等。			
项目安装	采购、生产完成后，由生产组装技术人员进行厂内安装和调试。技术员将调试过程中发现的问题反馈到各环节设计工程师处并协同工程师进行处理。	1. 介绍学习情境，布置学习任务。 2. 通过一队工人花了一天时间找一个螺丝钉的故事，强调规范操作的重要性；通过吊车搬运过程中铁链断裂崩工友的案例，强调安全生产的重要性。 3. 在学生提出问题时，及时给予引导，帮助学生初步了解任务开展流程。 4. 关注学生工作过程中遇到的问题并进行总结与讲解。	1. 规范完成生产线的组装。在组装过程中养成良好的规范意识和安全意识。 2. 解决组装过程中遇到的问题。	1. 过程性评价：工作过程符合企业标准； 2. 成果验收方式：小组进行安装展示与互评； 3. 成果评价标准：过程符合企业标准及 5S。
	课时： 6 课时 1. 硬资源：白板、白板笔、板刷、磁钉、A4 纸等。 2. 软资源：教学课件、任务书、工作页等。 3. 教学设施：笔记本电脑、投影仪、音响、麦克风等。			
项目验收与售后	1. 厂内安装调试完成后，项目负责人安排技术人员到客户工厂进行安装调试，现场工程师负责最终的生产调试。业务员和工程师共同完成生产线的验收。 2. 客户培训与售后服务：客户反馈生产线问题，售后服务人员及时进行处理。	1. 介绍学习情境，布置学习任务。 2. 在学生提出问题时，及时给予引导，帮助学生初步了解任务开展流程。 3. 组织学生开展任务，并进行展示与评价。	1. 完成生产线的机械功能调试和验收。 2. 制订客户培训计划与内容。 3. 对工作进行总结与反思。	1. 过程性评价：调试验收符合规范； 2. 成果验收方式：学生展示与互评； 3. 成果评价标准：功能检验完成，符合标准；计划内容具备可实施性。
	课时： 8 课时 1. 硬资源：白板、白板笔、板刷、磁钉、A4 纸等。 2. 软资源：教学课件、任务书、工作页等。 3. 教学设施：笔记本电脑、投影仪、音响、麦克风等。			

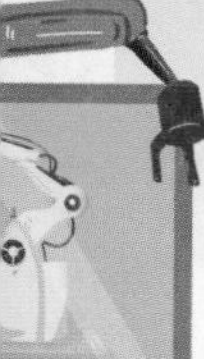

学习任务 2：机器人末端执行器的设计

任务描述

学习任务学时：30 课时

任务情境：

某机械设备制造企业的机加车间主要加工电机轴零件，为提高生产效率、降低生产成本，现决定进行生产线的自动化改造。

× 公司业务员在获得项目信息并报公司业务经理后，业务员和工程师一同与客户沟通明确需求，形成设计方案。设计方案经公司批准，待客户进行招标后，业务员做商务标书，技术工程师做技术标书，进行应标。中标后，业务员和技术工程师根据标书形成合同与技术协议；业务员和技术工程师将合同交业务经理、总监审核，签核完毕交客户；（客户方依流程，支付首付款）。× 公司接到首付后，由项目部讨论确定项目负责人，项目负责人组建团队并分工设计。各工程师依据分工完成各自设计。项目负责人进行整合讨论并修改定案，方案（文员）负责收集整理相关图纸、产品需求表。设计完成后，项目负责人将设计图产品需求表交采购制造部。采购制造部依需求表采购设备和生产零配件。采购、生产完成后，由生产组装技术人员进行厂内安装和调试。技术员将调试过程中发现的问题反馈到各环节设计工程师处并协同工程师进行处理。厂内安装调试完成后，项目负责人安排技术人员到客户工厂进行安装调试，现场工程师负责最终的生产调试。业务员和工程师共同完成生产线的验收。客户反馈生产线问题，售后服务人员及时进行处理。

该生产线改造采用工业机器人自动化搬运工作站进行零件的上下料，工作站由 3 台 6 轴工业机器人、3 台数控车床、1 台加工中心、3 套搬运夹具、1 个上料台、1 个下料台、2 条输料线和 1 套 PLC 总控制系统组成，预计完成时间为 120 天。

项目负责人确定后，即由负责人组建团队，召开项目协调会，安排各环节分工。其中，工业机器人末端执行器部分的设计由电气技术工程师负责，任务要求实现抓取已加工件放入传送带，并将毛坯件送入加工位。此过程中，产品不发生偏位、移位，不刮伤产品表面，取件、放件迅速稳定，夹具重量不超过 5 kg，不会与周边设备发生干涉。要求在 10 天内完成，产品为棒类零件，长 200 mm，直径 32 mm，重约 3 kg。

我校专业教师认为我院学生可以通过参与该机器人末端执行器设计项目，学习机器人末端执行器的的类型、基本结构及工作原理，并根据生产对象确定合适的末端执行器类型和基本结构，进行受力分析、3D 造型，完成设计方案。

具体要求见下页。

工作流程和标准

工作环节 1

一、接受任务

1

项目负责人召开项目协调会，安排各环节分工。技术工程师从项目负责人处接受冲压段设计任务，明确任务要求。具体包括明确控制动力类型，坯料结构、材质，进、出料方式，整体技术要求。

工作成果：
协调会会议记录（会议记录签字，相当于任务书）。

知识点、技能点：
动力类型（气压、液动、机械）。

职业素养、思政融合：
时间观念、责任意识。

工作环节 2

二、制订方案

2

技术工程师从项目负责人处接受任务后，根据上下工位的特点、产品特点，结合生产成本确定方案，包括冲压段基本框架、传动类型、信号检测处理、产品夹取设计方案。

工作成果：
设计框架、传动类型、夹取方式、信号检测的确定。

知识点、技能点：
传动类型与夹取方式，信号检测。

职业素养、思政融合：
严谨的工作态度，信息搜集与分析能力。

工作环节 3

三、详细设计

3

技术工程师依据设计方案进行详细设计，包括：框架的具体尺寸确定；气压系统压力设定，吸盘吸力设定，气压传动系统的具体布局；工件位置检测信号布置；机械臂与气动夹具动作设计。最终形成产品详细设计图（产品尺寸图）。

工作成果：

产品详细设计图（产品尺寸图）。

知识点、技能点：

气压选定、系统布局、检测信号选定与布置。

职业素养、思政融合：

严谨的工作态度，信息搜集与分析能力。

工作环节 4

四、造型仿真

4

技术工程师运用 3D 软件进行验证设计，作出装备图并完成动画仿真，验证设计的合理性，制订设计图零配件清单。

工作成果：

3D 图、装配图、动画仿真、零配件清单。

知识点、技能点：

软件的动画仿真。

职业素养、思政融合：

严谨的工作态度。

工作环节 5

五、提交审核

5

技术工程师将平面图、装配图、3D 验证动画、零配件清单提交项目负责人，接受负责人审核。审核通过后交加工部进行试生产，未能通过则做进一步的修改。对项目进行点评并指导改进。

工作成果：

（平面图、装配图、3D 验证动画、零配件清单）审核结论。

知识点、技能点：

项目审核流程。

职业素养、思政融合：

表达沟通能力、项目协调能力、创新能力。

学习内容

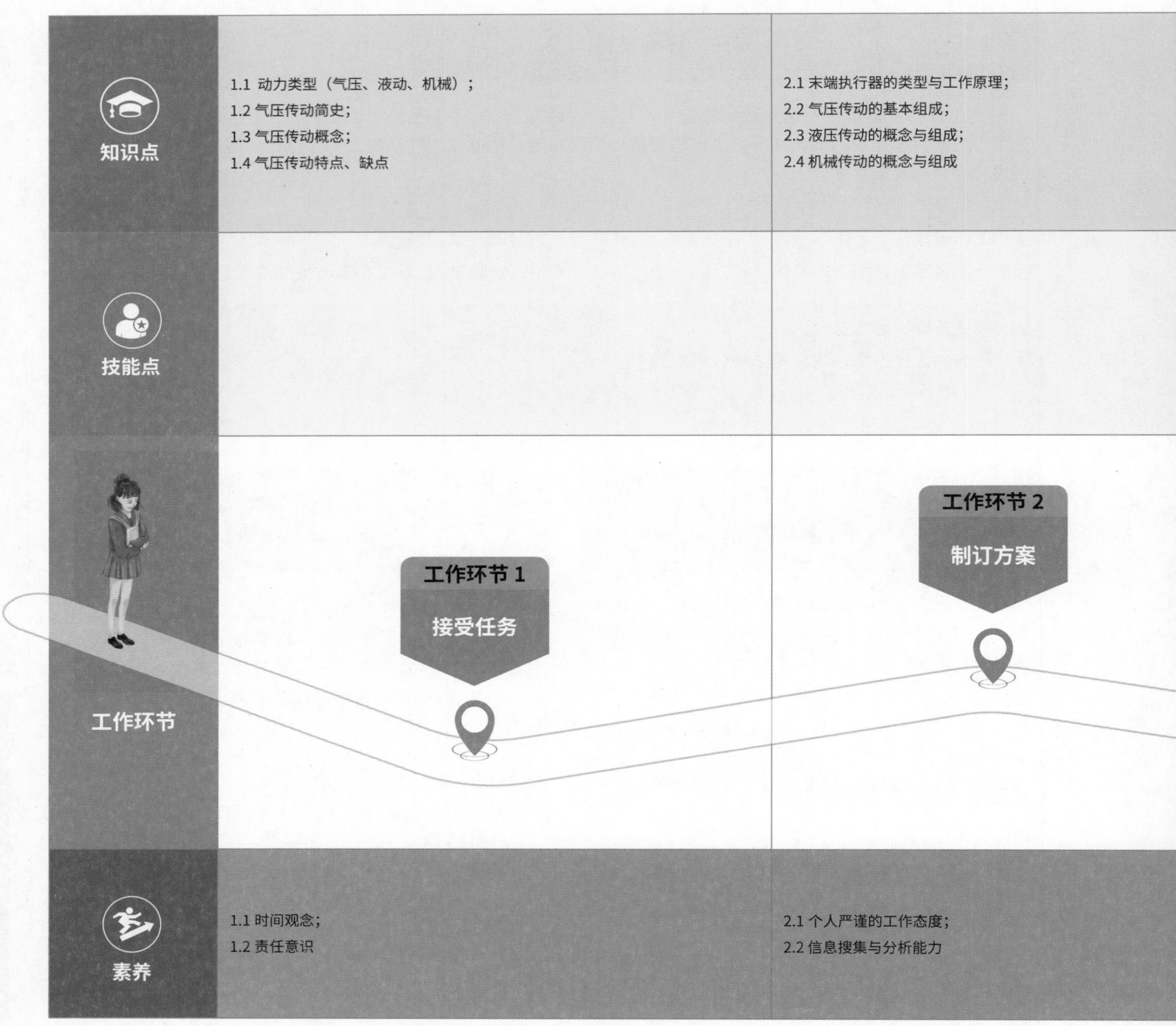
知识点
1.1 动力类型（气压、液动、机械）；
1.2 气压传动简史；
1.3 气压传动概念；
1.4 气压传动特点、缺点
2.1 末端执行器的类型与工作原理；
2.2 气压传动的基本组成；
2.3 液压传动的概念与组成；
2.4 机械传动的概念与组成
技能点
工作环节
工作环节 1
接受任务
工作环节 2
制订方案
素养
1.1 时间观念；
1.2 责任意识
2.1 个人严谨的工作态度；
2.2 信息搜集与分析能力

学习任务 2：机器人末端执行器的设计

工作环节 3 详细设计	工作环节 4 造型仿真	工作环节 5 提交审核
3.1 辅助元件； 3.2 控制元件； 3.3 执行元件； 3.4 气源装置、气压	4.1 零配件清单	5.1 审核结论
3.1 气动系统各部分选择	4.1 装配现场； 4.2 动画仿真	5.1 审核结论
3.1 组织能力、严谨的工作态度表； 3.2 信息搜集与分析能力	4.1 严谨的工作态度	5.1 项目协调能力； 5.2 表达沟通能力和创新能力

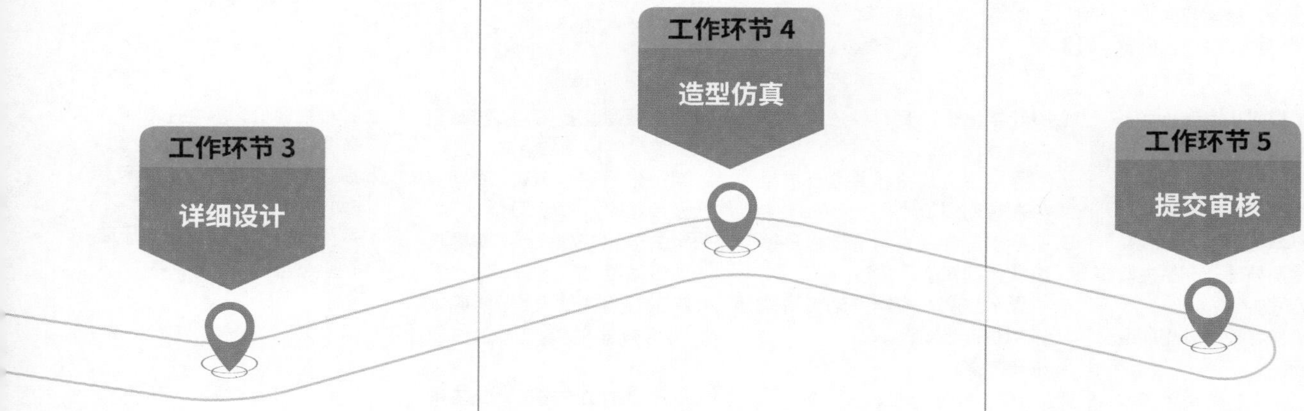

课程 7. 工业机器人应用方案分析与设计

学习任务 2：机器人末端执行器的设计

❶ 接受任务 ❷ 制订方案 ❸ 详细设计 ❹ 造型仿真 ❺ 提交审核

	工作子步骤	教师活动	学生活动	评价
接受任务	1. 项目负责人召开项目协调会，安排各环节分工。 2. 技术工程师从项目负责人处接受设计任务，明确任务要求。 3. 明确控制动力类型，坯料结构、材质，进、出料方式，整体技术要求。	1. 组织召开协调会。 2. 明确设计任务。强调计划与时间观念，引用"胖五"发射，即使在疫情的严重影响下，也严格按照时间节点完成发射任务，确保我国的航天任务顺利进行。 3. 引导学生完成资料查找。 4. 点评学生学习情况。	1. 学生参加项目协调会。 2. 领取设计任务，明确设计要求，明确任务时间，明确职责。 3. 查找资料明确动力类型，具体明确气压传动的概念、简史、优缺点。 4. 对查找的情况进行汇报。	1. 过程性评价：学生的项目需求表是否详细； 2. 成果验收方式：小组互评与师评； 3. 成果评价标准：汇报表现。
	课时： 2 课时 1. 硬资源：白板、白板笔、板刷、磁钉、A4 纸等。 2. 软资源：教学课件、任务书、工作页、现场视频等。 3. 教学设施：笔记本电脑、投影仪、音响、麦克风等。			
制订方案	1. 技术工程师从项目负责人处接受任务后，根据上下工位的特点及产品特点，结合生产成本确定方案，包括基本框架、传动类型、信号检测处理、产品夹取设计方案。 2. 拟订工作看板，形成项目进度表。	1. 引导学生查找资料并适当讲授机械传动知识。 2. 引导学生查找资料并适当讲授液压传动知识。 3. 引导学生查找资料并适当讲授气压传动知识。 4. 引导学生查找资料并适当讲授末端执行器知识。 5. 指导方案。 6. 指导分工、计划表。 7. 组织各小组进行展示并点评。	1. 学生分组查找资料，明确机械传动的概念与组成。 2. 学生分组查找资料，明确液压传动的概念与组成。 3. 学生分组查找资料，明确气压传动组成。 4. 学生分组查找资料，明确末端执行器的类型与工作原理。 5. 以严谨的工作态度对比三种传动类型，确定具体传动类型，形成初步方案。 6. 制订分工计划，拟订计划表，形成工作看板。 7 小组展示。	1. 过程性评价：学生在本环节的参与度，理论知识完成度； 2. 成果验收方式：小组展示、互评； 3. 成果评价标准：学生对任务的理解程度。
	课时： 6 课时 1. 硬资源：白板、白板笔、板刷、磁钉、A4 纸等。 2. 软资源：教学课件、任务书、工作页等。 3. 教学设施：笔记本电脑、投影仪、音响、麦克风等。			

基准学时：30

1 接受任务 2 制订方案 3 详细设计 4 造型仿真 5 提交审核

	工作子步骤	教师活动	学生活动	评价
详细设计	技术工程师依据设计方案进行详细设计：框架的具体尺寸确定；气压系统压力设定，气压传动系统的具体布局；工件位置检测信号布置；机械臂与气动夹具动作设计。最终形成产品详细设计图。	1. 明确小组学习任务并指导学生查找资料、选定空气压缩机，对学生的表述进行点评。 2. 明确小组学习任务并指导学生查找资料、选定执行元件，对学生的表述进行点评。 3. 明确小组学习任务并指导学生查找资料、选定控制元件，对学生的表述进行点评。 4. 明确小组学习任务并指导学生查找资料、选定辅助元件，对学生的表述进行点评。 5. 指导学生完成末端执行器的设计，并对学生的展示进行评价。	1. 小组查找资料明确气源装置概念，选定系统压力，选择空气压缩机具体型号，并表述空压机结构及其工作原理。 2. 小组明确执行元件的功用，并查找资料明确气缸和气马达的工作原理、基本结构，正确选用执行元件，明确具体型号并表述选择理由。 3. 小组明确控制元件的作用，查找资料对比各类阀门的具体功能，选定各阀门的具体型号并陈述理由。 4. 小组明确各辅助元件的作用，查找资料选定各辅助元件并陈述理由。 5. 设计末端执行器并绘制设计图，展示。	1. 过程性评价：任务参与度； 2. 成果验收方式：展示与评价，教师评价； 3. 成果评价标准：设计的可行性及工程图标准，BOM 表的完善情况。
	课时：12 课时 1. 硬资源：白板、白板笔、板刷、磁钉、A4 纸等。 2. 软资源：教学课件、任务书、工作页等。 3. 教学设施：笔记本电脑、投影仪、音响、麦克风等。			
造型仿真	技术工程师运用 3D 软件进行验证设计，作出装备图并完成动画仿真，验证设计的合理性，制订设计图零配件清单。	1. 指导学生完成模型导入。 2. 指导学生完成造型建造。 3. 指导学生完成布置安装。 4. 指导学生完成动画仿真。 5. 点评。	1. 导入生产线各配件的模型。 2. 导入 RB08 机器人模型。 3. 末端执行器的造型与装配。 4. 气动系统的布置与安装。 5. 动画仿真。	1. 过程性评价：工作过程符合企业标准； 2. 成果验收方式：小组进行安装展示与互评； 3. 成果评价标准：过程符合企业标准及 5S。
	课时：6 课时 1. 硬资源：白板、白板笔、板刷、磁钉、A4 纸等。 2. 软资源：教学课件、任务书、工作页等。 3. 教学设施：笔记本电脑、投影仪、音响、麦克风等。			
提交审核	技术工程师将平面图、装配图、3D 验证动画、零配件清单提交项目负责人处，接受负责人审核。审核通过后交加工部进行试生产，未能通过则做进一步的修改。	1. 组织学生对设计任务进行归纳、展示与评价。 2. 对项目进行点评和指导，培养学生的创新意识。	1. 各小组整理各自任务，归纳成档。 2. 各小组进行任务展示，回答提问，接受审核。	1. 过程性评价：调试验收符合规范； 2. 成果验收方式：学生展示与互评； 3. 成果评价标准：功能检验完成，符合标准；计划内容具备可实施性。
	课时：4 课时 1. 硬资源：白板、白板笔、板刷、磁钉、A4 纸等。 2. 软资源：教学课件、任务书、工作页等。 3. 教学设施：笔记本电脑、投影仪、音响、麦克风等。			

学习任务 3：夹具设计

任务描述

学习任务学时：30 课时

任务情境：

某机械设备制造企业的机加车间主要加工电机轴零件，为提高生产效率、降低生产成本，现决定进行生产线的自动化改造。

× 公司业务员在获得项目信息并报公司业务经理后，和工程师一同与客户沟通明确需求，形成设计方案。设计方案经公司批准，待客户进行招标后，业务员做商务标书，技术工程师做技术标书，进行应标。中标后，业务员和技术工程师根据标书形成合同与技术协议；业务员和技术工程师将合同交业务经理、总监审核，签核完毕交客户；（客户方依流程，支付首付款）。× 公司接到首付后，项目部讨论确定项目负责人，项目负责人组建团队并分工设计。各工程师依据分工完成各自设计。项目负责人进行整合讨论并修改定案，方案（文员）负责收集整理相关图纸、产品需求表。设计完成后，项目负责人将设计图产品需求表交采购制造部。采购制造部依需求表采购设备和生产零配件。采购、生产完成后，由生产组装技术人员进行厂内安装和调试。技术员将调试过程中发现的问题反馈到各环节设计工程师处并协同工程师进行处理。厂内安装调试完成后，项目负责人安排技术人员到客户工厂进行安装调试，现场工程师负责最终的生产调试。业务和工程师共同完成生产线的验收。客户反馈生产线问题，售后服务人员及时进行处理。

该生产线改造采用工业机器人自动化搬运工作站进行零件的上下料，工作站由 3 台 6 轴工业机器人、3 台数控车床、1 台加工中心、3 套搬运夹具、1 个上料台、1 个下料台、2 条输料线和 1 套 PLC 总控制系统组成，预计完成时间为 120 天。

项目负责人确定后，即由负责人组建团队，召开项目协调会，安排各环节分工。其中，工业机器人夹具部分的设计由机械工程师负责，任务要求实现工件加工位的有效夹持。此过程中，产品不发生偏位、移位，不刮伤产品表面，取件、放件动作迅速稳定，夹具重量不超过 5 kg，不会与周边设备发生干涉。要求在 10 天内完成，产品为棒类零件，长 200 mm，直径 32 mm，重约 3 kg。

我校专业教师认为我院学生可以通过参与该机器人夹具设计项目，学习机器夹具的类型、基本结构及工作原理，并根据生产对象确定合适的夹具类型和基本结构，进行受力分析、3D 造型，完成设计方案。

具体要求见下页。

工业机器人应用方案分析与设计

工作流程和标准

工作环节 1

一、接受任务

1

项目负责人召开项目协调会，安排各环节分工。技术工程师从项目负责人处接受夹具设计任务，明确任务要求。具体包括明确控制动力类型，坯料结构、材质，进、出料方式，整体技术要求。

工作成果：

协调会会议记录（会议记录签字，相当于任务书）。

知识点、技能点：

动力类型（气压、液动、机械）。

职业素养、思政融合：

时间观念、责任意识。

工作环节 2

二、制订方案

2

技术工程师从项目负责人处接受任务后，根据上下工位的特点及产品特点，结合生产成本确定方案，包括夹具基本结构、动力类型、信号检测处理、产品夹取设计方案。

工作成果：

设计框架、动力类型、夹取方式、信号检测的确定。

知识点、技能点：

动力类型与夹取方式、信号检测。

职业素养、思政融合：

个人严谨的工作态度、信息搜集与分析能力。

学习任务3：夹具设计

工作环节 3

三、详细设计

技术工程师依据设计方案进行详细设计：根据产品的特点，确定具体尺寸；夹具的基本组成设定，机械臂与夹具动作设计，最终形成产品详细设计图（产品尺寸图）。

工作成果：
最终形成产品详细设计图（产品尺寸图）。

知识点、技能点：
夹具的基本组成、系统布局。

职业素养、思政融合：
严谨理性的态度、信息搜集与分析能力。

工作环节 4

四、造型仿真

技术工程师运用 3D 软件进行验证设计，作出装备图并完成动画仿真，验证设计合理性，制订设计图零配件清单。

工作成果：
3D 图、装配图、动画仿真、零配件清单。

知识点、技能点：
软件的动画仿真。

职业素养、思政融合：
严谨的工作态度。

工作环节 5

五、提交审核

技术工程师将平面图、装配图、3D 验证动画、零配件清单提交项目负责人，接受负责人审核。审核通过后交加工部进行试生产，未能通过则作进一步的修改。

教师对项目进行点评和指导，指出夹具设计方案中的优缺点，将各组方案进行合理的对比，鼓励同学们积极思考，发挥小组成员的创造力，引导学生在夹具设计中将创意思维转化为有形产品，展现创意。

工作成果：
（平面图、装配图、3D 验证动画、零配件清单）审核结论。

知识点、技能点：
项目审核流程。

职业素养、思政融合：
表达沟通能力、项目协调能力、创意表现能力。

学习内容

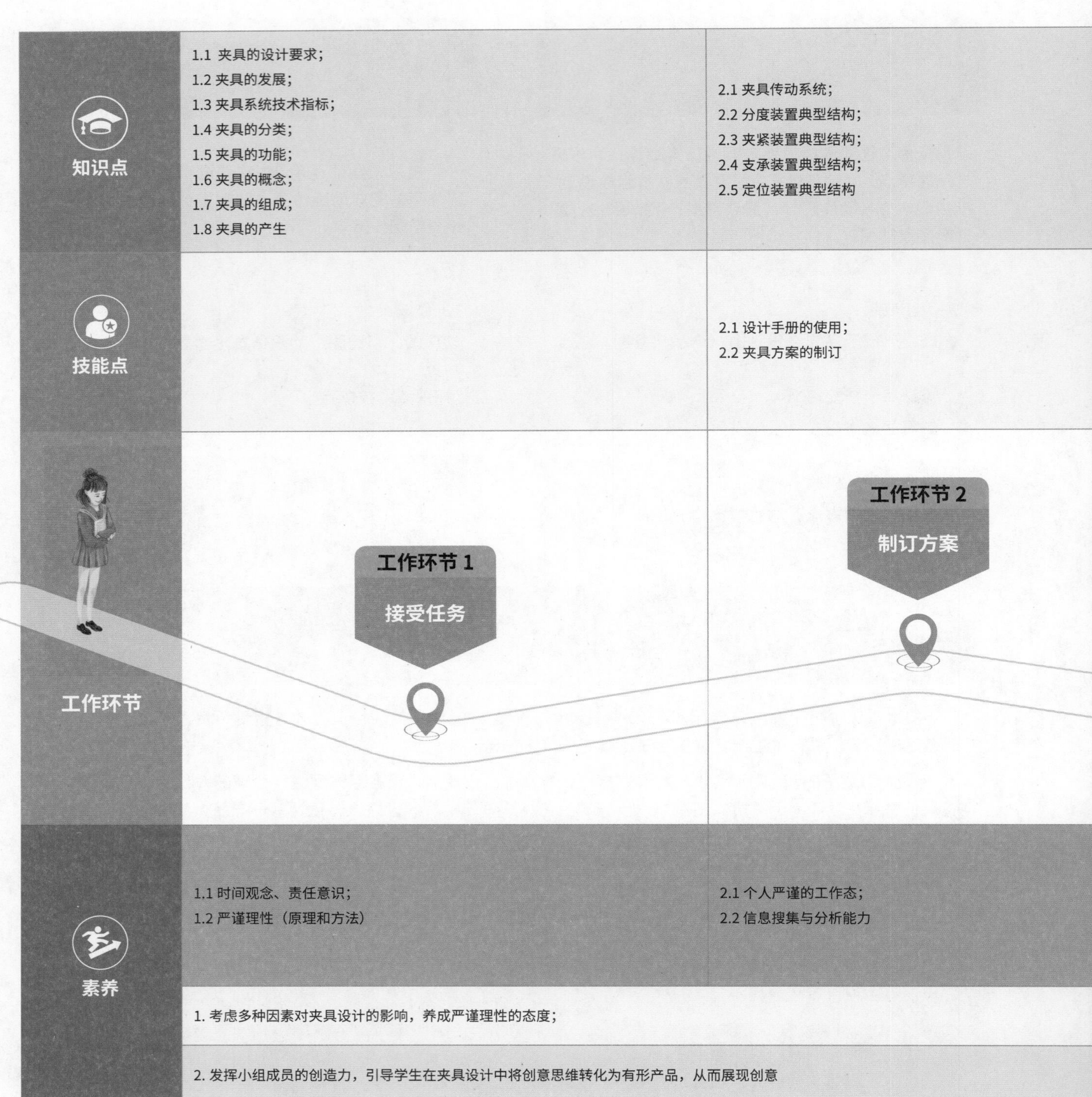

	工作环节 1	工作环节 2
知识点	1.1 夹具的设计要求； 1.2 夹具的发展； 1.3 夹具系统技术指标； 1.4 夹具的分类； 1.5 夹具的功能； 1.6 夹具的概念； 1.7 夹具的组成； 1.8 夹具的产生	2.1 夹具传动系统； 2.2 分度装置典型结构； 2.3 夹紧装置典型结构； 2.4 支承装置典型结构； 2.5 定位装置典型结构
技能点		2.1 设计手册的使用； 2.2 夹具方案的制订
工作环节	工作环节 1 接受任务	工作环节 2 制订方案
素养	1.1 时间观念、责任意识； 1.2 严谨理性（原理和方法）	2.1 个人严谨的工作态； 2.2 信息搜集与分析能力
	1. 考虑多种因素对夹具设计的影响，养成严谨理性的态度；	
	2. 发挥小组成员的创造力，引导学生在夹具设计中将创意思维转化为有形产品，从而展现创意	

学习任务 3：夹具设计

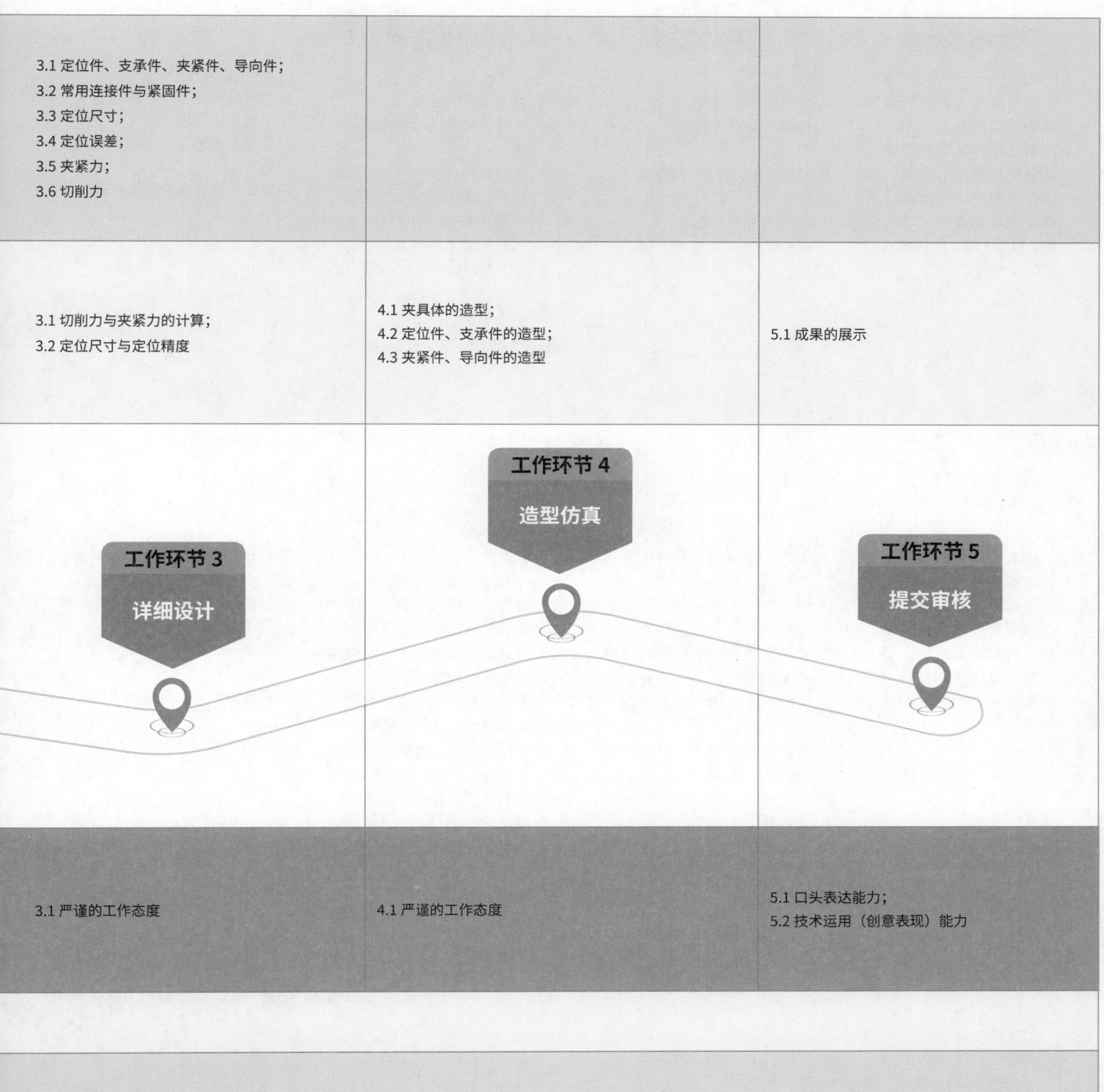

3.1 定位件、支承件、夹紧件、导向件； 3.2 常用连接件与紧固件； 3.3 定位尺寸； 3.4 定位误差； 3.5 夹紧力； 3.6 切削力		
3.1 切削力与夹紧力的计算； 3.2 定位尺寸与定位精度	4.1 夹具体的造型； 4.2 定位件、支承件的造型； 4.3 夹紧件、导向件的造型	5.1 成果的展示
工作环节 3 详细设计	工作环节 4 造型仿真	工作环节 5 提交审核
3.1 严谨的工作态度	4.1 严谨的工作态度	5.1 口头表达能力； 5.2 技术运用（创意表现）能力

课程 7. 工业机器人应用方案分析与设计

学习任务 3：夹具设计

1 接受任务　2 制订方案　3 详细设计　4 造型仿真　5 提交审核

	工作子步骤	教师活动	学生活动	评价
接受任务	项目负责人召开项目协调会，安排各环节分工。技术工程师从项目负责人处接受夹具设计任务，明确任务要求，具体包括明确控制动力类型，坯料结构、材质，进、出料方式，整体技术要求。	1. 组织召开协调会。 2. 组织明确设计任务。 3. 引导学生完成资料查找。 4. 点评学生学习情况。	1. 参加项目协调会。 2. 领取设计任务，明确设计要求。 3. 查找资料，明确夹具的产生、组成、概念、功能、分类。 4. 明确夹具的设计要求、夹具系统的技术指标。 5. 汇报资料的搜集整理情况。	1. 过程性评价：学生的项目需求表是否详细； 2. 成果验收方式：小组互评与师评； 3. 成果评价标准：汇报表现。
	课时： 4 课时 1. 硬资源：白板、白板笔、板刷、磁钉、A4 纸、电脑等。 2. 软资源：教学课件、任务书、工作页、现场视频等。 3. 教学设施：笔记本电脑、投影仪、音响、麦克风等。			
制订方案	技术工程师从项目负责人处接受任务后，根据上下工位的特点及产品特点，结合生产成本确定方案，包括夹具基本结构、动力类型、信号检测处理、产品夹取设计方案。	1. 引导学生查找资料并适当讲授定位的概念。 2. 引导学生查找资料并适当讲授支承的概念。 3. 引导学生查找资料并适当讲授夹紧的概念。 4. 引导学生查找资料并适当讲授分度的概念。 5. 指导方案。 6. 指导分工和制订计划表。 7. 组织各小组进行展示并点评。	1. 学生分组查找资料，明确定位的概念及其典型结构。 2. 学生分组查找资料，明确支承的概念及其典型结构。 3. 学生分组查找资料，明确夹紧的概念及其典型结构。 4. 学生分组查找资料，明确分度的概念及其典型结构。 5. 查找资料，明确液动夹具及其元件、电动夹具及其元件、气动夹具及其元件。 6. 对比三种类型的夹具，确定具体选择，形成初步方案。 7. 制订分工计划，拟订计划表，形成工作看板。 8. 小组展示。	1. 过程性评价：学生在本环节的参与度，理论知识完成度； 2. 成果验收方式：小组展示、互评； 3. 成果评价标准：教师通过学生对任务的学习，检验学生对任务的理解程度。
	课时： 6 课时 1. 硬资源：白板、白板笔、板刷、磁钉、A4 纸、电脑等。 2. 软资源：教学课件、任务书、工作页等。 3. 教学设施：笔记本电脑、投影仪、音响、麦克风等。			

1 接受任务　2 制订方案　3 详细设计　4 造型仿真　5 提交审核

	工作子步骤	教师活动	学生活动	评价
详细设计	技术工程师依据设计方案进行详细设计：根据产品的特点，确定夹具的具体尺寸；夹具的基本组成设定，机械臂与夹具动作设计，机械臂与夹具动作设计。最终形成产品设计图。	1. 明确小组学习任务并指导学生查找资料、选定切削力与夹紧力，对学生的表述进行点评。 2. 明确小组学习任务并指导学生查找资料、选定装夹件，对学生的表述进行点评。 3. 明确小组学习任务并指导学生查找资料、选定夹具件，对学生的表述进行点评。 4. 明确小组学习任务并指导学生查找资料、选定各元器件，对学生的表述进行点评。 5. 通过指导学生完成夹具的设计，并对学生的展示进行评价，充分体现严谨理性的态度对夹具设计的重要性。	1. 小组查找资料，明确切削力、夹紧力、定位误差、定位尺寸的概念，并针对本任务进行详细计算。 2. 小组明确定位件、支承件、夹紧件、导向件各部件的作用及选用原则。 3. 小组明确夹具体的作用及选择。 4. 小组明确各元件的选定并陈述理由。 5. 设计夹具，绘制设计图并展示。	1. 过程性评价：任务参与度； 2. 成果验收方式：展示与评价，教师评价； 3. 成果评价标准：设计的可行性及工程图标准，BOM 表的完善情况。
	课时： 10 课时 1. 硬资源：白板、白板笔、板刷、磁钉、A4 纸电脑等。 2. 软资源：教学课件、任务书、工作页等。 3. 教学设施：笔记本电脑、投影仪、音响、麦克风等。			
造型仿真	技术工程师运用 3D 软件进行验证设计，作出装备图并完成动画仿真，验证设计合理性，制订设计图零配件清单。	1. 指导学生完成模型导入。 2. 指导学生完成造型。 3. 指导学生完成装配。 4. 指导学生完成动画仿真。 5. 组织学生展示并进行点评。	1. 夹具体的造型。 2. 定位件、支承件、夹紧件、导向件造型。 3. 夹具模型装配。 4. 动画仿真。 5. 展示。	1. 过程性评价：工作过程符合企业标准； 2. 成果验收方式：小组进行安装展示与互评； 3. 成果评价标准：过程符合企业标准及 6S。
	课时： 6 课时 1. 硬资源：白板、白板笔、板刷、磁钉、A4 纸、电脑等。 2. 软资源：教学课件、任务书、工作页等。 3. 教学设施：笔记本电脑、投影仪、音响、麦克风等。			
提交审核	技术工程师将平面图、装配图、3D 验证动画、零配件清单提交项目负责人处，接受负责人审核。审核通过后交加工部进行试生产，未能通过则作进一步的修改。	1. 组织学生对设计任务进行归纳、展示与评价。 2. 教师对同学们的项目进行点评和指导，指出夹具设计方案中的优缺点，将各组方案进行合理的对比，鼓励同学们积极思考，发挥小组成员的创造力，引导学生在夹具设计中将创意思维转化为有形产品，展现创意。	1. 各小组整理各自任务，归纳成档。 2. 各小组进行任务展示，回答提问，接受审核。 3. 对其他小组项目进行评价，尤其是对其他小组的创意表现进行评价。	1. 过程性评价：调试验收符合规范； 2. 成果验收方式：学生展示与互评； 3. 成果评价标准：功能检验完成，符合标准；计划内容具备可实施性和创意性。
	课时： 4 课时 1. 硬资源：白板、白板笔、板刷、磁钉、A4 纸、电脑等。 2. 软资源：教学课件、任务书、工作页等。 3. 教学设施：笔记本电脑、投影仪、音响、麦克风等。			

考核标准

情境描述：

某公司为节约生产成本，提高生产效率，拟将原来的人工上料装置进行自动化改造，请你完成此项目的设计。你需要根据工件材料、形状设计出相应的夹具，给出夹具的设计方案；根据零件选择机器人型号，并为机器人设计末端执行器。任务需提交夹具设计方案和机器人选型、机 器人末端执行器设计方案。

任务要求：

（1）能进行夹具设计，提交夹具设计方案；
（2）能进行机器人末端执行器设计，并提交设计方案。

参考资料：

完成上述任务时，学生可以使用学生工作页、《机械设计手册》等资料。

课程 8. 工业机器人集成与应用　　课时：80

学习任务 1
工业机器人电机装配生产线的硬件集成
（40）学时

学习任务 2
工业机器人电机装配生产线的软件集成
（40）学时

课程目标

学生学习完本课程后，能根据工件的特性和生产要求，设计自动化生产的解决方案，并严格执行企业安全生产制度、环保管理制度和“8S”管理规定；养成在检修过程中吃苦耐劳、爱岗敬业的工作态度和良好的职业认同感；提高学习工业机器人集成应用的兴趣，养成关注工业机器人集成应用发展的思维习惯，增强振兴我国系统集成业的责任感。具体目标为：

1. 通过阅读任务书，明确任务完成时间、资料提交要求；通过查阅资料明确现场总线通信特性，以及触摸屏程序编写、通信参数设置工艺流程；通过查阅技术资料或咨询教师，进一步明确专业技术指标，最终在任务书中签字确认。
2. 能够根据机器人工作站之间的现场总线通信，制订编制触摸屏程序的工作计划，并能根据 PLC 程序编程，制订相关设计项目的作业方案，明确相关作业规范及技术标准，进行作业前的准备工作。
3. 能根据设计方案，按照集成应用解决方案项目的作业流程与规范，对工厂的设备研制、生产线布局、生产制造工业路径等进行预规划，在规定的时间内完成通信调试等任务并填写记录单。
4. 根据生产线性能要求，按行业分析评估验证迅速发现系统运行存在问题和有待改进之处，在任务工单上填写结果、设计建议等信息，签字确认后交付项目经理检验。
5. 能总结与展示集成应用解决方案的技术要点，分析学习和工作中的成绩与不足，提出改进措施。

课程内容

1. 生产单元的配置和内部通信特性及应用，机器人、PLC、传感器、执行器与现场总线集成。
2. 现场总线 S7-1200 编程，现场总线发展史和新技术，S7-1200PLC 之间自由通信，S7-1200PLC 之间 PROFINET 通信，S7-1200PLC 之间 S7 通信，S7-1200PLC 之间 MODBUS TCP 通信，S7-1200PLC 之间 MCD-OPC UA 技术应用。
3. 触摸屏环境的配置，触摸屏开关量、数据量读写应用，趋势图、报警功能应用。
4. 工作站间硬件调试方案的制订，工业机器人工作站间编程调试方案的制订。
5. 工作站之间硬件调试。
6. 工业机器人工作站间的编程调试。
7. 工作站之间硬件性能要求。
8. 工作站之间硬件及运行状态（编程调试）评估。

学习任务 1：工业机器人电机装配生产线的硬件集成

任务描述

学习任务学时：40 课时

任务情境：

某系统集成商设计了一套工业机器人电机装配生产线，该生产线由上料单元、传输带单元、视觉分拣单元、装配机构单元、机器人工作站单元、仓库单元等 6 个工作站组成，该系统集成商委托我校师生帮助他们完成该条生产线的硬件调试。教师团队认为学生在教师指导下，学习一些相关内容，完全可以胜任此任务。根据提供的合同和工期要求，需完成工作站的机械部件、气动部件、电气部件等硬件的调试。指导教师给某机器人专业技师班下达任务，要求学生在 7 天时间内，按照图纸和合同技术协议规范完成各工作站间硬件的调试。

具体要求见下页。

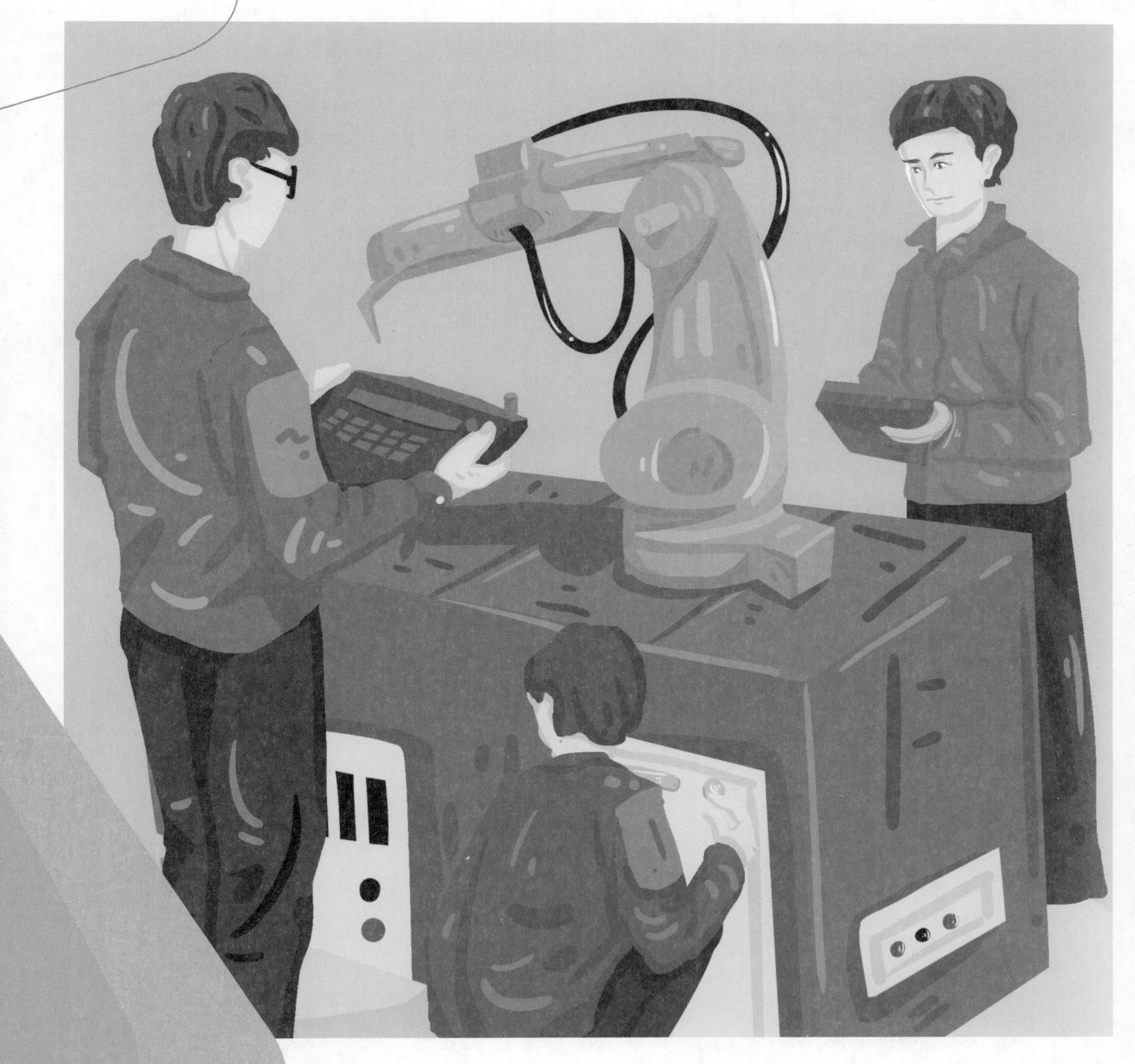

工业机器人集成与应用

工作流程和标准

工作环节 1

一、接受硬件调试任务，并获取信息

（一）接受硬件调试任务，明确任务要求

接到教师所给的调试任务单和项目调试进度计划表后，与教师进行沟通，明确各工作站硬件调试任务要求。

（二）认真仔细分析上料单元、传输带单元、视觉分拣单元、装配机构单元、机器人工作站单元、仓库单元等单元的机械结构装配图纸，根据机械结构图纸组装上料单元。

（三）分析上料单元、传输带单元、视觉分拣单元、装配机构单元、机器人工作站单元、仓库单元等单元的气动控制系统，根据气动系统图连接上料单元的气动装置。

（四）分析上料单元、传输带单元、视觉分拣单元、装配机构单元、机器人工作站单元、仓库单元等单元的电气图纸，写出各个工作单元的 I/O 分配。制订相应的检测调试流程，检测上料单元的 PLC 的输入与输出点信号是否连接正常。

学习成果：

1. 硬件调试派工单、技术要求列表、安全测试试卷；
2. 组装好的上料单元；
3. 连接好的上料单元的气动装置；
4. 经检测的输入与输出点信号连接正常的上料单元。

知识点：

1. 图纸和技术协议；
2. 机械装配技术；
3. 气动系统安装与调试；
4. 设备的首次上电方法、PLC 输入与输出点信号检测调试流程。

技能点：

1. 熟悉图纸和技术协议；
2. 装配常见的机械结构；
3. 安装与调试气动系统；
4. 首次上电设备、检测 PLC 输入与输出点信号。

职业素养：

沟通能力和分析能力。

工作环节 2

二、制订硬件调试方案

2

（一）以小组为单位制订硬件调试方案，保障上料单元、传输带单元、视觉分拣单元、装配机构单元、机器人工作站单元、仓库单元等单元机械结构位置正确，并计划完成的期限。

（二）以小组为单位制订硬件调试方案，保障上料单元、传输带单元、视觉分拣单元、装配机构单元、机器人工作站单元、仓库单元等单元的气动系统部件连接正常，各压力阀压力合适，气缸连接正确，并计划完成的期限。

（三）以小组为单位制订硬件调试方案，保障上料单元、传输带单元、视觉分拣单元、装配机构单元、机器人工作站单元、仓库单元等单元的 PLC 的输入与输出点信号连接正常，并计划完成的期限。

（四）以小组为单位制订硬件调试计划，保障上料单元、传输带单元、视觉分拣单元、装配机构单元、机器人工作站单元、仓库单元等各工作站间的通信正常，并计划完成的期限。

（五）领取物料：根据项目报表到仓库领取上料单元、传输带单元、视觉分拣单元、装配机构单元、机器人工作站单元、仓库单元等 6 个工作站，常用电工工具以及安装博途软件的电脑，网线，网线钳，工业交换机。

学习成果：

1. 机械结构位置调试流程表；
2. 气动系统安装流程表；
3. PLC 输入输出检测流程；
4. 各工作站通信连接流程表；
5. 设备和工具报表和清单。

知识点：

1. 机械机构图纸；
2. 气动系统图纸；
3. PLC 原理、工业机器人视觉的原理；
4. 工业自动化通信方式、机器人和工业视觉的通信原理；
5. 工具和材料的使用方法。

技能点：

1. 熟读机械机构图纸；
2. 熟读气动系统图纸；
3. PLC 应用、机器人应用和工业机器人视觉的应用；
4. 网线的制作。

职业素养：

1. 沟通能力、分析能力、独立计划能力。

工作流程和标准

工作环节 3

三、在现场进行硬件连接调试

3

（一）达到现场后，对领取的上料单元、传输带单元、视觉分拣单元、装配机构单元、机器人工作站单元、仓库单元等设备进行检查，记录设备的具体情况，并根据设备安装规划图进行设备安装摆放。

（二）根据机械结构图纸和机械结构位置调试流程表对各站的机械部件进行安装调整。

（三）根据电气图纸和 PLC 的 I/O 分配表以及 PLC 输入输出检测流程，对各个工作站的 PLC 输入输出信号进行检测。这个检测需要进行设备的首次通电，因此需要对工作站进行通电前的检查，主要检查设备是否短路、各主要电气部件接线是否无误。通电后，手动调节各种气缸的磁性开关，看各种光电传感器是否进入 PLC 的输入端。同时用编程软件编写简单的程序，测试 PLC 的输出端是否接线正确。

（四）根据气动系统图纸和工艺要求以及气动系统安装流程表，对整套工业机器人电机装配生产线的气动系统进行安装。

（五）根据系统集成图和各工作站通信连接流程表，对各工作站间进行通信连接，把已经掌握的电路图知识、装配技巧、PLC 设计知识技术运用到装配生产线上。

（1）按照电气图纸对工业机器人与工业视觉的通信进行网线连接。

（2）通过工业交换机，将 PLC1、PLC2、工业机器人和工控上位机进行网络连接。

（3）在完成系统集成项目中不断磨练砥砺知行的意志，做到踏实肯干，不断克服困难，不断进步。

学习成果：

1. 检查设备记录表、安装好的设备；
2. 安装调整好的机械结构；
3. 检测好的 PLC 输入输出接线、通信 I/O 表；
4. 安装调整好的气动系统；
5. 设备的连接。

知识点：

1. 工具和材料的使用方法；
2. 系统的生产流程和工艺；
3. PLC 的通信原理、工业视觉通信原理、工业机器人通信原理。

技能点：

1. 识读规划图；
2. 识读机械图纸、懂得系统的生产流程和工艺；
3. 低压电气检修与操作、PLC 硬件接线与编程；
4. 识读气动系统图纸；
5. PLC 的通信应用、工业视觉通信应用、工业机器人通信应用、上位机组态软件的通信应用。

职业素养、思政融合：

1. 责任意识、观察能力；
2. 观察能力、独立分析能力；
3. 观察能力、严谨细致的工作态度；
4. 专业技能、责任意识、逻辑分析能力、技术运用、砥砺知行。

工作环节 4

四、项目检测

4

完成整体硬件调试并进行检测。

学习成果：
检测表。

知识点：
检测的内容和要求。

技能点：
填写检测表。

职业素养：
沟通能力和分析能力。

工作环节 5

五、项目评估

5

完成整体检测后，填写调试记录单，并进行验收审核。

学习成果：
任务完成情况评估表。

知识点：
PLC 的通信原理、工业视觉通信原理、工业机器人通信原理。

技能点：
PLC 的通信应用、工业视觉通信应用、工业机器人通信应用、上位机组态软件的通信应用。

职业素养：
沟通能力和分析能力。

学习内容

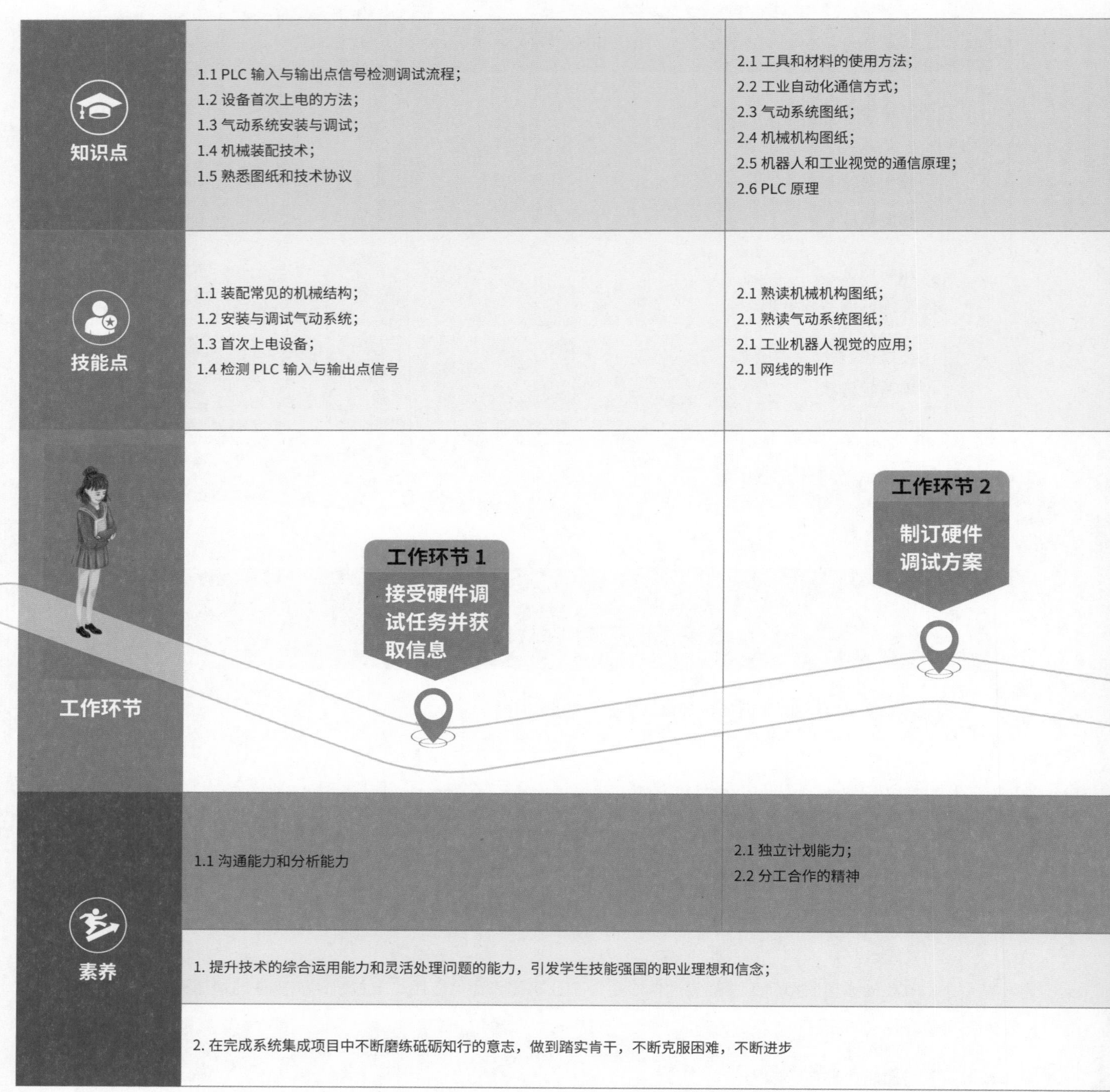

知识点	1.1 PLC 输入与输出点信号检测调试流程； 1.2 设备首次上电的方法； 1.3 气动系统安装与调试； 1.4 机械装配技术； 1.5 熟悉图纸和技术协议	2.1 工具和材料的使用方法； 2.2 工业自动化通信方式； 2.3 气动系统图纸； 2.4 机械机构图纸； 2.5 机器人和工业视觉的通信原理； 2.6 PLC 原理
技能点	1.1 装配常见的机械结构； 1.2 安装与调试气动系统； 1.3 首次上电设备； 1.4 检测 PLC 输入与输出点信号	2.1 熟读机械机构图纸； 2.1 熟读气动系统图纸； 2.1 工业机器人视觉的应用； 2.1 网线的制作
工作环节	工作环节 1 接受硬件调试任务并获取信息	工作环节 2 制订硬件调试方案
素养	1.1 沟通能力和分析能力	2.1 独立计划能力； 2.2 分工合作的精神
	1. 提升技术的综合运用能力和灵活处理问题的能力，引发学生技能强国的职业理想和信念；	
	2. 在完成系统集成项目中不断磨练砥砺知行的意志，做到踏实肯干，不断克服困难，不断进步	

学习任务 1：工业机器人电机装配生产线的硬件集成

工作环节 3 在现场进行硬件连接调试	工作环节 4 项目检测	工作环节 5 项目展示
3.1 工业机器人通信原理； 3.2 工业视觉通信原理； 3.3 PLC 的通信原理； 3.4 系统的生产流程和工艺	4.1 检测的内容和要求	5.1 展示的要求； 5.2 展示的内容
3.1 识读规划图； 3.2 低压电气检修与操作； 3.3PLC 硬件接线与编程； 3.4 低压电气检修与操作	4.1 填写检测表	5.1 评价的方法
3.1 责任意识、观察能力； 3.1 技术运用（综合运用）； 3.1 明德修养（砥砺知行）	4.1 分析能力	5.1 口头表达能力

工业机器人集成与应用

课程 8. 工业机器人集成与应用

学习任务 1：工业机器人电机装配生产线的硬件集成

1 接受硬件调试任务并获取信息 → 2 制订硬件调试方案 → 3 在现场进行硬件连接调试 → 4 项目检测 → 5 项目评估

接受硬件调试任务，并获取信息

<table>
<tr><th>工作子步骤</th><th>教师活动</th><th>学生活动</th><th>评价</th></tr>
<tr><td>1. 阅读任务书，明确任务要求。</td><td>1. 发放资料（技术要求列表、机械结构图纸，派工单）。
2. 要求学生阅读机械结构图纸、分析找出对应的技术要求。
3. 要求学生填写图纸技术要求。
4. 抽查一位学生的技术要求并进行解说修改。
5. 解说派工单填写规范（如：任务名称、完成时间、完成要求、各负责人）。
6. 要求学生填写派工单。
7. 每组抽一份派工单进行投影仪检查，并对任务完成的准确性、完整性进行点评。
8. 提出相互交换进行互评任务。</td><td>1. 小组领取资料（技术要求列表、机械结构图纸，派工单）。（2 分钟）
2. 阅读机械结构图纸，分析找出对应的技术要求。（5 分钟）
3. 填写图纸技术要求。
4. 听取老师解说，与自己填写的技术要求进行对比、修改。
5. 听取老师解说派工单填写规范。
6. 完成派工单的填写。
7. 听取教师点评。
8. 进行相互评价。</td><td>1. 教师对每组代表的任务单进行评价（完成的准确性、完整性）；
2. 其余的学生听取老师的点评后进行互评（完成的准确性、完整性）。</td></tr>
<tr><td colspan="4">课时：2 课时
1. 教学场所：一体化学习站等。
2. 硬资源：白板、白板笔、板刷、磁钉、A4 纸等。
3. 软资源：教学课件、任务书、工作页等。
4. 教学设施：笔记本电脑、投影仪、音响、麦克风等。</td></tr>
<tr><td>2. 理论知识。</td><td>1. 要求学生带着问题观看介绍硬件集成原理的实例视频。
2. 带学生参观机器人系统集成工作站，要求学生回答提前设计的问题。
3. 现场对回答的问题进行评价。
4. 通过 PPT 讲授 PLC 的输入与输出点分配，要求学生填写 PLC 的输入与输出点分配表。
5. 通过 PPT 讲授气动系统图知识。
6. 播放安全教育视频并进行解说。
7. 发放安全测试试卷，要求学生完成安全试卷的测试（开卷）。</td><td>1. 主动并客观地倾听和学习硬件集成介绍，并进行思考。
2. 参观机器人系统集成工作站，观察硬件集成结构（现场回答老师的提问）。
3. 听取老师评价并进行反思。
4. 分析 PLC 的输入与输出点，并进行思考。
5. 听取气动系统图知识。
6. 观看安全教育视频并听取老师解说。
7. 完成安全测试试卷。</td><td>1. 现场对回答的问题进行评价；
2. 课后批改。</td></tr>
<tr><td colspan="4">课时：10 课时
1. 教学场所：一体化学习站、模具学习工作站等。
2. 资源：白板、白板笔、板刷、磁钉、A4 纸等。
3. 软资源：教学课件、任务书、工作页等。
4. 教学设施：笔记本电脑、投影仪、音响、麦克风等。</td></tr>
</table>

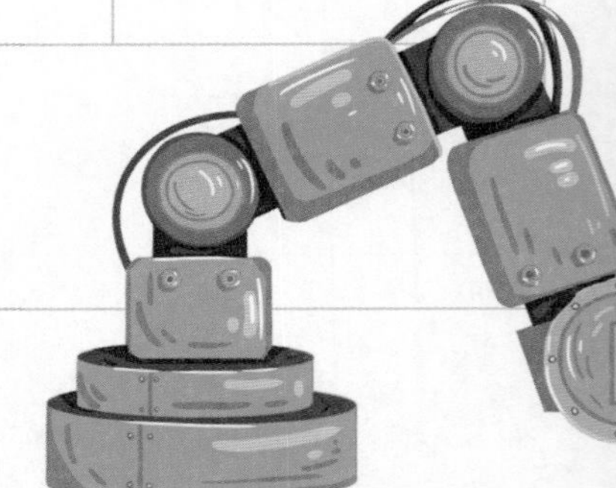

基准学时：40

	工作子步骤	教师活动	学生活动	评价
制订硬件调试方案	1. 制订机械结构位置调试流程表。 2. 制订气动系统安装流程表。 3. 制订 PLC 输入输出检测流程。 4. 制订各工作站通信连接流程表。	1. 展示工作计划表，讲解工作计划编写的内容和方法。 2. 着重观察细节，反复强调设计要求。 3. 规定完成时间。	1. 主动并客观地倾听，学习计划的内容及编制方法。 2 理解计划的内容及编制方法。 3. 完成计划表（计划完成时间）。	
	课时： 2 课时 1. 资源：张贴板、多媒体设备等。			
在现场进行硬件连接调试	1. 根据设备安装计划图进行设备安装摆放。 2. 根据机械结构图纸和机械结构位置调试流程表，对各站的机械部件进行安装调整。 3. 根据电气图纸和 PLC 的 I/O 分配表以及 PLC 输入输出检测流程，对各个工作站的 PLC 输入输出信号进行检测。 4. 根据气动系统图纸和工艺要求以及气动系统安装流程表，对整套工业机器人电机装配生产线的气动系统进行安装。 5. 根据系统集成图和各工作站通信连接流程表，对各工作站间进行通信连接。 6. 在现场进行硬件连接调试。	1. 巡回指导。 2. 观察并及时纠正学生。 3. 锻炼学生在完成系统集成项目中不断磨练砥砺知行的意志，做到踏实肯干，不断克服困难，不断进步。	1. 按设备安装计划实施(注 质量控制)。 2. 填写设备安装计划表，按机械结构计划实施。 3. 填写机械结构计划表。 4. 根据电气图纸和 PLC 的 I/O 分配表以及 PLC 输入输出检测流程，对整套工业机器人电机装配生产线的气动系统进行安装。 5. 将已经掌握的电路图知识，装配技巧、PLC 设计知识等运用到装配生产线上，完成各工作单元与工业机器人系统硬件集成。 (1) 按照电气图纸对工业机器人与工业视觉的通信进行网线连接。 (2) 通过工业交换机，将 PLC1、PLC2、工业机器人和工控上位机进行网络连接。	
	课时： 16 课时 1. 教学场所：一体化学习站、模具学习工作站等。 2. 硬资源：白板、白板笔、板刷、磁钉、A4 纸、剥线钳、虎钳、测量工具、钳工工具等。 3. 软资源：教学课件、任务书、工作页等。 4. 教学设施：笔记本电脑、投影仪、音响、麦克风等。			
项目检测	现场进行硬件连接检查。	讲解检测的内容、方法和要求。	检测硬件连接并填写检测表。	检测记录表的填写情况。
	课时： 6 课时 1. 资源：张贴板、多媒体设备等。			
项目评估	评估。	1. 准备并介绍评估表。 2. 与学生进行谈话反馈。	1. 进行评估偏差分析。 2. 进行总结和互动交流。	1. 自我评估。 2. 谈话反馈。
	课时： 4 课时 1. 资源：张贴板、多媒体设备等。			

学习任务 2：工业机器人电机装配生产线的软件集成

任务描述

学习任务学时：40 课时

任务情境：

某系统集成商设计了一套工业机器人电机装配生产线，该生产线由上料单元、传输带单元、视觉分拣单元、装配机构单元、机器人工作站单元、仓库单元等 6 个工作站组成，工作站间的硬件调试已经完成。该系统集成商委托我校师生帮助他们完成该条生产线的编程调试并完成试产。教师团队认为机器人专业技师班的学生在教师指导下，学习一些相关内容，完全可以胜任该项任务，根据提供的合同和工期要求，需完成工作站间的编程调试。指导教师给某机器人专业技师班下达任务，要求学生在 7 天时间内，按照电气图纸和合同技术协议规范完成各工作站间的编程调试。

具体要求见下页。

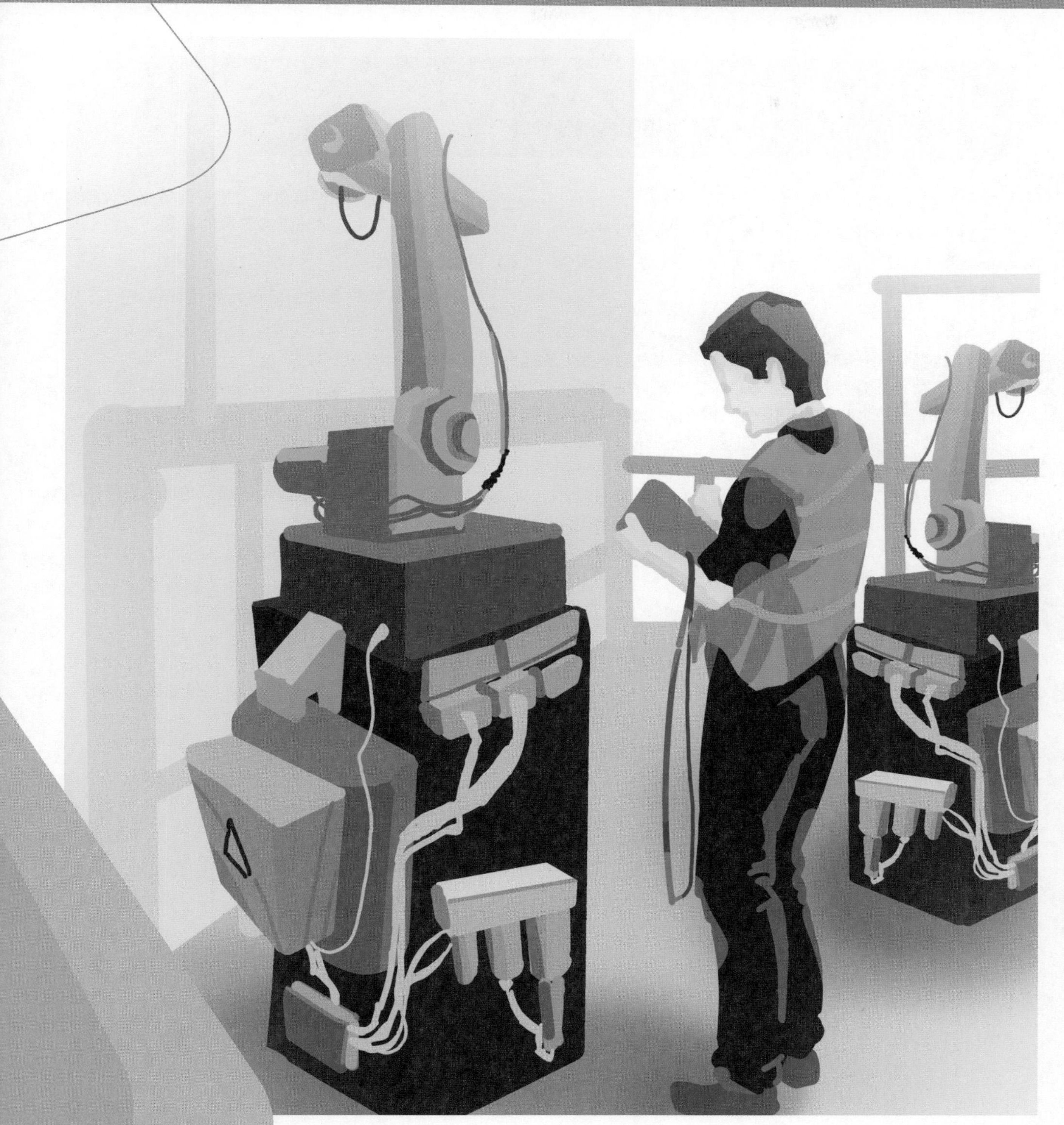

工作流程和标准

工作环节 1

一、接受编程调试任务并获取信息

1

（一）接受编程调试任务，明确任务要求

接到教师下达的编程调试任务后，领取相关电气图纸以及合同技术协议，与教师进行沟通，明确各工作站间的编程调试任务要求。

（二）理论知识

数字量控制系统梯形图程序设计方法（梯形图的经验设计法，顺序控制设计法与顺序功能图，使用置位复位指令的顺序控制梯形图设计方法，具有多种工作方法的系统的顺序控制梯形图设计方法）；以上料单元为例，分析其步进顺控功能图；以提出有别于常规或常人思路的见解为导向，利用现有的知识，在规定完成任务的环境中，本着理想化需要或为满足社会需求，而改进或创造新的顺控功能图。

（三）示范、指导练习

在 TIA 编程软件上用顺序控制设计法进行上料单元编程示范。

（四）理论知识

常见工业自动化通信和常用的通信协议的特点，S7-1200 的以太网通信概述，协议的特点，传输数据长度与协议的应用，通信连接参数的设置。

（五）示范、指导练习

在 TIA 编程软件上对上料单元与传输带单元的 PLC 之间进行通信示范。

（六）理论知识

视觉系统的安全操作，本体介绍，电气部分，视觉系统软件操作，语言编程。

（七）示范、指导练习

用视觉系统软件编写区分圆形和三角形的程序并输出。

（八）理论知识

工业机器人外部通信的方法，各方法的特点，选用不同方法考虑的因素，并对 ABB 工业机器人与 S7-1200 数量通信的设置方法进行分析。

（九）示范、指导练习

对 ABB 工业机器人与 S7-1200 数量通信连接进行示范。

学习成果：

1. 编程调试派工单、各工作站的控制技术要求列表；
2. 上料单元步进顺序控制功能图；
3. S7-1200PLC 之间通信的设置步骤；
4. 上料单元与传输带单元的 PLC 之间通信设置步骤；
5. 视觉系统操作流程图；
6. 区分圆形和三角形的程序；
7. ABB 工业机器人与 S7-1200 数量通信操作步骤。

知识点：

1. 电气图纸；
2. 步进顺序控制功能图；
3. S7-1200 的以太网通信方法；
4. 视觉系统编程与应用；
5. 语言编程；
6. 工业机器人外部通信的方法；
7. ABB 工业机器人与 S7-1200 数量通信方法。

学习任务 2：工业机器人电机装配生产线的软件集成

技能点：

1. 阅读图纸和合同技术协议；
2. 会画步进顺控功能图、数字量控制系统梯形图程序设计；
3. 会在 TIA 软件上用顺序控制设计法进行编程；
4. S7-1200 以太网通信；
5. 会在 TIA 编程软件上进行 S7-1200 通信；
6. 会对视觉系统进行编程，会操作视觉系统软件；
7. 会根据实际情况选用不同的通信；
8. 会对 ABB 工业机器人与 S7-1200 进行数量通信。

职业素养：

1. 沟通能力和分析能力；
2. 分析能力、创新能力。

工作环节 2

二、制订编程调试计划方案

2

（一）根据编程调试合同技术协议（生产的工艺流程），分别独立制订上料单元、传输带单元、视觉分拣单元、装配机构单元、机器人工作站单元、仓库单元工作站的编程调试方案，并计划完成的期限。

（二）根据项目报表，到仓库领取万用表和常用螺丝刀等电工工具、装有 TAI 编程软件的电脑、编程网线、工业交换机。

学习成果：

1. 各站 PLC 编程步进顺控图，各站之间的通信 I/O 表；
2. 设备和工具报表、清单。

知识点：

1. 步进顺序控制功能图；
2. 工具和材料的使用管理制度和要求。

技能点：

1. 会用顺序控制设计法进行编程；
2. 领料流程和物料的认识。

职业素养：

1. 独立思考和分析能力；
2. 沟通能力和分析能力，认真细致的工作态度。

工作流程和标准

工作环节 3

三、在现场进行编程调试

（一）到达现场后，检查工作站的硬件状况和各个站的通信状态是否正常。

（二）单个工作站编程。根据制订的编程调试方案和合同技术协议，对现场的上料机构、传输带、视觉分拣机构、装配机构、机器人、料库工作站进行编程。

1. 根据编程调试方案和合同技术协议，对 PLC1 控制板控制的上料机构、传输带、视觉分拣机构进行编程。
2. 根据编程调试方案和合同技术协议，对 PLC2 控制板控制的装配机构、料库机构 I/O 进行编程。
3. 根据编程调试方案和合同技术协议，对工业机器人进行示教编程。
4. 根据编程调试方案和合同技术协议，对工业视觉软件进行配置编程。
5. 根据编程调试方案和合同技术协议，对工控上位机进行编程。
6. 根据编程调试方案和合同技术协议，将 PLC1、PLC2、工业机器人和工控上位机进行联机编程。

（三）联机调试。

1. 利用 PLC 编程软件，对 PLC1 控制板控制的上料机构、传输带、视觉分拣机构进行试产调试。
2. 利用 PLC 编程软件，对 PLC2 控制板控制的装配机构、料库机构 I/O 进行试产调试。
3. 对工业机器人进行试产调试。
4. 对工业视觉软件进行试产调试。
5. 利用上位机组态编程软件，对工控上位机进行试产监控调试。
6. 根据联机调试方案和合同技术协议，对 PLC1 控制的单元、PLC2 控制的单元、工业机器人和工控上位机进行联机试产调试。

技能点：

1. 设备的使用操作、通信测试；
2. PLC 的使用与编程、工业视觉的使用与编程、工业机器人的使用与编程、上位机组态软件的使用与编程。

职业素养：

1. 责任意识、观察能力；
2. 专业技能、责任意识、逻辑分析能力。

工作环节 4

四、项目检测

对整条生产线试产调试完成后进行检测。

学习成果：
检测表。

知识点：
检测的内容和要求。

技能点：
填写检测表。

职业素养：
沟通能力和分析能力。

工作环节 5

五、项目评估

5

完成整体检测后，填写调试记录单，并进行验收审核。

学习成果：
任务完成情况评估表。

职业素养：
沟通能力和分析能力。

学习内容

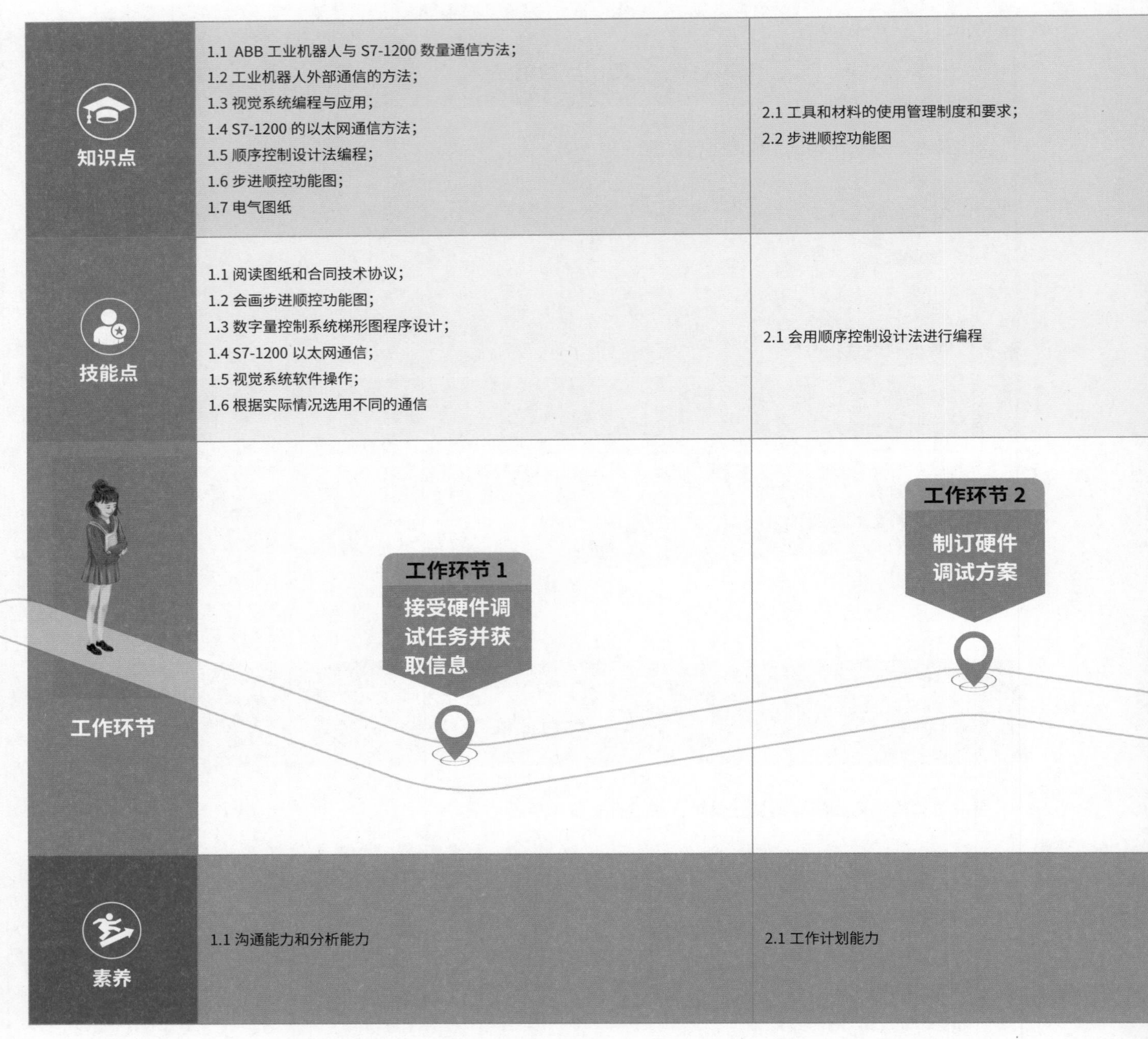

知识点	1.1 ABB 工业机器人与 S7-1200 数量通信方法； 1.2 工业机器人外部通信的方法； 1.3 视觉系统编程与应用； 1.4 S7-1200 的以太网通信方法； 1.5 顺序控制设计法编程； 1.6 步进顺控功能图； 1.7 电气图纸	2.1 工具和材料的使用管理制度和要求； 2.2 步进顺控功能图
技能点	1.1 阅读图纸和合同技术协议； 1.2 会画步进顺控功能图； 1.3 数字量控制系统梯形图程序设计； 1.4 S7-1200 以太网通信； 1.5 视觉系统软件操作； 1.6 根据实际情况选用不同的通信	2.1 会用顺序控制设计法进行编程
工作环节	工作环节 1 接受硬件调试任务并获取信息	工作环节 2 制订硬件调试方案
素养	1.1 沟通能力和分析能力	2.1 工作计划能力

学习任务 2：工业机器人电机装配生产线的软件集成

3.1 PLC 的使用方法	4.1 检测的内容和要求	5.1 展示的要求 5.2 展示的内容
3.1 设备的使用操作，通信测试； 3.2 PLC 的使用与编程； 3.3 工业视觉系统的使用与编程； 3.4 工业机器人的使用与编程	4.1 填写检测表； 4.2 展示内容的选择	5.1 评价的方法
工作环节 3 在现场进行硬件连接调试	工作环节 4 项目检测	工作环节 5 项目评估
3.1 沟通表达能力	4.1 遵守安全生产规范及企业相关规定	5.1 口头表达能力

课程 8. 工业机器人集成与应用

学习任务 2：工业机器人电机装配生产线的软件集成

1 接受编程调试任务并获取信息 → 2 制订编程调试计划方案 → 3 在现场进行编程调试 → 4 项目检测 → 5 项目评估

接受编程调试任务并获取信息

工作子步骤	教师活动	学生活动	评价
1. 阅读任务书，明确任务要求。	1.1 发放资料（技术要求列表、机械结构图纸，派工单）。 1.2 播放我国软件集成行业发展史。 2. 要求学生阅读机械结构图纸、分析找出对应的技术要求。 3. 要求学生填写图纸技术要求。 4. 抽查一位学生的技术要求并进行解说修改。 5. 解说派工单填写规范（如：任务名称、完成时间、完成要求、各负责人）。 6. 要求学生填写派工单。 7. 每组抽一份派工单进行投影仪检查，并点评任务完成的准确性、完整性。 8. 要求学生相互交换进行互评。	1.1 小组领取资料（技术要求列表、机械结构图纸，派工单）。(2 分钟) 1.2 观看我国软件集成行业发展史。 2. 阅读机械结构图纸，分析找出对应的技术要求。(5 分钟) 3. 填写图纸技术要求。 4. 听取老师解说，与自己填写的技术要求进行对比并修改。 5. 听取老师解说派工单填写规范。 6. 完成派工单的填写。 7. 听取教师点评。 8. 进行相互评价。	1. 教师对每组代表的任务进行评价（完成的准确性、完整性）； 2. 其余的学生听取老师的点评后进行互评（完成的准确性、完整性）。
课时： 2 课时 1. 教学场所：一体化学习站等。 2. 硬资源：白板、白板笔、板刷、磁钉、A4 纸等。 3. 软资源：教学课件、任务书、工作页等。 4. 教学设施：笔记本电脑、投影仪、音响、麦克风等。			
2. 理论知识。	1. 要求学生带着问题观看介绍下料单元步进顺控功能图制作方法的实例视频。 2. 讲解顺序控制设计法编程。 3. 通过不同的控制方法给学生讲解顺控图的创新。(展示技术运用) 4. 讲解 S7-1200 的以太网通信方法。 5. 讲解在 TIA 编程软件上进行 S7-1200 通信的方法。 6. 要求学生总结在 TIA 编程软件上进行 S7-1200 通信的方式。 7. 讲解视觉系统操作流程图方法。 8. 要求学生写出视觉系统操作流程图。 9. 讲解语言编程、视觉系统软件操作方法。 10. 要求学生写出语言编程、视觉系统软件操作流程。 11. 讲解 ABB 工业机器人与 S7-1200 通信的操作步骤和方法。	1. 主动客观地倾听和学习下料单元步进顺控功能图制作方法并进行思考。 2. 利用顺序控制设计法进行编程（现场回答老师的提问）。 3. 听取老师评价并进行改进，创作出新的顺控功能图（展示技术运用）。 4. 听取 S7-1200 的以太网通信方法并进行反思。 5. 听取在 TIA 编程软件上进行 S7-1200 通信的方法。 6. 总结在 TIA 编程软件上进行 S7-1200 通信的方式。 7. 听取视觉系统操作流程图方法。 8. 写出视觉系统操作流程图。 9. 听取语言编程、视觉系统软件操作方法。 10. 写出语言编程、视觉系统软件操作流程。 11. 听取 ABB 工业机器人与 S7-1200 通信的操作步骤和方法。	1. 现场对回答的问题进行评价； 2. 课后批改。

基准学时：40

	工作子步骤	教师活动	学生活动	评价
接受编程调试任务并获取信息		12. 要求学生写出 ABB 工业机器人与 S7-1200 通信的操作步骤。	12. 写出 ABB 工业机器人与 S7-1200 通信的操作步骤。	
	课时： 10 课时 1. 教学场所：一体化学习站、学习工作站； 2. 硬资源：白板、白板笔、板刷、磁钉、A4 纸； 3. 软资源：教学课件、任务书、工作页； 4. 教学设施：笔记本电脑、投影仪、音响、麦克风等。			
制订编程调试计划方案	1. 制订各站 PLC 编程步进顺控图，各站之间的通信 I/O 表。 2. 制订设备和工具的报表、清单。	展示工作计划表，讲解工作计划编写的内容和方法。	1. 主动客观地倾听，学习计划的内容和编制方法。 2. 理解计划的内容和编制方法。 3. 完成计划表（计划完成时间）。	
	课时： 2 课时 1. 资源：张贴板、多媒体设备等。			
在现场进行编程调试	在现场进行编程调试。	1. 巡回指导。 2. 观察并及时纠正学生。	1. 按计划实施（注：质量控制）。 2. 填写工作计划表（实际完成时间）。	
	课时： 16 课时 1. 教学场所：一体化学习站、学习工作站； 2. 硬资源：白板、白板笔、板刷、磁钉、A4 纸； 3. 软资源：教学课件、任务书、工作页； 4. 教学设施：笔记本电脑、投影仪、音响、麦克风。等。			
项目检测	现场进行联机调试检查。	讲解检测的内容、方法和要求。	填写检测记录表。	
	课时： 6 课时 1. 资源：张贴板、多媒体设备等。			
项目评估	评估。	1. 准备并介绍评估表。 2. 与学生进行谈话反馈。	1. 自我评估。 2. 评估偏差分析，进行总结和互动交流。 3. 谈话反馈。	
	课时： 4 课时 1. 资源：张贴板、多媒体设备等。			

工业机器人集成与应用

考核标准

情境描述：

厂长张总近期发现自己的生产线出现设备通信延时及通信失败现象，他尝试将 PLC 的通信方式进行修改，改成采用 PROFINET 和 modbus 进行通信，但是两个工作站之间通信还是存在延时。其 PLC 型号为 CPU 1518F-4 PN/DP，适用于对程序范围和处理速度具有较高要求的标准和故障安全应用，用于通过带 PROFIsafe 的 PROFINET IO 和 PROFIBUS DP 实现分布式配置。附加的集成 PROFINET 接口，具有单独的 IP 地址，可用于网络分离等。他联系集成商要求升级生产线通信，集成商的前台接单员接待了张总，经班组长（教师）初步检查，判断为应采用最新的 OPC-UA 通信技术进行总线通信。现接单员将这个任务交给我们班，升级时间为 1 天，作为设计调试人员的你们，要在规定工期内完成现场总线升级，作业过程需填写调试过程记录单与调试工单，交付班组长（教师）质检。

任务要求：

1. 根据情境描述的故障现象，分析并写出造成通信延时的可能故障原因。
2. 根据情境描述的现象，通过查阅通信手册等资料，制订升级总线通信的具体流程。
3. 请你针对该总线通信进行调试，同时填写“调试作业记录表”。
4. 请你归纳总线的使用和保养建议。

参考资料：

回答上述问题时，你可以使用所有的常见教学资料，例如：工作页、教材、通信使用手册、个人笔记等。

评价方式：

由任课教师、专业组长、企业代表组成考评小组，共同实施考核评价，取所有考核人员评分的平均分作为学生考核成绩。（如果有笔试、实操等多种类型考核内容的，还须说明分数占比或分值计算方式。）

评价标准

课程名称							
学习任务名称		学生姓名					
评价项目	评价内容	分值	评分标准	得分	小计分数	扣分原因
专业能力	总线基本信息填写	5	填写正确规范得 5 分，少一项扣 1 分，扣完为止			
	工作准备，安全检查（工作服、安全鞋）	5	穿着符合要求得 5 分，否则酌情减分			
	工具、设备准备	5	工具、设备准备完整 5 分			
	PLC 基本检查	5	完全正确给 5 分，少检查一项扣 1～2 分，酌情给分			
	查阅通信手册等相关资料，分析可能故障原因	10	完全正确给 10 分，不正确酌情扣分			
	规范实施零部件拆检	18	检查正确给 18 分			
	准确确定通信类型	5	操作正确给 5 分，不足酌情扣分			
	更换（操作规范）	5	操作正确给 5 分，不足之处酌情扣分			
	PLC 通信调试	8	检查步骤正确给 8 分，不足之处酌情扣分			
通用能力	口述维修方案（表达能力）	5	口述清楚、层次逻辑清晰得 5 分，不符合酌情减分			
	与其他设计人员配合默契，有团队合作能力	5	符合要求给 5 分，否则酌情扣分			
	个人操作时，有独立工作能力	3	符合要求给 3 分，否则酌情扣分			
	资料检索能力	3	符合要求给 3 分，否则酌情扣分			
	现场清洁，零件工具摆放整齐符合 8S 规范要求	5	符合要求给 5 分，否则酌情扣分			
	操作过程记录填写规范、清晰	3	符合要求给 3 分，否则酌情扣分			
	表述仪态自然、吐字清晰、思路清晰且与实际相符	5	仪态不自然、吐字模糊、思路不清晰每项扣 1 分，表述与实际不符扣 1 分			
	分工明确，团队合作融洽	5	分工不明确扣 2 分，团队合作不融洽扣 2 分			
总　分						
学生自评：						

课程 9. 工业 4.0

学习任务 1
构建 CIM 系统拓扑图
（20）学时

学习任务 2
CIM 系统综合管理
（20）学时

课程目标

学习完本课程后，学生应当能够管控工业机器人 CIM 控制流程、构建含有工业机器人的 CIM 系统拓扑结构、操作 CIM 系统、了解工业 4.0；养成良好的职业素养，严格执行国家、行业、企业安全环保制度和“8S”管理制度，养成吃苦耐劳、爱岗敬业的工作态度及良好的职业素养，具备独立分析与解决常规问题的能力，提高学习工业计算机集成与制造新技术的兴趣，养成关注工业 4.0 发展的思维习惯，推进中国智能制造 2025 进程。具体包括：

1. 能读懂设计任务单并及时与技术主管沟通，明确设计任务要求和工期；能根据设计任务单、生产线设计图纸、方案设计计划表等，正确、规范制订工作流程。

2. 通过绘制 CIM 系统拓扑结构图，学习计算机集成制造与生产系统的结构；能够分析计算机集成制造生产中的体系结构与分类，能叙述计算机集成制造的发展史、未来发展趋势以及工业 4.0 的发展方向。

3. 能运用仿真软件，根据生产工艺、设计要求和配置图纸配置 I/O，仿真符合工业 4.0 要求的步进电机智能生产工厂。

4. 能正确、规范填写任务设计表及自检表等，并及时提交技术主管审核。

5. 通过综合管理 CIM 系统，学习计算机辅助设计（CAD）及计算机辅助计划（CAP）完成生产计划和生产控制的流程，对 CNC、机器人、生产单元实现灵活生产系统组建；能够使用计算机分析运行数据和收集机床数据，实现计算机辅助质量管理（CAQ）。

6. 通过对工业 4.0 主题的了解，学习“智能工厂”“智能生产”“智能物流”等概念，对工业 4.0 主题内容进行把握。

课时：40

课程内容

1. 计算机集成生产知识及 CIM 系统的数据管理（基本数据和结构数据）；

2. 工业 4.0“智能工厂”概念，“中国智能制造 2025”概念及发展方向，“智能生产”概念，“智能物流”概念；

3.CIM 生产的经济效益；

4. 计算机集成制造的体系结构（CIM)；符合工业 4.0 的智能工厂的结构及组成；

5. 拓扑图的绘制，流程表的编制；

6. 拓扑图绘制规范及原则；

7. Factory I/O 软件的使用：

（1）软件的主界面的使用；

（2）文件管理的使用；

（3）文件管理的使用；

（4）元件正转、翻转、侧转、水平 / 竖直移动、复制和删除指令；

（5）I/O 配置的步骤。

8. 自检表的填写，总结报告的填写；

9. 工作现场的清理。

学习任务 1：构建 CIM 系统拓扑图

任务描述

学习任务学时：20 课时

任务情境：

学校有一条工艺品生产线，现教师要求同学们对本条生产线进行升级改造设计，要求改造后的系统融合智能化与信息化先进技术，符合工业 4.0 理念。接到本任务后，作为项目负责人的你们，首先需要学习计算机集成与制造的概念，系统拓扑图的概念、要素以及绘制方法；其次要绘制系统拓扑图；最终将整个系统连接起来。

具体要求见下页。

工业4.0

工作流程和标准

工作环节 1

一、获取信息

1

（一）阅读任务书，明确任务要求

接受来自教师的派工单，通过“绘制工艺品智能制造系统拓扑图”任务介绍技术要求，通过提炼派工单关键词和复述工作任务以明确任务要求，填写派工单。

（二）CIM 系统学习

学生通过查阅资料和教师讲解学习 CIM 系统的概念、架构、特点；学生分小组以思维导图的形式画出本 CIM 系统的架构。

（三）系统拓扑图学习

学生通过教师讲解和自主查阅相关资料，学习系统拓扑图组成、绘制方法及要求。学生分小组画出系统拓扑图结构思维导图。

工作成果 / 学习成果：

1. 派工单；
2. CIM 系统思维导图；
3. 系统拓扑图、结构思维导图。

知识点：

1. CIM 系统架构、功能特点、思维导图的概念与绘制方法；
2. 系统拓扑图组成、绘制方法及要求。

技能点：

1. 查阅搜集资料的能力、绘制思维导图的能力。

职业素养：

1. 复述书面内容、责任识别；
2. 信息搜集与处理能力、持续学习能力。

工作环节 2

二、制订绘制计划

2

学生学习国家关于可持续发展的理念及政策并将其融入设计中，以个人为单位根据已学知识完成 CIM 系统拓扑图计划表。

工作成果 / 学习成果：
CIM 系统拓扑图绘制计划表。

职业素养、思政融合：
独立学习能力、计划和组织能力、弘扬企业的社会责任。

工作环节 3

三、计划评估

3

随机抽取部分同学汇报自己的工作计划，其他同学和教师进行计划评估，确保计划的可行性。

工作成果 / 学习成果：
评估修订后的 CIM 系统拓扑图绘制计划表。

职业素养：
强调追求完美、追求卓越的工匠精神。

工作流程和标准

工作环节 4

四、系统拓扑图绘制

学生以个人为单位领取绘制工具，根据 CIM 系统拓扑图绘制计划表绘制出拓扑图，注意现场 8S 管理。

工作成果 / 学习成果：

工艺品 CIM 系统拓扑图。

技能点：

绘图工具的使用。

职业素养：

培养学生规范意识、严谨的态度、精益求精的精神。

工作环节 5

五、检查

5

教师准备评价表并详细介绍评价表的填写方式，组织学生以小组为单位对图纸的结构完整性、规范性进行检查并完成检查表的填写。

工作成果 / 学习成果：

成果评价表。

工作环节 6

六、评估

6

对本次的实施操作进行自我评估、教师评估和总结。

工作成果 / 学习成果：
评估表、总结。

职业素养：
评估表、评估方式、评估要点。

学习内容

	工作环节 1	工作环节 2	工作环节 3
知识点	1.1 派工单的填写规范； 1.2 CIM 系统架构； 1.3 CIM 系统功能特点； 1.4 CIM 思维导图的概念； 1.5 CIM 思维导图的绘制方法； 1.6 CIM 系统拓扑图组成； 1.7 CIM 系统拓扑图绘制方法及要求	2.1 拓扑图绘制计划的编写要求； 2.2 计划内容、流程、时间分配的要求	3.1 计划评价的规范
技能点	1.1 查阅、搜集资料； 1.2 绘制思维导图		3.1 判别工作计划是否合理
工作环节	工作环节 1 获取任务相关信息	制订拓扑图绘制计划 工作环节 2	工作环节 3 对拓扑图绘制计划进行展示并决定
素养	1.1 信息搜集与处理能力，持续学习能力	2.1 独立学习能力、计划和组织能力； 2.2 弘扬企业的社会责任	3.1 强调追求完美、追求卓越的工匠精神

学习任务 1：构建 CIM 系统拓扑图

工作环节 4 按制订的计划进行拓扑图绘制	工作环节 5 检查	工作环节 6 评价与反馈
4.1 按照计划实施的要求； 4.2 现场 8s 管理规范	5.1 评价表的填写规范	
4.1 绘图工具的使用	5.1 评价的方法	6.1 沟通表达
4.1 培养学生的规范意识、严谨态度以及精益求精的精神	5.1 口头表达能力	6.1 接受批评和建议的良好心态

工业 4.0

课程 9. 工业 4.0

学习任务 1：构建 CIM 系统拓扑图

明确任务，获取信息

工作子步骤	教师活动	学生活动	评价
1. 通过阅读任务书，明确任务要求。	1. 发放资料(现有工艺品生产线结构图，派工单)。 2. 要求学生阅任务书，明确智能化生产线升级改造的技术要求。 3. 要求学生填写图纸技术要求。 4. 抽查 2～3 位学生的技术要求并进行解说修改。 5. 解说派工单填写规范（如: 任务名称、完成时间、完成要求、各负责人）。 6. 要求学生填写派工单。 7. 抽取 2～3 位同学的派工单进行点评（任务完成的准确性、完整性）。 8. 要求学生对派工单进行互评。	1. 小组领取资料（现有工艺品生产线结构图，派工单）。 2. 阅读任务书，明确智能化生产线升级改造的技术要求。 3. 填写 CIM 系统技术要求。 4. 听取老师解说，与自己填写的技术要求进行对比并修改。 5. 听取老师解说派工单填写规范。 6. 完成派工单的填写。 7. 听取教师点评。 8. 进行互评。	1. 教师抽查学生的成果进行评价（完成的准确性、完整性）； 2. 其余的学生听取老师的点评后进行互评（完成的准确性、完整性）。
课时： 2 课时 1. 教学场所：一体化学习站等。 2. 硬资源：白板、白板笔、板刷、磁钉、A4 纸等。 3. 软资源：教学课件、任务书、工作页等。 4. 教学设施：笔记本电脑、投影仪、音响、麦克风等。			
2. 获取信息。	1. 利用 PPT 进行 CIM 系统概念的讲解，组织学生思考。 2. 分发步进电机计算机集成系统案例资料并对系统结构、功能进行分析。 3. 要求学生自主查阅资料，了解系统拓扑图要素与绘制原则。	1. 主动客观地倾听和学习 CIM(计算机集成) 系统概念并进行思考。 2. 听取教师分析一个步进电机计算机集成系统案例，熟悉一个完整的 CIM 系统结构、功能。主动利用各种渠道查阅相关资料，了解 CIM 系统，并作出 CIM 系统架构图。 3. 查阅资料，了解系统拓扑图要素与绘制原则。	1. 现场对回答的问题进行评价； 2. 课后批改。
课时： 4 课时 1. 教学场所：一体化学习站等。 2. 硬资源：白板、白板笔、板刷、磁钉、A4 纸等。 3. 软资源：教学课件、任务书、工作页等。 4. 教学设施：笔记本电脑、投影仪、音响、麦克风等。			

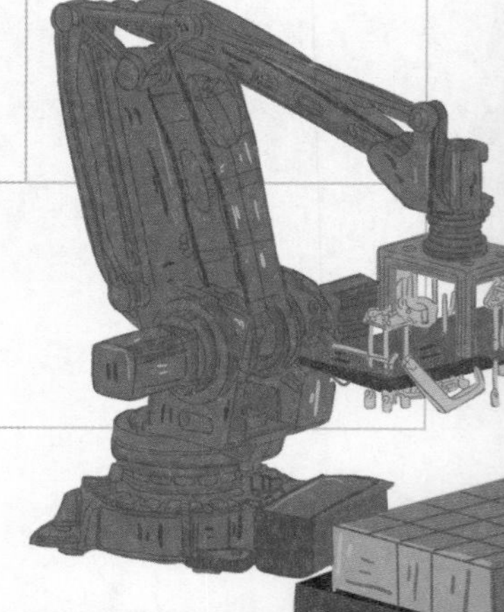

基准学时：20

1 明确任务，获取信息 → 2 制订绘制计划 → 3 评估计划 → 4 拓扑图绘制 → 5 自检 → 6 评价与反馈

	工作子步骤	教师活动	学生活动	评价
制订绘制计划	制订拓扑图绘制计划表。	1. 讲解国家关于可持续发展的相关知识及政策，展示相关资源。 2. 讲解工作计划的内容以及计划表编写的方法。 3. 引导学生绘制计划表，巡回指导、观察并及时纠正学生。 4. 要求学生填写计划表。	1. 学习相关理念及政策。 2. 主动客观地倾听，学习计划的内容及计划表的编制方法。 3. 理解计划的内容和编制方法。 4. 完成计划表（计划完成时间计，计划方案要体现该企业的社会责任感）。	
	课时： 4 课时 1. 资源：A3 纸、油性笔、白板、工作页、工具等。			
评估计划	评估已完成的工作计划。	1. 抽取 2～3 位学生解说绘制的计划表。 2. 引导学生进行计划评估。 3. 引导学生修改计划。	1. 汇报已完成的工作计划初稿，讲解编写的过程与思路。 2. 听取同学的建议并进行修改。 3. 听取老师的评估意见并进行修改。	1. 学生对展示的计划表进行互评； 2. 教师对展示的计划表进行评价。
	课时： 2 课时 1. 资源：油性笔、白板、工作页、工具等。			
拓扑图绘制	进行 CIM 系统拓扑图的绘制。	1. 教师提出拓扑图绘制任务。 2. 要求学生在绘制拓扑图的同时完成工作计划表。 3. 巡回指导，观察并及时纠正学生。	1. 个人按照计划进行拓扑图绘制。 2. 填写工作计划表。 3. 现场 8S 管理。	学生对绘制出的图纸进行自评。
	课时： 4 课时 1. 教学场所：一体化学习站等。 2. 硬资源：白板、白板笔、板刷、磁钉、A3 纸、绘图工具等。 3. 教学设施：笔记本电脑、投影仪、音响、麦克风等。			
自检	自检。	1. 教师讲解自检表的填写规范。 2. 教师下达自检表填写任务。	1. 听取教师讲解自检表的填写规范。 2. 完成自检表的填写。	检查记录表的填写情况。
	课时： 2 课时 1. 教学场所：一体化学习站等。 2. 硬资源：白板、白板笔、板刷、磁钉、A3 纸，绘图工具等。 3. 教学设施：笔记本电脑、投影仪、音响、麦克风等。			
评价与反馈	评价与反馈。	1. 介绍评估表，讲解如何进行评估和评估偏差分析。 2. 提出评估任务。 3. 与偏差较大的学生进行谈话反馈。	1. 主动并客观地倾听评估要点。 2. 进行自我评估和小组互评。 3. 与老师进行谈话反馈。	1. 小组互评； 2. 谈话反馈。
	课时： 2 课时 1. 资源：评价表、张贴板、多媒体设备等。			

学习任务 2：CIM 系统综合管理

任务描述

学习任务学时：20 课时

任务情境：

学校有一条工艺品生产线，现教师要求同学们对本条生产线进行升级改造，要求改造后的系统融合智能化与信息化先进技术，符合工业 4.0 理念。在已得到系统拓扑图的情况下，为了对本系统进行综合管理，同学们需要根据系统拓扑图运用 Factory IO 软件对本系统进行仿真设计，在符合厂家技术规范的情况下请同学们在 200 分钟内完成本 CIM 系统的仿真设计。

具体要求见下页。

工作流程和标准

工作环节 1

一、接受任务，明确任务要求

1

（一）获取信息

通过提炼派工单关键词和口头复述工作任务以明确任务要求，完成派工单填写。

（二）软件学习

通过教师讲解和查询相关资料库，学习 Factory I/O 软件主界面的使用，懂得 Factory I/O 主界面的组成及功能，包括菜单栏、工作区、元件盒窗口、驱动栏等组成。

（三）子步骤软件学习

通过教师的讲解和查询相关的资料，熟悉 Factory I/O 的文件管理，包括文件的创建、保存和关闭。

（四）软件学习

通过教师的讲解和查询相关的资料，熟悉 Factory I/O 元件盒的设备及操作方法，包括项目、重 / 轻负载零件、传感器、操作站、工作站、警报设备等。

（五）软件学习

通过教师的讲解和查询相关的资料，熟悉 Factory I/O 元件操作的常用快捷指令，包括正转、翻转、侧转、水平 / 竖直移动、复制和删除等。

（六）示范指导、练习

观看视频和教师现场示范操作，学习 Factory I/O 基本操作，独立记录各项目的操作步骤和要点，并进行 Factory I/O 操作练习。教师讲解行业内已有的成熟智能工厂设计方案，引发思考。

工作成果 / 学习成果：

1. 派工单；
2. Factory I/O 元件盒的设备内容。

知识点：

1.Factory I/O 主界面的组成及功能，包括界面栏、文件栏、编辑栏、视图栏、元件盒窗口以及其他仿真快捷操作区；
2. Factory I/O 文件管理；
3. Factory I/O 元件盒设备的搜索及拖取方法；
4. Factory I/O 元件正转、翻转、侧转、水平 / 竖直移动、复制和删除指令。

技能点：

1. Factory I/O 软件主界面的使用；
2. Factory I/O 文件管理的使用；
3. Factory I/O 元件正转、翻转、侧转、水平 / 竖直移动、复制和删除指令的使用。

职业素养、思政融合：

1. 加强学生多渠道获取信息的能力，加强安全操作防范意识，具有遵循行业标准的规则意识；
2. 鼓励学生崇尚实践。

工作环节 2

二、工作计划

2

以个人为单位，完成工艺品 CIM 系统仿真工作计划表（详细列出每一步骤和时间）。

工作成果 / 学习成果：
工艺品 CIM 系统仿真工作计划表。

工作环节 3

三、计划评估

3

随机抽取部分同学汇报已完成的工作计划，其他同学和教师进行计划评估，确保计划的可行性。

工作成果 / 学习成果：
评估修订后的工艺品 CIM 系统仿真工作计划表。

职业素养：
强调追求完美、追求卓越的工匠精神。

工作流程和标准

工作环节 4

四、实施步骤

以个人为单位，按工位和计划表中的步骤完成工艺品 CIM 系统仿真，记录好每一步实施的实际时间并与计划时间进行对比，掌握好时间的分配。

工作成果 / 学习成果：
系统仿真。

职业素养：
培养学生规范意识、严谨的态度、精益求精的精神。

工作环节 5

五、检查

5

教师准备评价表并详细介绍评价表的填写方式，学生进行本系统仿真的功能性、完整性检查并完成检查表的填写。

工作成果 / 学习成果：
检查表。

工作环节 6

六、评估

6

对本次的实施操作进行自我评估、学生互评、教师评估，最后进行总结。

工作成果 / 学习成果：
评估表、总结。

学习内容

知识点	1.1 派工单的填写规范； 1.2 Factory I/O 软件的主界面； 1.3 Factory I/O 的文件管理； 1.4 CIMFactory I/O 元件盒的设备及操作方法； 1.5 CIMFactory I/O 元件操作的常用快捷指令	2.1 工艺品 CIM 系统仿真计划的编写要求； 2.2 计划内容，流程、时间分配的要求	3.1 计划评价的规范
技能点	1.1Factory I/O 软件的操作		3.1 判别工作计划是否合理
工作环节	工作环节 1 获取任务相关信息	工作环节 2 制订 CIM 系统仿真的计划	工作环节 3 对工艺品 CIM 系统仿真计划展示并决定
素养	1.1 鼓励学生崇尚实践	2.1 独立学习、计划和组织的能力	3.1 强调追求完美、追求卓越的工匠精神

学习任务 2：CIM 系统综合管理

4.1 按照计划实施的要求； 4.2 现场 8S 管理规范	5.1 评价表的填写规范	
4.1 绘图工具的使用	5.1 评价的方法	6.1 沟通表达
工作环节 4 按制订的计划进行仿真	工作环节 5 检查	工作环节 6 评价反馈
4.1 培养学生的规范意识、严谨态度以及精益求精的精神	5.1 自我评价和反思的职业能力	6.1 接受批评和建议的良好心态

工业 4.0

学习任务 2：CIM 系统综合管理

1 明确任务，获取信息　2 制订计划　3 评估计划　4 实施计划　5 自检　6 评价反馈

明确任务，获取信息

工作子步骤	教师活动	学生活动	评价
1.通过阅读任务书，明确任务要求。	1. 发放资料（已完成的系统拓扑图，派工单）。 2. 要求学生阅读任务书并进行小组讨论，以明确任务要求。 3. 解说派工单填写规范（如：任务名称、完成时间、完成要求、各负责人）。 4. 提出填写派工单的任务。 5. 抽取 2～3 位同学的派工单进行点评（任务完成的准确性、完整性）。 6. 要求学生进行互评。	1. 领取资料（已完成的系统拓扑图，派工单）。 2. 阅读任务书并共同讨论，明确仿真工作内容。 3. 听取老师讲解派工单填写规范。 4. 完成派工单填写。 5. 听取教师点评。 6. 进行互评。	1. 教师对抽查的学生成果进行评价（完成的准确性、完整性）； 2. 其余学生听取老师的点评后进行互评（完成的准确性、完整性）。
课时： 2 课时 1. 教学场所：一体化学习站等。 2. 硬资源：白板、白板笔、板刷、磁钉、A4 纸等。 3. 软资源：教学课件、任务书、工作页等。 4. 教学设施：笔记本电脑、投影仪、音响、麦克风等。			
2. 获取信息。	1. 引导学生学习 Factory I/O 的基本操作，要求学生全程做好笔记。 2. 要求学生收集软件操作相关信息。 3. 通过电脑工作站进行 Factory I/O 软件操作的示范，要求学生使用装有 Factory I/O 软件的电脑进行练习。 4. 教师讲解行业内已有的成熟的智能工厂方案，展示资源。 5. 要求学生对操作步骤及要点做笔记。 6. 老师抽取 2～3 位学生进行一个简单任务的操作演示。 7. 提出学生互评任务，并对问题的回答进行评价。	1. 主动客观地倾听和学习 Factory I/O 的使用，并进行思考。 2. 查阅相关网站及资料，了解软件相关知识。 3. 跟随老师的示范进行各个步骤的练习。 4. 学习领会教师讲解并认真思考。 5. 全程记录各项目的操作步骤和要点。 6. 被抽到的学生进行演示，其他学生认真观看。 7.学生进行互评并听取教师的点评。	1. 学生互评； 2. 老师评价。
课时： 6 课时 1. 教学场所：一体化学习站等。 2. 硬资源：白板、白板笔、板刷、装有 Facotry I/O 软件的电脑等。 3. 教学设施：笔记本电脑、投影仪、音响、麦克风等。			

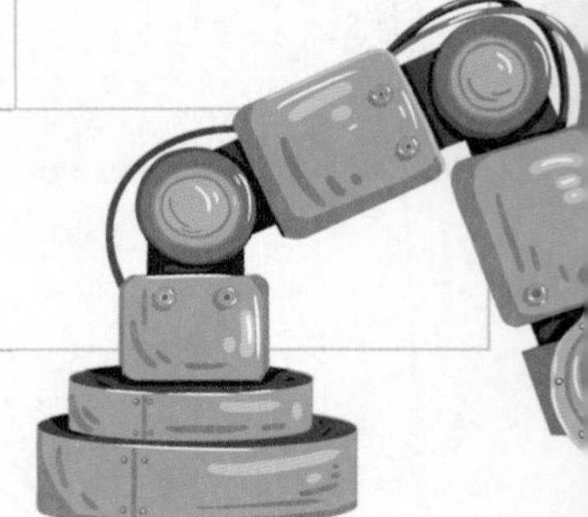

基准学时：20

1 明确任务，获取信息 → 2 制订计划 → 3 评估计划 → 4 实施计划 → 5 自检 → 6 评价反馈

	工作子步骤	教师活动	学生活动	评价
制订计划	系统仿真计划。	1. 展示工作计划表，讲解工作计划编写的内容和方法。 2. 要求学生规划好计划表中的时间。 3. 提出完成计划表的任务。	1. 主动客观地倾听，学习计划的内容及编制方法。 2. 按以上示范练习进度大致完成计划时间的规划。 3. 完成计划表（计划完成时间）。	
	课时： 2 课时 1. 教学场所：一体化学习站等。 2. 硬资源：白板、白板笔、板刷、磁钉、A4 纸等。 3. 软资源：教学课件、任务书、工作页等。 4. 教学设施：笔记本电脑、投影仪、音响、麦克风等。			
评估计划	评估已完成的工作计划。	1. 对学生汇报的计划表进行评估。 2. 下达小组互评任务。 3. 对展示的计划表进行评价并提出建议。	1. 汇报已完成的工作计划初稿，讲解编写的过程与思路。 2. 小组互评。 3. 听取教师提出的建议并进行修改。	1. 学生互评； 2. 老师评价。
	课时： 2 课时 1. 资源：张贴板、多媒体设备等。			
实施计划	CIM 系统仿真。	1. 要求学生严格按计划实施系统仿真。 2. 实施过程中通过计划表的质量控制一项进行质量控制记录。 3. 巡回指导，观察并及时纠正学生。	1. 按计划进行系统的仿真。 2. 填写工作计划表（实际完成时间、质量控制）。 3. 现场 8S 管理。	学生对仿真结果进行自评。
	课时： 4 课时 1. 教学场所：一体化学习站等。 2. 硬资源：白板、白板笔、板刷、装有 Facotry I/O 软件的电脑等。 3. 教学设施：笔记本电脑、投影仪、音响、麦克风等。			
自检	自检。	1. 教师讲解自检表的填写规范。 2. 教师下达自检表填写任务。	1.听取教师讲解自检表的填写规范。 2. 完成自检表的填写	1. 教师对抽查的学生成果进行评价（完成的准确性、完整性）； 2. 其余学生听取老师的点评后进行互评。
	课时： 2 课时 1. 教学场所：一体化学习站等。 2. 硬资源：白板、白板笔、板刷、磁钉、A3 纸，绘图工具等。 3. 教学设施：笔记本电脑、投影仪、音响、麦克风等。			
评价反馈	评价反馈。	1. 介绍评估表，讲解如何进行评估和评估偏差分析。 2. 提出评估任务。 3. 与偏差较大的学生进行谈话反馈。	1. 主动客观地倾听评估要点。 2. 进行自我评估和小组互评。 3. 与老师进行谈话反馈。	1. 小组互评； 2. 教师评价反馈。
	课时： 2 课时 1. 资源：评价表、张贴板、多媒体设备等。			

考核标准

考核任务案例：法兰盘智能生产工厂方案设计

情境描述：

利迅达机器人有限公司欲生产一批法兰盘，用于 4 轴小型机器人轴与轴之间的连接，由于每个轴之间连接所需法兰盘规格不同，现需要你设计一个智能化生产工厂，应对不同生产要求。

任务要求：

根据任务的情境描述，通过与技术主管进行沟通，列出本智能工厂的结构，在规定的时间内，以双人作业的方式，完成智能工厂方案设计。

1. 列出法兰盘智能生产工厂结构组成；
2. 按照任务要求，完成系统拓扑图的绘制，然后通过 Factory I/O 对设计出的工厂方案进行仿真，填写自检表，提交技术主管审核；
3. 清理工作现场，归还工具、设备和资料，填写总结。

参考资料：

步进电机智能工厂方案书，法兰盘生产线设计书，机电一体化图表手册及所有可使用的教学资料。

评价方式：

由任课教师、专业组长、企业代表组成考评小组，共同实施考核评价，取所有考核人员评分的平均分作为学生考核成绩。（如果有笔试、实操等多种类型考核内容的，还须说明分数占比或分值计算方式。）

评价标准

课程名称						
学习任务名称		学生姓名				
评价项目	评价内容	分值	评分标准	得分	小计分数	扣分原因
专业能力	比照工业 4.0 智能工厂架构图，检查模块是否完整	5	填写正确规范得 5 分，少一项扣 1 分，扣完为止			
	检查各个模块放置位置是否正确	5	符合要求得 5 分，否则酌情减分			
	检查模块内各元件是否完整	5	工具、设备准备完整 5 分			
	检查各设备之间连接是否正确	5	完全正确给 5 分，少检查一项扣 1-2 分，酌情给分			
	检查网络关键节点信息是否完善、准确	10	完全正确给 10 分，不正确酌情扣分			
	检查图例注释是否完善详细	18	检查正确给 18 分			
	比照工业 4.0 智能工厂架构图，检查模块是否完整	5	操作正确给 5 分，有不足之处酌情扣分			
	检查各个模块放置位置是否正确	5	操作正确给 5 分，有不足之处酌情扣分			
	清点完成任务所使用材料	5	符合要求给 5 分，否则酌情扣分			
通用能力	任务工作步骤安排合理	3	符合要求给 3 分，否则酌情扣分			
	工作计划汇报材料充实，思路清晰	3	符合要求给 3 分，否则酌情扣分			
	演讲语言组织有序	5	符合要求给 5 分，否则酌情扣分			
	计划讨论过程具有领导力与想象力	3	符合要求给 3 分，否则酌情扣分			
	表述心态自然，吐字清晰、思路清晰且与实际相符	5	仪态不自然、吐字模糊、思路不清晰每项扣 1 分；表述与实际不符扣 1 分			
	分工明确，团队合作融洽	5	分工不明确扣 2 分，团队合作不融洽扣 2 分			
总 分						
学生自评：						

课程 10. 工业机器人产品销售与客户服务

学习任务 1
工业机器人的产品销售策划
（20）学时

学习任务 2
工业机器人产品销售方案的撰写
（20）学时

课程目标

学习完本课程后，学生应当能够胜任工业机器人产品销售和客户服务工作，养成良好的职业素养。具体包括：

1. 通过准确分析机器人市场，运用专业的市场营销方法，能制订出合理可行的市场调研计划，准确细分市场，根据客户需求确定目标市场，并制订出有效的营销计划。
2. 根据客户需求，制订出可行的机器人销售方案。
3. 运用专业的沟通技巧，按照企业接待客户的流程，向顾客介绍机器人产品，提供优质的客户服务。
4. 能根据客户的反馈意见，准确按照客户需求修订产品方案，并通过良好的销售技巧成功把机器人产品交付给客户。
5. 能根据客户及产品实际，对客户进行产品使用的培训服务。

课时：80

学习任务 3

客户沟通与产品交付

（20）学时

学习任务 4

客户的产品使用培训

（20）学时

课程内容

1. 工业机器人产品销售策划

工业机器人产品销售的工作流程；市场细分理论、目标市场选择、市场定位、消费者行为理论、工业品营销的概念、工业品营销体系、市场营销理论的实际运用；企业经营情况分析、产品分析、市场分析、消费者研究、市场分析的方法；对涉足的市场进行研究，找到细分市场，锁定目标客户；市场调研的内容、工业机器人产品的营销现状分析（营销网络、市场能力、促销力度、用户分析）、工业机器人产品营销问题分析（制订工业机器人产品市场调研计划）；细分市场（工业机器人细分市场分析）；目标市场（能准确分析客户需求）；市场定位（分析公司产品的独特之处和优势）；产品、价格、分销和促销的知识（设计工业机器人产品营销组合）；市场营销计划（设计工业机器人产品的市场营销计划）；市场营销的方式、方法（明确客户需求并能提出解决方案）；找出营销计划与市场营销活动实施过程中不符合实际（或不好实行）的部分并进行修订。

2. 工业机器人产品销售方案的撰写

工业机器人产品销售方案的制作流程；对机器人产品销售案例的理解和学以致用；客户需求分析、生产线分析；机器人产品说明书的解读、机器人产品设计思路的确定；机器人产品设计方案；产品价格的构成、产品价格的计算；工业机器人产品市场现状分析；工业机器人产品特性、工业机器人产品介绍文档的撰写；产品销售方案的结构和写作方法；如何向他人展示自己的销售方案。

3. 客户沟通与产品交付

机器人产品性能的准确描述；收集整理工业机器人产品信息资料；电话沟通的方法、职业礼仪知识；与客户电话沟通、拜访客户、塑造营销人员专业形象；接待客户的流程；接待过程中恰当地与客户沟通；沟通策略、客户分类；沟通策略的运用；倾听的方法；倾听后正确地向客户反馈；提问的方法、肢体语言；向客户提问、表达个人意见和建议；专业产品推介的方法；有效地向客户推介产品。

4. 客户的产品使用培训

机器人产品说明书的阅读、客户信息的熟悉；熟悉机器人产品信息、分析客户需求；培训计划的写作规范；撰写培训计划；培训课件的编写方法；设计并撰写培训课件；培训的方法和技巧；模拟实施客户培训；产品使用培训效果的评价方法、评价要点；评价产品使用培训效果。

学习任务 1：工业机器人的产品销售策划

任务描述

学习任务学时：20 课时

任务情境：

某机器人系统有限公司需要进一步优化工业机器人的市场推广、销售、技术支持和售后服务。该公司是我校的校企合作单位，最近新成立营销中心，人手不足，希望我校工业机器人专业的学生能边学习专业知识边协助公司营销人员，共同做好公司工业机器人产品的市场营销工作。在此工作学习过程中表现好的同学，可以直接推荐到该公司实习上岗。我校学生首先需要在专业教师（有条件的加上公司营销人员）的带领下，对涉足的制造企业市场进行研究，找到公司工业机器人产品的细分市场（就是哪些工业机器人产品更加好卖），锁定重要的目标客户。接着，学生需要在教师指导下，针对不同的目标客户群制订相应的市场策略，与公司营销人员共同找到最优化的营销方式，使公司的工业机器人产品更好地销售出去。

具体要求见下页。

工业机器人产品销售和客户服务

工作流程和标准

工作环节 1

一、接受工业机器人产品市场调研任务，明确任务要求

（一） 阅读任务书，根据教师的引导问题，明确任务中的工作要求，初步了解任务开展流程。

（二）明晰市场营销包含的工作内容

1. 学生在教师的引导下，初步明晰市场细分、目标市场选择、市场定位、消费者行为分析、工业品营销及其体系等市场营销当中的主要工作内容；
2. 遇到不懂的问题及时向教师请教。

学习成果：
1. 工业机器人市场营销工作流程图；
2. 市场营销主要工作内容列表。

知识点：
1. 学习任务要求、学习任务开展流程。
2. （1）市场细分理论；（2）目标市场选择；（3）市场定位；（4）消费者行为理论；（5）工业品营销的概念；（6）工业品营销体系。

技能点：
1. 工业机器人市场营销的工作流程；
2. 市场营销理论的实际运用。

职业素养：
1. 工作参与度、工作主动性、对要点的识别能力和理解能力、表达技巧；
2. 学习能力（对营销理论的理解）。

工作环节 2

二、制订工业机器人产品市场调研计划

2

（一）分析工业机器人产品市场

1. 以小组为单位，在教师和企业人员的引导下，对工业机器人整体行业情况进行分析。
2. 听取企业人员（或专业教师）介绍企业经营情况。
3. 听取企业人员（或专业教师）介绍企业产品并对同行（竞争对手）的产品进行分析。
4. 进行工业机器人产品的市场分析（市场规模、市场趋势、价格段分析、品牌占有率、属性趋势、用户关注点、销售渠道等）。
5. 分析工业机器人市场中的消费者特征。

（二）制订工业机器人产品市场调研计划

1. 根据对工业机器人产品的市场分析情况，小组讨论对应的市场调研内容。
2. 根据小组所确定的市场调研内容，制订具体的调研计划。
3. 把计划提交给专业教师（或企业人员）审核，确定其可行性。
4. 根据审核后的意见反馈，修订市场调研计划。
5. 根据市场调研计划内容，小组商定人员分工计划，内容包括工作环节内容、人员分工、工作要求、时间安排等要素。

工作成果 / 学习成果：
1. 工业机器人市场分析报告；
2. 工业机器人产品市场调研计划、人员分工计划。

知识点：
1.（1）企业经营情况分析；（2）产品分析；（3）市场分析；（4）消费者研究（撰写广告策划书时应根据产品分析的结果，说明广告策划书时应根据产品分析的结果，说明广告产品自身所具备的特点和优点。再根据市场分析的情况，把广告产品与市场中各种同类商品进行比较，并指出消费者的爱好和偏向。如果有可能，也可提出广告产品的改进或开发建议）。
2. 工业机器人产品市场调研计划、人员分工计划。
3.（1）市场调研的内容；（2）工业机器人产品的营销现状分析（营销网络、市场能力、促销力度、用户分析）；（3）工业机器人产品营销问题分析。

技能点：
1. 市场分析的方法（对涉足的市场进行研究，找到细分市场，锁定目标客户）；
2. 制订工业机器人产品市场调研计划。

职业素养：
1. 计划能力、书面表达能力、分析能力。

工作流程和标准

工作环节 3

三、分析、选择细分市场并确定目标市场

3

（一）运用市场营销知识，分析工业机器人细分市场

1. 以小组为单位，讨论用什么变量来细分工业机器人产品市场（选择适合本公司的工业机器人产品市场范围）。
2. 确定用这些变量细分市场后得出的结果。
3. 描述每一个细分市场追求的利益。如 A 细分市场要求或希望什么？ B 细分市场要求或希望什么？
4. 描述每个细分市场的顾客特征（特征指的是便于营销人员识别出顾客的那些指标，可能是性别、年龄、收入、教育水平、住址等任何有关的变量）。

（二）选择、确定适合本公司的工业机器人目标市场

1. 在教师指引下，每个小组测算每个工业机器人细分市场的容量【用金额或者其他的数量指标如人数、产品销量等来表示】。
2. 估计每个细分市场中的竞争情况【对不同类型客户（目标市场）的吸引力程度，并且估计是否适合本公司销售发展】。
3. 评估本公司在每个细分市场上的竞争优势。
4. 分析目标客户的需求，确定公司的目标细分市场（根据每个细分市场的有效市场容量和本公司在每个细分市场的竞争优势，得出本公司选择哪一个细分市场作为目标细分市场的结论）。

（三）对本公司的工业机器人产品进行市场定位

以小组为单位，分析本公司工业机器人产品相对于其他竞争产品而言占据清晰、特别和理想的位置，并分析公司产品在目标市场中的最大战略优势，之后对公司产品进行市场定位。

工作成果 / 学习成果：
1. 细分市场分析文本；
2. 客户需求分析文本、工业机器人目标市场分析文本；
3. 本公司工业机器人产品的市场定位描述文本。

知识点：
1. 细分市场；
2. 目标市场；
3. 市场定位。

技能点：
1. 工业机器人细分市场分析；
2. 能准确分析客户需求；
2. 分析公司产品的独特之处和优势。

职业素养、思政融合：
1. 观察能力、分析比较能力；
2. 分析企业环境；
3. 了解本公司的企业价值。

工作环节4

四、选定适合公司产品销售的市场策略

（一）设计工业机器人产品营销组合

1. 产品或业务开发：

（1）小组成员共同回顾目标（细分）市场追求的利益【目标（细分）市场要求或希望什么】；

（2）分析产品特点与顾客追求利益的匹配情况（顾客追求的利益VS公司所确定产品的特点）；

（3）用图示化的结果来描述或表达产品特征。

2. 渠道选择：

（1）小组讨论哪些渠道能够接触潜在顾客，列出备选的渠道；

（2）分析顾客偏好的购买渠道和服务渠道；

（3）选择最终确定的渠道（购买渠道和服务渠道）。

3. 沟通策略：

（1）小组成员共同回顾公司工业机器人产品的特点和顾客追求利益的匹配情况；

（2）分析顾客追求的利益是什么（考虑到顾客更看重哪个利益，考虑到与同样瞄准这个细分市场的竞争对手所强调的利益的差异）(注意：强调顾客看重同时竞争对手忽视或者公司有优势的利益）；

（3）思考、分析公司产品的哪个特点（或若干特点的组合）能够证明本公司的产品或服务能提供顾客看重的那个利益；

（4）分析公司品牌；

（5）小组讨论如何用一个有效的方式让顾客感受到本公司的产品能提供顾客所期望的利益（主题、方式、主人公或事件、媒体形式）。

4. 定价策略：

（1）小组共同考虑各方面因素对成本的影响（产品成本、渠道成本、沟通成本、其他成本：使价格上升还是下降？）

（2）考虑到品牌形象、产品定位对价格的要求（优质产品、高档品牌通常要求定高价，质量、产品定位、品牌等要求价格上升还是下降？）

（3）确定一个明确的价格（可以不用列出具体值，只讲清楚上述方面的因素对定价产生的影响即可，通常可以指出比竞争产品高或低的大致比例）。

（二）撰写工业机器人产品市场营销计划

1. 学习市场营销计划的写作（计划实施概要、工业机器人产品市场营销现状、威胁和机会、目标和问题、市场营销战略、行动方案、预算、控制）。

2. 在教师的指导下撰写机器人市场营销计划。

3. 撰写过程中可通过各种方式与渠道，咨询公司营销人员相关的信息。

4. 各小组展示营销计划，请专业教师和公司市场营销人员共同审定营销计划的可行性。

工作成果/学习成果：

1. 工业机器人产品营销组合方案；
2. 工业机器人产品市场营销计划。

知识点：

1. 市场营销计划；
2. 市场营销的方式、方法。

技能点：

1. 设计工业机器人产品的市场营销计划；
2. 明确客户需求并能提出解决方案。

职业素养、思政融合：

1. 沟通协调能力、分析能力、逻辑思维能力；
2. 策划能力。

工作流程和标准

工作环节 5

五、执行市场营销计划并做好过程监控

1. 根据制订好的市场营销计划，小组讨论模拟该计划的过程，定好分工（人、时间、地点、怎样做）；
2. 各小组模拟展示营销计划活动，师生共同观摩、记录过程中的优点和不足；
3. 在教师帮助下，邀请企业营销人员到校或把营销计划交付给企业审定，企业选择可行的营销计划修订、实施；
4. 企业反馈实施过程的情况。

学习成果：
工业机器人市场营销活动的实施（新闻、网络、会展、培训会、体验会等）。

知识点：
市场营销的方式、方法。

技能点：
明确客户需求并能提出解决方案。

职业素养：
能与本企业营销人员协同工作。

工作环节 6

六、评价反馈，成果验收

在教师帮助下，邀请企业营销人员对整个工业机器人的市场营销计划做评价反馈，学生对验收意见作答辩及后续修订处理，最终交付。

工作成果 / 学习成果：
修订后的工业机器人营销计划定稿。

知识点：
市场营销知识。

技能点：
找出营销计划与市场营销活动实施过程中不符合实际（或不好实行）的部分并进行修订。

职业素养：
分析对比能力、总结归纳能力。

学习内容

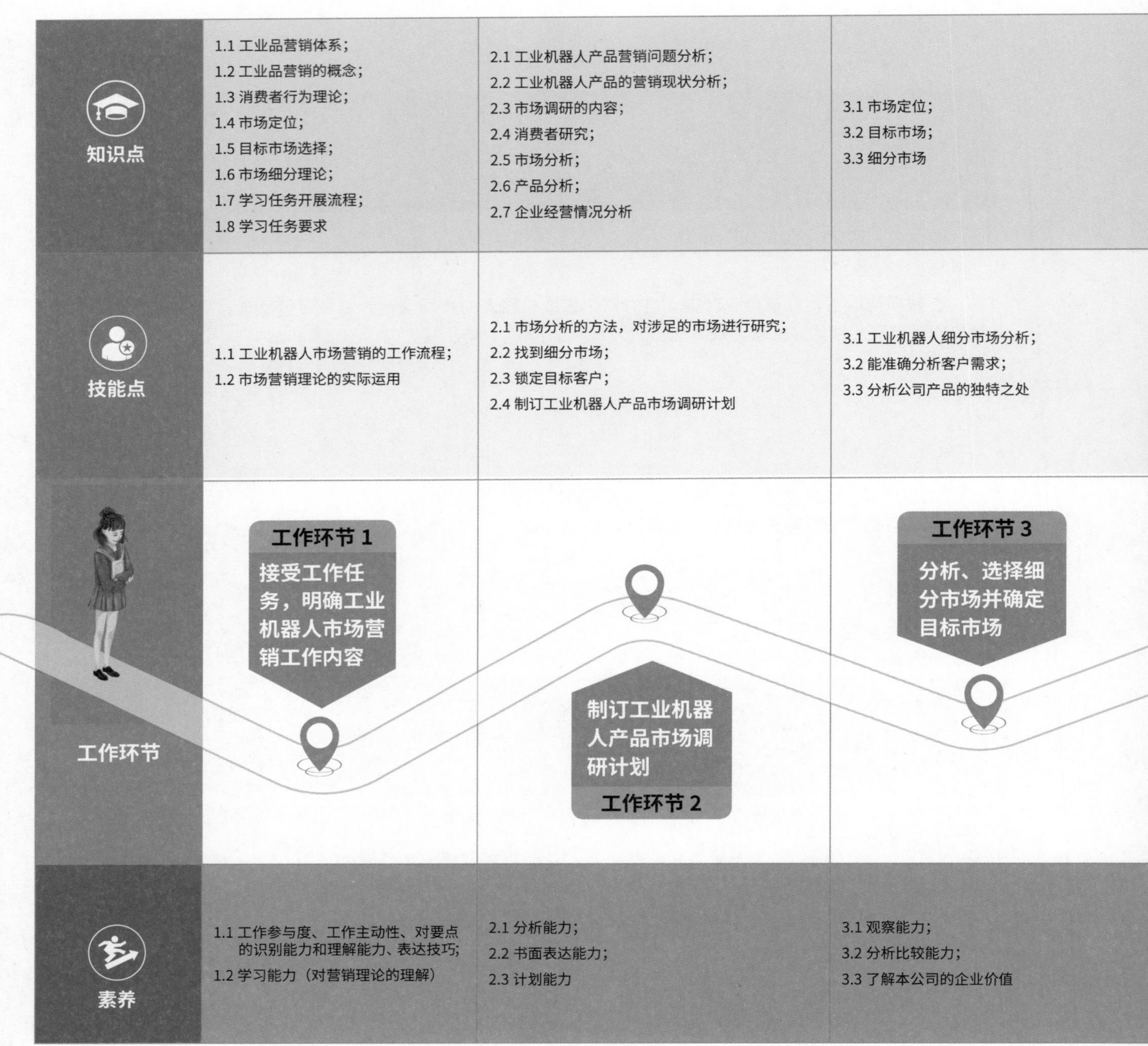

知识点	1.1 工业品营销体系； 1.2 工业品营销的概念； 1.3 消费者行为理论； 1.4 市场定位； 1.5 目标市场选择； 1.6 市场细分理论； 1.7 学习任务开展流程； 1.8 学习任务要求	2.1 工业机器人产品营销问题分析； 2.2 工业机器人产品的营销现状分析； 2.3 市场调研的内容； 2.4 消费者研究； 2.5 市场分析； 2.6 产品分析； 2.7 企业经营情况分析	3.1 市场定位； 3.2 目标市场； 3.3 细分市场
技能点	1.1 工业机器人市场营销的工作流程； 1.2 市场营销理论的实际运用	2.1 市场分析的方法，对涉足的市场进行研究； 2.2 找到细分市场； 2.3 锁定目标客户； 2.4 制订工业机器人产品市场调研计划	3.1 工业机器人细分市场分析； 3.2 能准确分析客户需求； 3.3 分析公司产品的独特之处
工作环节	工作环节 1 接受工作任务，明确工业机器人市场营销工作内容	工作环节 2 制订工业机器人产品市场调研计划	工作环节 3 分析、选择细分市场并确定目标市场
素养	1.1 工作参与度、工作主动性、对要点的识别能力和理解能力、表达技巧； 1.2 学习能力（对营销理论的理解）	2.1 分析能力； 2.2 书面表达能力； 2.3 计划能力	3.1 观察能力； 3.2 分析比较能力； 3.3 了解本公司的企业价值

学习任务 1：工业机器人的产品销售策划

4.1 访谈的礼仪； 4.2 市场营销计划； 4.3 产品、价格、分销和促销的知识	5.1 展示的要求； 5.2 市场营销的方式、方法	6.1 市场营销知识
4.1 把所有的营销组合因素融入一个协调的计划之中； 4.2 设计工业机器人产品的市场营销计划	5.1 明确客户需求并能提出解决方案	6.1 找出营销计划与市场营销活动实施过程中不符合实际的部分并进行修订
选定适合公司产品销售的市场策略 工作环节 4	工作环节 5 执行市场营销计划并做好过程监控	工作环节 6 评价反馈，成果验收
4.1 沟通协调能力； 4.2 分析能力； 4.3 逻辑思维能力； 4.4 策划能力	5.1 能与本企业营销人员协同工作	6.1 分析对比能力； 6.2 总结归纳能力

教学活动

课程 10. 工业机器人产品销售和客户服务

学习任务 1：工业机器人的产品销售策划

1 接受工作任务，明确工业机器人市场营销工作内容 → 2 制订工业机器人产品市场调研计划 → 3 分析、选择细分市场并确定目标市场 → 4 选定适合公司产品销售的市场策略 → 5 执行市场营销计划并做好过程监控 → 6 评价反馈，成果验收

接受工作任务，明确工业机器人市场营销工作内容

工作子步骤	教师活动	学生活动	评价
1. 阅读任务书，根据教师的引导问题，明确任务中的工作要求。	1. 介绍学习背景，让学生在接受学习任务之前，先对任务的实施前提有所了解。 2. 下达任务书，引导学生解读任务要求，解答学生提出的问题。 3. 引导各小组学生理清市场营销工作的开展流程。	1. 倾听教师对学习背景的介绍，了解任务实施的前提。 2. 阅读任务书，与教师共同探寻学习任务中不明白的内容，明确任务要求。 3. 小组讨论，画出工业机器人市场营销的工作流程图，初步了解任务开展步骤。	1. 过程评价内容：工作参与度、工作主动性、对要点的识别能力和理解能力、表达技巧。 （1）学生能否正确理解学习任务要求； （2）学生能否理清学习任务开展的流程； （3）学生通过对行业背景的学习和任务的解读，对如何开展工业机器人产品市场营销工作的理解程度。 2. 成果验收方式：每个小组汇报，口述任务要求学生做什么、为什么要开展该项任务、怎样开展该任务，教师评价（流程图是否能准确描述出市场营销的主要步骤和规范）。
课时： 1 课时 1. 硬资源：白板、白板笔、板刷、磁钉、A4 纸等。 2. 软资源：教学课件、任务书、工作页等。 3. 教学设施：笔记本电脑、投影仪、音响、麦克风等。			
2. 明晰市场营销包含什么工作内容。	1. 通过合适的教学方式方法，向学生介绍市场营销的主要工作内容，使学生对市场营销有大致了解。 2. 适时回答学生提出的问题。	1. 学生在教师的引导下，初步明晰市场细分、目标市场选择、市场定位、消费者行为分析、工业品营销及其体系等市场营销的主要工作内容。 2. 遇到不懂的问题及时向教师请教。	1. 过程评价内容：学生学习能力、对营销理论的理解；对市场营销主要工作内容的知悉程度； 2. 成果验收方式：学生展示市场营销主要工作内容列表，教师评价（能准确绘制出市场营销的主要工作内容）。
课时： 1 课时 1. 硬资源：白板、白板笔、板刷、磁钉、A4 纸等。 2. 软资源：教学课件、任务书、工作页等。 3. 教学设施：笔记本电脑、投影仪、音响、麦克风等。			

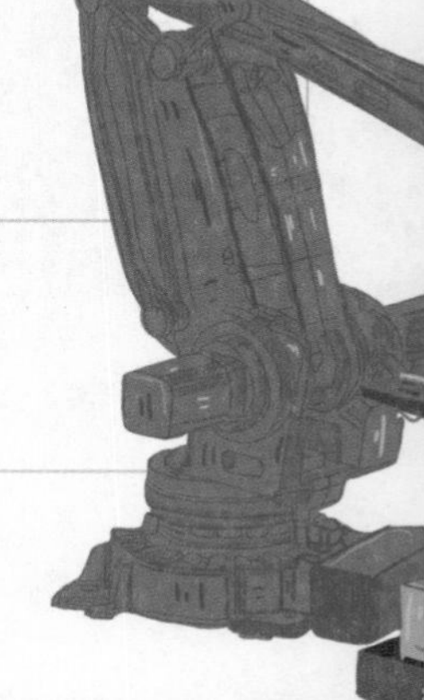

基准学时：20

1 接受工作任务，明确工业机器人市场营销工作内容 → 2 制订工业机器人产品市场调研计划 → 3 分析、选择细分市场并确定目标市场 → 4 选定适合公司产品销售的市场策略 → 5 执行市场营销计划并做好过程监控 → 6 评价反馈，成果验收

制订工业机器人产品市场调研计划

工作子步骤	教师活动	学生活动	评价
1. 分析工业机器人产品市场。	1. 引导学生对工业机器人整体行业情况进行分析。 2. 介绍企业经营情况。 3. 介绍企业产品并对同行(竞争对手)的产品进行分析。 4. 引导学生进行工业机器人产品的市场分析（市场规模、市场趋势、价格段分析、品牌占有率、属性趋势、用户关注点、销售渠道等）。 5. 引导学生分析工业机器人市场中的消费者特征。	1. 以小组为单位，在教师和企业人员的引导下，对工业机器人整体行业情况进行分析。 2. 听取企业人员（或专业教师）介绍企业经营情况。 3. 听取企业人员（或专业教师）介绍企业产品并对同行（竞争对手）的产品进行分析。 4. 进行工业机器人产品的市场分析（市场规模、市场趋势、价格段分析、品牌占有率、属性趋势、用户关注点、销售渠道等）。 5. 分析工业机器人市场中的消费者特征。	1. 过程评价内容：分析能力、书面表达能力（学生能正确运用市场分析的方法，拟写出工业机器人市场分析报告）； 2. 成果验收方式：学生分组汇报市场分析情况，邀请企业人员参与评价（能准确做好工业机器人市场的市场规模、市场趋势、价格段分析、品牌占有率、属性趋势、用户关注点、销售渠道等方面的分析）。
课时： 2 课时 1. 硬资源：白板、白板笔、板刷、磁钉、A4 纸等。 2. 软资源：PPT、工业机器人产品营销案例、市场调研分析系统软件等。 3. 教学设施：笔记本电脑、投影仪、音响、麦克风等。			
2. 制订工业机器人产品市场调研计划。	1. 引导学生根据对工业机器人产品的市场分析情况，讨论对应的市场调研内容。 2. 引导学生根据小组所确定的市场调研内容，拟订具体的调研计划。 3. 审核各组学生提交的调研计划，确定其可行性。 4. 给出审核后的反馈意见，引导各组学生修订市场调研计划。 5. 引导各小组根据市场调研计划内容，做好人员分工计划。	1. 根据对工业机器人产品的市场分析情况，小组讨论对应的市场调研内容。 2. 根据小组所确定的市场调研内容，拟订具体的调研计划。 3. 把计划提交给专业教师（或企业人员）审核，确定其可行性。 4. 根据审核后的意见反馈，修订市场调研计划。 5. 根据市场调研计划内容，小组商定人员分工计划，内容包括工作环节内容、人员分工、工作要求、时间安排等要素。	1. 过程评价内容：计划能力、书面表达能力、分析能力。 （1）学生能根据对工业机器人产品的市场分析情况，制订具体的市场调研计划； （2）小组能根据各成员的特点制订合理的人员分工计划。 2. 成果验收方式：学生分组展示产品市场调研计划，各组长汇报人员分工计划，小组间相互评价（产品市场调研计划包含完整的内容，分析到位；人员分工计划合理、可行）。
课时： 2 课时 1. 硬资源：白板、白板笔、板刷、磁钉、A4 纸； 2. 软资源：PPT、工业机器人产品市场调研案例、工作页； 3. 教学设施：笔记本电脑、投影仪、音响、麦克风。			

学习任务 1：工业机器人的产品销售策划

1 接受工作任务，明确工业机器人市场营销工作内容 → 2 制订工业机器人产品市场调研计划 → 3 分析、选择细分市场并确定目标市场 → 4 选定适合公司产品销售的市场策略 → 5 执行市场营销计划并做好过程监控 → 6 评价反馈，成果验收

分析、选择细分市场并确定目标市场

工作子步骤	教师活动	学生活动	评价
1. 运用市场营销知识，分析工业机器人细分市场。	1. 引导学生讨论用什么变量来细分工业机器人产品市场。 2. 引导学生用这些变量细分市场后得出结果，并确定其正确性。 3. 组织学生描述每一个细分市场追求的利益是什么。 4. 引导学生描述每个细分市场的顾客特征。	1. 以小组为单位，讨论用什么变量来细分工业机器人产品市场（选择适合本公司的工业机器人产品市场范围）。 2. 确定用这些变量细分市场后得出的结果。 3. 描述每一个细分市场追求的利益（如：A 细分市场要求或希望什么？B 细分市场要求或希望什么？） 4. 描述每个细分市场的顾客特征（特征指的是便于营销人员识别出顾客的那些指标，可能是：性别、年龄、收入、教育、住址等任何有关的变量）。	1. 过程评价内容：观察能力、分析比较能力。 （1）学生能准确找出细分工业机器人产品市场的变量； （2）学生能合理确定细分市场； （3）学生能清晰描述各细分市场所追求的利益； （4）学生能准确描述各细分市场的顾客特征。 2. 成果验收方式：学生以小组为单位，展示细分市场分析文本，并能条理清晰地描述市场细分过程中各环节的内容，师生共同评价。
课时： 2 课时 1. 硬资源：白板、白板笔、板刷、磁钉、A4 纸等。 2. 软资源：PPT、工业机器人细分市场案例、工作页等。 3. 教学设施：笔记本电脑、投影仪、音响、麦克风等。			
2. 选择、确定适合本公司的工业机器人目标市场。	1. 指引每个小组测算每个工业机器人细分市场的容量。 2. 指导学生准确估计每个细分市场中的竞争情况。 3. 引导各组学生评估本公司在每个细分市场上的竞争优势。 4. 引导学生分析目标客户的需求，确定公司的目标细分市场。	1. 在教师指引下，每个小组测算每个工业机器人细分市场的容量【用金额或者用其他的数量指标（如人数、产品销量等）来表示】。 2. 估计每个细分市场中的竞争情况【对不同类型客户（目标市场）的吸引力程度，并且估计是否适合本公司销售发展】。 3. 评估本公司在每个细分市场上的竞争优势。 4. 分析目标客户的需求，确定公司的目标细分市场（根据每个细分市场的有效市场容量和本公司在每个细分市场的竞争优势，得出本公司选择哪一个细分市场作为目标细分市场的结论）。	1. 过程评价内容：观察能力、分析比较能力。 （1）学生能准确测算每个工业机器人细分市场的容量； （2）学生能合理估计每个细分市场中的竞争情况； （3）学生能客观评估本公司在每个细分市场上的竞争优势； （4）学生能准确分析目标客户的需求，确定公司的目标细分市场。 2. 成果验收方式：各小组学生通过各种方式，展示客户需求分析情况和工业机器人目标市场分析情况，师生共同评价。
课时： 2 课时 1. 硬资源：白板、白板笔、板刷、磁钉、A4 纸等。 2. 软资源：教学课件、任务书、工作页等。 3. 教学设施：笔记本电脑、投影仪、音响、麦克风等。			

1 接受工作任务，明确工业机器人市场营销工作内容
2 制订工业机器人产品市场调研计划
3 分析、选择细分市场并确定目标市场
4 选定适合公司产品销售的市场策略
5 执行市场营销计划并做好过程监控
6 评价反馈，成果验收

	工作子步骤	教师活动	学生活动	评价
分析、选择细分市场并确定目标市场	3. 对本公司的工业机器人产品进行市场定位。	1. 引导学生分析本公司工业机器人产品相对于其他竞争产品的优势。 2. 指导学生分析公司产品在目标市场中的最大战略优势，之后对公司产品进行市场定位。	1. 以小组为单位，分析本公司工业机器人产品相对于其他竞争产品而言占据清晰、特别和理想的位置。 2. 分析公司产品在目标市场中的最大战略优势，之后对公司产品进行市场定位。	1. 过程评价内容：观察能力、分析比较能力。 （1）学生能合理分析本公司工业机器人产品相对于其他竞争产品的优势； （2）学生能客观分析公司产品在目标市场中的最大战略优势，并能对公司产品进行准确的市场定位。 2. 成果验收方式：各小组汇报对本公司工业机器人产品的市场定位的分析情况，师生共同评价。
	课时： 1 课时 1. 硬资源：白板、白板笔、板刷、磁钉、A4 纸； 2. 软资源：PPT、公司工业机器人产品介绍的详细资料、市场上同类竞争产品的分析材料、工作页； 3. 教学设施：笔记本电脑、投影仪、音响、麦克风等。			
选定适合公司产品销售的市场策略	1. 设计工业机器人产品营销组合。	1. 讲授并引导学生学习产品或业务开发程序。 （1）引导学生回顾目标（细分）市场追求的利益。 （2）指导学生分析产品特点与顾客追求利益的匹配情况。 （3）指导学生用图示化的结果来描述或表达产品特征，与学生共同分析、评价。 2. 指导学生如何进行渠道选择。 （1）引导各小组讨论哪些渠道能够接触到潜在顾客,列出备选的渠道。 （2）引导学生分析顾客偏好的购买渠道和服务渠道。 (3)指导学生选择最终确定的渠道。 3. 引导学生学会沟通策略。 （1）引导学生回顾公司工业机器人产品的特点和顾客追求利益的匹配。 (2)引导学生分析顾客追求的利益。	1. 学习产品或业务开发程序。 （1）小组成员共同回顾目标（细分）市场追求的利益【目标（细分）市场要求或希望什么】。 （2）分析产品特点与顾客追求利益的匹配情况（顾客追求的利益 VS 公司所确定产品的特点）。 （3）用图示化的结果来描述或表达产品特征。 2. 学习进行渠道选择。 （1）小组讨论哪些渠道能够接触到潜在顾客，列出备选的渠道。 （2）分析顾客偏好的购买渠道和服务渠道。 （3）选择最终确定的渠道。 3. 学习沟通策略。 （1）小组成员共同回顾公司工业机器人产品的特点和顾客追求利益的匹配情况。 (2)分析顾客追求的利益是什么(考虑顾客更看重哪个利益，考虑与同样瞄准这个细分市场的竞争对手所强调的利益的差异)。(注意:强调顾客看重同时竞争对手忽视或者公司有优势的利益。)	1. 过程评价内容：沟通协调能力、分析能力、逻辑思维能力。 （1）学生能清楚写出产品或业务开发程序； （2）学生能正确选择营销渠道； （3）学生能正确使用沟通策略； （4）学生能正确使用定价策略。 2. 成果验收方式：各小组派代表描述产品或业务开发程序、营销渠道的选择、沟通策略的选择、定价策略的选择，师生共同评价。

教学活动

课程 10. 工业机器人产品销售和客户服务

学习任务 1：工业机器人的产品销售策划

1 接受工作任务，明确工业机器人市场营销工作内容 → 2 制订工业机器人产品市场调研计划 → 3 分析、选择细分市场并确定目标市场 → 4 选定适合公司产品销售的市场策略 → 5 执行市场营销计划并做好过程监控 → 6 评价反馈，成果验收

<table>
<tr><th>工作子步骤</th><th>教师活动</th><th>学生活动</th><th>评价</th></tr>
<tr><td>选定适合公司产品销售的市场策略</td><td>(3) 引导学生分析公司产品的哪个特点（或若干特点的组合）能够证明本公司的产品或服务能提供顾客看重的那个利益。
(4) 指导学生分析公司品牌。
(5) 指导学生讨论如何用一个有效的方式让顾客感受到本公司的产品能提供顾客所期望的利益。
4. 学习定价策略。
(1) 引导学生分析各方面因素对成本的影响。
(2) 引导学生分析品牌形象、产品定位对价格的要求。
(3) 指导学生确定价格。</td><td>(3) 思考、分析公司产品的哪个特点（或若干特点的组合）能够证明本公司的产品或服务能提供顾客看重的那个利益。
(4) 分析公司品牌。
(5) 小组讨论如何用一个有效的方式让顾客感受到本公司的产品能提供顾客所期望的利益（主题、方式、主人公或事件、媒体形式）。
4. 学习定价策略。
(1) 小组共同考虑各方面因素对成本的影响(产品成本、渠道成本、沟通的成本、其他成本使价格上升还是下降)。
(2) 考虑品牌形象、产品定位对价格的要求(优质产品、高档品牌通常要求定高价，质量、产品定位、品牌等要求价格上升还是下降？)
(3) 确定一个明确的价格（可以不用列出具体值，只讲清楚上述两点的因素对定价产生的影响即可，通常可以指出比竞争产品高或低的大致比例）。</td><td></td></tr>
<tr><td colspan="4">课时：3 课时
1. 硬资源：白板、白板笔、板刷、磁钉、A4 纸等。
2. 软资源：PPT、目标市场分析文本资料、本公司工业机器人产品资料、顾客需求分析文本资料、营销组合案例、工作页等。
3. 教学设施：笔记本电脑、投影仪、音响、麦克风等。</td></tr>
<tr><td>2. 撰写工业机器人产品市场营销计划。</td><td>1. 指导学生学习市场营销计划的写作。
2. 指导学生撰写机器人市场营销计划，过程中给予适时的帮助。
3. 为学生搭建渠道，方便学生咨询公司营销人员。
4. 与公司市场营销人员共同审定各组学生所撰写的营销计划的可行性。</td><td>1. 学习市场营销计划的写作（计划实施概要、工业机器人产品市场营销现状、威胁和机会、目标和问题、市场营销战略、行动方案、预算、控制）。
2. 在教师的指导下撰写机器人市场营销计划。
3. 撰写过程中可通过各种方式与渠道，咨询公司营销人员相关的信息。
4. 各小组展示营销计划，请专业教师和公司市场营销人员共同审定营销计划的可行性。</td><td>1. 过程评价内容：策划能力（学生撰写的机器人市场营销计划是否结构合理、内容完整、具备可行性）；
2. 成果验收方式：各小组展示市场营销计划，教师与企业人员共同评价。</td></tr>
<tr><td colspan="4">课时：2 课时
1. 硬资源：白板、白板笔、板刷、磁钉、A4 纸等。
2. 软资源：PPT、市场营销计划案例、工作页等。
3. 教学设施：笔记本电脑、投影仪、音响、麦克风等。</td></tr>
</table>

基准学时：20

1 接受工作任务，明确工业机器人市场营销工作内容 → 2 制订工业机器人产品市场调研计划 → 3 分析、选择细分市场并确定目标市场 → 4 选定适合公司产品销售的市场策略 → 5 执行市场营销计划并做好过程监控 → 6 评价反馈，成果验收

	工作子步骤	教师活动	学生活动	评价
执行市场营销计划并做好过程监控	执行市场营销计划并做好过程监控。	1. 引导各组学生根据制订好的市场营销计划，讨论模拟该计划的过程，定好分工。 2. 记录各小组模拟展示营销计划活动过程中的优点和不足。 3. 邀请企业营销人员到校或把营销计划交付给企业审定。	1. 根据制订好的市场营销计划，小组讨论模拟该计划的过程，定好分工（人、时间、地点、怎样做）。 2. 各小组模拟展示营销计划活动，师生共同观摩、记录过程中的优点和不足。 3. 在教师帮助下，邀请企业营销人员到校或把营销计划交付给企业审定，企业选择可行的营销计划，修订、实施。	1. 过程评价内容：能与本企业营销人员协同工作； 学生能根据制订好的市场营销计划，有效实施工业机器人市场营销活动。 2. 成果验收方式：各小组课外实施工业机器人市场营销活动，做好过程记录，回校后在课堂分组展示，教师与企业人员共同评价；营销活动的开展情况（有效、创新）。
	课时： 2 课时 1. 硬资源：白板、白板笔、板刷、磁钉、A4 纸等。 2. 软资源：教学课件、市场营销计划实施过程汇报 PPT、工作页等。 3. 教学设施：笔记本电脑、投影仪、音响、麦克风等。			
评价反馈，成果验收	评价反馈，成果验收。	1. 邀请企业营销人员对整个工业机器人的市场营销计划做评价反馈。 2. 引导学生对验收意见作答辩及后续修订处理，最终交付。 3. 教师对本次任务的实训知识进行总结。 4. 拓展 布置小练习（小练习名称）。	1. 在教师帮助下，邀请企业营销人员对整个工业机器人的市场营销计划做评价反馈。 2. 对验收意见作答辩及后续修订处理，最终交付。 3. 听取老师的总结并反思。 4. 接受拓展任务。	1. 过程评价内容：分析对比能力、总结归纳能力； 学生能运用所学的市场营销知识与技能，有效实施工业机器人市场营销活动。 2. 成果验收方式：各小组分组汇报活动情况和答辩，教师与企业人员共同评价；学生对市场营销知识与技能运用到工业机器人产品销售的情况。
	课时： 2 课时 1 硬资源：白板、白板笔、板刷、磁钉、A4 纸等。 2. 软资源：教学课件、市场营销计划实施过程汇报 PPT、工作页等。 3. 教学设施：笔记本电脑、投影仪、音响、麦克风等。			

学习任务 2：工业机器人产品销售方案的撰写

任务描述

学习任务学时：20 课时

任务情境：

某机器人系统有限公司在采取了有效的市场营销策略和方式后，公司的市场销售发展态势越来越好，客户订单不断。该公司为我校工业机器人专业学生提供企业实践机会，希望我校工业机器人专业学生能参与某些产品销售方案的制订。我校学生首先需要在专业教师（有条件的加上公司营销人员）的带领下，深入研究客户需求，根据工业机器人产品的设计方案书（包含电气设计、机械平面布局图、IO 连接图、工作流程图、工作效率与工作节拍）、过往的成功销售案例、公司简介、产品介绍手册等，制订客户需求书（包括设备方案、场地大小、原有设备情况、预期目标、人员配备），然后学生需要在教师和公司营销人员的带领和指导下研究客户的生产线现状，之后根据客户实际制订出有针对性的产品销售方案。

具体要求见下页。

销售方案撰写
流程：

工作流程和标准

工作环节 1

一、接受撰写工业机器人产品销售方案任务，明确任务要求

（一）阅读任务书，根据教师的引导问题，明确任务中的工作要求，初步了解任务开展流程。

（二）工业机器人销售案例学习

学生在教师的引导下，学习工业机器人产品销售的案例，从案例中归纳出工业机器人产品销售的要点。

（三）结合客户生产线的现状，分析客户需求

学生从教师（或企业人员）处获取客户企业生产线状况的信息，条件允许的情况下，在教师和企业人员的带领下参观客户企业生产线，学习观察、分析生产线的状况对提供相应的机器人产品的影响。

工作成果 / 学习成果：

1. 工业机器人目标产品分析文档；
2. 工业机器人产品介绍文档；
3. 机器人产品销售方案。

知识点：

1. 工业机器人产品市场现状分析；
2. 工业机器人产品特性；
3. 产品销售方案的结构和写作方法。

技能点：

1. 分析工业机器人产品市场；
2. 撰写工业机器人产品介绍文档；
3. 撰写机器人产品销售方案。

职业素养、思政融合：

1. 分析比较能力；
2. 分析能力、理解能力、书面表达能力；
3. 分析能力、概括能力、书面表达能力、精益求精的能力。

工作环节 2

二、制订 / 确定产品设计方案

2

（一）针对客户需求讨论机器人产品设计思路

学生对之前的客户需求记录和客户企业生产线观察记录进行分析，在教师的引导下讨论、提出相应的机器人产品设计思路。

（二）制订 / 整理出客户所需的机器人产品设计方案

各学习小组根据讨论结果，经教师或企业人员对产品设计思路的审查确定后，制订或整理出客户所需的机器人产品设计方案。

工作成果 / 学习成果：

1. 相应的工业机器人产品设计的介绍文稿；
2. 机器人产品设计方案。

知识点：

1. 机器人产品说明书的解读；
2. 机器人产品设计方案。

技能点：

1. 机器人产品设计思路的确定；
2. 对机器人产品设计方案的阐述。

职业素养：

1. 互动沟通能力、分析比较能力；
2. 口头表达能力、书面表达能力、具有工程思维。

工作环节 3

三、在教师和企业人的指导下确定产品价格

3

在教师的引导下，学习解读产品 BOM 清单；学习结合 BOM 清单、材料采购价格以及工时定额等，根据产品的直接人工成本、直接材料成本，估算制造成本及销售环节费用；学习结合市场情况及客户企业实际计算产品价格。

工作成果 / 学习成果：

产品价格计算过程文档。

知识点：

产品价格的构成。

技能点：

产品价格的计算。

职业素养：

数字应用能力、信息处理能力。

工作流程和标准

工作环节 4

四、拟写机器人产品销售方案

（一）学习分析工业机器人产品市场

在教师的引导下，阅读一些工业机器人产品市场的分析资料。之后根据客户需求，对提供的机器人产品进行纵向与横向对比［纵向对比：以前用过相对应的产品，现在的产品有什么进步；横向对比：不同品牌的产品（竞争客户提供的方案）之间的比较、价格的对比、服务的对比］。

（二）撰写工业机器人产品介绍文档

根据客户对产品的需求，分析产品的工作流程，分析本产品方案的优点（如：工作效率、稳定性、成本、安全性能等），了解配套服务；根据公司简介、产品手册、产品参数说明、相应的机械设计图、电气原理图等，撰写工业机器人产品介绍文档。

（三）拟写机器人产品销售方案

在教师的引导下，阅读一些工业机器人产品销售方案案例，并明晰销售方案的结构和写作步骤。然后在教师引导下，根据工业机器人产品市场的分析结果和工业机器人产品介绍文档，撰写机器人产品销售方案。

工作成果 / 学习成果：

1. 工业机器人目标产品分析文档；
2. 工业机器人产品介绍文档；
3. 机器人产品销售方案。

知识点：

1. 工业机器人产品市场现状分析；
2. 工业机器人产品特性；
3. 产品销售方案的结构和写作方法。

技能点：

1. 分析工业机器人产品市场；
2. 撰写工业机器人产品介绍文档；
3. 撰写机器人产品销售方案。

职业素养：

1. 分析比较能力；
2. 分析能力、理解能力、书面表达能力；
3. 分析能力、概括能力、书面表达能力、精益求精的工匠精神。

工作环节 5

五、分享展示，评价成果

学生以小组为单位，分别展示各组所撰写的机器人产品销售方案，由学生代表、授课教师共同评价，之后由授课教师发给企业人员审阅并给出专业意见，对一些做得比较好的小组方案，有条件的话可以用于真实的企业销售实施。

工作成果 / 学习成果：

小组展示产品销售方案的汇报 PPT。

知识点：

产品销售方案的可行性。

技能点：

如何向他人展示自己的销售方案。

职业素养：

语言表达能力、评价能力。

学习内容

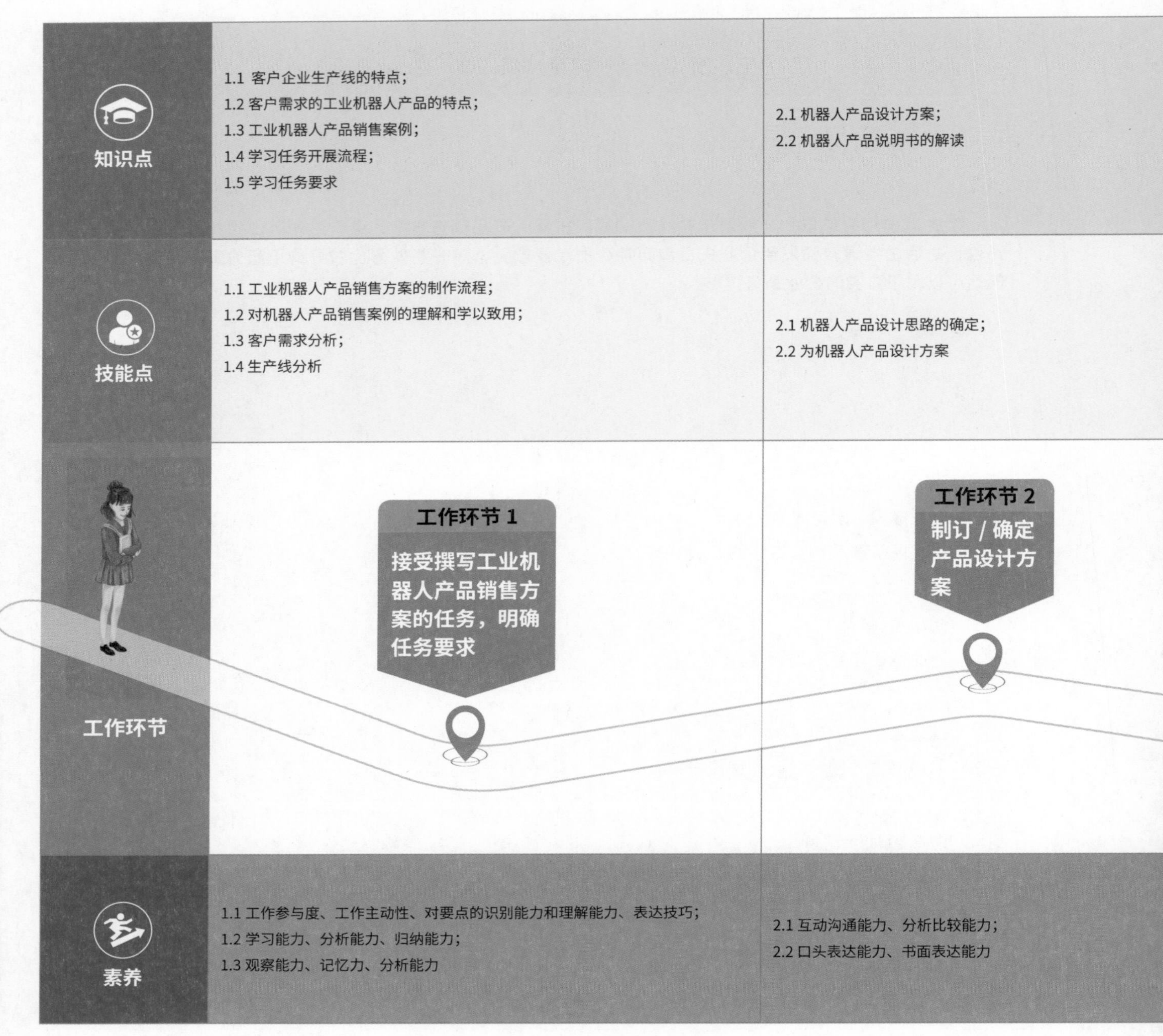

知识点	1.1 客户企业生产线的特点； 1.2 客户需求的工业机器人产品的特点； 1.3 工业机器人产品销售案例； 1.4 学习任务开展流程； 1.5 学习任务要求	2.1 机器人产品设计方案； 2.2 机器人产品说明书的解读
技能点	1.1 工业机器人产品销售方案的制作流程； 1.2 对机器人产品销售案例的理解和学以致用； 1.3 客户需求分析； 1.4 生产线分析	2.1 机器人产品设计思路的确定； 2.2 为机器人产品设计方案
工作环节	工作环节 1 接受撰写工业机器人产品销售方案的任务，明确任务要求	工作环节 2 制订 / 确定产品设计方案
素养	1.1 工作参与度、工作主动性、对要点的识别能力和理解能力、表达技巧； 1.2 学习能力、分析能力、归纳能力； 1.3 观察能力、记忆力、分析能力	2.1 互动沟通能力、分析比较能力； 2.2 口头表达能力、书面表达能力

学习任务 2：工业机器人产品销售方案的撰写

3.1 产品价格的构成	4.1 产品销售方案的结构和写作方法； 4.2 工业机器人产品特性； 4.3 工业机器人产品市场现状分析	5.1 展示的要求； 5.2 产品销售方案的可行性
3.1 产品价格的计算	4.1 分析工业机器人产品市场； 4.2 撰写工业机器人产品介绍文档； 4.3 撰写机器人产品销售方案	5.1 向他人展示自己的销售方案
工作环节 3 在教师和企业人员指导下确定产品价格	**工作环节 4** 拟写机器人产品销售方案	**工作环节 5** 分享展示，评价成果
3.1 数字应用能力、信息处理能力	4.1 分析比较能力； 4.2 分析能力、理解能力、书面表达能力； 4.3 概括能力、书面表达能力、精益求精的工匠精神	5.1 语言表达能力、评价能力

学习任务 2：工业机器人产品销售方案的撰写

1 接受撰写工业机器人产品销售方案任务，明确任务要求 → 2 制订 / 确定产品设计方案 → 3 在教师和企业人的指导下确定产品价格 → 4 拟写机器人产品销售方案 → 5 分享展示，评价成果

接受撰写工业机器人产品销售方案任务，明确任务要求

工作子步骤	教师活动	学生活动	评价
1. 阅读任务书，根据教师的引导问题，明确任务中的工作要求。	1. 下达学习任务，引导学生明晰任务要求。 2. 引导学生分析清楚任务开展的步骤（流程）。	1. 阅读任务书，明确任务要求。 2. 初步了解任务开展流程。	1. 过程评价内容：工作参与度、工作主动性、对要点的识别能力和理解能力、表达技巧。 （1）学生能否正确理解学习任务要求； （2）学生能否理清学习任务开展的流程。 2. 成果验收方式：教师以引导问题（如：任务要求做什么？为什么要开展该任务？如何开展该任务等），检验学生对任务的明晰度。小组间相互评价。任务开展流程图是否能准确描述出任务实施的主要步骤和规范。
课时： 1 课时 1. 硬资源：白板、白板笔、板刷、磁钉、A4 纸等。 2. 软资源：教学课件、任务书、工作页等。 3. 教学设施：笔记本电脑、投影仪、音响、麦克风等。			
2. 工业机器人销售案例学习。	1. 向学生提供工业机器人产品销售的案例。 2. 引导学生从案例中归纳出工业机器人产品销售的要点。	1. 在教师的引导下，学习工业机器人产品销售的案例。 2. 从案例中归纳出工业机器人产品销售的要点。	1. 过程评价内容：学习能力、分析能力、归纳能力； （学生对工业机器人产品销售案例进行分析的情况）。 2. 成果验收方式：学生撰写工业机器人产品销售案例分析小结，教师评价。（学生对机器人产品销售案例的理解和学以致用）。
课时： 2 课时 1. 硬资源：白板、白板笔、板刷、磁钉、A4 纸等。 2. 软资源：教学课件、工业机器人销售案例、工作页等。 3. 教学设施：笔记本电脑、投影仪、音响、麦克风等。			
3. 结合客户生产线的现状，分析客户需求。	1. 向学生介绍客户企业生产线状况的信息。 2. 带领学生参观客户企业生产线，学习观察、分析生产线的状况对提供相应的机器人产品的影响。	1. 从教师（或企业人员）处获取客户企业生产线状况的信息。 2. 条件允许的情况下，在教师和企业人员的带领下参观客户企业生产线，学习观察、分析生产线的状况对提供相应的机器人产品的影响。	1. 过程评价内容：观察能力、记忆力、分析能力； 学生所撰写的客户需求记录及分析文档、生产线情况观察记录的质量。 2. 成果验收方式：学生撰写客户需求记录及分析文档、生产线情况观察记录，教师及企业人员共同评价；学生对客户生产线情况、对客户需求分析的准确度。
课时： 2 课时 1. 硬资源：白板、白板笔、板刷、磁钉、A4 纸等。 2. 软资源：教学课件、客户企业生产线状况资料、机器人产品说明书、工作页等。 3. 教学设施：笔记本电脑、投影仪、音响、麦克风等。			

基准学时：20

1 接受撰写工业机器人产品销售方案任务，明确任务要求 → 2 制订 / 确定产品设计方案 → 3 在教师和企业人的指导下确定产品价格 → 4 拟写机器人产品销售方案 → 5 分享展示，评价成果

制订 / 确定产品设计方案

工作子步骤	教师活动	学生活动	评价
1. 针对客户需求讨论机器人产品设计思路。	1. 引导学生对之前的客户需求记录和客户企业生产线观察记录进行分析。 2. 组织、引导学生讨论、提出相应的机器人产品设计思路。	1. 对之前的客户需求记录和客户企业生产线观察记录进行分析。 2. 在教师的引导下讨论、提出相应的机器人产品设计思路。	1. 过程评价内容：互动沟通能力、分析比较能力； 学生能正确分析客户需求记录和客户企业生产线观察记录，初步提出相应的机器人产品设计思路。 2. 成果验收方式：学生分组讲述机器人产品设计思路，师生共同评价；能准确分析客户需求记录和客户企业生产线观察记录，提出合理的机器人产品设计思路。
课时： 2 课时 1. 硬资源：白板、白板笔、板刷、磁钉、A4 纸等。 2. 软资源：教学课件、客户需求记录和客户企业生产线观察记录、工作页等。 3. 教学设施：笔记本电脑、投影仪、音响、麦克风等。			
2. 制订 / 整理出客户所需的机器人产品设计方案。	对产品设计思路进行审查确定，指导各小组学生制订或整理出客户所需的机器人产品设计方案。	各学习小组根据讨论结果，经教师或企业人员对产品设计思路进行审查确定后，制订或整理出客户所需的机器人产品设计方案。	1. 过程评价内容：口头表达能力、书面表达能力； （各学习小组制订或整理出客户所需的机器人产品设计方案。） 2. 成果验收方式：学生制订或整理出客户所需的机器人产品设计方案，教师或企业人员进行评价。（机器人产品设计方案合理、可行，符合客户需求。）
课时： 2 课时 1. 硬资源：白板、白板笔、板刷、磁钉、A4 纸等。 2. 软资源：教学课件、机器人产品设计方案案例、工作页等。 3. 教学设施：笔记本电脑、投影仪、音响、麦克风等。			

在教师和企业人的指导下确定产品价格

工作子步骤	教师活动	学生活动	评价
在教师和企业人员的指导下确定产品价格。	1. 引导学生学习解读产品 BOM 清单。 2. 引导学生结合 BOM 清单、材料采购价格以及工时定额等，根据产品的直接人工成本、直接材料成本，估算制造成本及销售环节费用。 3. 引导学生结合市场情况及客户企业实际计算产品价格。	1. 在教师的引导下，学习解读产品 BOM 清单。 2. 学习结合 BOM 清单、材料采购价格以及工时定额等，根据产品的直接人工成本、直接材料成本，估算制造成本及销售环节费用。 3. 学习结合市场情况及客户企业实际计算产品价格。	1. 过程评价内容：数字应用能力、信息处理能力。 （1）学生能准确估算制造成本及销售环节费用； （2）学生能正确计算产品价格。 2. 成果验收方式：每个小组派代表阐述产品价格的构成以及产品价格的计算过程，师生共同评价。（产品价格计算的准确。）
课时： 2 课时 1. 硬资源：白板、白板笔、板刷、磁钉、A4 纸等。 2. 软资源：教学课件、BOM 清单、工作页等。 3. 教学设施：笔记本电脑、投影仪、音响、麦克风等。			

教学活动

课程 10. 工业机器人产品销售与客户服务

学习任务 2：工业机器人产品销售方案的撰写

1 接受撰写工业机器人产品销售方案任务，明确任务要求 → 2 制订 / 确定产品设计方案 → 3 在教师和企业人的指导下确定产品价格 → 4 拟写机器人产品销售方案 → 5 分享展示，评价成果

拟写机器人产品销售方案

工作子步骤	教师活动	学生活动	评价
1. 学习分析工业机器人产品市场。	1. 引导学生阅读一些工业机器人产品市场的分析资料。 2. 引导学生根据客户需求，对提供的机器人产品进行纵向与横向对比。	1. 在教师的引导下，阅读一些工业机器人产品市场的分析资料。 2. 根据客户需求，对提供的机器人产品进行纵向与横向对比——纵向对比：以前用过相对应的产品，现在的产品有什么进步。横向对比：不同品牌的产品（竞争客户提供的方案）之间的比较、价格的对比、服务的对比。	1. 过程评价内容：分析比较能力。（学生能根据客户需求，对提供的机器人产品进行纵向与横向对比。） 2. 成果验收方式：各小组汇报对工业机器人产品市场的分析情况，师生共同评价。（工业机器人产品市场现状分析客观、准确。）
课时： 2 课时 1. 硬资源：白板、白板笔、板刷、磁钉、A4 纸等。 2. 软资源：教学课件、工业机器人产品市场的分析资料、工作页等。 3. 教学设施：笔记本电脑、投影仪、音响、麦克风等。			
2. 撰写工业机器人产品介绍文档。	1. 引导学生根据客户对产品的需求，分析产品的工作流程，分析本产品方案的优点，了解配套服务。 2. 引导学生根据公司简介、产品手册、产品参数说明、相应的机械设计图、电气原理图等撰写工业机器人产品介绍文档。	1. 根据客户对产品的需求，分析产品的工作流程，分析本产品方案的优点（如：工作效率、稳定性、成本、安全性能等），了解配套服务。 2. 根据公司简介、产品手册、产品参数说明、相应的机械设计图、电气原理图等撰写工业机器人产品介绍文档。	1. 过程评价内容：分析能力、理解能力、书面表达能力。 学生撰写出的工业机器人产品介绍文档结构合理、内容完整、具备可行性。 2. 成果验收方式：各小组介绍所撰写的工业机器人产品介绍文档，师生共同评价。（工业机器人产品介绍文档的合理性、内容完整性、可行性。）
课时： 2 课时 1. 硬资源：白板、白板笔、板刷、磁钉、A4 纸等。 2. 软资源：教学课件、工业机器人销售案例、工作页等。 3. 教学设施：笔记本电脑、投影仪、音响、麦克风等。			

基准学时：20

1 接受撰写工业机器人产品销售方案任务，明确任务要求 → 2 制订 / 确定产品设计方案 → 3 在教师和企业人的指导下确定产品价格 → 4 拟写机器人产品销售方案 → 5 分享展示，评价成果

	工作子步骤	教师活动	学生活动	评价
拟写机器人产品销售方案	3. 拟写机器人产品销售方案。	1. 引导学生阅读工业机器人产品销售方案案例，并明晰销售方案的结构和写作步骤。 2. 引导学生根据工业机器人产品市场的分析结果和工业机器人产品介绍文档，撰写机器人产品销售方案。 3. 引导学生改进自己的销售方案，使其更加完善。	1. 在教师的引导下，阅读一些工业机器人产品销售方案案例，并明晰销售方案的结构和写作步骤。 2. 在教师引导下，根据工业机器人产品市场的分析结果和工业机器人产品介绍文档，撰写机器人产品销售方案。 3. 改进自己的销售方案，使其更加完善。	1. 过程评价内容：分析能力、概括能力、书面表达能力； （学生撰写的机器人产品销售方案具备可行性。） 2. 成果验收方式：各小组介绍所撰写的机器人产品销售方案，教师和企业人员共同评价；机器人产品销售方案具备可行性。。
	课时： 3 课时 1. 硬资源：白板、白板笔、板刷、磁钉、A4 纸等。 2. 软资源：教学课件、工业机器人产品销售方案案例、工作页等。 3. 教学设施：笔记本电脑、投影仪、音响、麦克风等。			
分享展示，评价成果	分享展示，评价成果。	1. 组织学生以小组为单位，分别展示各组所撰写的机器人产品销售方案。 2. 引导学生对销售方案进行评价。 3. 把各组学生做的销售方案发给企业人员审阅，给出专业意见。对一些做得比较好的小组方案，有条件的话可以用于真实的企业销售实施。 4. 教师对本次任务的实训知识进行总结。 5. 拓展 布置小练习（小练习名称）。	1. 以小组为单位，分别展示各组所撰写的机器人产品销售方案。 2. 学生代表、授课教师共同评价销售方案。 3. 根据企业人员给出的专业意见，对销售方案进行修订定稿。 4. 听取老师的总结并反思。 5. 接受拓展任务。	1. 过程评价内容：语言表达能力、评价能力。 （能清晰地把销售方案展示、说明。） 2. 成果验收方式：各小组分别展示所撰写的机器人产品销售方案，由学生代表、授课教师共同评价。（销售方案的可行性。）
	课时： 2 课时 1. 硬资源：白板、白板笔、板刷、磁钉、A4 纸等。 2. 软资源：教学课件、产品销售方案、工作页等。 3. 教学设施：笔记本电脑、投影仪、音响、麦克风等。			

学习任务 3：客户沟通与产品交付

任务描述

学习任务学时：20 课时

任务情境：

某工业机器人系统有限公司想从我校招收一些工业机器人专业的实习生，公司希望通过学生进行一项“向客户推介产品并最后成功交付产品”的测试，以此录取在项目中表现好的学生。学校专业教师从公司处获得某项客户订单信息，引导学生明确客户的订单要求。教师引导学生学习与客户沟通的方法与技巧：学习如何做好与客户沟通前的准备工作，学习各种沟通策略以便能有效应对客户的需求，与客户保持良好互动，准确捕捉客户的心思，向客户推介机器人产品。学习过程中，学生能运用专业的沟通技巧，按照企业接待客户的流程，模拟介绍机器人产品，得到专业教师和企业人员的认可。

具体要求见下页。

工业机器人产品销售和客户服务

工作流程和标准

工作环节 1

一、根据客户需求，做好与客户沟通前的准备工作

（一）根据客户需求，收集整理相应的产品信息

根据任务书中客户对产品需求的描述，收集整理相应的产品信息，清楚地了解机器人的性能、特点、配套功能、价格、使用方法等。对收集到的资料进行整理，之后每组派代表介绍产品信息，教师和其他同学进行适当提问，检验各组学生对产品的熟悉程度。

（二）做好会面准备，塑造专业形象

学生在教师的引导下，学习做好与客户会面的各种准备工作：收集了解客户单位的基本情况，学习与客户电话沟通的技巧，学习上门拜访客户的技巧，学习营销人员的职业礼仪技能，塑造出职业的销售人员形象。

学习成果：

1. 整理好的工业机器人产品信息资料；
2. 销售人员专业形象展示。

知识点：

1. 机器人产品性能的准确描述；
2. 电话沟通的方法、职业礼仪知识。

技能点：

1. 收集整理工业机器人产品信息资料；
2. 与客户电话沟通、拜访客户、塑造营销人员专业形象。

职业素养：

1. 信息的收集和处理能力、表达能力；
2. 注意细节、自信心、互动沟通。

工作环节 2

二、模拟与客户会见，根据客户特点选择合适的沟通策略

2

（一）学习接待客户的流程

教师给出一些接待客户的工作环节让学生进行排序，理出正确的接待客户流程，学生在此过程中学习每个环节的工作要点和工作标准，然后分组演练每个接待环节。

（二）学习沟通策略，运用沟通策略模拟与客户会见

在教师的指引下学习不同的沟通策略，对不同的客户进行分类分析，正确判断不同类型的客户以及在不同的情景下采用不同的沟通策略，运用沟通策略模拟与客户会见。

学习成果：

1. 客户接待流程图；
2. 模拟与客户沟通情景演练。

知识点：

1. 接待客户的流程；
2. 沟通策略、客户分类。

技能点：

1. 接待过程中恰当地与客户沟通；
2. 运用沟通策略与客户沟通。

职业素养、思政融合：

1. 通过逻辑组织、互动沟通、关注客户、团队配合，让客户感觉更好；
2. 分析对比能力、互动沟通能力、关注客户的意识。

工作流程和标准

工作环节 3

三、有效应对客户的需求，为客户提供真诚建议

3

学习倾听的方法和技巧，耐心聆听教师或企业人员对客户需求的分析，学习如何有效应对客户的不同需求，尝试为客户提供合理化建议。

学习成果：
倾听后整理出来的客户需求记录。

知识点：
倾听的方法。

技能点：
倾听后正确地向客户反馈。

职业素养：
倾听能力、互动沟通能力、关注客户的意识。

工作环节 4

四、与客户保持沟通，根据客户需求适时调整产品方案

4

在教师的引导下，学习向客户提问的技巧，能有效表达自己的意见和建议，使用精确的数据、结合有效的身体语言说服客户，并根据双方达成一致的意见调整产品方案。

学习成果：
模拟向客户提问、反馈的情景演练。

知识点：
提问的方法、肢体语言。

技能点：
向客户提问并表达个人意见和建议。

职业素养：
主动精神、互动沟通能力、关注客户的意识。

工作环节 5

五、模拟向客户推介机器人产品，评价总结

学生以小组为单位，分别模拟推介机器人产品，由专业教师、企业人员共同评价，之后由专业教师和企业人员给出反馈意见，评出优秀推介小组。

学习成果：

模拟推介机器人产品的汇报 PPT。

知识点：

专业产品推介的方法。

技能点：

有效地向客户推介产品。

职业素养：

展示能力、语言表达能力。

学习内容

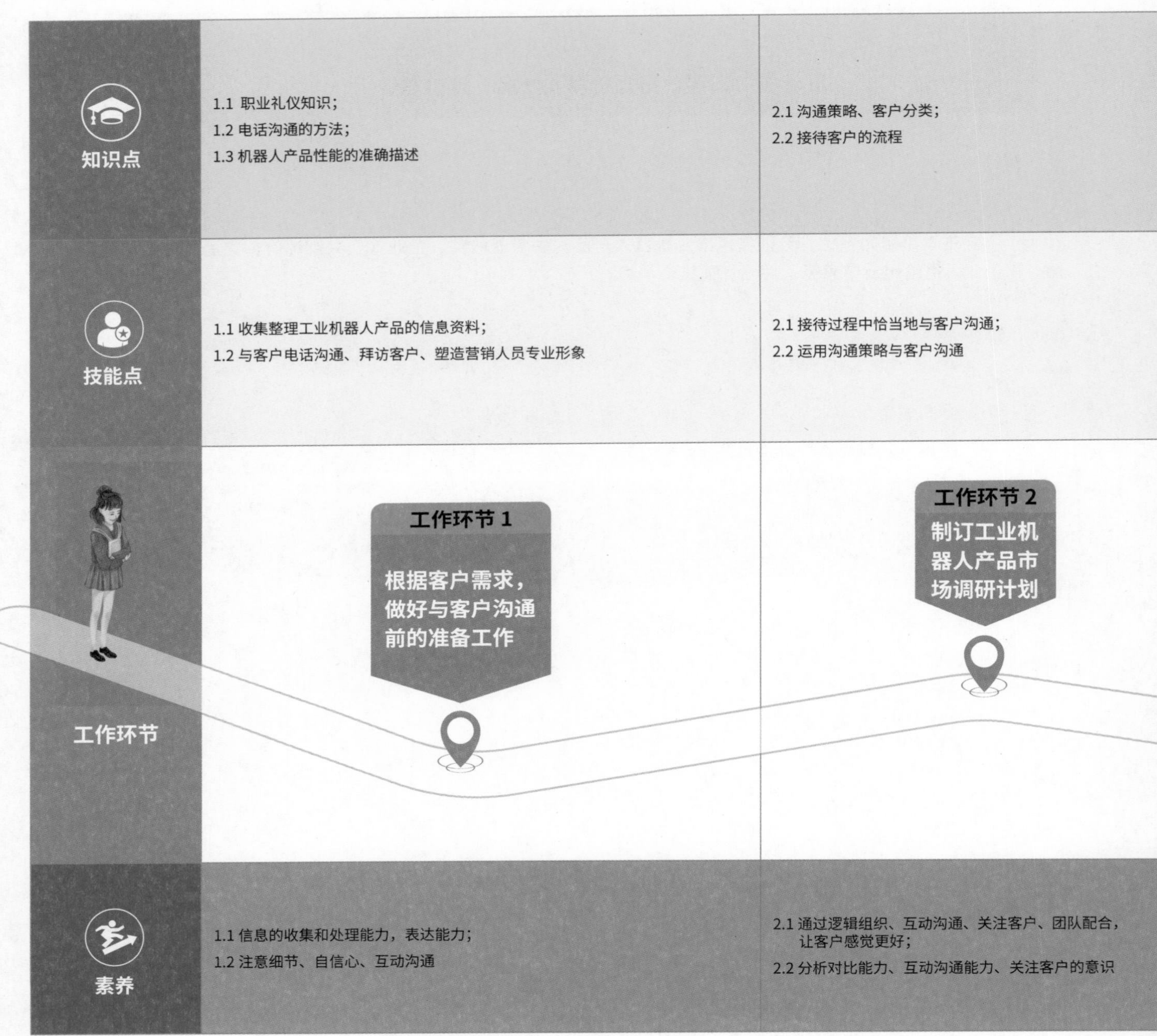

知识点	1.1 职业礼仪知识； 1.2 电话沟通的方法； 1.3 机器人产品性能的准确描述	2.1 沟通策略、客户分类； 2.2 接待客户的流程
技能点	1.1 收集整理工业机器人产品的信息资料； 1.2 与客户电话沟通、拜访客户、塑造营销人员专业形象	2.1 接待过程中恰当地与客户沟通； 2.2 运用沟通策略与客户沟通
工作环节	工作环节 1 根据客户需求，做好与客户沟通前的准备工作	工作环节 2 制订工业机器人产品市场调研计划
素养	1.1 信息的收集和处理能力，表达能力； 1.2 注意细节、自信心、互动沟通	2.1 通过逻辑组织、互动沟通、关注客户、团队配合，让客户感觉更好； 2.2 分析对比能力、互动沟通能力、关注客户的意识

学习任务 3：客户沟通与产品交付

3.1 倾听的方法	4.1 提问的方法、肢体语言	5.1 专业产品推介的方法
3.1 倾听后正确地向客户反馈	4.1 向客户提问并表达个人意见和建议	5.1 有效地向客户推介产品
工作环节 3 有效应对客户的需求，为客户提供真诚建议	**工作环节 4** 与客户保持沟通，根据客户需求适时调整产品方案	**工作环节 5** 模拟向客户推介机器人产品，评价总结
3.1 倾听能力、互动沟通能力、关注客户的意识	4.1 主动精神、互动沟通能力、关注客户的意识	5.1 展示能力、语言表达能力

学习任务 3：客户沟通与产品交付

1 根据客户需求，做好与客户沟通前的准备工作 → 2 模拟与客户会见，根据客户特点选择合适的沟通策略 → 3 有效应对客户的需求，为客户提供真诚建议 → 4 与客户保持沟通，根据客户需求适时调整产品方案 → 5 模拟向客户推介机器人产品，评价总结

根据客户需求，做好与客户沟通前的准备工作

工作子步骤	教师活动	学生活动	评价
1. 根据客户需求，收集整理相应的产品信息。	1. 向学生下发任务书，明确客户需求。 2. 组织各组学生收集整理相应的产品信息。 3. 组织学生学习了解机器人的性能、特点、配套功能、价格、使用方法等。 4. 指导学生对收集到的资料进行整理。 5. 在每组介绍产品信息时，进行适当提问，检验各组学生对产品的熟悉程度。	1. 接受任务，明确客户需求。 2. 根据任务书中客户对产品需求的描述，收集整理相应的产品信息。 3. 清楚了解机器人的性能、特点、配套功能、价格、使用方法等。 4. 对收集到的资料进行整理。 5. 每组派代表介绍产品信息。	1. 过程评价内容：信息的收集和处理能力、表达能力； (1) 学生能准确描述机器人产品的性能、特点、配套功能、价格、使用方法等； (2 学生收集整理好工业机器人产品信息资料。 2. 成果验收方式：每组派代表介绍产品信息，教师和其他同学进行适当提问，检验各组学生对产品的熟悉程度。
课时： 2 课时 1. 硬资源：白板、白板笔、板刷、磁钉、A4 纸等。 2. 软资源：教学课件、任务书、工业机器人产品信息资料、工作页等。 3. 教学设施：笔记本电脑、投影仪、音响、麦克风等。			
2. 做好会面准备，塑造专业形象。	1. 引导学生收集了解客户单位的基本情况。 2. 引导学生学习与客户电话沟通的技巧。 3. 引导学生学习上门拜访客户的技巧。 4. 引导学生学习营销人员的职业礼仪技能。	1. 在教师的引导下，收集了解客户单位的基本情况。 2. 学习与客户电话沟通的技巧。 3. 学习上门拜访客户的技巧。 4. 学习营销人员的职业礼仪技能。	1. 过程评价内容：注意细节、自信心、互动沟通。 (1) 学生做好会见客户前的准备工作； (2) 学生能展示出良好的销售人员职业形象。 2. 成果验收方式：学生模拟与客户电话沟通、拜访客户的情景，分组展示销售人员专业形象，师生共同评价。
课时： 2 课时 1. 硬资源：白板、白板笔、板刷、磁钉、A4 纸等。 2. 软资源：教学课件、职业礼仪案例、工作页等。 3. 教学设施：笔记本电脑、投影仪、音响、麦克风等。			

基准学时：20

1 根据客户需求，做好与客户沟通前的准备工作
2 模拟与客户会见，根据客户特点选择合适的沟通策略
3 有效应对客户的需求，为客户提供真诚建议
4 与客户保持沟通，根据客户需求适时调整产品方案
5 模拟向客户推介机器人产品，评价总结

模拟与客户会见，根据客户特点选择合适的沟通策略

工作子步骤	教师活动	学生活动	评价
1. 学习接待客户的流程。	1. 给出一些接待客户的工作环节让学生进行排序，理出正确的接待客户流程。 2. 引导学生在整理接待客户流程中学习每个环节的工作要点和工作标准。 3. 引导学生分组演练每个接待环节。 4. 引导学生分工合作，团队配合，让每个环节都能无缝衔接。	1. 对教师给出的接待客户的工作环节进行排序。 2. 理出正确的接待客户流程，在此过程中学习每个环节的工作要点和工作标准。 3. 分组演练每个接待环节。 4. 分工合作，团队配合，让每个环节都能无缝衔接。	1. 过程评价内容：逻辑组织、互动沟通、关注客户。 （1）学生能理出正确的接待客户的流程； （2 学生能按照正确的客户接待流程，演练每个接待环节。 2. 成果验收方式：学生分组按照正确的客户接待流程，演练每个接待环节，师生共同评价。
课时：2 课时 1. 硬资源：白板、白板笔、板刷、磁钉、A4 纸等。 2. 软资源：教学课件、客户接待流程案例、工作页等。 3. 教学设施：笔记本电脑、投影仪、音响、麦克风等。			
2. 学习沟通策略，运用沟通策略模拟与客户会见。	1. 指导学生学习不同的沟通策略。 2. 指导学生学习对不同的客户进行分类分析，正确判断不同类型的客户以及在不同的情景下采用不同的沟通策略。 3. 组织学生运用沟通策略模拟与客户会见。	1. 在教师的指导下学习不同的沟通策略。 2. 对不同的客户进行分类分析，正确判断不同类型的客户以及在不同的情景下采用不同的沟通策略。 3. 运用沟通策略模拟与客户会见。	1. 过程评价内容分析对比、互动沟通、关注客户； 各学习小组能运用适合的沟通策略模拟与客户会见。 2. 成果验收方式：各学习小组运用适合的沟通策略模拟与客户会见，师生或与企业人员共同评价。
课时：4 课时 1. 硬资源：白板、白板笔、板刷、磁钉、A4 纸等。 2. 软资源：教学课件、与客户会见的视频案例、工作页等。 3. 教学设施：笔记本电脑、投影仪、音响、麦克风等。			

学习任务 3：客户沟通与产品交付

1 根据客户需求，做好与客户沟通前的准备工作
2 模拟与客户会见，根据客户特点选择合适的沟通策略
3 有效应对客户的需求，为客户提供真诚建议
4 与客户保持沟通，根据客户需求适时调整产品方案
5 模拟向客户推介机器人产品，评价总结

有效应对客户的需求，为客户提供真诚建议

工作子步骤	教师活动	学生活动	评价
有效应对客户的需求，为客户提供真诚建议。	1. 引导学生学习倾听的方法和技巧。 2. 汇同企业人员带领学生一起对客户需求进行分析。 3. 引导学生学习如何有效应对客户的不同需求，为客户提供合理化建议。	1. 学习倾听的方法和技巧。 2. 耐心聆听教师或企业人员对客户需求的分析。 3. 学习如何有效应对客户的不同需求，尝试为客户提供合理化建议。	1. 过程评价内容：倾听能力、互动沟通、关注客户； 学生能运用正确的倾听技巧，听取客户需求（主要由教师或企业人员介绍）并为其提供合理化建议。 2. 成果验收方式：各小组汇报倾听后整理出来的客户需求记录，并阐述给客户的建议，师生共同评价。

课时： 2 课时

1. 硬资源：白板、白板笔、板刷、磁钉、A4 纸等。
2. 软资源：教学课件、倾听案例、工作页等。
3. 教学设施：笔记本电脑、投影仪、音响、麦克风等。

与客户保持沟通，根据客户需求适时调整产品方案

工作子步骤	教师活动	学生活动	评价
与客户保持沟通，根据客户需求适时调整产品方案。	1. 引导学生学习向客户提问的技巧，能有效表达自己的意见和建议。 2. 引导学生学习用数据辅助说明，学习使用身体语言辅助说明。 3. 组织各组学生根据双方达成一致的意见调整产品方案。	1. 在教师的引导下，学习向客户提问的技巧，能有效表达自己的意见和建议。 2. 使用精确的数据、结合有效的身体语言说服客户。 3. 根据双方达成一致的意见调整产品方案。	1. 过程评价内容：主动精神、互动沟通、关注客户； 学生能运用恰当的提问技巧向客户提问，并能恰当有效地表达自己的意见和建议。 2. 成果验收方式：各小组模拟向客户提问、向客户反馈建议，师生共同评价；恰当运用提问的技巧、反馈的技巧。

课时： 4 课时

1. 硬资源：白板、白板笔、板刷、磁钉、A4 纸等。
2. 软资源：教学课件、职业礼仪案例、工作页等。
3. 教学设施：笔记本电脑、投影仪、音响、麦克风等。

基准学时：20

1 根据客户需求，做好与客户沟通前的准备工作
2 模拟与客户会见，根据客户特点选择合适的沟通策略
3 有效应对客户的需求，为客户提供真诚建议
4 与客户保持沟通，根据客户需求适时调整产品方案

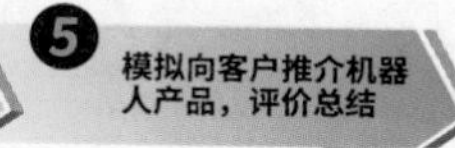

模拟向客户推介机器人产品，评价总结

工作子步骤	教师活动	学生活动	评价
模拟向客户推介机器人产品，评价总结。	1. 组织学生以小组为单位，分别模拟推介机器人产品。 2. 汇同企业人员对各组学生的展示共同进行评价，给出反馈意见，评出优秀推介小组。 3. 教师对本次任务的实训知识进行总结。 4. 拓展 布置小练习（小练习名称）。	1. 以小组为单位，分别模拟推介机器人产品。 2. 倾听、记录专业教师、企业人员的评价及反馈意见，学习优秀推介小组的经验。 3. 听取老师的总结并反思。 4. 接受拓展任务。	1. 过程评价内容：展示能力、语言表达能力； 能综合运用沟通表达的方法和技巧模拟推介机器人产品。 2. 成果验收方式：各小组分别模拟推介机器人产品，由专业教师、企业人员共同评价；能综合运用沟通表达的方法和技巧。

课时： 4 课时

1. 硬资源：白板、白板笔、板刷、磁钉、A4 纸等。
2. 软资源：教学课件、产品推介的视频案例、工作页等。
3. 教学设施：笔记本电脑、投影仪、音响、麦克风等。

学习任务 4：客户的产品使用培训

任务描述

学习任务学时：20 课时

任务情境：

某工业机器人系统有限公司在售出工业机器人产品后，作为产品的配套售后服务内容，需要派专员为客户提供产品使用培训服务。公司希望我校工业机器人专业学生能作为助教协助销售服务人员（培训师）开展一些简单（基础）产品的使用培训，希望学生通过参与产品使用培训的实践训练，对公司的核心产品更加熟悉，毕业后进入公司能更快更好地适应岗位工作。学生需要协助销售服务人员（培训师）通过培训熟悉产品的性能，掌握正确的产品使用、维护及维修保养方法，对客户提出的技术支持需求能及时反馈给公司的销售服务人员，协助销售服务人员为客户解决在产品使用过程中遇到的问题。

具体要求见下页。

工业机器人产品销售和客户服务

工作流程和标准

工作环节 1

一、获取客户培训信息，明确客户培训需求

1

学生通过专业教师，从企业人员处获得客户培训需求信息，在专业教师或企业人员的引导下，阅读、熟悉客户所购机器人产品的主体信息，分析客户的培训需求，在教师或企业人员的帮助下，与之共同确定培训形式及内容。

学习成果：
机器人产品信息表、客户培训需求分析表。

知识点：
机器人产品说明书的阅读、客户信息的熟悉。

技能点：
熟悉机器人产品信息、分析客户需求。

职业素养：
资讯收集和处理、关注客户。

工作环节 2

二、制订客户培训计划，进行可行性评估

2

学生在专业教师的引导下，分析客户使用产品的信息、客户使用阶段、客户需求等，以小组为单位制订合适的客户培训计划，提交专业教师审核，评估计划的可行性，再交企业人员确定。

学习成果：
客户产品使用的培训计划。

知识点：
培训计划的写作规范。

技能点：
撰写培训计划。

职业素养：
计划能力、写作技巧、互动沟通、规则意识。

学习任务 4：客户的产品使用培训

工作环节 3

三、做好培训前准备，撰写培训课件

在专业教师和企业人员的引导下，共同研究产品使用的培训内容，依据培训内容设计培训课件，每个学习小组撰写一份培训课件，提交专业教师和企业人员审核。根据企业人员提供的培训信息（时间、地点、对象、内容等），各小组编写培训安排文档。

学习成果：

培训课件、培训安排文档。

技能点：

设计并撰写培训课件。

知识点：

培训课件的编写方法。

职业素养：

资讯收集和处理、写作技巧。

工作环节 4

四、模拟实施客户培训

在专业教师的引导下，学习培训的方法和技巧，学习根据客户的不同情况采用不同的培训形式和培训内容，学习讲解产品性能、产品的操作、维护以及常见故障判断与排除。运用适当的培训方法模拟实施客户培训。

学习成果：

培训过程记录（文档或录像）。

技能点：

模拟实施客户培训。

知识点：

培训的方法和技巧。

职业素养、思政融合：

培训（教学）能力、沟通表达能力、关注客户、严谨理性。

工作环节 5

五、培训总结与评估

每个小组实施模拟培训客户后，先是各小组就培训的内容、培训的表现、培训的效果等方面进行相互点评，教师和企业人员在此基础上再分别点评，各组学生根据评价反馈意见和建议总结出给客户进行产品使用培训的要点，形成文档资料保存。

学习成果：

培训效果反馈分析报告。

技能点：

评价产品使用培训效果。

知识点：

产品使用培训效果的评价方法、评价要点。

职业素养：

互动沟通、分析总结、关注客户。

学习内容

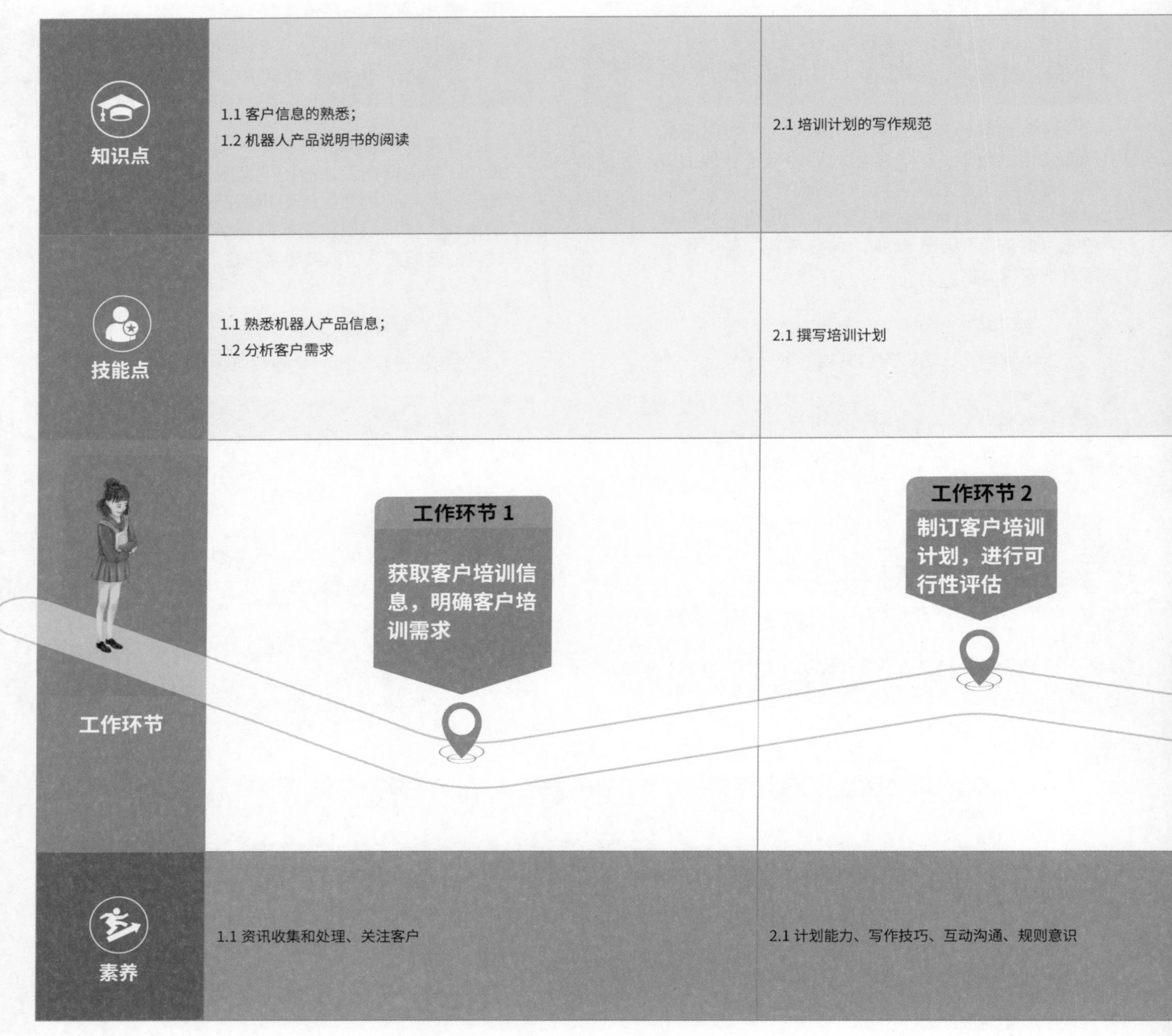

知识点	1.1 客户信息的熟悉； 1.2 机器人产品说明书的阅读	2.1 培训计划的写作规范
技能点	1.1 熟悉机器人产品信息； 1.2 分析客户需求	2.1 撰写培训计划
工作环节	工作环节 1 获取客户培训信息，明确客户培训需求	工作环节 2 制订客户培训计划，进行可行性评估
素养	1.1 资讯收集和处理、关注客户	2.1 计划能力、写作技巧、互动沟通、规则意识

学习任务 4：客户的产品使用培训

3.1 培训课件的编写方法	4.1 培训的方法和技巧	5.1 产品使用培训效果的评价方法、评价要点
3.1 设计并撰写培训课件	4.1 模拟实施客户培训	5.1 评价产品使用培训效果
工作环节 3 做好培训前准备，撰写培训课件	工作环节 4 模拟实施客户培训	工作环节 5 培训总结与评估
3.1 资讯收集和处理、写作技巧	4.1 培训（教学）能力、沟通表达能力、关注客户、严谨理性	5.1 互动沟通、分析总结、关注客户

课程 10. 工业机器人产品销售与客户服务

学习任务 4：客户的产品使用培训

1 获取客户培训信息，明确客户培训需求 → 2 制订客户培训计划，进行可行性评估 → 3 做好培训前准备，撰写培训课件 → 4 模拟实施客户培训 → 5 培训总结与评估

	工作子步骤	教师活动	学生活动	评价
根据客户需求，做好与客户沟通前的准备工作	获取客户培训信息，明确客户培训需求。	1. 汇同企业人员向学生提供客户培训需求信息。 2. 引导学生阅读、熟悉客户所购机器人产品的主体信息。 3.引导学生分析客户的培训需求。 4. 指导学生共同确定培训形式及内容。	1. 通过专业教师，从企业人员处获得客户培训需求信息。 2. 在专业教师或企业人员的引导下，阅读、熟悉客户所购机器人产品的主体信息。 3. 分析客户的培训需求。 4.在教师或企业人员的帮助下，与之共同确定培训形式及内容。	1. 过程评价内容：资讯收集和处理、关注客户； 学生能准确分析客户培训需求。 2. 成果验收方式：每组学生准确分析客户培训需求，教师、企业人员评价学生对客户培训需求的分析情况。
	课时： 4 课时 1. 硬资源：白板、白板笔、板刷、磁钉、A4 纸； 2. 软资源：教学课件、任务书、机器人产品说明书、客户培训需求表、工作页； 3. 教学设施：笔记本电脑、投影仪、音响、麦克风。等。			
制订客户培训计划，进行可行性评估	制订客户培训计划，进行可行性评估。	1. 引导学生分析客户使用产品的信息、客户使用阶段、客户需求等。 2. 引导学生以小组为单位制订合适的客户培训计划。 3. 对各组学生提交的培训计划进行审核,评估计划的可行性，再交企业人员确定。 4. 对各组学生提交的计划进行审核，让他们树立规则意识，培训计划的制订要符合法律法规及公司规章制度。	1. 在专业教师的引导下，分析客户使用产品的信息、客户使用阶段、客户需求等。 2. 根据客户的实际情况，以小组为单位制订合适的客户培训计划。 3. 把培训计划提交专业教师审核，评估计划的可行性，再交企业人员确定。 4. 树立规则意识，培训计划的制订要符合法律法规及公司规章制度。	1. 过程评价内容：计划能力、写作技巧、互动沟通； 学生能制订适合客户的培训计划。 2. 成果验收方式：学生展示培训计划，师生共同评价培训计划是否符合客户需求。
	课时： 4 课时 1. 硬资源：白板、白板笔、板刷、磁钉、A4 纸等。 2. 软资源：教学课件、培训计划范例、工作页等。 3. 教学设施：笔记本电脑、投影仪、音响、麦克风等。			

基准学时：20

1 获取客户培训信息，明确客户培训需求 → 2 制订客户培训计划，进行可行性评估 → 3 做好培训前准备，撰写培训课件 → 4 模拟实施客户培训 → 5 培训总结与评估

	工作子步骤	教师活动	学生活动	评价
做好培训前准备，撰写培训课件	做好培训前准备，撰写培训课件。	1. 汇同企业人员引导学生研究产品使用的培训内容。 2. 引导各组学生依据培训内容设计培训课件，撰写培训课件。 3. 专业教师和企业人员审核各小组提交的培训课件。 4. 根据企业人员提供的培训信息（时间、地点、对象、内容等），引导各小组学生编写培训安排文档。	1. 在专业教师和企业人员的引导下，共同研究产品使用的培训内容。 2. 依据培训内容设计培训课件，每个学习小组撰写一份培训课件。 3. 把培训课件提交给专业教师和企业人员审核。 4. 根据企业人员提供的培训信息（时间、地点、对象、内容等），各小组编写培训安排文档。	1. 过程评价内容：资讯收集和处理、写作技巧； 学生能依据培训内容设计培训课件。 2. 成果验收方式：各小组把培训课件提交给专业教师和企业人员审核，教师和企业人员共同评价培训课件的设计与制作质量。
	课时： 4 课时 1. 硬资源：白板、白板笔、板刷、磁钉、A4 纸等。 2. 软资源：教学课件、培训课件范例、工作页等。 3. 教学设施：笔记本电脑、投影仪、音响、麦克风等。			
模拟实施客户培训	模拟实施客户培训。	1. 引导学生学习培训的方法和技巧。 2. 引导学生根据客户的不同情况采用不同的培训形式和培训内容。 3. 引导学生学习讲解产品性能、产品的操作、维护以及常见故障判断与排除。 4. 组织各组学生运用适当的培训方法模拟实施客户培训。	1. 在专业教师的引导下，学习培训的方法和技巧。 2. 学习根据客户的不同情况采用不同的培训形式和培训内容。 3. 学习讲解产品性能、产品的操作、维护以及常见故障判断与排除。 4. 运用适当的培训方法模拟实施客户培训。	1. 过程评价内容：培训（教学）能力、沟通表达能力、关注客户； 学生能运用适当的培训方法模拟实施客户培训。 2. 成果验收方式：各小组运用适当的培训方法模拟实施客户培训，师生共同评价学生在模拟培训客户过程中的表现。
	课时： 4 课时 1. 硬资源：白板、白板笔、板刷、磁钉、A4 纸等。 2. 软资源：教学课件、客户培训案例视频、工作页等。 3. 教学设施：笔记本电脑、投影仪、音响、麦克风等。			

学习任务 4：客户的产品使用培训

1 获取客户培训信息，明确客户培训需求 → 2 制订客户培训计划，进行可行性评估 → 3 做好培训前准备，撰写培训课件 → 4 模拟实施客户培训 → 5 培训总结与评估

培训总结与评估

工作子步骤	教师活动	学生活动	评价
培训总结与评估。	1. 引导各组学生根据培训的内容、培训的表现、培训的效果等方面进行相互点评。 2. 教师和企业人员在各组学生互评的基础上再分别点评。 3. 引导各组学生根据评价反馈意见和建议，总结出给客户进行产品使用培训的要点，形成文档资料保存。 4. 教师对本次任务的实训知识进行总结。 5. 拓展 布置小练习(小练习名称)。	1. 每个小组实施模拟培训客户后，各小组就培训的内容、培训的表现、培训的效果等方面进行相互点评。 2. 教师和企业人员在小组互评的基础上再分别点评。 3. 各组学生根据评价反馈意见和建议，总结出给客户进行产品使用培训的要点，形成文档资料保存。 4. 听取老师的总结并反思。 5. 接受拓展任务。	1. 过程评价内容：互动沟通、分析总结、关注客户； 学生能客观、有效地相互评价，并根据评价意见总结出培训要点。 2. 成果验收方式：各小组分别模拟推介机器人产品，由专业教师、企业人员共同评价能否综合运用沟通表达的方法和技巧。

课时： 4 课时

1. 硬资源：白板、白板笔、板刷、磁钉、A4 纸等。
2. 软资源：教学课件、现场培训记录单、培训反馈单、客户服务意见单、培训评价表、工作页等。
3. 教学设施：笔记本电脑、投影仪、音响、麦克风等。

考核标准

情境描述:

公司市场部接到某客户需要一套装配生产电动毛绒玩具生产线（机器人）的产品订单，市场部工作人员在与客户代表充分沟通后了解到客户的需求，之后市场部把客户需求信息准确传给本企业的生产、研发部门，共同根据客户需求进行市场分析，制订出相应的产品营销方案，与客户充分沟通，最终让客户满意地接受营销方案，使得本项商务订单谈判成功。

任务要求:

1. 能通过准确分析机器人市场，运用专业的市场营销方法，制订出符合客户需求的产品说明书。
2. 根据客户需求，制订出可行的机器人营销方案。
3. 运用专业的沟通技巧，按照企业接待客户的流程，向顾客介绍机器人产品，提供优质的客户服务。
4. 能根据客户的反馈意见，准确按照客户需求修订产品说明书，并通过良好的销售技巧成功把机器人产品交付给客户。

参考资料:

完成上述任务时，学生可以使用学生工作页、客户需求分析表、市场分析报告、工业机器人产品营销案例、产品说明书参考模板、销售方案参考案例、与客户沟通的案例、销售人员职业形象学习资料、客户意见分析表等学习资料。

学习任务：机器人夹具开发项目

任务描述

学习任务学时：100 课时

任务情境：

某机械设备制造企业的机加车间主要加工电机轴零件，为提高生产效率、降低生产成本，现决定进行生产线的自动化改造。

这是你们成立机器人服务公司以来的第一笔业务，公司业务员在获得项目信息并报公司业务经理后，和工程师一同与客户沟通明确需求，形成设计方案。设计方案经公司批准，待客户进行招标后，业务员做商务标书，技术工程师做技术标书，进行应标。中标后，业务员和技术工程师根据标书形成合同与技术协议；业务员和技术工程师将合同交业务经理、总监审核，签核完毕后交客户；（客户方依流程，支付首付款。）公司收到首付款后，项目部讨论确定项目负责人，项目负责人组建团队并进行分工设计，各工程师依据分工完成各自的设计。项目负责人进行整合讨论并修改定案，方案（文员）负责收集整理相关图纸、产品需求表。设计完成后，项目负责人将设计图产品需求表交采购制造部。采购制造部依需求表采购设备和生产零配件。采购、生产完成后，由生产组装技术人员进行厂内安装和调试。技术员将调试过程中发现的问题反馈到各环节设计工程师处并协同工程师进行处理。厂内安装调试完成后，项目负责人安排技术人员到客户工厂进行安装调试，现场工程师负责最终的生产调试。业务和工程师共同完成生产线的验收。客户反馈生产线问题，售后服务人员及时进行处理。

该生产线改造采用工业机器人自动化搬运工作站进行零件的上下料，工作站由 3 台 6 轴工业机器人、3 台数控车床、1 台加工中心、3 套搬运夹具、1 个上料台、1 个下料台、2 条输料线和 1 套 PLC 总控制系统组成。预计完成时间为 120 天。

项目负责人确定后，即由负责人组建团队，召开项目协调会，安排各环节分工。其中，工业机器人夹具部分的设计由机械工程师负责，任务要求实现工件加工位的有效夹持。此过程中，产品不发生偏位、移位，不刮伤产品表面，取件、放件动作迅速稳定，夹具重量不超过 5 kg，不会与周边设备发生干涉。要求在 10 天内完成，产品为棒类零件，长 200 mm，直径 32 mm，重约 3 kg。

在未来的 5 周时间内，将在创业导师的帮助下，讨论项目的可行性，规划项目的设计思路，挖掘夹具产品的目标客户群，拟订推广方式，并完成市场调研，设计商业模式，撰写商业计划书，策划和实施项目，完成融资路演等过程，要求完成最少一个夹具的设计和制作。

具体要求见下页。

专创融合学习任务

机器人夹具开发项目

学习内容

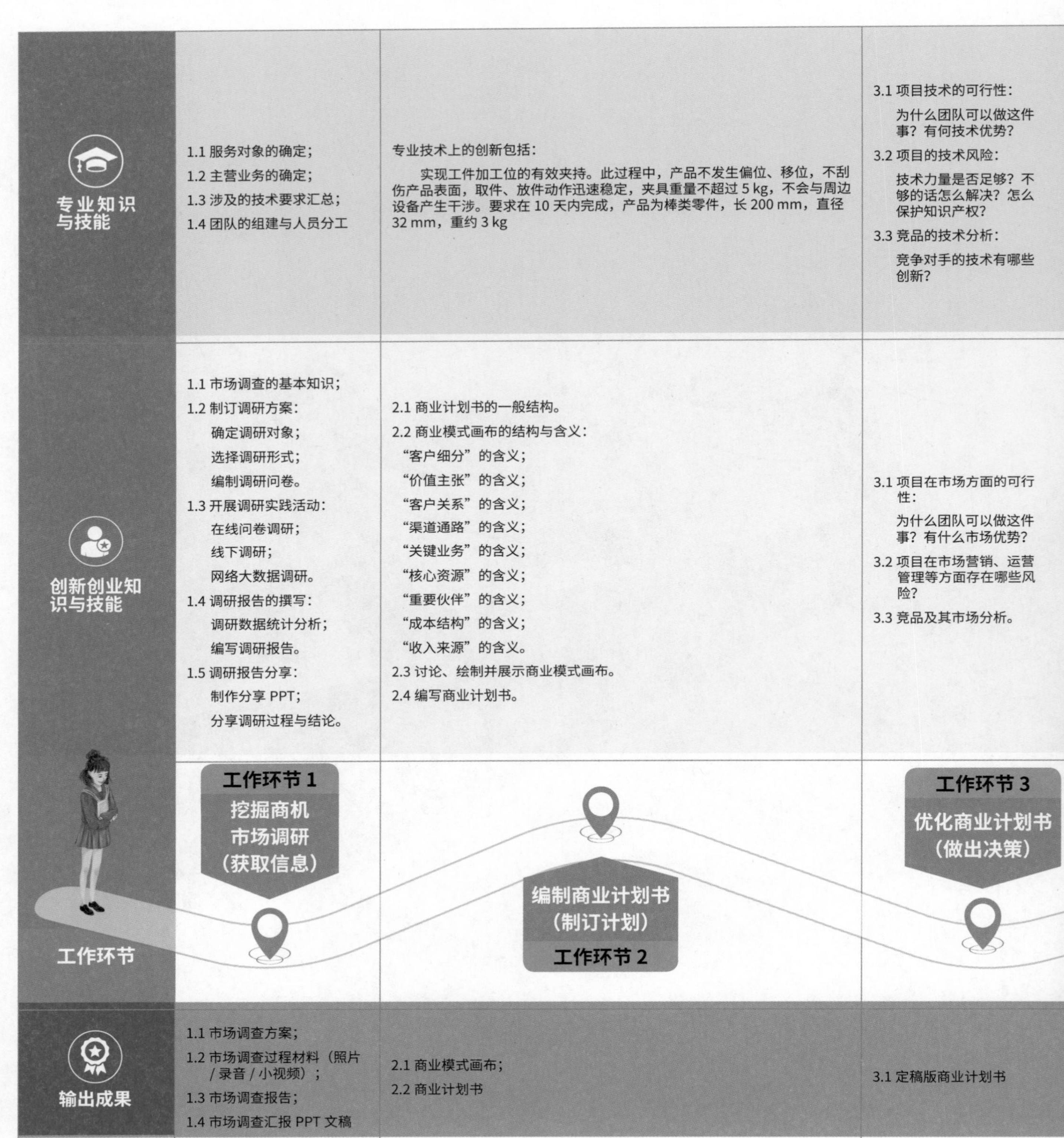

专业知识与技能	1.1 服务对象的确定； 1.2 主营业务的确定； 1.3 涉及的技术要求汇总； 1.4 团队的组建与人员分工	专业技术上的创新包括： 实现工件加工位的有效夹持。此过程中，产品不发生偏位、移位，不刮伤产品表面，取件、放件动作迅速稳定，夹具重量不超过 5 kg，不会与周边设备产生干涉。要求在 10 天内完成，产品为棒类零件，长 200 mm，直径 32 mm，重约 3 kg	3.1 项目技术的可行性： 为什么团队可以做这件事？有何技术优势？ 3.2 项目的技术风险： 技术力量是否足够？不够的话怎么解决？怎么保护知识产权？ 3.3 竞品的技术分析： 竞争对手的技术有哪些创新？
创新创业知识与技能	1.1 市场调查的基本知识； 1.2 制订调研方案： 确定调研对象； 选择调研形式； 编制调研问卷。 1.3 开展调研实践活动： 在线问卷调研； 线下调研； 网络大数据调研。 1.4 调研报告的撰写： 调研数据统计分析； 编写调研报告。 1.5 调研报告分享： 制作分享 PPT； 分享调研过程与结论。	2.1 商业计划书的一般结构。 2.2 商业模式画布的结构与含义： “客户细分”的含义； “价值主张”的含义； “客户关系”的含义； “渠道通路”的含义； “关键业务”的含义； “核心资源”的含义； “重要伙伴”的含义； “成本结构”的含义； “收入来源”的含义。 2.3 讨论、绘制并展示商业模式画布。 2.4 编写商业计划书。	3.1 项目在市场方面的可行性： 为什么团队可以做这件事？有什么市场优势？ 3.2 项目在市场营销、运营管理等方面存在哪些风险？ 3.3 竞品及其市场分析。
工作环节	工作环节 1 挖掘商机 市场调研 （获取信息）	编制商业计划书 （制订计划） 工作环节 2	工作环节 3 优化商业计划书 （做出决策）
输出成果	1.1 市场调查方案； 1.2 市场调查过程材料（照片 / 录音 / 小视频）； 1.3 市场调查报告； 1.4 市场调查汇报 PPT 文稿	2.1 商业模式画布； 2.2 商业计划书	3.1 定稿版商业计划书

学习任务：机器人夹具开发项目

4.1 方案设计： 1. 定位装置典型结构； 2. 支承装置典型结构； 3. 夹紧装置典型结； 4. 分度装置典型结构； 5. 夹具传动系统； 6. 液动夹具及其元件； 7. 电动夹具及其元件； 8. 气动夹具及其元件。 4.2 深化设计： 1. 切削力；	2. 夹紧力； 3. 定位误差； 4. 定位尺寸； 5. 定位件、支承件； 6. 夹紧件、导向件； 7. 夹具体； 8. 常用连接件与紧固件； 4.3 仿真技术： 1. 夹具体的造型； 2. 定位件、支承件的造型； 3. 夹紧件、导向件的造型。	5.1 如何检测夹具设计方案是否满足顾客的要求？ 5.2 如何填写质量工作报告？ 5.3 第一位使用者有哪些反馈？ 5.4 根据反馈进行哪些调整？ 5.5 原来预测的成本，现在有什么变化？如何确定新的成本预算？ 5.6 定价策略是否需要调整？请确定新的定价方案。 5.7 基于成本与定价的调整，确定利润情况； 5.8 基于确定的利润情况，预测未来三年的发展规划。	6.1 总结项目有哪些技术创新点； 6.2 分析项目的成本与收益； 6.3 项目亮点在 PPT 和汇报中的体现； 6.4 路演陈述中如何介绍产品技术
4.1 这个学习任务所包含的创新意识： 1. 创新动机：某机械设备制造企业的机加车间主要加工电机轴零件，为提高生产效率、降低生产成本，现决定进行生产线的自动化改造，本次生产线改造包括三套搬运夹具的设计。 2. 创新情感：结合所学专业知识及产品特点，促进夹具设计成功。 4.2 这个学习任务所包含的创新技能： 1. 学习能力：产品研发相关的需求分析能力、方案设计能力、技术标书能力以及技术研发能力。 2. 组织协调能力：产品经理、检测人员、研发人员、市场运营人员的组织协调能力。 4.3 这个学习任务所包含的创业精神： 1. 高度的综合性：创业精神是由多种精神特质综合作用而成的，诸如创新精神、拼搏精神、进取精神、合作精神等都是形成创	业精神的特质精神。在工业机器人结构调整的大背景下，通过综合的创新精神为机器人行业出一份力。 2. 鲜明的时代特征：“中国梦”是民族性、人民性、世界性的统一；是历史性、现实性、未来性的统一；是理想性、理论性、实践性的统一；是总揽性、层次性、阶段性的统一；是和平性、发展性、繁荣性的统一。 4.4 这个学习任务所包含的创业技能： 1. 自我学习能力：基于机器人夹具研发与设计知识，观察已有市场环境，戒骄戒躁的自我学习能力。 2. 数据与信息处理能力：利用数据与信息处理能力分析已有同类产品，分析客户需求，找准切入点。 3. 团队建设与管理能力：形成产品开发管理章程，确保项目按时按质有效落地。	5.1 产品的质量在创业中有什么影响？ 5.2 如何向客户承诺产品质量？ 5.3 产品质量报告需要哪些权威部门认证？ 5.4 正确把握质量与广告的关系，避免法务风险？ 5.5 成本的核算。 5.6 销售定价的一般依据。 5.7 利润的计算方法。 5.8 未来发展的预测依据。	6.1 项目路演评价标准。 6.2 制作路演 PPT，提升逻辑思维能力。 6.3 完成路演环节，提升专业性的口头表达能力。 6.4 完成个人总结，培养归纳能力、反思及持续改善的职业习惯。 6.5 客观评价组员的任务表现。
产品设计制造 / 服务提供 （实施计划） 工作环节 4		工作环节 5 产品 / 服务 验证 （检查控制） 	工作环节 6 产品 / 服务 发布 （评价反馈） 
4.1 设计方案； 4.2 分工表； 4.3 计划表（任务看板）； 4.4 动力源方案	4.5 产品设计； 4.6 标准件选用表； 产品 3D 造型； 4.7 实施过程（照片、视频、文档）	5.8 质量检测报告 / 总结报告	6.1 路演资料一套（PPT 及视频）

学习任务：机器人夹具开发项目

❶ 挖掘商机市场调研（获取信息） ❷ 编写商业计划书（制订计划） ❸ 优化商业计划书（做出决策） ❹ 产品设计制造/服务提供（实施计划） ❺ 产品/服务验证（检查控制） ❻ 产品/服务发布（评价反馈）

	教师活动	学生活动	评价
挖掘商机市场调研（获取信息）	1. 情景创设：提醒学生阅读工作页上的“情景描述” 某机械设备制造企业的机加车间主要加工电机轴零件，为提高生产效率，降低生产成本，现决定进行生产线的自动化改造。 这是你们成立机器人服务公司以来的第一笔业务。项目负责人安排各环节分工。其中，工业机器人夹具部分的设计由机械工程师负责，任务要求实现工件加工位的有效夹持。此过程中，产品不发生偏位、移位，不刮伤产品表面，取件、放件动作迅速稳定，夹具重量不超过 5 kg，不会与周边设备发生干涉。要求在 10 天内完成，产品为棒类零件，长 200 mm，直径 32 mm，重约 3 kg。	1. 听老师布置任务，阅读工作页上的“情景描述”， ① 用荧光笔划出其中的关键词。 ② 跟组员讨论关键词的含义。 ③ 对学习任务中存疑的地方向老师请教，直至弄清楚任务的情景。	1. 对专创融合学习任务的理解。 2. 是否清楚创业的方向？表达是否清晰有条理？ 3. 扮演顾客的，是否能清楚全面地提出自己的需求？扮演创业者的，是否能清楚全面地提供解决方案？ 4. 组内人员分工是否科学合理？ 6. 调研问卷的问题是否科学有效？ 7. 有否开展调研实践？调研报告是否符合要求？
	2. 组织学生讨论这个项目的价值主张和目标定位： 我们提供什么服务？这些服务可以解决哪些问题？谁会需要我们提供的这些服务？各组列个海报并安排人说明一下。	2. 讨论项目的价值主张和服务对象，绘制海报并安排人上台分享。把价值主张和服务对象记录在工作页中。	
	3. 组织学生讨论这个项目的主营业务： 我们具体做什么？涉及哪些技术？需要哪些资源？我们有什么优势？用角色扮演带入学生思考，提醒各组的角色分工如下： ① 每两组为一对，A 组扮演机械设备制造企业，向 B 组提出自己的需求（2 项）；B 组扮演机器人服务公司的经营者，向 A 组解释自己将会怎样满足对方的需求(把方案说得清晰具体)，并尽量使对方满意。 ② A 组和 B 组角色互换再进行（也是 2 项）。 ③ 如果还能从顾客角度想出更多需求，回到①项。 ④ 创业者的这一组负责安排人详细记录顾客需求和针对性的解决方案。 ⑤ 组织学生汇总、整理记录，得出创业团队的主营业务。	3. 认真思考、激烈讨论，得出“如果我是机械设备制造企业，进行生产线的自动化改造，我可能需要这家机器人服务公司给我提供哪些服务？”罗列在纸上，准备向对方提出需求。 ① 听完对方的解决方案，觉得是否满意？不满意的地方继续发问，直至满意。 ② 认真听取对方提出的需求，组内讨论，针对这些需求，我们可以怎样解决问题，用关键词列出解决方案，并向对方说明解决方案。 ③ 各组的需求和解决方案汇总到一起，拼凑出创业者要提供的服务内容，记录在工作页。	
	4. 组织学生讨论团队的组建与人员分工： 创业团队一般需要哪些人员？ 谁是项目负责人？ 各位组员分别负责什么？ 给团队起个什么名字？	4. 讨论组内分工，绘制组织架构图海报，并分享给其他各组（介绍一下团队），把组织架构图绘制到工作页。	
	5. 介绍市场调查在创业过程中的重要性和市场调研的基本方法。	5. 听老师介绍市场调查在创业过程中的重要性和市场调研的基本方法，补充完整工作页。	
	6. 组织学生小组制订调研方案： ① 确定调研对象。 ② 选择调研形式：在线问卷？纸质问卷？会议调查？网络大数据调研？ ③ 编制调研问卷（10 个问题，含选择题和简答题）。	6. 各组制订调研方案，编制调研问卷。	
	7. 安排开展调研实践活动： ① 课外时间完成，每一组最少回收 3 份有效问卷，各组的调研对象不能出现相同。对象可以包括在机械设备制造企业上班的校友，或与制造系有校企合作关系的企业人员，或制造系专业教师。 ② 组织各组分享调研的情况。 ③ 收取各组调研报告，并给出该环节的学习评价。	7. 开展调研实践活动： ① 回收 3 份有效问卷。 ② 进行数据统计分析，得出一些结论。 ③ 以海报或者 PPT 形式完成调研报告提纲及调研结论，向全班分享。 ④ 编写调研报告并提交给老师评价。	
	1. 硬资源：一体化课室等。 2. 软资源：工作页、参考教材、授课 PPT 等。		

基准学时：100

编写商业计划书（制订计划）

教师活动	学生活动	评价
1. 展示一份商业计划书，介绍商业计划书的一般结构，阐述商业计划书的作用。让学生对商业计划书有一个初步认识。 2. 展示一张完整的商业模式画布，简要说明商业模式画布的结构。 3. 组织学生讨论商业画布各项要素的含义。 ①组织各组通过百度等途径，了解商业模式画布中“客户细分”的含义，提醒每组做好说明“客户细分”的准备；抽取某一组来说明“客户细分”的含义，并以本项目为例，说明“客户细分”的对象都有哪些。 ②组织各组通过百度等途径，了解商业模式画布中“价值主张”的含义，提醒每组做好说明“价值主张”的准备；抽取某一组来说明“价值主张”的含义，并以本项目为例，说明“价值主张”是什么。 ③组织各组通过百度等途径，了解商业模式画布中“客户关系”的含义，提醒每组做好说明“客户关系”的准备；抽取某一组来说明“客户关系”的含义，并以本项目为例，说明“客户关系”有哪些。 ④组织各组通过百度等途径，了解商业模式画布中“渠道通路”的含义，提醒每组做好说明“渠道通路”的准备；抽取某一组来说明“渠道通路”的含义，并以本项目为例，说明“渠道通路”有哪些。 ⑤组织各组通过百度等途径，了解商业模式画布中“关键业务”的含义，提醒每组做好说明“关键业务”的准备；抽取某一组来说明“关键业务”的含义，并以本项目为例，说明“关键业务”有哪些。 ⑥组织各组通过百度等途径，了解商业模式画布中“核心资源”的含义，提醒每组做好说明“核心资源”的准备；抽取某一组来说明“核心资源”的含义，并以本项目为例，说明“核心资源”有哪些。 ⑦组织各组通过百度等途径，了解商业模式画布中“重要伙伴”的含义，提醒每组做好说明“重要伙伴”的准备；抽取某一组来说明“重要伙伴”的含义，并以本项目为例，说明“重要伙伴”有哪些。 ⑧组织各组通过百度等途径，了解商业模式画布中“成本结构”的含义，提醒每组做好说明“成本结构”的准备；抽取某一组来说明“成本结构”的含义，并以本项目为例，说明“成本结构”有哪些。 ⑨组织各组通过百度等途径，了解商业模式画布中“收入来源”的含义，提醒每组做好说明“收入来源”的准备；抽取某一组来说明“收入来源”的含义，并以本项目为例，说明“收入来源”有哪些。 4. 组织各组根据以上的讨论，绘制并展示分享商业模式画布。 5. 布置课后完成编写商业计划书。	1. 观察一个完整的商业计划书，分析商业计划书的一般结构，听老师说明商业计划书，有疑问的地方要提出来。 2. 观察一个商业模式画布案例，分析商业模式画布的一般结构，听老师说明商业模式画布，有疑问的地方要提出来。 3. 讨论商业画布各项要素的含义 ①通过百度等途径，了解商业模式画布中“客户细分”的含义，讨论本项目的“客户细分”的对象都有哪些，向其他组分享自己的看法（假如被抽到）。 ②了解商业模式画布中“价值主张”的含义，讨论本项目“价值主张”的对象都有哪些，向其他组分享自己的看法（假如被抽到）。 ③了解商业模式画布中“客户关系”的含义，讨论本项目“客户关系”的对象都有哪些，向其他组分享自己的看法（假如被抽到）。 ④了解商业模式画布中“渠道通路”的含义，讨论本项目“渠道通路”的对象都有哪些，向其他组分享自己的看法（假如被抽到）。 ⑤了解商业模式画布中“关键业务”的含义，讨论本项目“关键业务”的对象都有哪些，向其他组分享自己的看法（假如被抽到）。 ⑥了解商业模式画布中“核心资源”的含义，讨论本项目“核心资源”的对象都有哪些，向其他组分享自己的看法（假如被抽到）。 ⑦了解商业模式画布中“重要伙伴”的含义，讨论本项目“重要伙伴”的对象都有哪些，向其他组分享自己的看法（假如被抽到）。 ⑧了解商业模式画布中“成本结构”的含义，讨论本项目“成本结构”的对象都有哪些，向其他组分享自己的看法（假如被抽到）。 ⑨了解商业模式画布中“收入来源”的含义，讨论本项目“收入来源”的对象都有哪些，向其他组分享自己的看法（假如被抽到）。 4. 组根据以上的讨论，绘制商业模式画布（海报），安排人上台展示与分享商业模式画布。 5. 完成商业计划书编写（课后）	1. 商业模式画布是否合理？完整？ 2. 商业计划书是否能清晰描述创业设计？
1. 硬资源：一体化课室等。 2. 软资源：工作页、参考教材、授课 PPT、商业计划书案例等。		

机器人夹具开发项目

学习任务：机器人夹具开发项目

1 挖掘商机 市场调研（获取信息） → 2 编写商业计划书（制订计划） → 3 优化商业计划书（做出决策） → 4 产品设计制造 / 服务提供（实施计划） → 5 产品 / 服务 验证（检查控制） → 6 产品 / 服务 发布（评价反馈）

<table>
<tr><th></th><th>教师活动</th><th>学生活动</th><th>评价</th></tr>
<tr><td rowspan="2">优化商业计划书（做出决策）</td><td>组织各组学生深入讨论：
1. 项目的可行性怎样
为什么团队可以做这件事？有什么市场优势？抽取一组上台分享他们的观点。
2. 项目在市场营销、运营管理等方面存在哪些风险？抽取一组上台分享他们的观点。
3. 目前市场上有哪些类似的竞品？竞品有哪些特点？我们与之相比有哪些差异？抽取一组上台分享他们的观点。</td><td>从市场和技术的角度，深入讨论：
1. 项目的可行性怎样？
为什么团队可以做这件事？有什么市场优势？上台分享本组的观点（如果被抽到）。
2. 项目在市场营销、运营管理等方面存在哪些风险？上台分享本组的观点（如果被抽到）。
3. 目前市场上有哪些类似的竞品？竞品有哪些特点？我们与之相比有哪些差异？上台分享本组的观点（如果被抽到）。
4. 结合教师的批改和以上的讨论，修订商业计划书，提交定稿版商业计划书。</td><td></td></tr>
<tr><td colspan="3">1. 硬资源：一体化课室等。
2. 软资源：工作页、参考教材、授课 PPT 等。</td></tr>
<tr><td>产品设计制造 / 服务提供（实施计划）</td><td>1. 接受任务：
① 组织召开协调会；
② 组织明确设计任务；
③ 引导学生完成资料查找；
④ 点评学生学习情况。
2. 制订设计方案：
① 引导学生查找资料，并适当讲授各项结构的有关概念及典型结构；
② 指导学生分工、完成计划表；
③ 组织各小组进行展示并点评。
3. 深化设计：
① 明确小组学习任务并指导学生查找、选定元件，对学生的表述进行点评；
② 通过指导学生完成夹具的设计，并对学生的展示进行评价，充分体现严谨理性的态度对夹具设计的重要性。</td><td>1. 接受任务：
① 参加项目协调会；
② 领取设计任务，明确设计要求；
③ 查找资料，明确夹具的产生、组成、概念、功能、分类；
④ 明确夹具的设计要求、夹具系统的技术指标；
⑤ 对资料的搜集整理情况进行汇报。
2. 制订设计方案：
① 学生分组查找资料，明确定位的概念及其典型结构；
② 学生分组查找资料，明确支承的概念及其典型结构；
③ 学生分组查找资料，明确夹紧的概念及其典型结构；
④ 学生分组查找资料，明确分度的概念及其典型结构；
⑤ 查找资料，明确液动夹具及其元件、电动夹具及其元件、气动夹具及其元件；
⑥ 对比三种类型确定具体选择，形成初步方案；
⑦ 制订分工计划，拟订计划表，形成工作看板；
⑧ 小组展示。
3. 深化设计：
① 小组查找资料明确切削力、夹紧力、定位误差、定位尺寸的概念，并针对本任务进行详细计算；
② 小组明确定位件、支承件、夹紧件、导向件各部件的作用及选用原则；</td><td>1. 过程性评价：
① 学生的项目需求表是否详细；
② 学生在本环节的参与度，理论知识完成度；
③ 工作过程符合企业标准。
2. 成果验收方式：
① 小组互评与师评；
② 小组进行安装展示与互评。
3. 成果评价标准：
a. 汇报表现。
b. 设计的可行性及工程图标准，BOM 表的完善情况。
c. 过程符合企业标准及 6S 标准。</td></tr>
</table>

基准学时：100

① 挖掘商机 市场调研（获取信息） ② 编写商业计划书（制订计划） ③ 优化商业计划书（做出决策） ④ 产品设计制造/服务提供（实施计划） ⑤ 产品/服务验证（检查控制） ⑥ 产品/服务发布（评价反馈）

	教师活动	学生活动	评价
产品设计制造/服务提供（实施计划）	4. 造型仿真： ① 指导学生完成模型导入； ② 指导学生完成造型； ③ 指导学生完成装配； ④ 指导学生完成动画仿真； ⑤ 点评学生的展示	③ 小组明确夹具体的作用及选择； ④ 小组明确各元件的选定并陈述理由； ⑤ 设计夹具并绘制设计图，展示。 4. 造型仿真： ① 夹具休的造型； ② 定位件、支承件、夹紧件、导向件和造型； ③ 夹具模型装配； ④ 动画仿真； ⑤ 展示。	
	1. 硬资源：一体化课室、电脑、投影仪等。 2. 软资源：工作页、参考教材、授课 PPT 等。		
产品/服务验证（检查控制）	组织各组学生深入讨论： 1. 项目的可行性怎样？ 为什么团队可以做这件事？有什么市场优势？抽取一组上台分享他们的观点。 2. 项目在市场营销、运营管理等方面存在哪些风险？抽取一组上台分享他们的观点。 3. 目前市场上有哪些类似的竞品？竞品有哪些特点？我们与之相比有哪些差异？抽取一组上台分享他们的观点。	从市场和技术的角度，深入讨论： 1. 项目的可行性怎样？ 为什么团队可以做这件事？有什么市场优势？上台分享本组的观点（如果被抽到）。 2. 项目在市场营销、运营管理等方面存在哪些风险？上台分享本组的观点（如果被抽到）。 3. 目前市场上有哪些类似的竞品，竞品有哪些特点？我们与之相比有哪些差异？上台分享本组的观点（如果被抽到）。 4. 结合教师的批改和以上的讨论，修订商业计划书，提交定稿版商业计划书。	
	1. 硬资源：一体化课室等。 2. 软资源：工作页、参考教材、授课 PPT 等。		
产品/服务发布（评价反馈）	1. 说明项目路演评价标准 . 2. 组织各组制作路演 PPT 并进行项目路演。 3. 布置完成个人总结，客观评价组员的任务表现。	1. 听老师介绍项目路演的评审标准，总结项目有哪些技术创新点，分析项目的成本与收益，注意项目亮点在 PPT 和汇报中的体现。 2. 小组制作路演 PPT，从项目背景、市场分析、产品介绍、创新做法、市场定位、营销渠道、财务预测、风险预测、三年规划、团队介绍等方面进行项目路演。 3. 在工作页中填写个人工作总结，客观评价组员的任务表现。	从项目的创新性、商业价值、财务分析、团队介绍、答辩情况等方面综合评价学生的路演。
	1. 硬资源：一体化课室等。 2. 软资源：工作页、参考教材、授课 PPT、路演 PPT 案例、路演录像、路演技巧讲解教学视频等。		

评价方式与标准

1. 评价方式

评价方式可以参照创新创业大赛的形式，或直接参加校级创新创业大赛，通过现场展示进行考核评价。各项目团队制作展示的 PPT、视频等材料，上台介绍项目的基本情况、商业价值、技术创新、商业模式、财务状况、团队分工等情况，现场评分。

2. 评委组成

由任课教师、创新创业指导中心教师、校外创业导师组成。

3. 评审标准

评审内容	评审细则	配分
商业价值	1. 符合国家产业政策和地方产业发展规划、现行法律法规相关要求。 2. 竞品分析充分，对项目的产品或者服务、技术水平、市场需求、行业发展等方面定位准确、调研清晰、分析透彻。 3. 商业模式设计可行，具备盈利能力。 4. 在竞争与合作、技术基础、产品或服务方案、资金及人员需求等方面具有实践基础。	
创新水平	1. 具备产教融合、工学结合、校企合作背景。 2. 突出原始创意和创造力，体现工匠技艺传承创新。 3. 项目设计科学，体现“四新”技术。 4. 体现面向职业、岗位技术创新、工种的创意及创新特点（如加工工艺创新、实用技术创新、产品 / 技术改良、应用性优化、民生类创新和小发明小制作等），具有低碳、环保、节能等特色。	
社会效益	1. 服务精准扶贫、农民增收、绿色发展等需要。 2. 具有示范作用，可复制可推广。 3. 具备可持续发展潜力，促进社会就业。	
团队能力	1. 团队成员的价值观、专业背景和实践经历、能力与专长、业务分工情况。 2. 指导教师、合作企业、项目顾问和其他资源的有关情况及使用计划。 3. 项目或企业的组织架构、股权结构与人员配置。	
回答问题	答辩过程中，回答问题准确、有条理。	

参考文献

[1] 人力资源社会保障部．计算机网络应用专业国家技能人才培养标准及一体化课程规范（试行）．北京：中国劳动社会保障出版社，2015.

[2] 人力资源社会保障部职业能力建设司．国家技能人才培养标准编制指南（试行），2013.

[3] 人力资源社会保障部职业能力建设司．一体化课程规范开发技术规程（试行），2013.

[4] 中国就业培训技术指导中心．一体化课程开发指导手册．北京：中国劳动社会保障出版社，2020.

[5] 冯铿锵．零件的普通加工．北京：机械工业出版社，2019.

[6] 叶晖．工业机器人实操与应用技巧．北京：机械工业出版社，2017.

[7] 林燕，魏志丽．工业机器人系统集成与应用．北京：机械工业出版社，2017.

[8] 孙洪雁，徐天元，崔艳梅．工业机器人维护与保养．北京：北京理工大学出版社，2019.